零基础学三菱PLC编程

入门·提高·应用·实例

韩雪涛 主编
吴 瑛 韩广兴 副主编

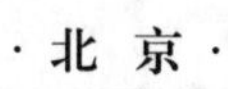

化学工业出版社
·北京·

内容简介

本书从基础和实用出发，采用双色图解的方式全面系统地介绍三菱FX系列PLC的编程及应用，内容包括：PLC基础知识，三菱PLC基本单元与功能模块，电气控制部件的应用，三菱PLC系统的安装、调试与维护，三菱PLC的梯形图及语句表，三菱PLC的基本逻辑指令，数据传送、比较、处理和循环移位指令，算术、逻辑运算和浮点数运算指令，程序流程、步进顺控梯形图指令，三菱PLC电气控制电路，三菱FX_{2N}系列PLC使用规范，三菱PLC触摸屏的使用操作和编程及三菱PLC工程应用案例。

本书内容全面系统，重点突出，指令讲解和综合应用配有实际案例，实用性强，在重要知识点的图文旁边附有对应二维码，读者用手机扫描二维码即可实时学习相关教学视频，视频配合书中图文讲解，帮助读者在最短时间内轻松掌握三菱PLC的编程及应用。

本书可供从事PLC技术的人员学习使用，也可供大中专院校、培训学校相关专业师生学习使用。

图书在版编目（CIP）数据

零基础学三菱PLC编程：入门、提高、应用、实例/韩雪涛主编．
—北京：化学工业出版社，2020.8
ISBN 978-7-122-36999-4

Ⅰ．①零… Ⅱ．①韩… Ⅲ．①PLC技术-程序设计 Ⅳ．
①TM571.61

中国版本图书馆CIP数据核字（2020）第093269号

责任编辑：李军亮　徐卿华　　文字编辑：陈喆
责任校对：王佳伟　　装帧设计：史利平

出版发行：化学工业出版社（北京市东城区青年湖南街13号　邮政编码100011）
印　　装：三河市延风印装有限公司
787mm×1092mm　1/16　印张$18^{1}/_{2}$　字数456千字　2021年3月北京第1版第1次印刷

购书咨询：010-64518888　　售后服务：010-64518899
网　　址：http://www.cip.com.cn
凡购买本书，如有缺损质量问题，本社销售中心负责调换。

定　　价：79.00元

前言

随着自动化和人工智能技术的不断发展，PLC 的工业应用日益广泛。PLC 技术的学习和培训也逐渐从知识层面延伸到技能应用层面，越来越多的人开始从事与 PLC 相关的工作。具备专业的 PLC 知识，掌握过硬的 PLC 应用技能成为广大电工电子学习者和从业人员的迫切愿望。

然而，就 PLC 技术而言，不仅需要具备电子电路的知识，还需要了解计算机及编程的思维理念，这成为许多 PLC 学习者的瓶颈。如何能够在短时间内迅速提升学习能力，掌握全面、专业的 PLC 知识技能是本书编写的初衷。

本书定位明确，主要针对 PLC 的初学者编写。目的在于通过本书的学习，使读者在短时间内掌握 PLC 及相关电气知识，具备 PLC 编程和 PLC 应用的基本技能。

由于 PLC 的产品众多，为了达到最佳的学习效果，本书选择目前市场上应用比较广泛的三菱 PLC 产品作为案例，并依托数码维修工程师鉴定指导中心进行了大量的市场调研和资料汇总，以国家职业技能培训的鉴定标准为指导，结合电工电子领域学习者的学习习惯，对三菱 PLC 技术与技能进行系统的划分。从三菱 PLC 的特点入手，通过典型三菱 PLC 产品的介绍，让读者对三菱 PLC 的技术特点有一个初步的认识；然后结合大量实际案例，全面系统讲解三菱 PLC 的梯形图和语句表，并将三菱 PLC 常用的指令通过图解的方式进行细致讲解，使初学者轻松掌握三菱 PLC 编程技能；最后，本书通过大量 PLC 应用案例的解读，让读者进一步提升对 PLC 的编程应用技能。

在编写方式上，本书充分发挥多媒体的技术特色，将难以理解的电路知识和编程语言都通过图解的方式呈现，让读者能够采用最直观的方式学习，力求达到最高效的学习效果。

另外，本书引入了“微视频讲解互动”的全新教学模式，在书中重要的知识点或技能环节附印了微视频二维码，读者在学习过程中可以使用手机直接扫描书中的二维码，实时学习对应的教学视频。

本书由数码维修工程师鉴定指导中心组织编写，由全国电子行业专家韩广兴亲自指导，编写人员由行业工程师、高级技师和一线教师组成。读者在学习和工作过程中如果有任何问题，欢迎与我们交流。

最后，需要说明的是，电工电子的专业技术难度大，涉及范围广，由于编写水平有限，加之编写时间仓促，书中难免有不足之处，恳请大家批评、指正。

数码维修工程师鉴定指导中心联系电话：022-83715667/83718162、13114807267

编者

目 录

第1章 PLC的特点与应用

1.1 PLC的种类特点

PLC的英文全称为Programmable Logic Controller，即可编程序控制器。它是一种将计算机技术与继电器控制技术结合起来的现代化自动控制装置，广泛应用于农机、机床、建筑、电力、化工、交通运输等行业中。

随着PLC的发展和应用领域的扩展，PLC的种类越来越多，可从不同的角度进行分类，如结构形式、I/O点数、功能、生产厂家等。

1.1.1 按结构形式分类

PLC根据结构形式的不同可分为整体式PLC、组合式PLC和叠装式PLC三种。

（1）整体式PLC

整体式PLC是将CPU、I/O接口、存储器、电源等全部固定安装在一块或几块印制电路板上，使之成为统一的整体。当控制点数不符合要求时，可连接扩展单元，以实现较多点数的控制。这种PLC体积小巧，小型、超小型PLC多采用整体式结构。

图1-1为常见整体式PLC实物图。

图1-1 常见整体式PLC实物图

（2）组合式 PLC

组合式 PLC 的 CPU、I/O 接口、存储器、电源等都是以模块形式按一定规则组合配置而成的（因此也称为模块式 PLC）。这种 PLC 可以根据实际需要进行灵活配置，中型或大型 PLC 多采用组合式结构。

图 1-2 为常见组合式 PLC 实物图。

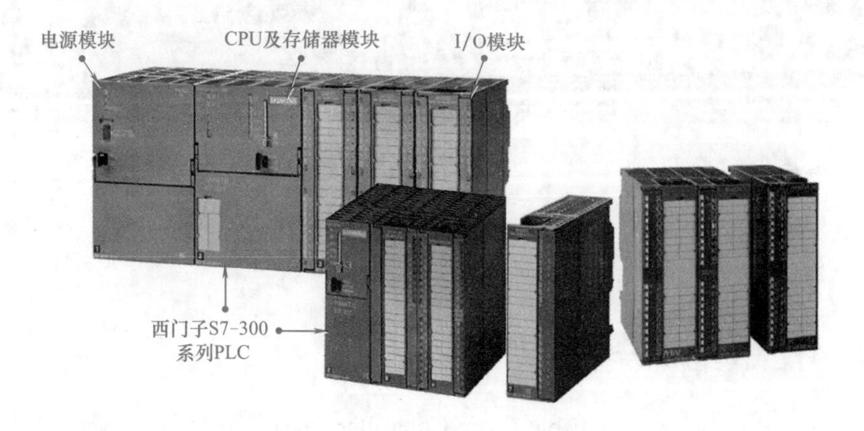

图 1-2　常见组合式 PLC 实物图

（3）叠装式 PLC

叠装式 PLC 是一种集整体式 PLC（其结构紧凑、体积小巧）和组合式 PLC（其 I/O 点数搭配灵活）于一体的 PLC。这种 PLC 将 CPU（CPU 和一定的 I/O 接口）独立出来作为基本单元，其他模块作为 I/O 模块扩展单元，且各单元可一层层地叠装，连接时使用电缆进行单元之间的连接即可。

图 1-3 为常见叠装式 PLC 实物图。

图 1-3　常见叠装式 PLC 实物图

1.1.2　按 I/O 点数分类

I/O 点数是指 PLC 可接入外部信号的数目，I 是指 PLC 可接入输入点的数目，O 是指 PLC 可接入输出点的数目，I/O 点则是指 PLC 可接入的输入点、输出点的总数。

PLC 根据 I/O 点数的不同可分为小型 PLC、中型 PLC 和大型 PLC 三种。

（1）小型 PLC

小型 PLC 是指 I/O 点数在 24 ～ 256 点之间的小规模 PLC。这种 PLC 一般用于单机控制或小型系统的控制，如图 1-4 所示。

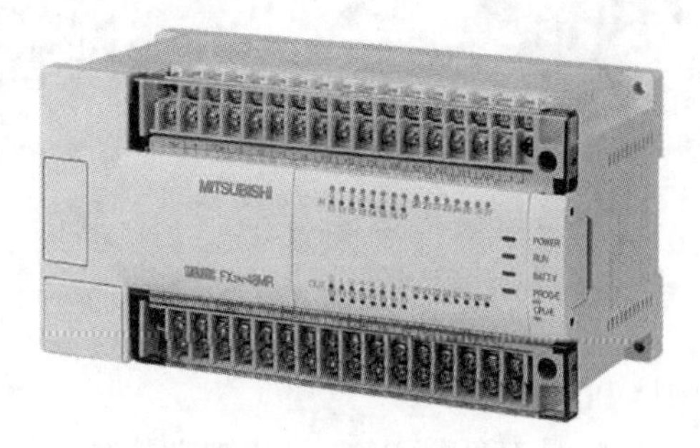

图 1-4　常见小型 PLC 实物图

（2）中型 PLC

中型 PLC 的 I/O 点数一般在 256 ～ 2048 点之间。这种 PLC 不仅可以对设备进行直接控制，还可以对下一级的多台 PLC 进行监控，一般用于中型或大型系统的控制。

图 1-5 为常见中型 PLC 实物图。

（3）大型 PLC

大型 PLC 的 I/O 点数一般在 2048 点以上。这种 PLC 能够进行复杂的算数运算和矩阵运算，不仅可对设备进行直接控制，还可以对下一级的多台 PLC 进行监控，一般用于大型系统的控制。

图 1-6 为常见大型 PLC 实物图。

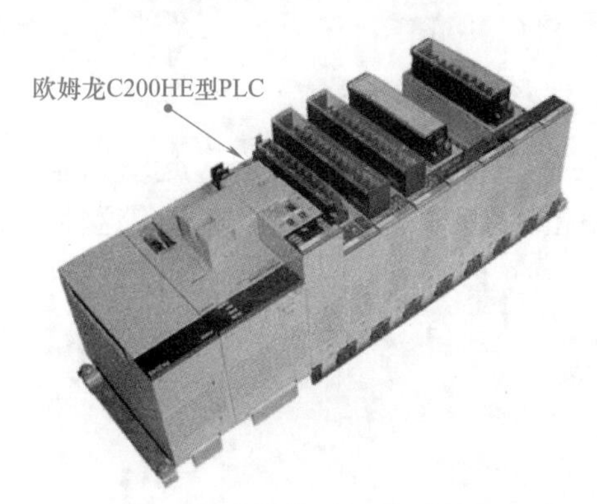

图 1-5　常见中型 PLC 实物图

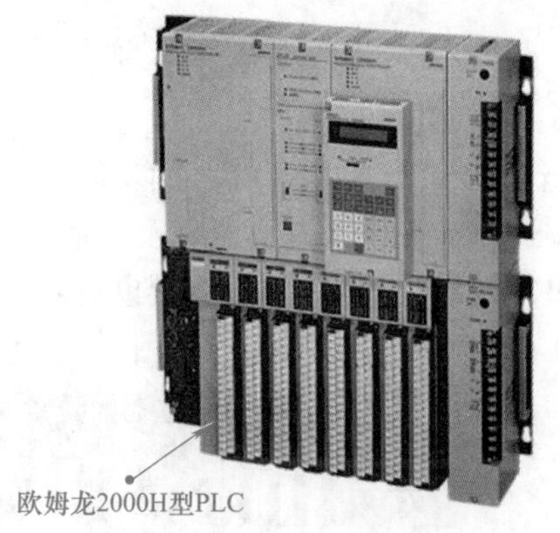

图 1-6　常见大型 PLC 实物图

1.1.3　按功能分类

PLC 根据功能的不同可分为低档 PLC、中档 PLC 和高档 PLC 三种。

（1）低档 PLC

具有简单的逻辑运算、定时、计算、监控、数据传送、通信等基本控制功能和运算功能的 PLC 称为低档 PLC。这种 PLC 工作速度较慢，能带动 I/O 模块的数量也较少。

图 1-7 为常见低档 PLC 实物图。

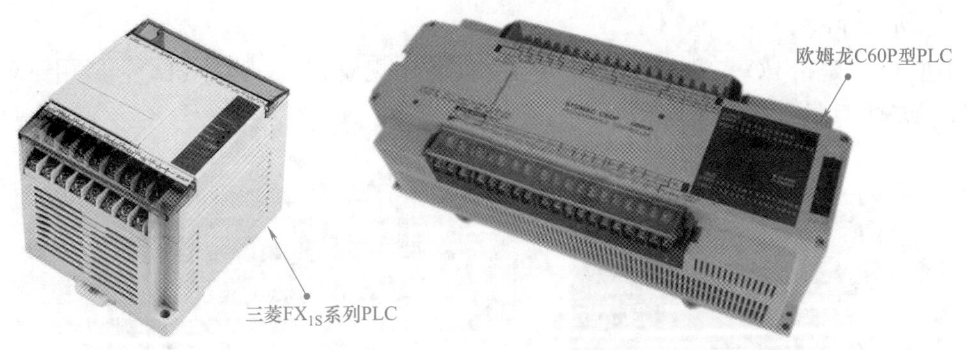

图 1-7　常见低档 PLC 实物图

（2）中档 PLC

中档 PLC 除具有低档 PLC 的控制功能外，还具有较强的控制功能和运算功能（如比较复杂的三角函数运算、指数运算和 PID 运算等），同时还具有远程 I/O、通信联网等功能。这种 PLC 工作速度较快，能带动 I/O 模块的数量也较多。

图 1-8 为常见中档 PLC 实物图。

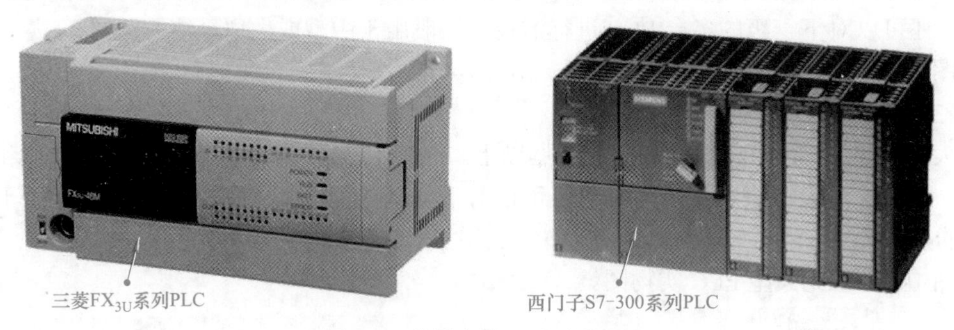

图 1-8　常见中档 PLC 实物图

（3）高档 PLC

高档 PLC 除具有中档 PLC 的功能外，还具有更为强大的控制功能、运算功能（如矩阵运算、位逻辑运算、平方根运算及其他特殊功能函数运算等）和联网功能。这种 PLC 工作速度很快，能带动 I/O 模块的数量也很多。

图 1-9 为常见高档 PLC 实物图。

图 1-9　常见高档 PLC 实物图

1.1.4　按生产厂家分类

PLC 的生产厂家较多，如美国的 AB 公司、通用电气公司，德国的西门子公司，法国的 TE 公司，日本的欧姆龙、三菱、富士等公司。它们都是目前市场上非常主流且极具有代表性的 PLC 生产厂家。

图 1-10 为不同厂家生产的 PLC。

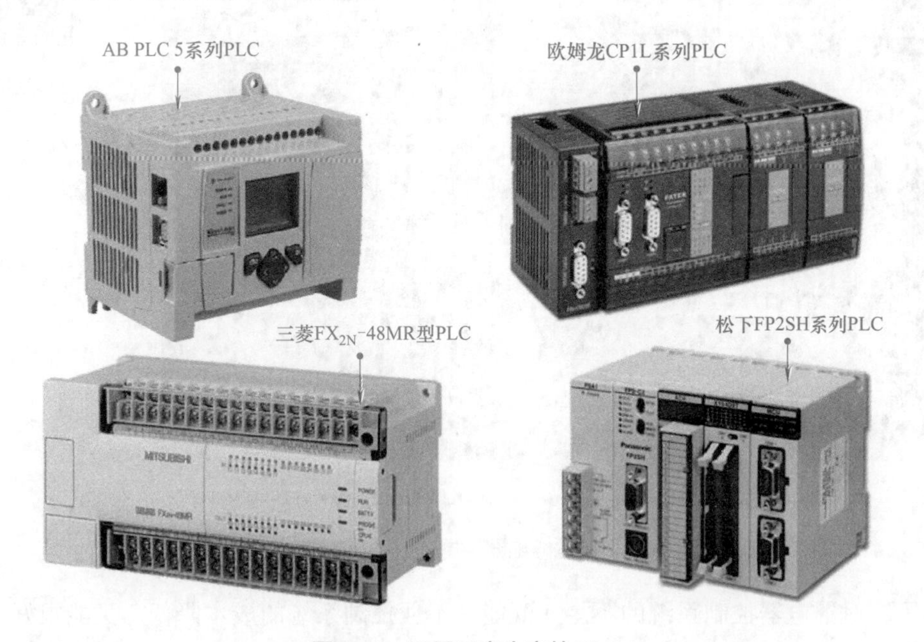

图 1-10　不同厂家生产的 PLC

1.2　PLC 的功能特点

PLC 近年来发展极为迅速，随着技术的进步，PLC 的控制功能、数据采集 / 存储 / 处理功能、可编程 / 调试功能、通信联网功能以及人机界面功能等也逐渐强大，使得 PLC 的应用领域得到进一步的急速扩展，进而使 PLC 广泛应用于各行各业的控制系统中。

1.2.1　继电器控制与 PLC 控制

简单地说，PLC 是一种在继电器、接触器控制基础上逐渐发展起来的以计算机技术为依托，运用先进的编辑语言来实现诸多功能的新型控制系统。采用程序控制方式是 PLC 与继电器控制系统的主要区别。

在 PLC 问世以前，在农机、机床、建筑、电力、化工、交通运输等行业中是以继电器控制系统占主导地位的。继电器控制系统因为结构简单、价格低廉、易于操作等优点得到了广泛的应用，如图 1-11 所示。

然而，随着工业控制的精细化程度和智能化水平的提升，以继电器为核心的控制系统的结构越来越复杂。在某些较为复杂的系统中，可能需要使用成百上千个继电器，这不仅使得整个控制装置体积十分庞大，而且由于元器件数量的增加、复杂的接线关系还会造成整个控制系统的可靠性降低。更重要的是，一旦控制过程或控制工艺发生变化，则控制柜内的继电器和接线关系都要重新调整。可以想象，如此巨大的调整一定会花费大量的时间、精力和金钱，其成本的投入有时要远远超过重新制造一套新的控制系统，这势必又会带来很大的浪费（原先系统报废）。

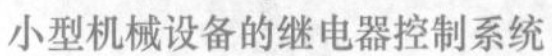

小型机械设备的继电器控制系统

大型机械设备的继电器控制系统

继电器控制与 PLC 控制

图 1-11　典型继电器控制系统

为了应对继电器控制系统的不足（既能使工业控制系统的成本降低，又能很好地应对工业生产中的变化和调整），工程人员将计算机技术、自动化技术以及微电子和通信技术相结合，研发出了更加先进的自动化控制系统，这就是 PLC。

PLC 作为专门为工业生产过程提供自动化控制的装置，采用了全新的控制理念。PLC 通过强大的输入 / 输出接口与工业控制系统中的各种部件（如控制按钮、继电器、传感器、电动机、指示灯等）相连，图 1-12 为 PLC 的功能图。

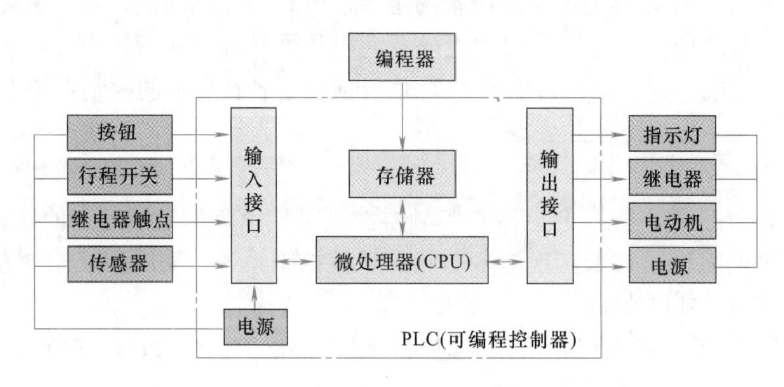

图 1-12　PLC 的功能图

通过编程器编写控制程序（PLC 语句），将控制程序存入 PLC 中的存储器，并在微处理器（CPU）的作用下执行逻辑运算、顺序控制、计数等操作指令。这些指令会以数字信号（或模拟信号）的形式送到输入端、输出端，从而控制输入端、输出端接口上连接的设备，协同完成生产过程。

图 1-13 为 PLC 硬件系统模型图。

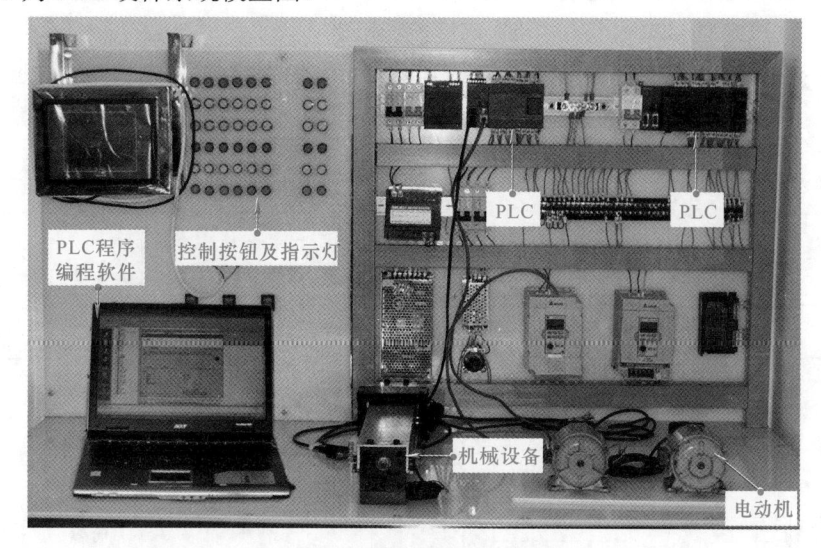

图 1-13　PLC 硬件系统模型图

提示说明

PLC 控制系统用标准接口取代了硬件安装连接。用大规模集成电路与可靠元件的组合取代线圈和活动部件的搭配，并通过计算机进行控制。这样不仅大大简化整个控制系统，而且使得控制系统的性能更加稳定、功能更加强大。另外，控制系统在拓展性和抗干扰能力方面也有了显著的提高。

PLC 控制系统的最大特点是在改变控制方式和效果时不需要改动电气部件的物理连接线路，只需要通过 PLC 编程软件重新编写 PLC 内部的程序即可。

1.2.2　PLC 的功能特点与应用

国际电工委员会（简称 IEC）将 PLC 定义为"数字运算操作的电子系统"，专为在工业环境下应用而设计。它采用可编程序的存储器，在其内部存储执行逻辑运算、顺序控制、定时、计数和算术运算等操作指令，并通过数字或模拟的输入和输出，控制各种类型的机械或生产过程。

（1）PLC 的功能特点

① 控制功能　生产过程的物理量由传感器检测后，经变送器变成标准信号，并经多路开关和 A/D 转换器变成适合 PLC 处理的数字信号，再经光电耦合器（简称光耦，具有隔离功能）送给 CPU；数字信号经 CPU 处理后，再经 D/A 转换器变成模拟信号输出。模拟信号经驱动电路驱动控制泵电动机、加热器等设备，可实现自动控制。

图 1-14 为 PLC 的控制功能图。

② 数据采集、存储、处理功能　PLC 具有数学运算、数据传送、数据转换、排序、数据移位等功能，可以完成数据的采集、分析、处理以及模拟数据处理等。这些数据还可以与

存储器中的参考值进行比较，完成一定的控制操作，也可以将数据进行传输或直接打印输出。

图 1-15 为 PLC 的数据采集、存储、处理功能图。

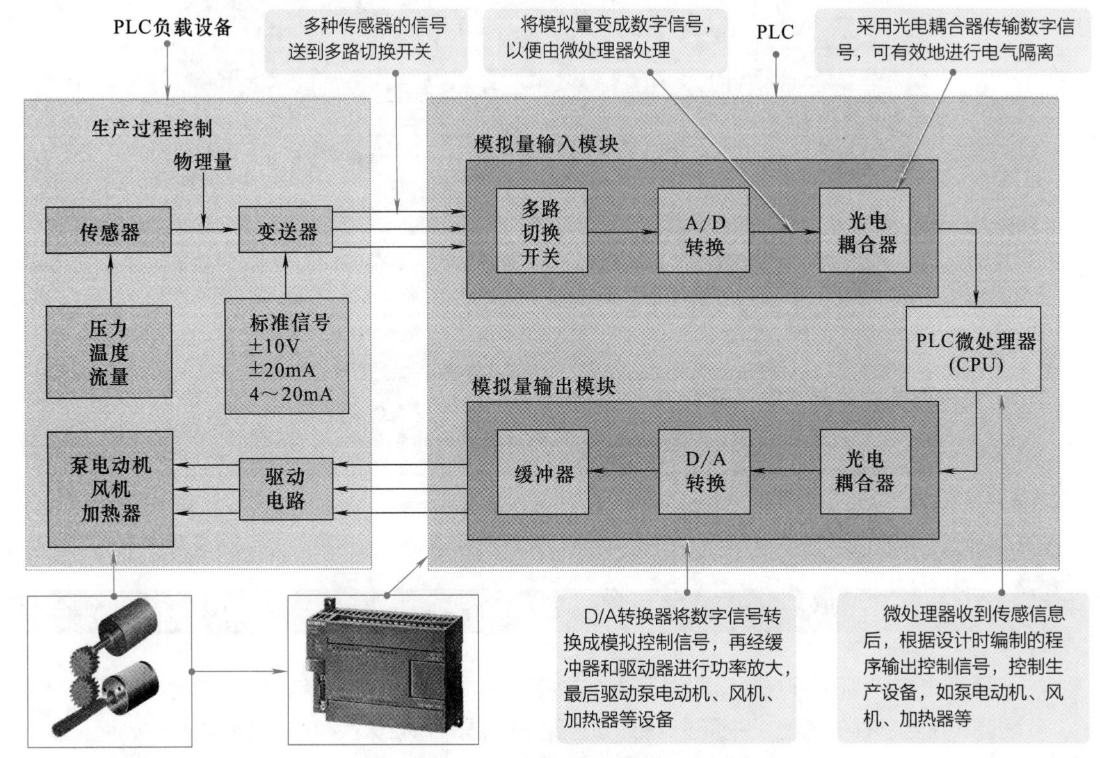

图 1-14　PLC 的控制功能图

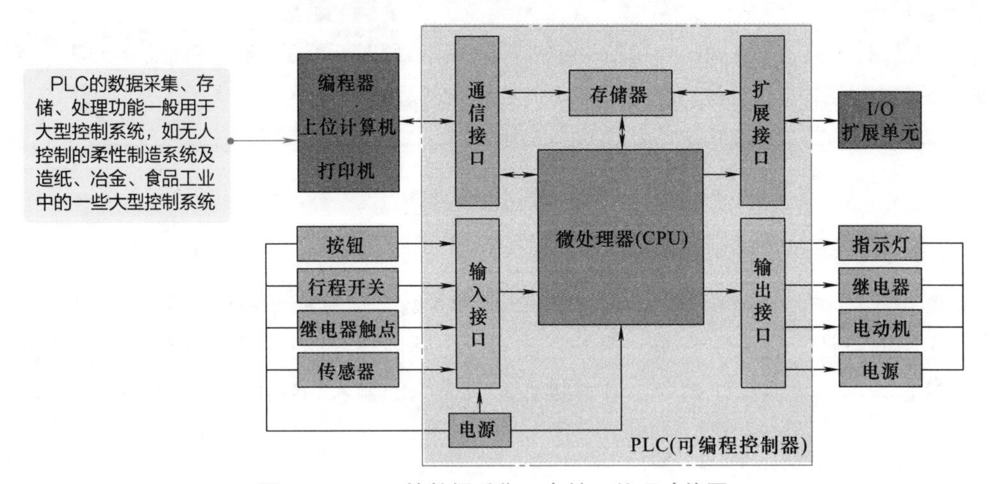

图 1-15　PLC 的数据采集、存储、处理功能图

③ 通信联网功能　PLC 具有通信联网功能，可以与远程 I/O、其他 PLC、计算机、智能设备（如变频器、数控装置等）之间进行通信。

图 1-16 为 PLC 的通信联网功能图。

④ 可编程、调试功能　PLC 通过存储器中的程序对 I/O 接口外接的设备进行控制，存储器中的程序可根据实际情况和应用进行编写。一般可将 PLC 与计算机通过编程电缆进行连接，实现对 PLC 内部程序的编写、调试、监视、实验和记录，如图 1-17 所示。可编程、

调试功能也是 PLC 区别于继电器等控制系统最大的功能优势。

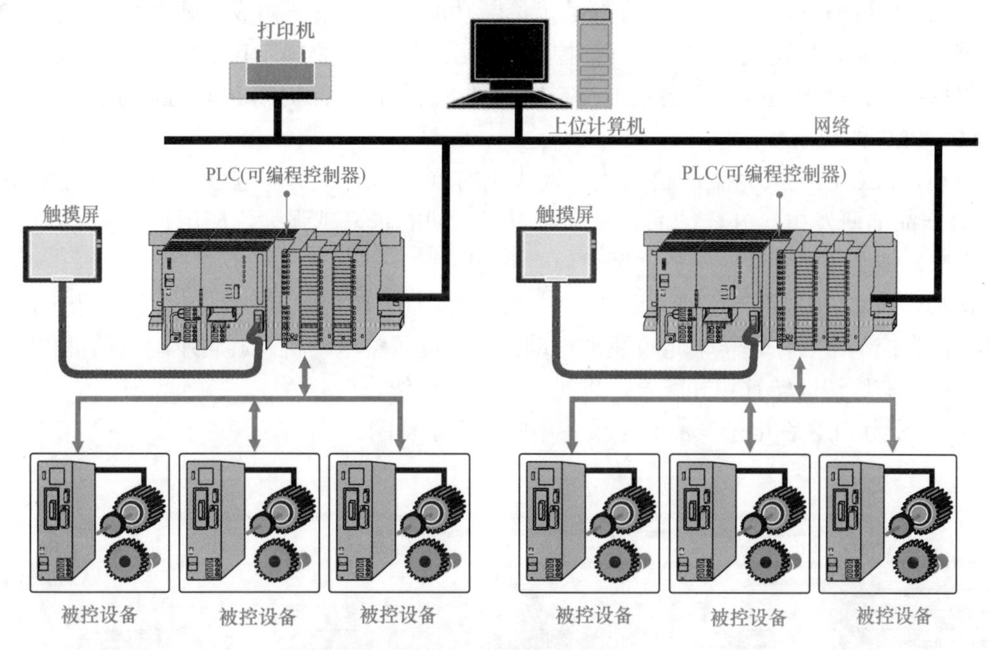

图 1-16　PLC 的通信联网功能图

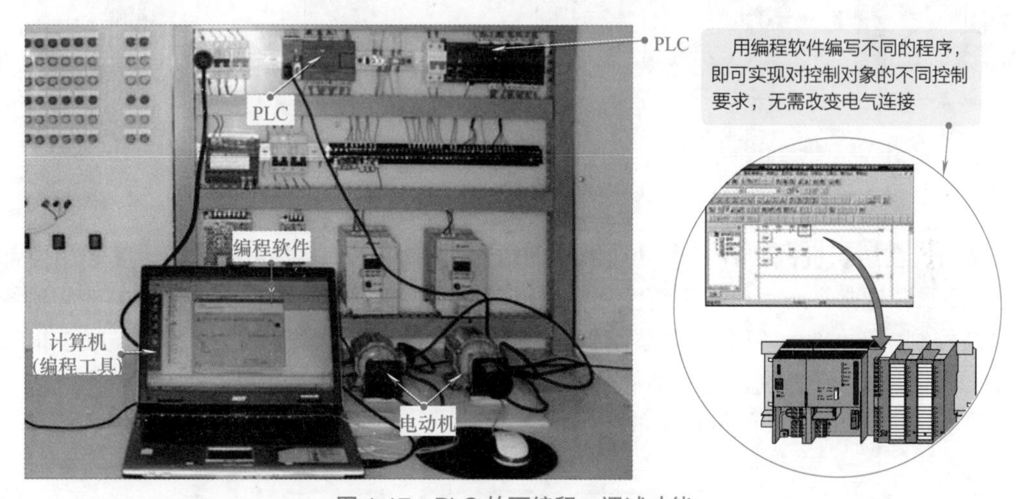

图 1-17　PLC 的可编程、调试功能

⑤ 运动控制功能　PLC 使用专用的运动控制模块，对直线运动或圆周运动的位置、速度和加速度进行控制。该控制功能广泛应用于机床、机器人、电梯等。

⑥ 过程控制功能　过程控制是指对温度、压力、流量、速度等模拟量的闭环控制。作为工业控制计算机，PLC 能编制各种各样的控制算法程序，以完成闭环控制。另外，为了使 PLC 能够完成加工过程中对模拟量的自动控制，还可以实现模拟量（analog）和数字量（digital）之间的 A/D 及 D/A 转换。该控制功能广泛应用于冶金、化工、热处理、锅炉控制等场合。

⑦ 监控功能　操作人员可通过 PLC 的编程器或监视器对定时器、计数器以及逻辑信号状态、数据区的数据进行设定，同时还可对 PLC 各部分的运行状态进行监视。

⑧ 停电记忆功能　PLC 内部设置停电记忆功能（在内部的存储器所使用的 RAM 中设

置了停电保持器件），使断电后该部分存储的信息不变，电源恢复后可继续工作。

⑨ 故障诊断功能　PLC 内部设有故障诊断功能，可对系统构成、硬件状态、指令的正确性等进行诊断。当发现异常时，则会控制报警系统发出报警提示声，同时在监视器上显示错误信息；当故障严重时，则会发出控制指令停止运行，从而提高 PLC 控制系统的安全性。

（2）PLC 的应用

目前，PLC 已经成为生产自动化、现代化的重要标志。众多电子器件生产厂商都投入到 PLC 产品的研发中，PLC 的品种越来越丰富，功能越来越强大，应用也越来越广泛，无论是生产、制造还是管理、检验，都可以看到 PLC。

例如，PLC 在电子产品制造设备中主要用来实现自动控制功能。PLC 在电子产品制造设备中作为控制中心，使传输定位驱动电动机、深度调整电动机、旋转驱动电动机和输出驱动电动机能够协调运转且相互配合，以实现自动化工作。

图 1-18 为 PLC 在电子产品制造设备中的应用示意图。

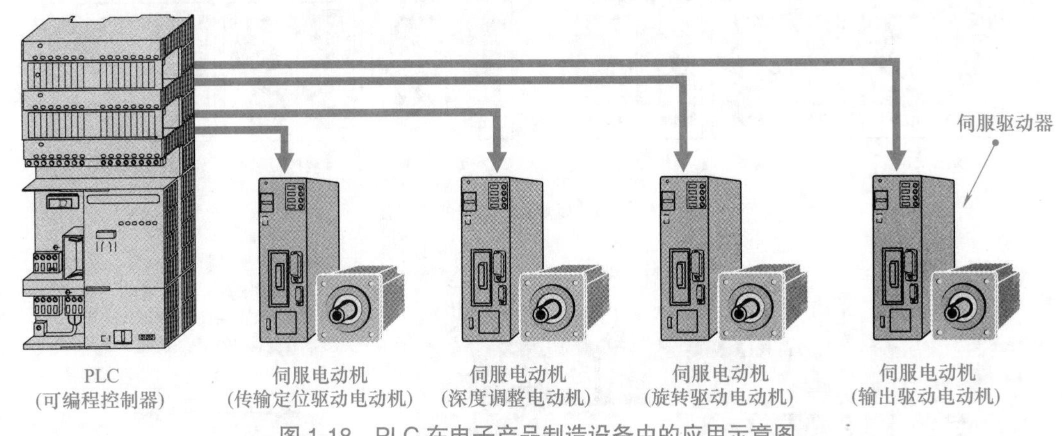

图 1-18　PLC 在电子产品制造设备中的应用示意图

又如，在纺织机械中有多个电动机驱动的传动机构，互相之间的转动速度和相位都有一定的要求。通常，纺织机械系统中的电动机普遍采用通用变频器控制，所有的变频器统一由 PLC 控制。工作时，每套传动系统将速度信号通过高速计数器反馈给 PLC，PLC 根据速度信号即可实现自动控制，使各部件协调一致工作。

图 1-19 为 PLC 在纺织机械中的应用示意图。

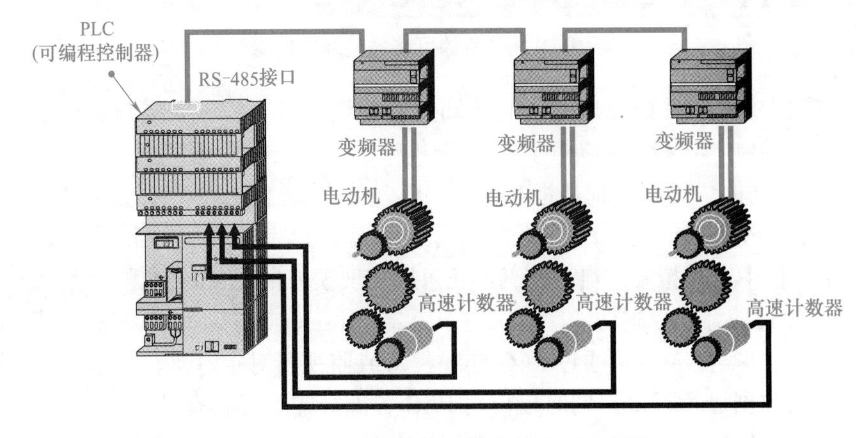

图 1-19　PLC 在纺织机械中的应用示意图

第2章 三菱PLC基本单元与功能模块介绍

随着PLC技术的不断普及，PLC已应用到控制领域的各个方面，其控制对象也越来越多样化。

三菱PLC介绍

在使用三菱PLC的控制系统中，为了实现一些复杂且特殊的控制功能，需将不同功能的产品进行组合或扩展。目前，三菱PLC的主要产品包括PLC基本单元和功能模块，其中功能模块根据功能不同可分为扩展单元、扩展模块、模拟量I/O模块、通信扩展板等特殊功能模块。

图2-1为三菱PLC硬件系统中的产品组成。

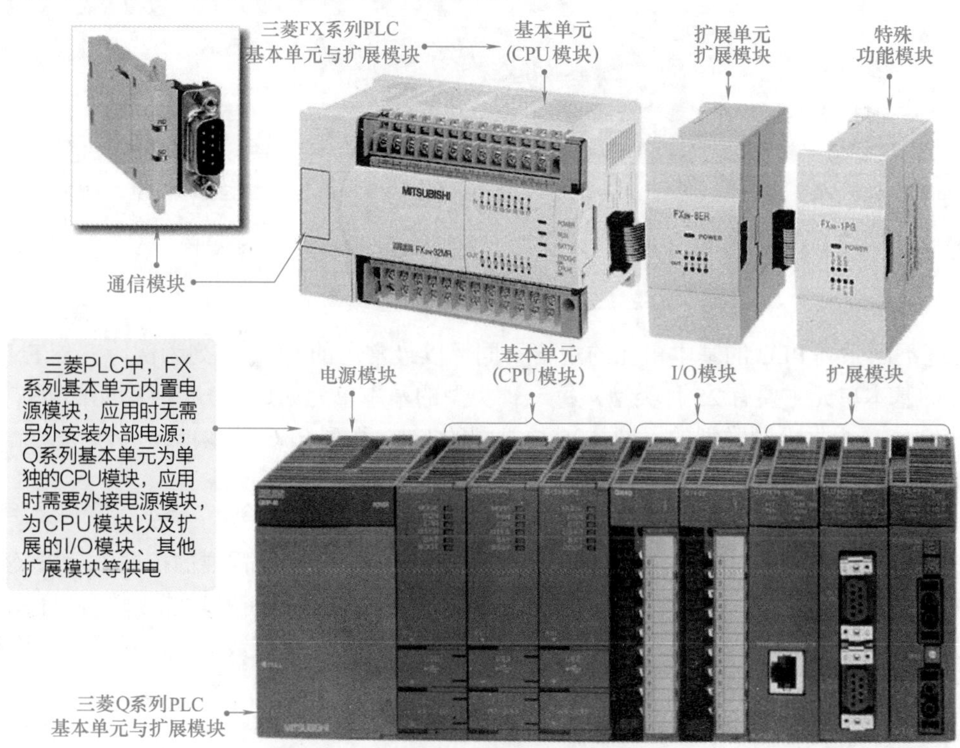

图2-1　三菱PLC硬件系统中的产品组成

2.1 三菱 PLC 的基本单元

三菱 PLC 的基本单元是 PLC 的控制核心（也称为主单元），主要由 CPU、存储器、输入接口、输出接口及电源等构成，是 PLC 硬件系统中的必选单元。下面以三菱 FX 系列 PLC 为例介绍其硬件系统中的产品构成。

三菱 PLC（FX_{2N} 系列）基本单元的端子排列　　三菱 PLC（FX_{2N} 系列）电源回路的规格及外部接线

2.1.1 三菱 FX 系列 PLC 基本单元的规格参数

三菱 FX 系列 PLC 的基本单元也称为 PLC 主机或 CPU 部分，属于集成型小型单元式 PLC，具有完整的性能和通信功能等扩展性。常见 FX 系列 PLC 产品主要有 FX_{1N}、FN_{2N} 和 FN_{3U}，如图 2-2 所示。

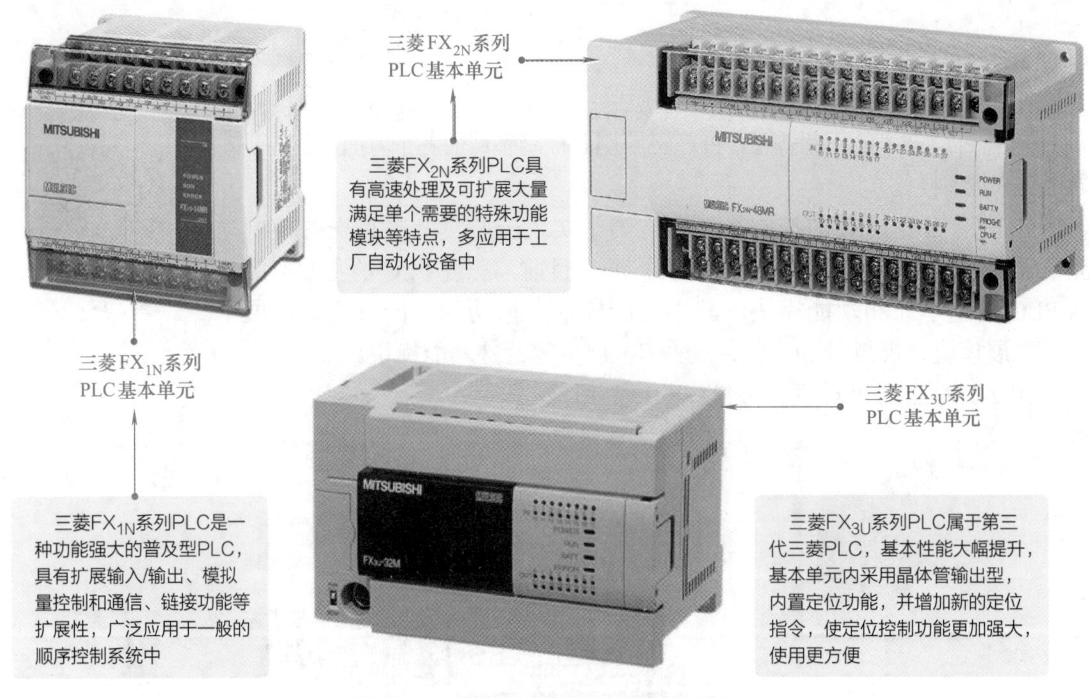

图 2-2　三菱 FX 系列 PLC 的基本单元

三菱不同系列 PLC 的基本单元的规格不同，以最常用的 FN_{2N} 系列为例，三菱 FN_{2N} 系列 PLC 的基本单元主要有 25 种类型，每一种类型的基本单元通过 I/O 扩展单元都可扩展到 256 个 I/O 点。根据电源类型的不同，25 种类型的 FN_{2N} 系列 PLC 基本单元可分为交流电源和直流电源两大类。

表 2-1 为三菱 FX_{2N} 系列 PLC 基本单元的类型及 I/O 点数。

三菱 FX_{2N} 系列 PLC 具有高速处理功能，可扩展多种满足特殊需要的扩展单元以及特殊功能模块（每个基本单元可扩展 8 个，可兼用 FX_{0N} 的扩展单元及特殊功能模块），且具有很大的灵活性和控制能力，如多轴定位控制、模拟量闭环控制、浮点数运算、开平方运算和三角函数运算等。

表 2-2 为三菱 FX_{2N} 系列 PLC 的基本性能技术指标。

表 2-3 为三菱 FX_{2N} 系列 PLC 的输出技术指标。

表 2-1　三菱 FX_{2N} 系列 PLC 基本单元的类型及 I/O 点数

AC 电源、24V 直流输入				
继电器输出	晶体管输出	晶闸管输出	输入点数	输出点数
FX_{2N}-16MR-001	FX_{2N}-16MT-001	FX_{2N}-16MS-001	8	8
FX_{2N}-32MR-001	FX_{2N}-32MT-001	FX_{2N}-32MS-001	16	16
FX_{2N}-48MR-001	FX_{2N}-48MT-001	FX_{2N}-48MS-001	24	24
FX_{2N}-64MR-001	FX_{2N}-64MT-001	FX_{2N}-64MS-001	32	32
FX_{2N}-80MR-001	FX_{2N}-80MT-001	FX_{2N}-80MS-001	40	40
FX_{2N}-128MR-001	FX_{2N}-128MT-001	—	64	64
DC 电源、24V 直流输入				
继电器输出	晶体管输出	输入点数	输出点数	
FX_{2N}-32MR-D	FX_{2N}-32MT-D	16	16	
FX_{2N}-48MR-D	FX_{2N}-48MT-D	24	24	
FX_{2N}-64MR-D	FX_{2N}-64MT-D	32	32	
FX_{2N}-80MR-D	FX_{2N}-80MT-D	40	40	

表 2-2　三菱 FX_{2N} 系列 PLC 的基本性能技术指标

项目	内容
运算控制方式	存储程序、反复运算
I/O 控制方式	批处理方式（在执行 END 指令时），可以使用输入 / 输出刷新指令
运算处理速度	基本指令：0.08μs/ 基本指令；应用指令：1.52μs 至数百微秒 / 应用指令
程序语言	梯形图、语句表、顺序功能图
存储器容量	8 K 步，最大可扩展为 16 K 步（可选存储器，有 RAM、EPROM、EEPROM）
指令数量	基本指令：27 个；步进指令：2 个；应用指令：132 种，309 个
I/O 设置	最多 256 点

表 2-3　三菱 FX_{2N} 系列 PLC 的输出技术指标

项目	内容
输入电压	DC 24 V
输入电流	输入端子 X0 ～ X7：7mA；其他输入端子：5mA
输入开关电流 OFF → ON	输入端子 X0 ～ X7：4.5mA；其他输入端子：3.5mA
输入开关电流 ON → OFF	＜ 1.5mA
输入阻抗	输入端子 X0 ～ X7：3.3kΩ；其他输入端子：4.3kΩ
输入隔离	光隔离
输入响应时间	0 ～ 60ms
输入状态显示	输入 ON 时 LED 灯亮

表 2-4 为三菱 FX_{2N} 系列 PLC 的输入技术指标。

表 2-4　三菱 FX_{2N} 系列 PLC 的输入技术指标

项目		继电器输出	晶体管输出	晶闸管输出
外部电源		AC 250V，DC 30V 以下	DC 5 ～ 30 V	AC 85 ～ 242V
最大负载	电阻负载	2 A/1 点 8A/4 点 COM 8A/8 点 COM	0.5A/1 点 0.8A/4 点	0.3A/1 点 0.8A/4 点
	感性负载	80V · A	12W/DC 24V	15V · A/AC 100V 30V · A/AC 200V
	灯负载	100W	1.5W/DC 24V	30W

续表

项目		继电器输出	晶体管输出	晶闸管输出
响应时间	OFF → ON	约 10ms	0.2ms 以下	1ms 以下
	ON → OFF		0.2ms 以下（24 V/200mA 时）	最大 10ms
开路漏电流		—	0.1mA 以下，DC 30V	1mA/AC 100V 2mA/AC 200V
电路隔离		继电器隔离	光电耦合器隔离	光敏晶闸管隔离
输出状态显示		继电器通电时 LED 灯亮	光电耦合器隔离驱动时 LED 灯亮	光敏晶闸管驱动时 LED 灯亮

三菱 FX 系列 PLC 的命名规则

2.1.2　三菱 FX 系列 PLC 基本单元的命名规则

三菱 FX 系列 PLC 基本单元的型号标识中，包括系列名称、I/O 点数、基本单元、输出形式、特殊品种等基本信息。

图 2-3 为三菱 FX 系列 PLC 基本单元型号的命名规则。

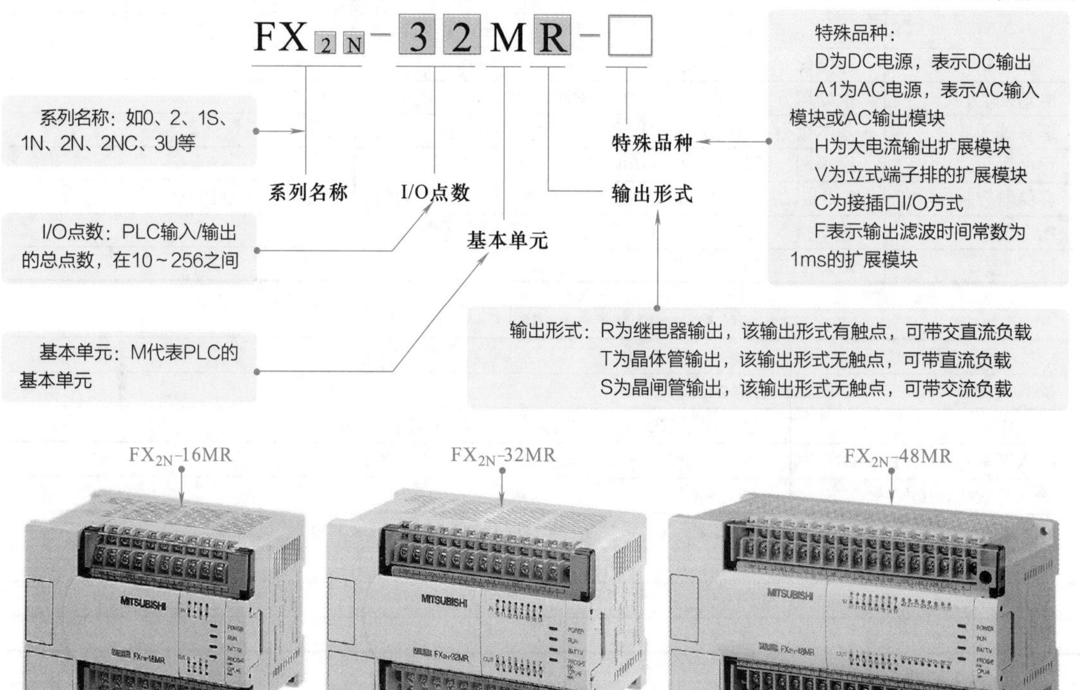

图 2-3　三菱 FX 系列 PLC 基本单元型号的命名规则

提示说明

若在三菱 FX 系列 PLC 基本单元型号标识上特殊品种一项无标记，则默认为 AC 电源、DC 输入、横式端子排、标准输出。

2.2 三菱 PLC 的功能模块

三菱 PLC 功能模块是指具有某种特定功能的扩展性单元，用于与 PLC 基本单元配合使用，用以扩展基本单元的功能、特性和适用范围。如使用 I/O 模块扩展输入、输出接口数量，使用定位模块补充基本单元的定位功能等。

在三菱 FX 系列 PLC 中，常用的功能模块主要包括扩展单元、扩展模块、模拟量 I/O 模块、通信扩展板、定位控制模块、高速计数模块及其他扩展模块。

三菱 PLC（FX_{2N} 系列）扩展设备的组成与选型

2.2.1 扩展单元

扩展单元是一个独立的扩展设备，通常接在 PLC 基本单元的扩展接口或扩展插槽上，用于增加三菱 PLC 基本单元的 I/O 点数及供电电流的装置。三菱 PLC 的扩展单元内部设有电源，但无 CPU，因此需要与基本单元同时使用。当扩展组合供电电流总容量不足时，就需在 PLC 硬件系统中增设扩展单元进行供电电流容量的扩展。

图 2-4 为三菱 FX_{2N} 系列 PLC 中的扩展单元实物图。

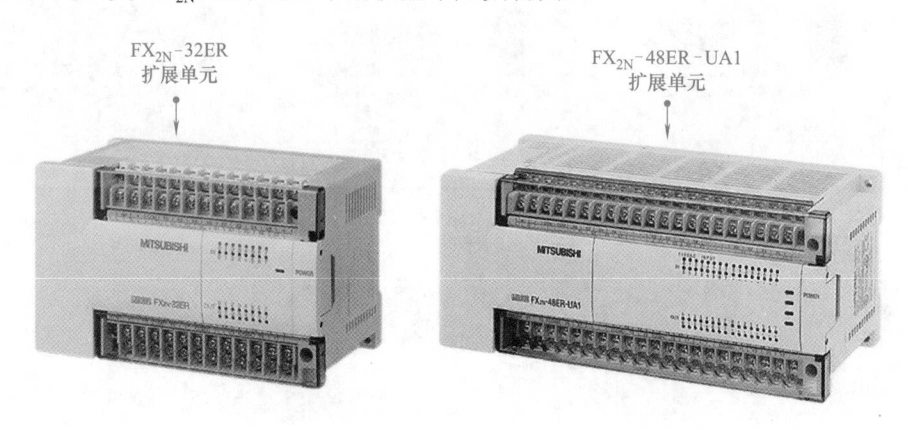

图 2-4　三菱 FX_{2N} 系列 PLC 中的扩展单元实物图

三菱 FX 系列 PLC 扩展单元的型号标识与基本单元类似，不同的是由字母 E 作为扩展单元的字母代号。

图 2-5 为三菱 FX_{2N} 系列 PLC 扩展单元型号命名规则。

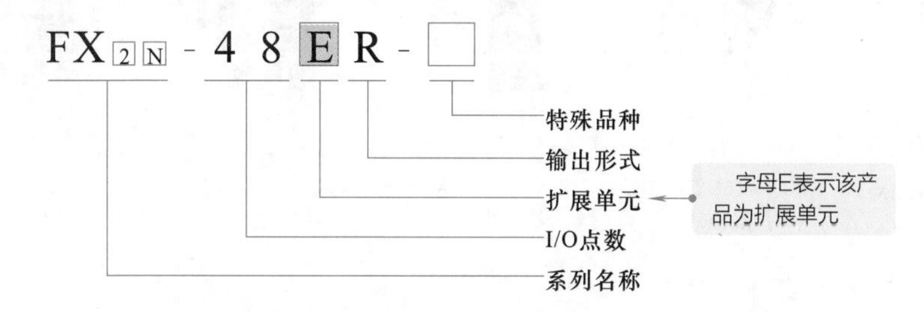

图 2-5　三菱 FX_{2N} 系列 PLC 扩展单元型号命名规则

三菱 FX_{2N} 系列 PLC 的扩展单元主要有 6 种类型。根据输出类型的不同，6 种类型的 FX_{2N} 系列 PLC 扩展单元可分为继电器输出和晶体管输出两大类，如表 2-5 所示。

表 2-5　三菱 FX_{2N} 系列 PLC 扩展单元的类型及 I/O 点数

继电器输出	晶体管输出	I/O 点总数	输入点数	输出点数	输入电压	类型
FX_{2N}-32ER	FX_{2N}-32ET	32	16	16	DC 24V	漏型
FX_{2N}-48ER	FX_{2N}-48ET	48	24	24		
FX_{2N}-48ER-D	FX_{2N}-48ET-D	48	24	24		

2.2.2　扩展模块

三菱 FX_{2N} 系列 PLC 的扩展模块是用于增加 PLC 的 I/O 点数及改变 I/O 比例的装置。图 2-6 为三菱 FX_{2N} 系列 PLC 中的扩展模块实物图。

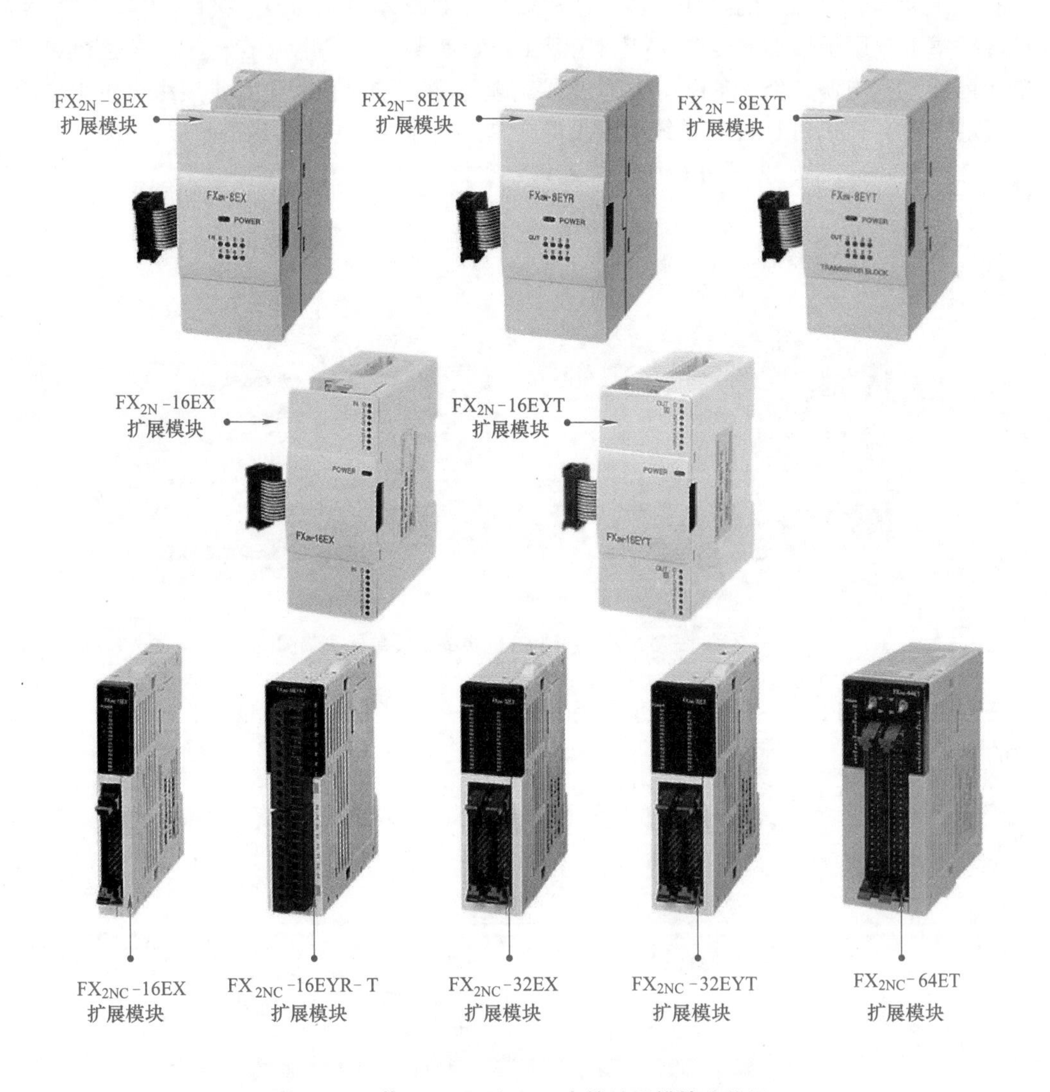

图 2-6　三菱 FX_{2N} 系列 PLC 中的扩展模块实物图

三菱 FX_{2N} 系列 PLC 的扩展模块型号标识规则与扩展单元基本相同，不同的是输入 / 输出形式部分由不同的字母表示不同含义，如图 2-7 所示。

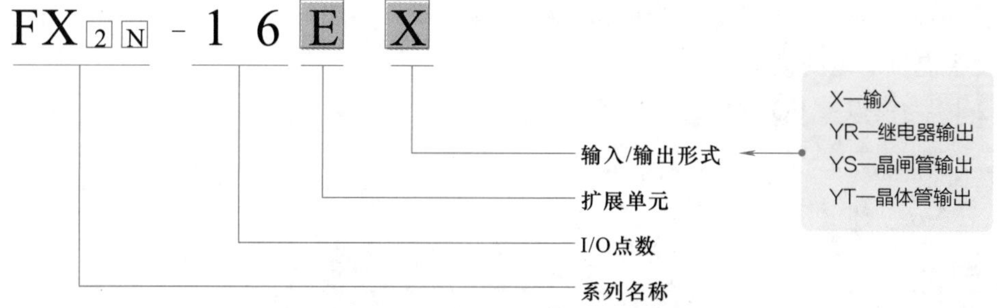

图 2-7　三菱 FX_{2N} 系列 PLC 扩展模块型号命名规则

提示说明

三菱 PLC 的扩展模块内部无电源和 CPU，因此需要与基本单元配合使用，并由基本单元或扩展单元供电，如图 2-8 所示。

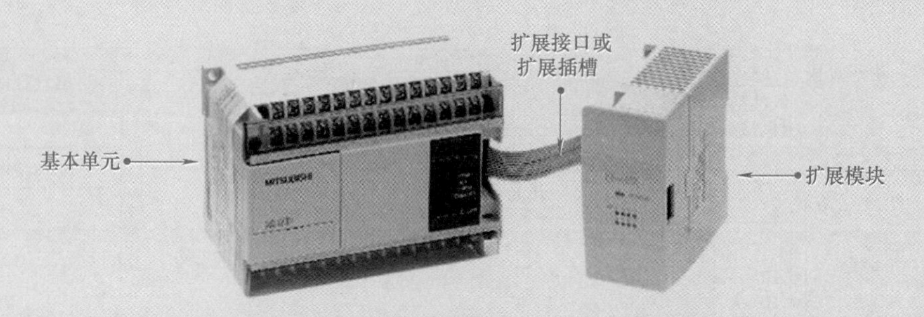

图 2-8　三菱 PLC 的扩展模块与基本单元的连接

扩展模块与扩展单元的功能基本相同。两者不同的是，扩展单元自带电源模块，还可对外提供 24V 直流电，包括输入接口和输出接口，I/O 点数一般为 32 点、40 点和 48 点；而扩展模块内部无电源，由基本单元或扩展单元供电，只包括输入接口或输出接口，I/O 点数较少，一般为 8 点和 16 点。扩展模块与扩展单元内均无 CPU，因此均需要与基本单元一起使用。

2.2.3　模拟量 I/O 模块

模拟量 I/O 模块包含模拟量输入模块和模拟量输出模块两大部分。其中模拟量输入模块也称为 A/D 模块，它是将连续变化的模拟输入信号转换成 PLC 内部所需的数字信号；模拟量输出模块也称为 D/A 模块，它是将 PLC 运算处理后的数字信号转换为外部所需的模拟信号。

图 2-9 为三菱 PLC 模拟量 I/O 模块实物图。

模拟量 I/O 模块的作用：将连续变化的模拟信号（如压力、温度、流量等模拟信号）送入模拟量输入模块中，经循环多路开关后进行 A/D 转换，再经过缓冲区 BFM 后为 PLC 提供一定位数的数字信号。PLC 将接收到的数字信号根据预先编写好的程序进行运算处理，并将运算处理后的数字信号输入到模拟量输出模块中，经缓冲区 BFM 后再进行 D/A 转换，为生产设备提供一定的模拟控制信号。

图 2-10 为模拟量 I/O 模块的工作流程。

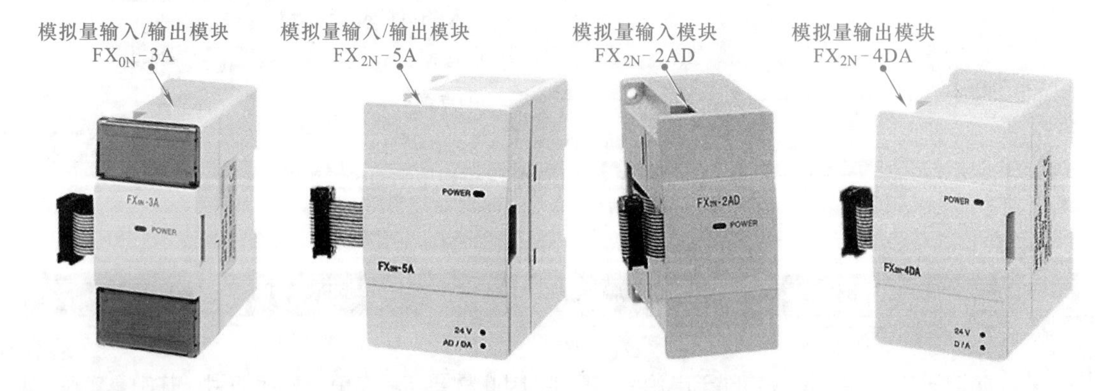

图 2-9　三菱 PLC 模拟量 I/O 模块实物图

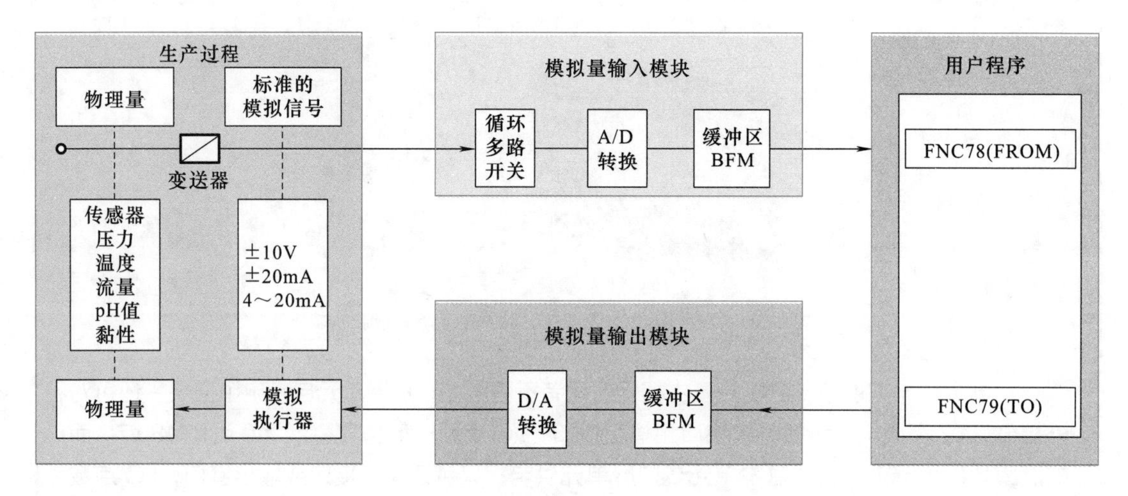

图 2-10　模拟量 I/O 模块的工作流程

提示说明

在三菱 PLC 模拟量输入模块的内部，DC 24V 电源经 DC/DC 转换器转换为 ±15V 和 5V 开关电源，为模拟输入单元提供所需工作电压；同时模拟输入单元接收 CPU 发送来的控制信号，经光电耦合器后控制多路开关闭合，通道 CH1（或 CH2、CH3、CH4）输入的模拟信号经多路开关后进行 A/D 转换，再经光电耦合器后为 CPU 提供一定位数的数字信号，如图 2-11 所示。

不同型号的模拟量 I/O 模块的具体规格参数不同，以 FX_{2N}-4AD 模拟量输入模块和 FX_{2N}-5A 模拟量 I/O 模块为例进行简单介绍。

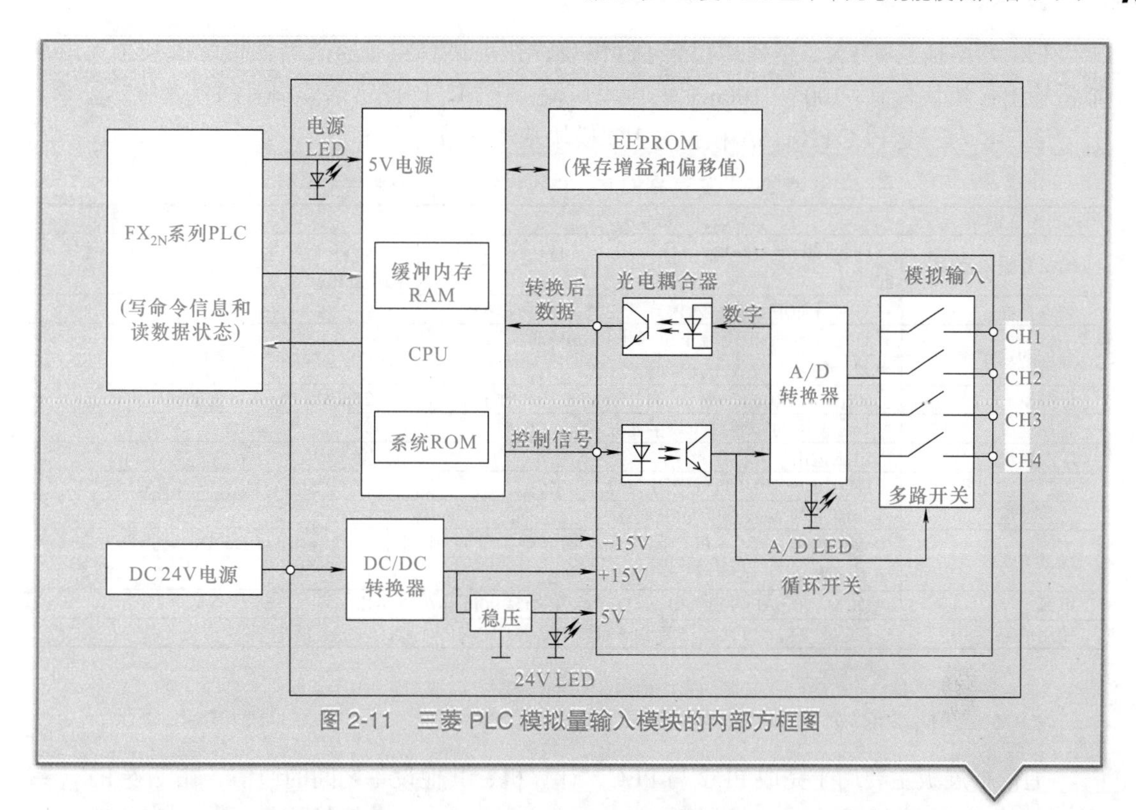

图 2-11　三菱 PLC 模拟量输入模块的内部方框图

FX_{2N}-4AD 模拟量输入模块用于将通道输入的模拟电信号（如电流或电压）转换成一定位数的数字信号。该模块共有 4 个输入通道，与基本单元之间通过缓冲区 BFM 进行数据交换，且消耗基本单元或有源扩展单元 5V 电源槽 30mA 的电流。

表 2-6、表 2-7 为三菱 PLC FX_{2N}-4AD 模拟量输入模块的基本参数和电源指标及其他性能参数。

表 2-6　三菱 PLC FX_{2N}-4AD 模拟量输入模块的基本参数

输入通道数量	4 个
最大分辨率	12 位
模拟值范围	DC−10 ～ 10V（分辨率为 5mV）或 4 ～ 20mA、−20 ～ 20mA（分辨率为 20 μA）
BFM 数量	32 个（每个 16 位）
占用扩展总线数量	8 个点（可分配成输入或输出）

表 2-7　三菱 PLC FX_{2N}-4AD 模拟量输入模块的电源指标及其他性能参数

模拟电路		DC 24 V（1±10%）/55mA（来自基本单元的外部电源）
数字电路		DC 5V/30mA（来自基本单元的内部电源）
耐压绝缘电压		AC 5000V/1min
模拟输入范围	电压输入	DC−10 ～ 10V（输入阻抗 200kΩ）
	电流输入	DC−20 ～ 20mA（输入阻抗 250Ω）
数字输出		12 位的转换结果以 16 位二进制补码方式存储，最大值＋2047，最小值 −2048
分辨率	电压输入	5mV（10 V 默认范围 1/2000）
	电流输入	20μA（20mA 默认范围 1/1000）
转换速度		常速：15ms/ 通道；高速：6ms/ 通道

FX_{2N}-5A 是三菱 FX_{2N} 系列模拟量 I/O 模块，该模块具有 4 通道模拟量输入和 1 通道模拟量输出；模块具有 −100 ～ 100mV 的微电压输入范围，因此不需要信号转换器等。

表 2-8 为三菱 PLC FX_{2N}-5A 模拟量 I/O 模块基本参数。

表 2-8　三菱 PLC FX_{2N}-5A 模拟量 I/O 模块基本参数

A/D 模块	电压输入	电流输入
模拟量输入范围	DC−100 ～ 100 mV、DC−10 ～ 10V(输入电阻 200kΩ)	DC−20 ～ 20mA、DC4 ～ 20mA (输入电阻 250Ω)
输入特性	可对各通道设定输入模式（电压、电流输入）	
有效的数字量输出	11 位二进制 + 符号 1 位（±100mV 时）、15 位二进制 + 符号 1 位（±10V 时）	14 位二进制 + 符号 1 位
分辨率	50μV（±100mV 时）、312.5mV(±10V 时)	1.25mA、10mA（根据使用模式）
转换速度	1ms 使用的通道数（数字滤波功能 OFF 时）	
D/A 模块	电压输出	电流输出
模拟量输出范围	DC−10 ～ 10V(负载电阻 2kΩ ～ 1MΩ)	DC0 ～ 20mA、DC4 ～ 20mA(500Ω 以下)
转换速度	2ms(数字滤波功能 OFF 时)	
隔离方式	模拟量输入部分 -PLC 间：光电耦合器；电源 - 模拟量输入输出间：DC/DC 转换器；各通道间不隔离	
电源	DC5V/70mA(内部供电)、DC24V±10% 90mA(外部供电)	
使用的三菱 PLC	FX_{1N}、FX_{2N}、FX_{3U}、FX_{2NC}（需要 FX_{2NC}-CNV-IF）、FX_{3UC} 三菱 PLC	

2.2.4　通信扩展板

通信扩展板主要用于完成 PLC 与 PLC、计算机、其他设备之间的通信。在三菱 FX_{2N} 系列 PLC 中主要有 RS-232 通信扩展板 FX_{2N}-232-BD、RS-485 通信扩展板 FX_{2N}-485-BD、RS-422 通信扩展板 FX_{2N}-422-BD 等。

图 2-12 为三菱 FX_{2N} 系列 PLC 中的通信扩展板实物图。

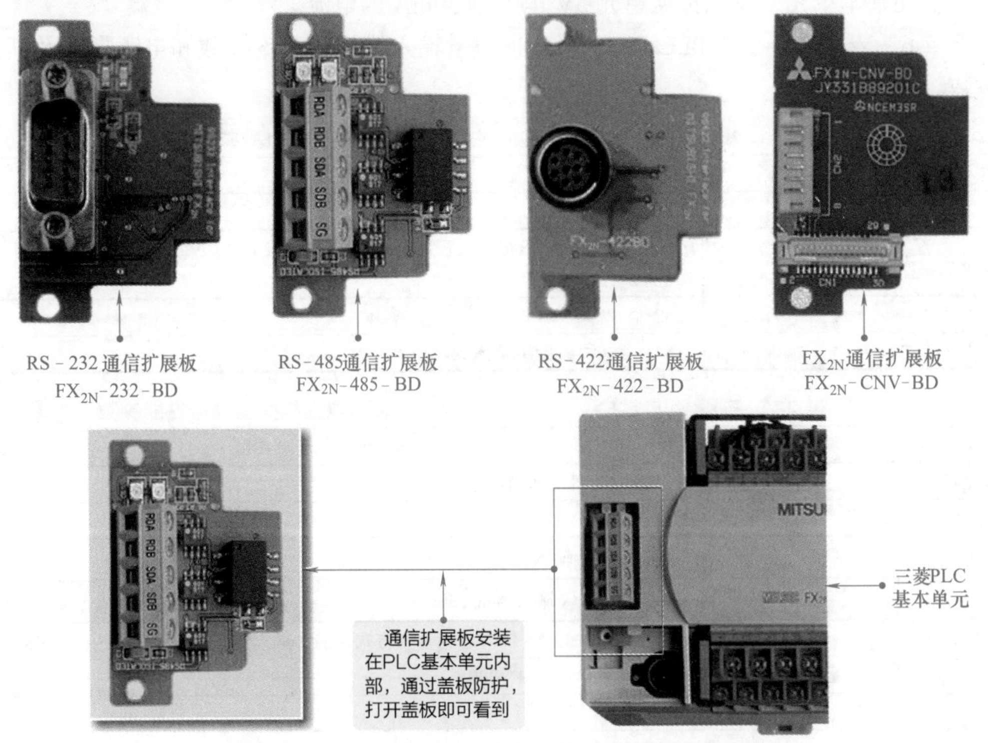

图 2-12　三菱 FX_{2N} 系列 PLC 中的通信扩展板实物图

（1）RS-232 通信扩展板 FX_{2N}-232-BD

RS-232 通信扩展板 FX_{2N}-232-BD 是根据 RS-232C 传输标准连接 PLC 与其他设备（如计算机、打印机等）的扩展板，一般用于程序的传输，在 FX_{2N} 系列 PLC 基本单元内仅可装入一块。表 2-9 为 RS-232 通信扩展板 FX_{2N}-232-BD 的通信规格参数。

表 2-9　RS-232 通信扩展板 FX_{2N}-232-BD 的通信规格参数

规格	内容	规格	内容
适用 PLC	FX_{2N} 系列	奇偶校验	无、奇数、偶数
传送规格	RS-485/RS-422	停止位	1 位、2 位
传送距离	50m	波特率	300/600/1200/4800/9600/19200bit/s
消耗电流	30mA/DC 5V	绝缘方式	非绝缘
通信方式	半双工通信	帧头和帧尾	无或任意数据
数据长度	7 位、8 位	可连接设备	任意带有 RS-232 接口的设备

（2）RS-485 通信扩展板 FX_{2N}-485-BD

RS-485 通信扩展板 FX_{2N}-485-BD 是用于与计算机、其他 PLC 之间进行数据传送的扩展板，在 FX_{2N} 系列 PLC 基本单元内仅可装入一块（若与 FX_{2N} 通信扩展板 FX_{2N}-CNV-BD 同时使用，可进行两台 FX_{2N} 系列 PLC 基本单元的并行连接）。表 2-10 为 RS-485 通信扩展板 FX_{2N}-485-BD 的通信规格参数。

表 2-10　RS-485 通信扩展板 FX_{2N}-485-BD 的通信规格参数

规格	内容	规格	内容
适用 PLC	FX_{2N} 系列	波特率	300/600/1200/4800/9600/19200bit/s
传送规格	RS-485/RS-422	绝缘方式	非绝缘
传送距离	50m	帧头	无或任意数据
消耗电流	60mA/DC 5 V	控制线	无、硬件、调制解调器方式
通信方式	半双工通信	和校验	附加码或无
数据长度	7 位、8 位	结束符号	无或任意数据
奇偶校验	无	协议和步骤	专用协议
停止位	1 位、2 位	可连接设备	计算机连接、并行连接、简易 PLC 连接

（3）RS-422 通信扩展板 FX_{2N}-422-BD

RS-422 通信扩展板 FX_{2N}-422-BD 用于连接编程工具（一次只能连接一个）、外围设备、人机界面以及数据存储单元（可连接两个），在 FX_{2N} 系列 PLC 基本单元内仅可装入一块，且不能与 RS-232 通信扩展板 FX_{2N}-232-BD、RS-485 通信扩展板 FX_{2N}-485-BD 同时使用。表 2-11 为 RS-422 通信扩展板 FX_{2N}-422-BD 的通信规格参数。

表 2-11　RS-422 通信扩展板 FX_{2N}-422-BD 的通信规格参数

规格	内容	规格	内容
适用 PLC	FX_{2N} 系列	绝缘方式	非绝缘
传送规格	RS-422	通信协议和程序	专用、编程规定

续表

规格	内容	规格	内容
消耗电流	30mA/DC 5V（由基本单元供电）	可连接设备	数据存储单元（DU）、人机界面（GOT）、编程工具
传送距离	50m		

提示说明

在目前应用比较广泛的 FX_{3U} 系列中，常用的通信扩展板主要有 FX_{3U}-232-BD、FX_{3U}-422-BD 和 FX_{3U}-485-BD，通常将通信扩展板嵌入在 PLC 基本单元内，不占用外部的安装空间，如图 2-13 所示。

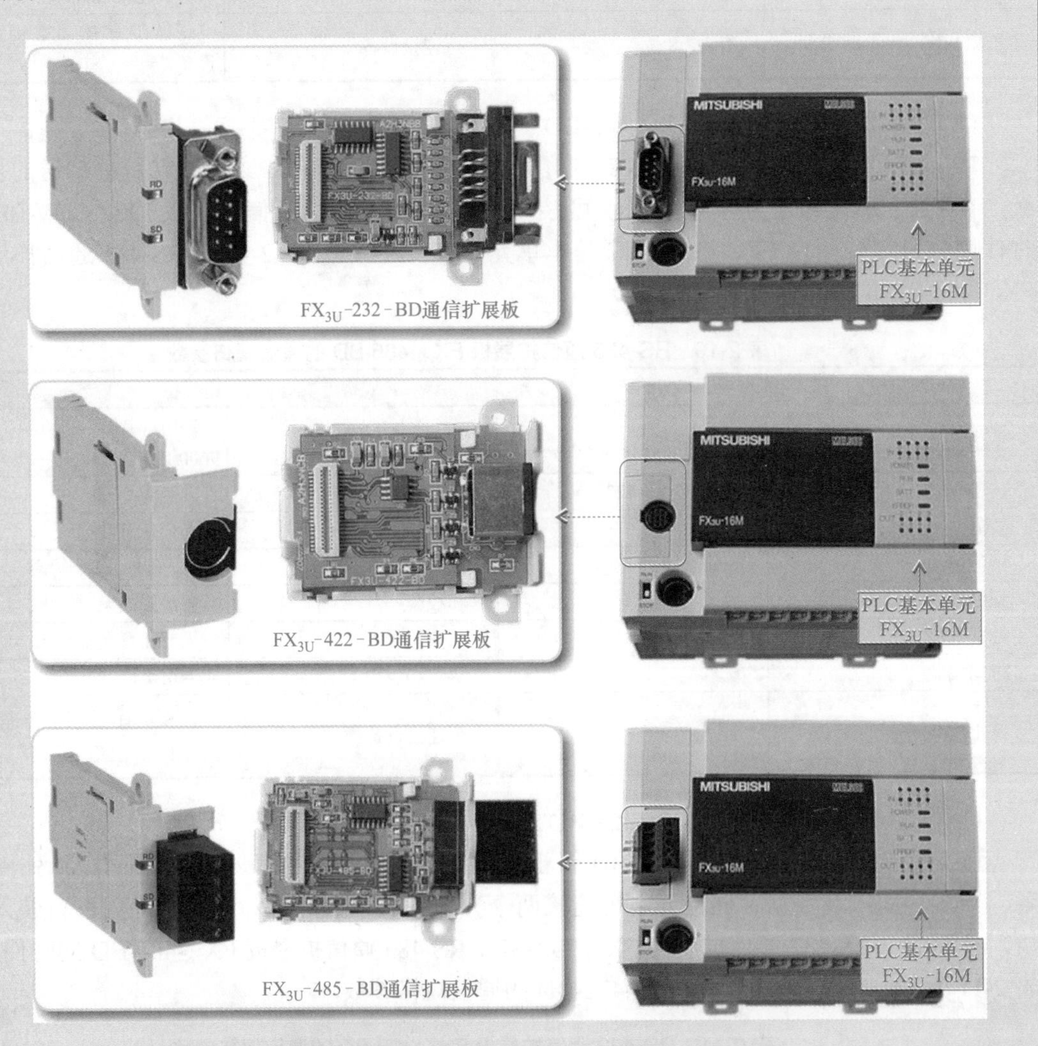

图 2-13　三菱 FX_{3U} 系列 PLC 常用的通信扩展板

2.2.5　定位控制模块

定位控制模块是对电动机迅速停机和准确定位的功能模块。电动机在切断电源后由于惯性作用，还要继续旋转一段时间后才能完全停止。但在实际生产过程中有时要求电动机能迅速停机和准确定位，此时定位控制显得尤为重要。

当所控制的机械设备要求定位控制时，需在 PLC 系统中加入定位控制模块，如通过脉冲输出模块 FX_{2N}-1PG 和定位控制模块 FX_{2N}-10GM 等实现机械设备的一点或多点的定位控制。图 2-14 为定位控制模块实物图，其规格参数如表 2-12 所示。

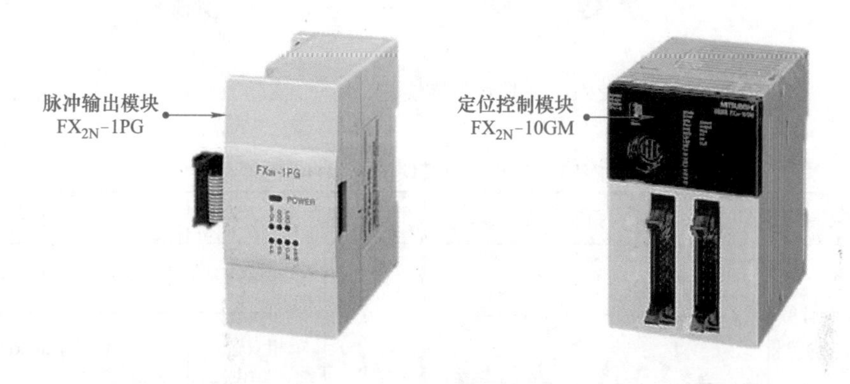

图 2-14　定位控制模块实物图

表 2-12　定位控制模块的规格参数

<table>
<tr><th rowspan="2">规格参数</th><th colspan="4">内容</th></tr>
<tr><th colspan="2">FX_{2N}-1PG</th><th colspan="2">FX_{2N}-10GM</th></tr>
<tr><td>控制轴数</td><td colspan="2">1 轴，不能做插补控制</td><td colspan="2">1 轴</td></tr>
<tr><td>输入 / 输出占用点数</td><td colspan="4">每台占用 PLC 的 8 个输入 / 输出点数</td></tr>
<tr><td>脉冲输出方式</td><td colspan="2">开式连接器，晶体管输出，DC 24V/20mA 以下</td><td colspan="2">开式连接器，晶体管输出，DC 5 ～ 24V</td></tr>
<tr><td rowspan="5">控制输入</td><td>操作系统</td><td>STOP</td><td rowspan="2">操作系统</td><td rowspan="2">MANU、FWD、RVS/ZRN、START、STOP、手控脉冲器、步进运转输入</td></tr>
<tr><td>机械系统</td><td>DOG</td></tr>
<tr><td>支持系统</td><td>PGO、正转界限、反转界限等</td><td>机械系统</td><td>DOG、LSF、LSR、中断 7 点</td></tr>
<tr><td colspan="2" rowspan="2">其他输入接在 PLC 上</td><td>伺服系统</td><td>SVRDY、SVEND、PG0</td></tr>
<tr><td>通用</td><td>X0 ～ X3</td></tr>
<tr><td>控制输出</td><td colspan="2">支持系统 FP、FRC、CLR</td><td colspan="2">伺服系统 FP、RF、CLR，通用 Y0 ～ Y5</td></tr>
</table>

2.2.6　高速计数模块

高速计数模块主要用于对 PLC 控制系统中的脉冲数进行计数。在 PLC 基本单元内一般设置有高速计数器；但当工业应用中超过内部计数器的工作频率时，需在 PLC 硬件系统中配置高速计数器模块。

图2-15为三菱FX_{2N}系列中常用的高速计数模块FX_{2N}-1HC实物图，其规格参数如表2-13所示。该计数模块通过PLC的指令或外部输入可进行计数的复位或启动。

图2-15　高速计数模块FX_{2N}-1HC实物图

表2-13　高速计数模块FX_{2N}-1HC的规格参数

规格参数		内容	规格参数		内容
计数范围	32位二进制计数器	-2147483648～+2147483648	最大频率	单相单输入	不超过50 kHz
				单相双输入	每个不超过50 kHz
	16位二进制计数器	～65535（上限可由用户指定）		双相双输入	不超过50 kHz（1倍数） 不超过25 kHz（2倍数） 不超过12.5 kHz（3倍数）
计数方式		单相双输入或双相双输入时自动向上/向下 单相单输入时，向上/向下由PLC指令或外部输入端子确定	信号等级		5 V、12V和24V，由端子的连接进行选择
比较类型		YH直接输入，通过硬件比较器处理 YS软件比较器处理后输出，最大延迟时间为300ms	输出类型		NPN开路输出，2.5～24V，DC 0.5A/点
电源		由基本单元或电源扩展单元提供DC 5V/90mA电源	辅助功能		可通过PLC参数设置模式和比较结果 可监视当前值、比较结果和误差状态
占用输入/输出点数		占用8个输入点或输出点	适用PLC		FX_{1N}系列、FX_{2N}系列FX_{2NC}系列

2.2.7　其他扩展模块

在常见的三菱PLC产品中，除了上述功能模块外，还有其他功能的扩展模块，如热电偶温度传感器输入模块、凸轮控制模块等，如图2-16所示。

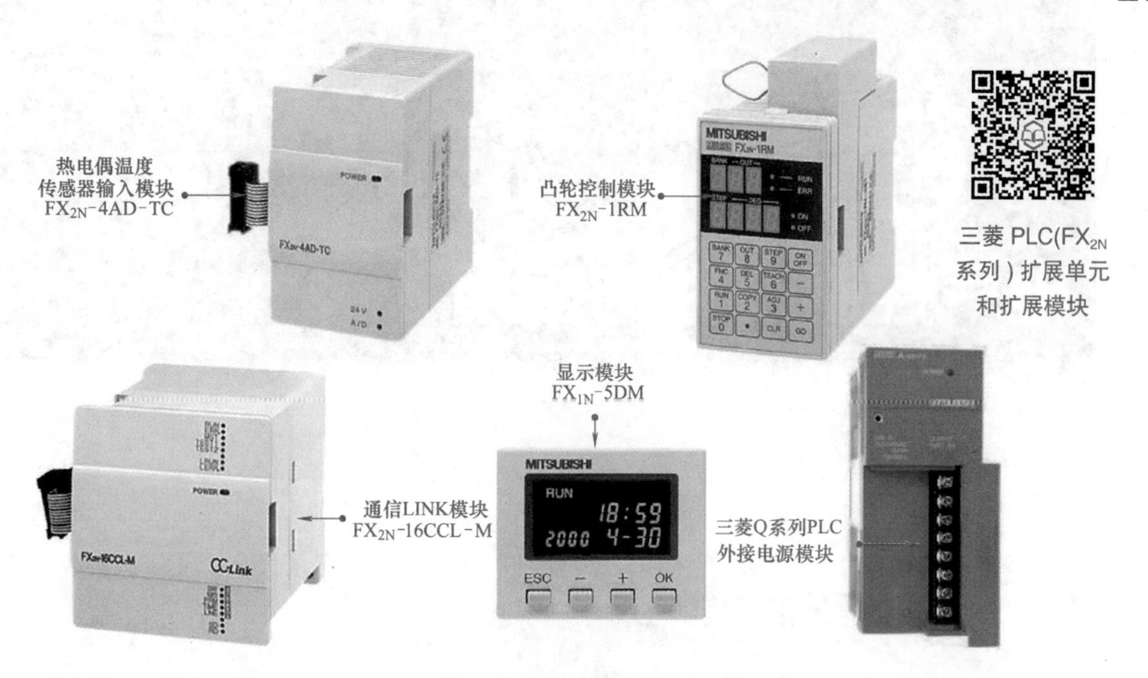

三菱 PLC(FX2N 系列）扩展单元和扩展模块

图 2-16　其他扩展模块实物图

第3章 电气控制部件的应用

3.1 电源开关的功能特点

3.1.1 电源开关的结构

电源开关的结构和控制方式

电源开关在PLC控制电路中主要用于接通或断开整个电路系统的供电电源。目前，在PLC控制电路中常采用断路器作为电源开关使用。

断路器是一种切断和接通负荷电路的器件，具有过载自动断路保护的功能，如图3-1所示。

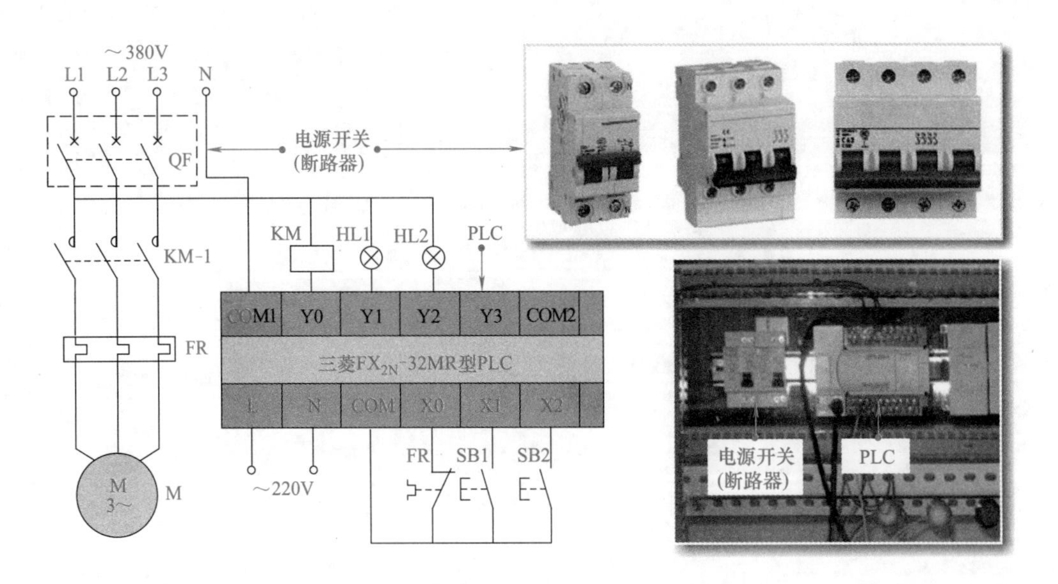

图3-1 PLC控制电路中的电源开关（断路器）

断路器作为电路的通断控制部件，从外观来看，主要由输入端子、输出端子、操作手柄构成，如图3-2所示。其中，输入端子、输出端子分别连接供电电源和负载设备，操作手柄用于控制断路器内开关触点的通断状态。

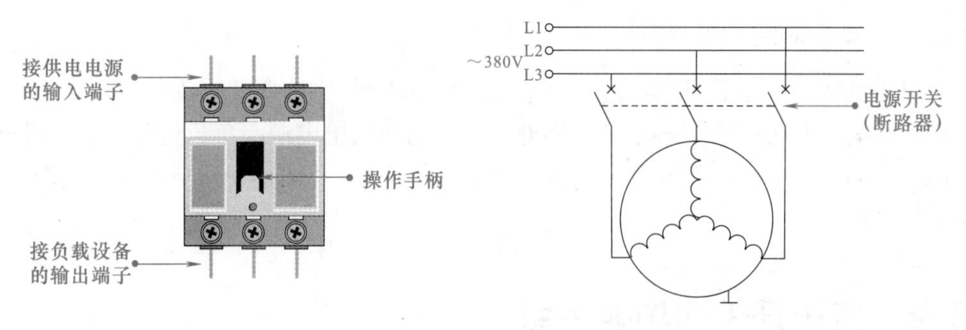

图 3-2　电源开关（断路器）的外部结构

拆开断路器的塑料外壳可以看到，其主要是由塑料外壳、灭弧装置、脱扣器装置、触点、接线端子、操作手柄等构成的，如图 3-3 所示。

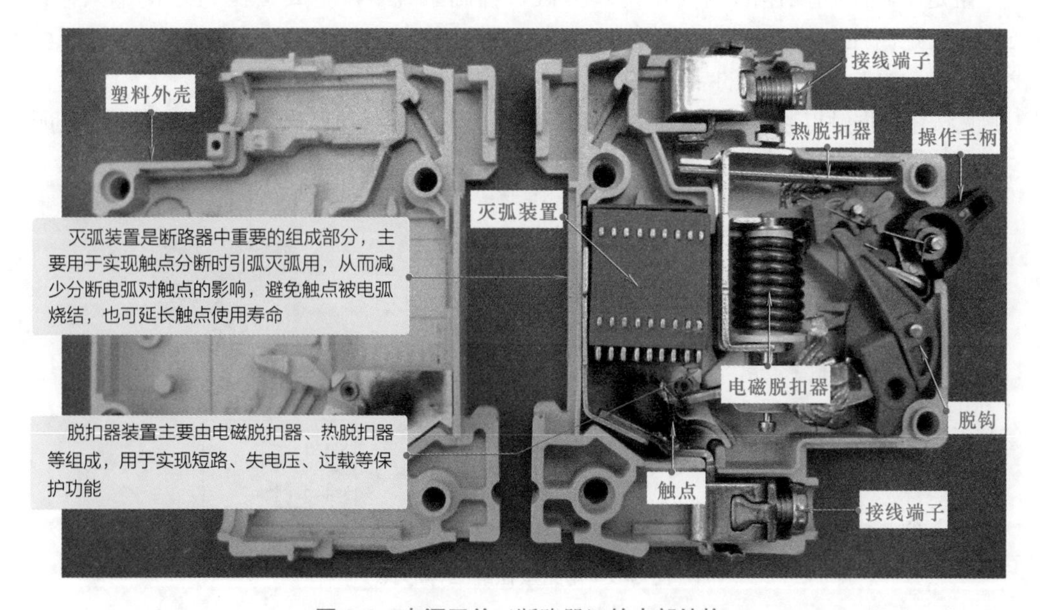

图 3-3　电源开关（断路器）的内部结构

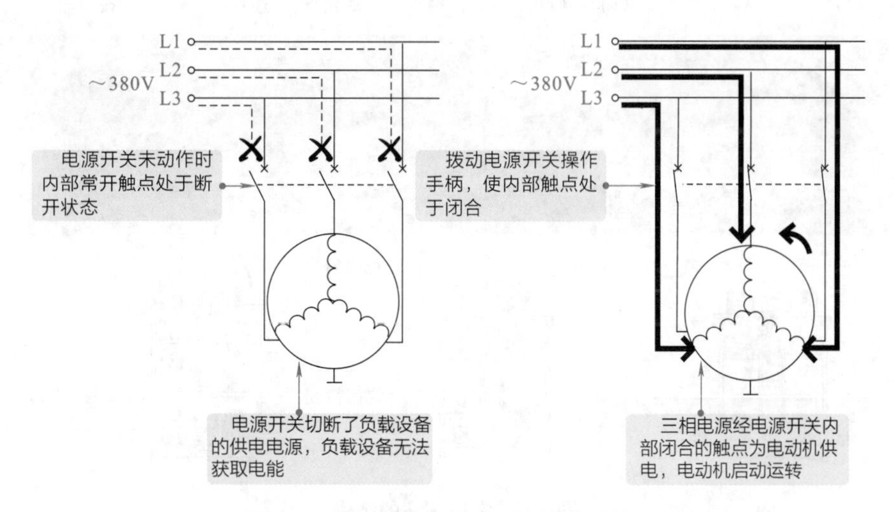

图 3-4　电源开关（断路器）的控制过程

3.1.2 电源开关的控制过程

电源开关的控制过程就是其内部触点接通或切断两侧电路的过程，如图 3-4 所示。当电源开关未动作时，其内部常开触点处于断开状态，切断供电电源，负载设备无法获得电源；拨动电源开关的操作手柄，其内部常开触点处于闭合状态，供电电源经电源开关后送入电路中，负载设备得电。

3.2 按钮开关的功能特点

3.2.1 按钮开关的结构

按钮是一种手动操作的电气开关。在 PLC 控制系统中，主要接在 PLC 的输入接口上，用来发出远距离控制信号或指令，向 PLC 内控制程序发出启动、停止等指令，从而达到对负载的控制，如控制电动机的启动、停止、正 / 反转。

常见按钮根据触点通断状态不同，有常开按钮、常闭按钮和复合按钮三种，如图 3-5 所示。

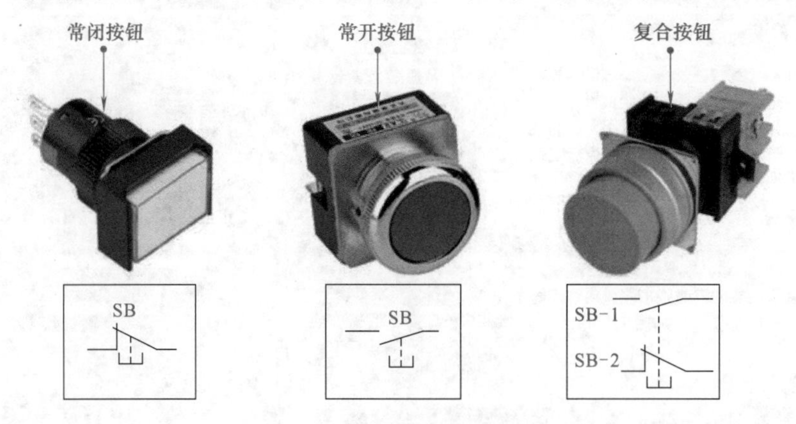

图 3-5 常见按钮的三种形式

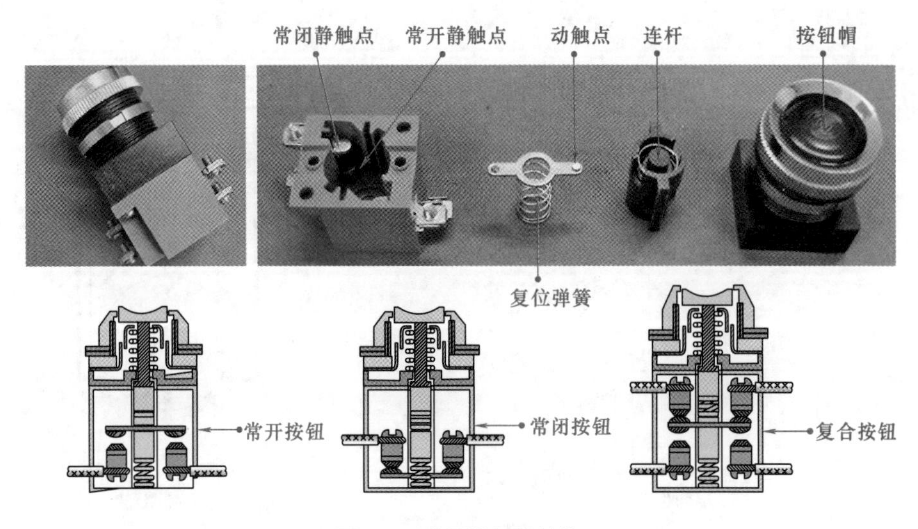

图 3-6 常见按钮的结构

不同类型的按钮，内部触点的初始状态不同。拆开按钮外壳可以看到，按钮内部主要是由按钮帽（操作头）、连杆、复位弹簧、动触点、常开静触点或常闭静触点等组成的，如图 3-6 所示。

3.2.2　按钮开关的控制过程

按钮的控制关系比较简单，主要通过内部触点的闭合、断开状态来控制电路的接通、断开。根据按钮的结构不同，其控制过程有一定差别。

（1）常开按钮的控制过程

在 PLC 控制电路中，常用的常开按钮主要为不闭锁的常开按钮，如图 3-7 所示。

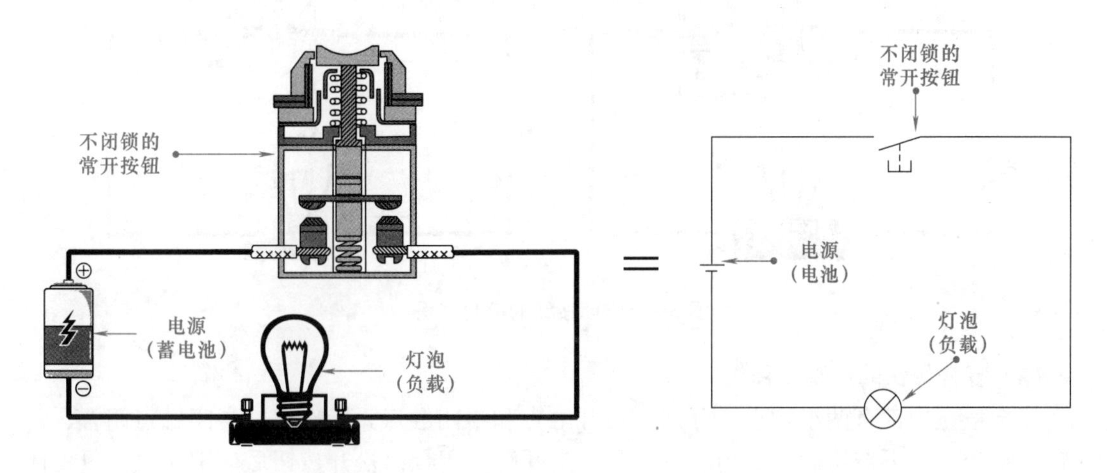

图 3-7　常开按钮的电气连接关系

在按下按钮前内部触点处于断开状态，按下时内部触点处于闭合状态；当松开按钮后，按钮自动复位断开，常用作启动控制按钮，如图 3-8 所示。

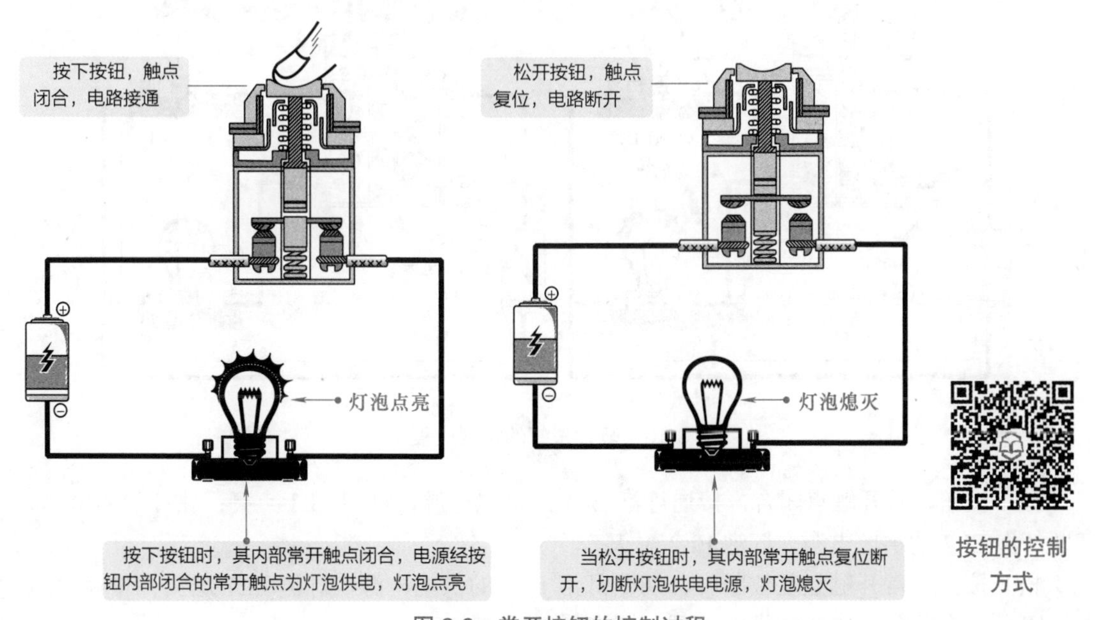

图 3-8　常开按钮的控制过程

（2）常闭按钮的控制过程

在 PLC 控制电路中，常用的常闭按钮主要为不闭锁的常闭按钮，在按下按钮前内部触点处于闭合状态；按下按钮后，内部触点断开；松开按钮后，内部触点自动复位闭合，常被用作停止控制按钮，如图 3-9 所示。

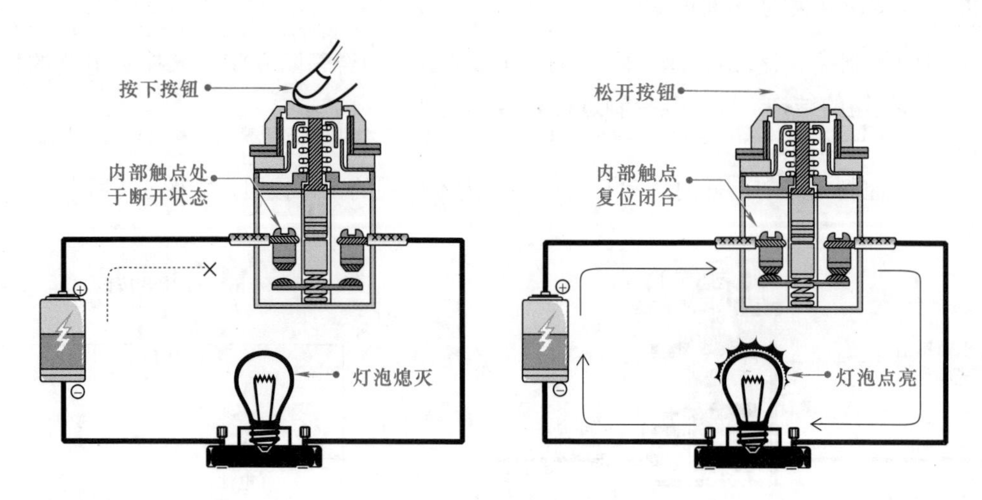

图 3-9 常闭按钮的控制过程

（3）复合按钮的控制过程

复合按钮内部有两组触点，分别为常开触点和常闭触点。操作前，常闭触点闭合、常开触点断开；按下按钮后，常闭触点断开、常开触点闭合；松开按钮后，常闭触点复位闭合、常开触点复位断开，如图 3-10 所示。

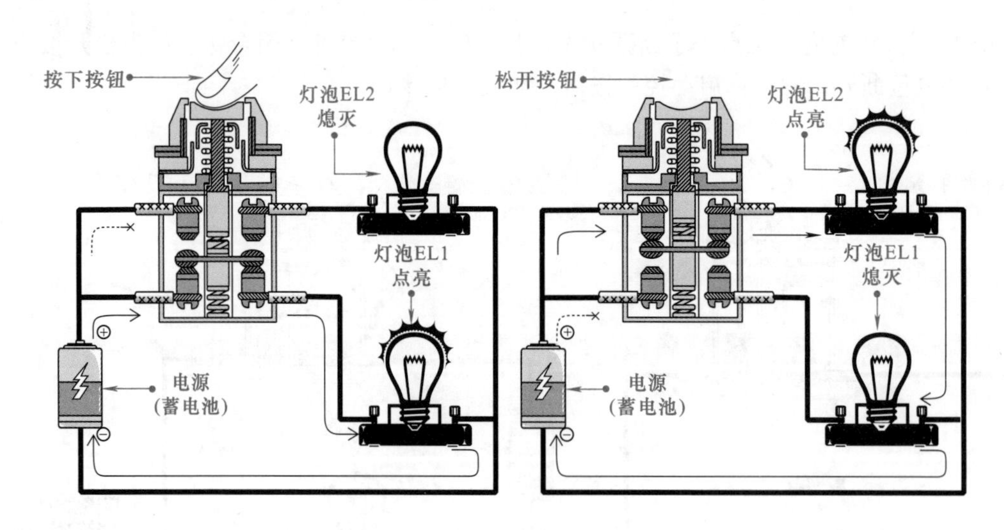

图 3-10 复合按钮的控制过程

按下按钮，常开触点闭合，接通灯泡 EL1 的供电电源，灯泡 EL1 点亮；常闭触点断开，切断灯泡 EL2 的供电电源，灯泡 EL2 熄灭。

松开按钮，常开触点复位断开，切断灯泡 EL1 的供电电源，灯泡 EL1 熄灭；常闭触点复位闭合，接通灯泡 EL2 的供电电源，灯泡 EL2 点亮。

3.3 限位开关的功能特点

3.3.1　限位开关的结构

限位开关又称为行程开关或位置检测开关，是一种小电流电气开关，可用来限制机械运动的行程或位置，使运动机械实现自动控制。

限位开关按结构不同，可以分为按钮式、单轮旋转式和双轮旋转式三种，如图 3-11 所示。

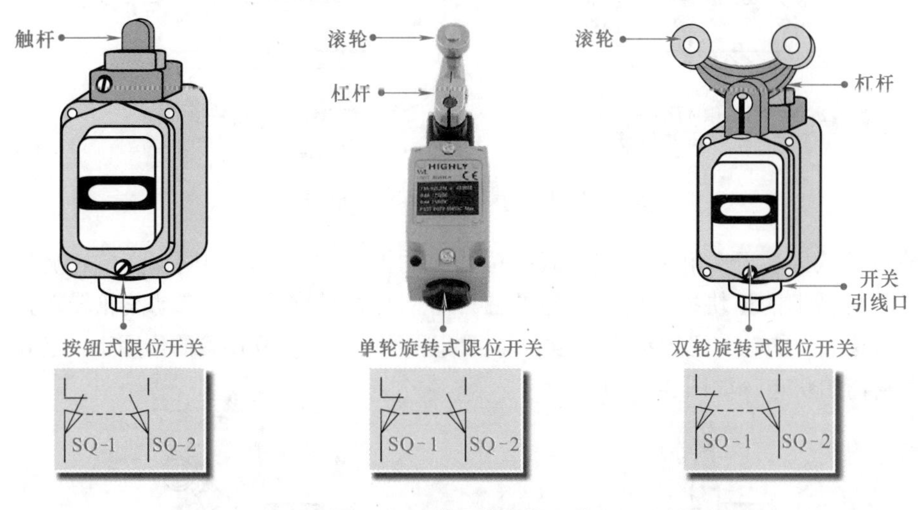

图 3-11　常见的限位开关

限位开关根据类型不同，内部结构也有所不同，但基本都是由触杆（或滚轮及杠杆）、复位弹簧、常开 / 常闭触点等部分构成的，如图 3-12 所示。

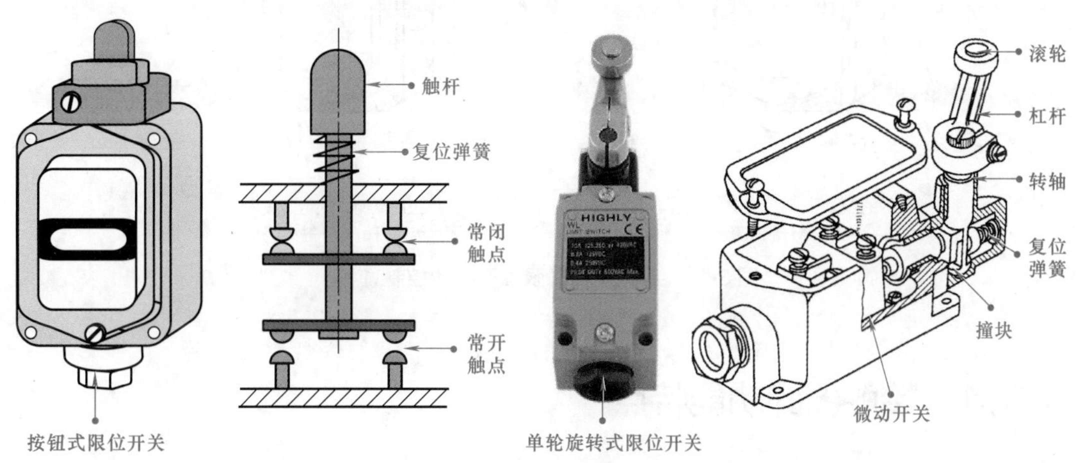

图 3-12　限位开关的结构

3.3.2　限位开关的控制过程

按钮式限位开关由按钮触杆的按压状态控制内部常开触点和常闭触点的闭合或断开。当撞击或按下按钮式限位开关的触杆时，触杆下移使常闭触点断开、常开触点闭合；当运动部件离开后，在复位弹簧的作用下，触杆回到原来位置，各触点恢复常态，如图 3-13 所示。

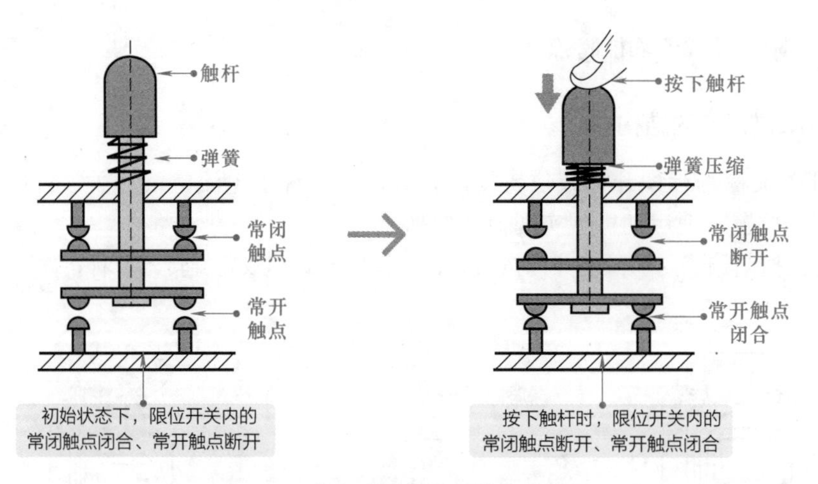

图 3-13　按钮式限位开关的控制过程

单轮旋转式限位开关和双轮旋转式限位开关的控制过程基本相同。当单轮旋转式限位开关被运动机械上的撞块撞击带有滚轮的杠杆时，杠杆转向右边，带动滚轮转动，顶下杠杆，使微动开关中的触点迅速动作。当运动机械返回时，在复位弹簧的作用下，各部分动作部件均恢复初始状态，如图 3-14 所示。

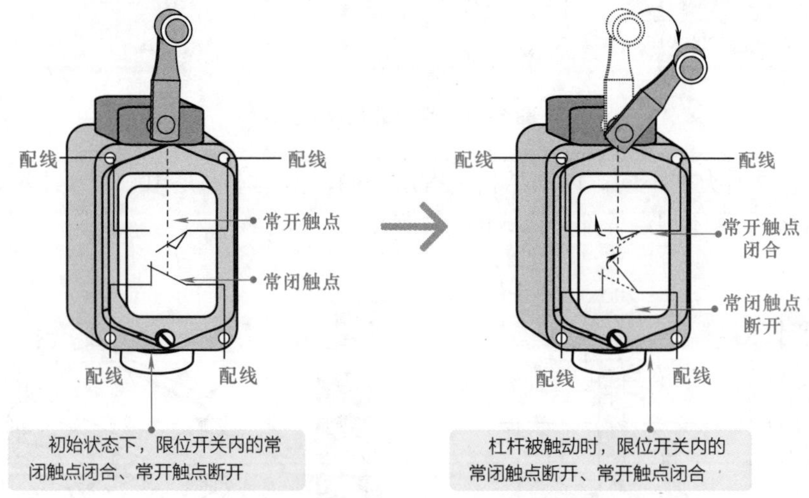

图 3-14　单轮旋转式限位开关的控制过程

3.4 接触器的功能特点

3.4.1 接触器的结构

接触器是一种由电压控制的开关装置，适用于远距离频繁地接通和断开交直流电路的系统中。接触器属于一种控制类器件，是电力拖动系统、机床设备控制电路、PLC 自动控制系统中使用最广泛的低压电器之一。

根据接触器触点通过电流的种类，主要可分为交流接触器和直流接触器两类，如图 3-15 所示。

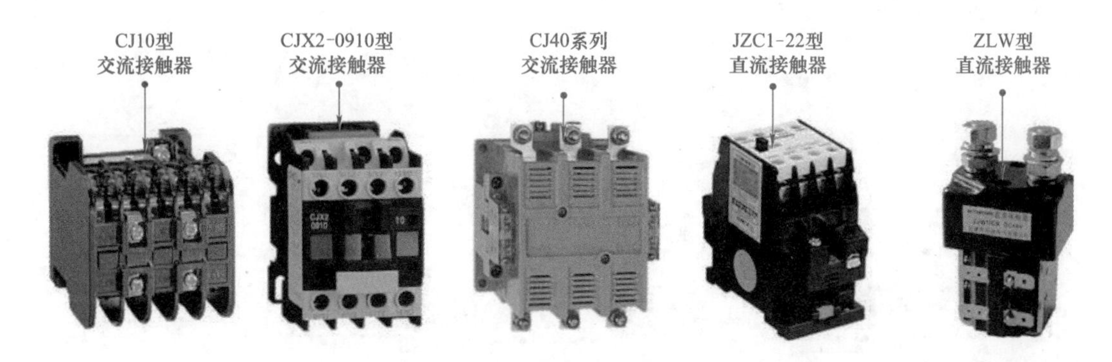

图 3-15 常见的接触器

接触器作为一种电磁开关，其内部主要是由主触点、辅触点、电磁线圈、静铁芯、动铁芯等部分构成的。一般拆开接触器的塑料外壳即可看到其内部的基本结构，如图 3-16 所示。

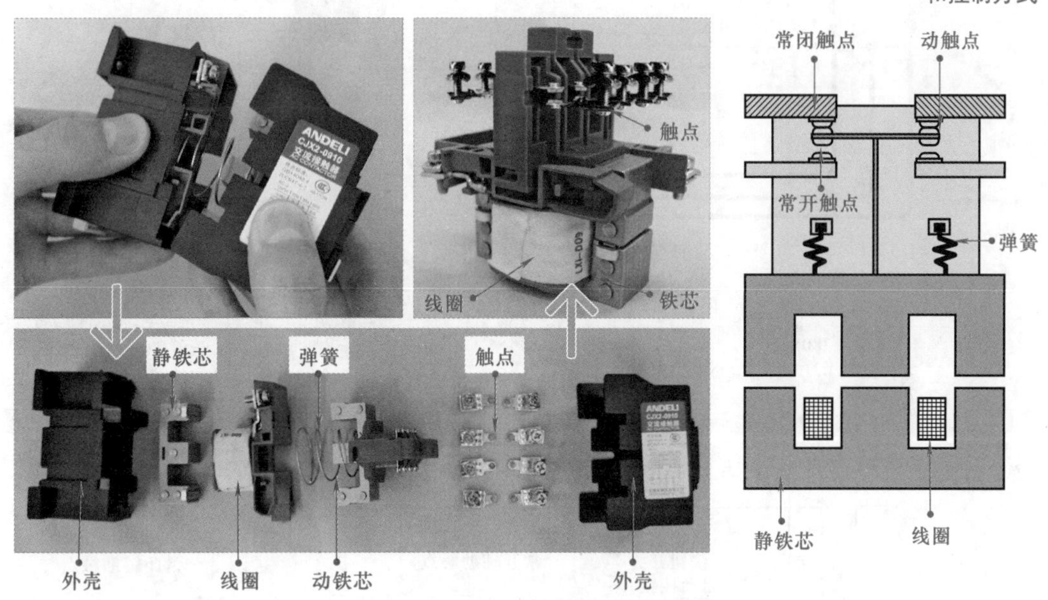

图 3-16 接触器的结构

3.4.2 接触器的控制过程

接触器的控制过程就是通过内部线圈的得电、失电来控制铁芯吸合、释放，从而带动触点动作的过程。

一般情况下，接触器线圈连接在控制电路或 PLC 输出接口上，接触器的主触点连接在主电路中，用以控制设备的通断电，如图 3-17 所示。

当操作接触器所在线路中的启动按钮，使接触器线圈得电时，其铁芯吸合，带动常开触点闭合、常闭触点断开；当线圈失电时，其铁芯释放，所有触点复位，如图 3-18 所示。

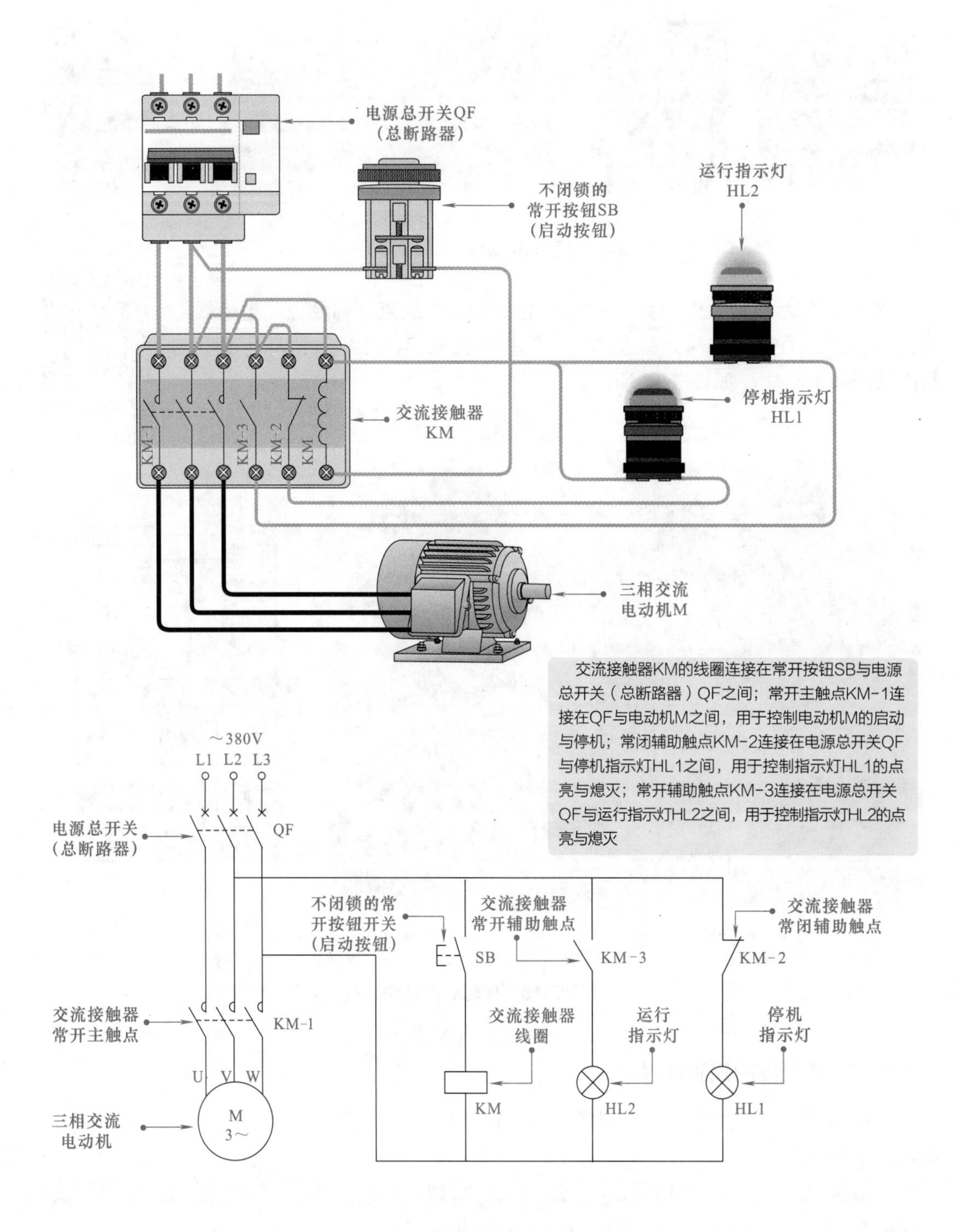

图 3-17　接触器在典型点动控制电路中的控制关系

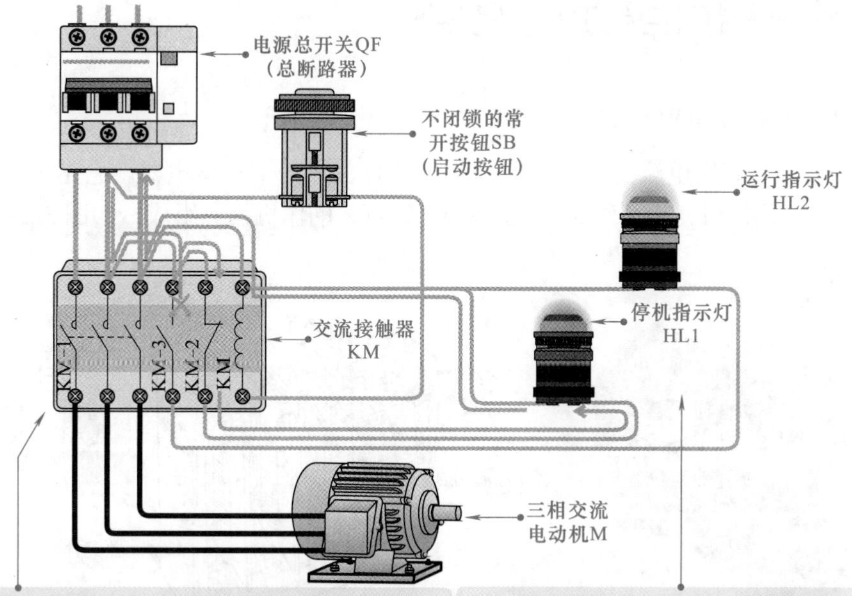

合上电源总开关QF，电源经交流接触器KM的常闭辅助触点KM-2为停机指示灯HL1供电，指示灯HL1点亮

按下启动按钮SB时，电路接通，交流接触器KM线圈得电，常开主触点KM-1闭合，三相交流电动机M接通三相电源启动运转；常闭辅助触点KM-2断开，切断停机指示灯HL1的供电电源，停机指示灯HL1熄灭；常开辅助触点KM-3闭合，运行指示灯HL2点亮，指示三相交流电动机M处于工作状态

松开启动按钮SB时，电路断开，交流接触器KM线圈失电，常开主触点KM-1复位断开，切断三相交流电动机M的供电电源，电动机停止运转；常闭辅助触点KM-2复位闭合，停机指示灯HL1点亮，指示三相交流电动机M处于停机状态；常开辅助触点KM-3复位断开，切断运行指示灯HL2的供电电源，运行指示灯HL2熄灭

图3-18 接触器在典型点动控制电路中的控制过程

提示说明

接触器线圈得电后，铁芯吸合；接触器线圈失电后，铁芯释放，如图3-19所示。

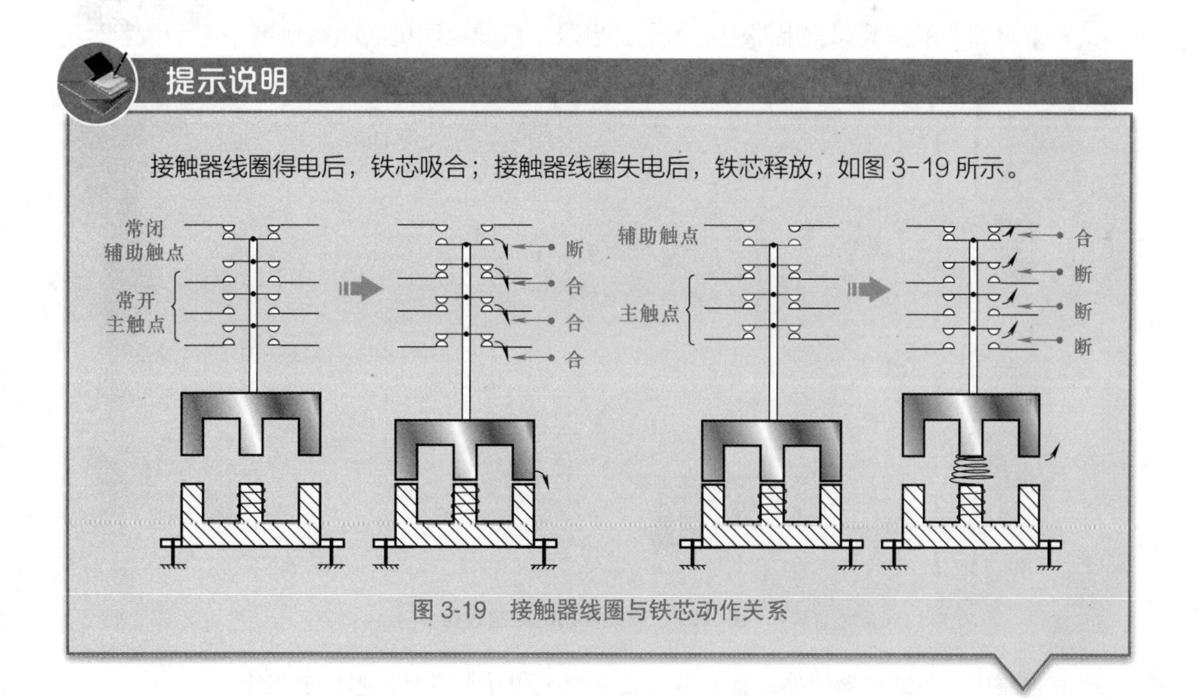

图3-19 接触器线圈与铁芯动作关系

3.5 热继电器的功能特点

3.5.1 热继电器的结构

热继电器是利用电流的热效应原理实现过热保护的一种继电器。它是一种电气保护元件，主要由复位按钮、热元件（双金属片）、触点、动作机构等组成，如图 3-20 所示。

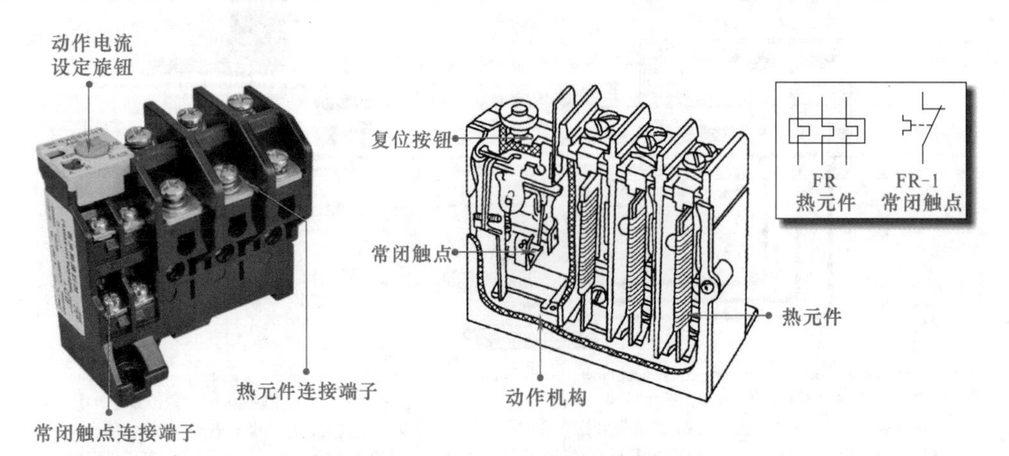

图 3-20　热继电器的结构

热继电器利用电流的热效应来推动动作机构使触点闭合或断开，主要用于电动机及其他电气设备的过载保护。

3.5.2 热继电器的控制过程

热继电器一般安装在主电路中，用于主电路中负载电动机（或其他电气设备）的过载保护，如图 3-21 所示。

热继电器的结构和控制方式

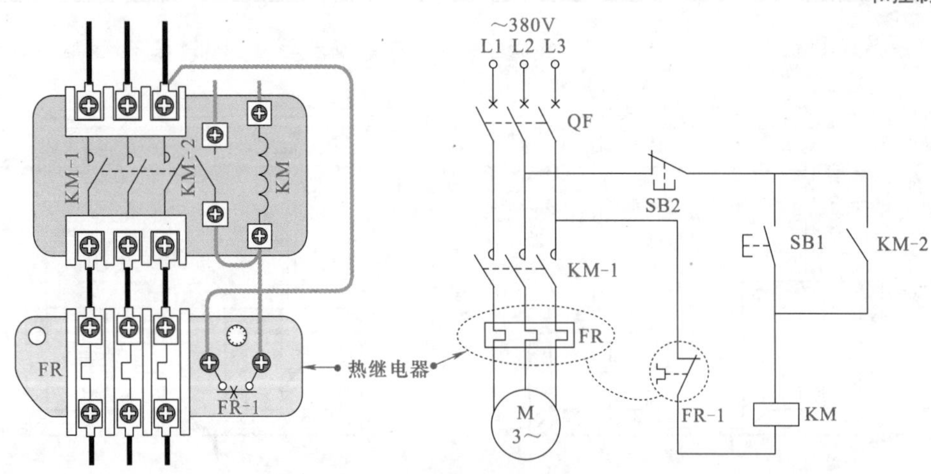

图 3-21　热继电器的控制过程

在电路中，热继电器根据运行状态（正常情况和异常情况）起到控制作用。

当电路正常工作，未出现过载或过热故障时，热继电器的热元件和常闭触点都相当于通路串联在电路中，如图 3-22 所示。

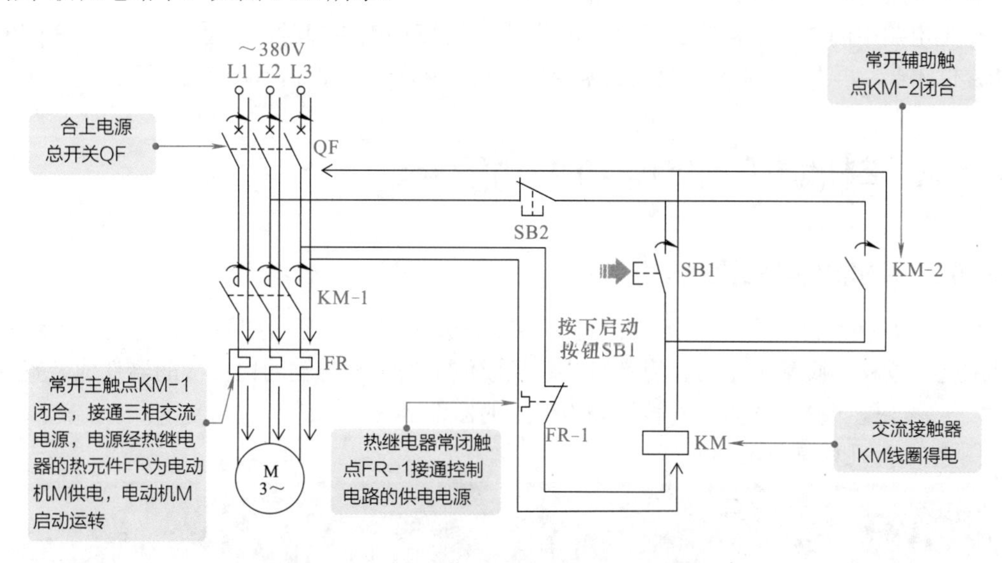

图 3-22　电路正常时热继电器的工作状态

正常情况下，合上电源总开关 QF，按下启动按钮 SB1，热继电器的常闭触点 FR-1 接通控制电路的供电电源，交流接触器 KM 线圈得电，常开主触点 KM-1 闭合，接通三相交流电源，电源经热继电器的热元件 FR 为三相交流电动机 M 供电，三相交流电动机 M 启动运转；常开辅助触点 KM-2 闭合，实现自锁功能，即使松开启动按钮 SB1，三相交流电动机 M 仍能保持运转状态。

当电路异常导致电路电流过大时，其引起的热效应将引起热继电器中的热元件动作，其常闭触点 FR-1 断开，切断主电路电源，起到保护作用，如图 3-23 所示。

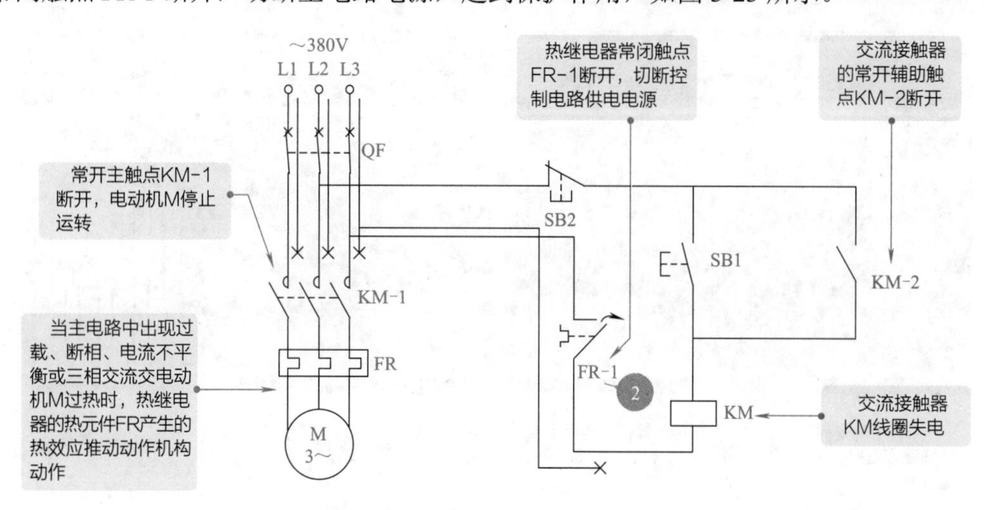

图 3-23　电路异常时热继电器的工作状态

当主电路中出现过载或过热故障时，导致电流过大。当电流超过热继电器的设定值，并达到一定时间后，热继电器的热元件 FR 产生的热效应来推动动作机构，使常闭触点 FR-1 断开，切断控制电路供电电源，交流接触器 KM 线圈失电，常开主触点 KM-1 复位断开，切断三相交流电动机 M 供电电源，三相交流电动机 M 停止运转；常开辅助触点 KM-2 复位断开，解除自锁功能，从而实现了对电路的保护作用。

待主电路中的电流正常或三相交流电动机 M 温度逐渐冷却时，热继电器 FR 的常闭触点 FR-1 复位闭合，再次接通电路，此时只需重新启动电路，三相交流电动机 M 便可启动运转。

3.6 其他常用电气部件的功能特点

3.6.1 传感器的功能特点

传感器是指能感受并按一定规律将所感受的被测物理量等（如温度、湿度、光线、速度、浓度、位移、质量、压力、声音等）转换成便于处理与传输的电信号的器件或装置。简单说，传感器是一种将感测信号转换为电信号的器件。

图 3-24 为几种常见的传感器。

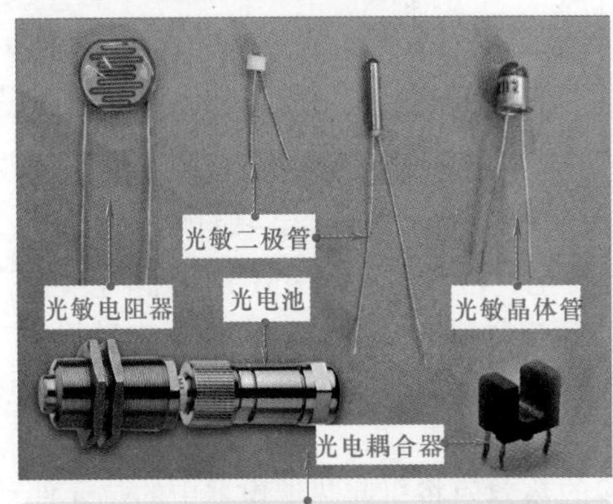

光电传感器是指能够将可见光转换成电量的传感器。光电传感器也称为光电器件，可以将光信号直接转换成电信号

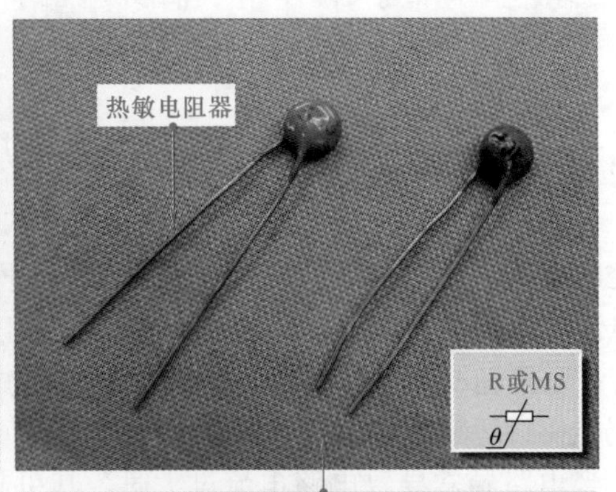

温度传感器也称为热电传感器，用于各种需要对温度进行控制、测量、监视及补偿等场合

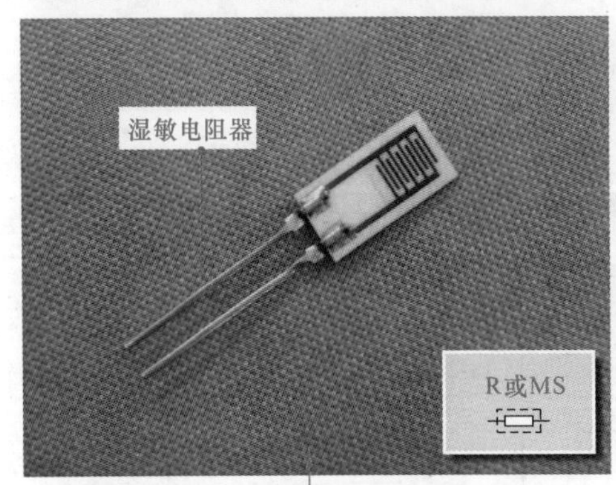

湿度传感器是对环境湿度比较敏感的器件，电阻值会随环境湿度的变化而变化，多用于对环境湿度进行测量及控制

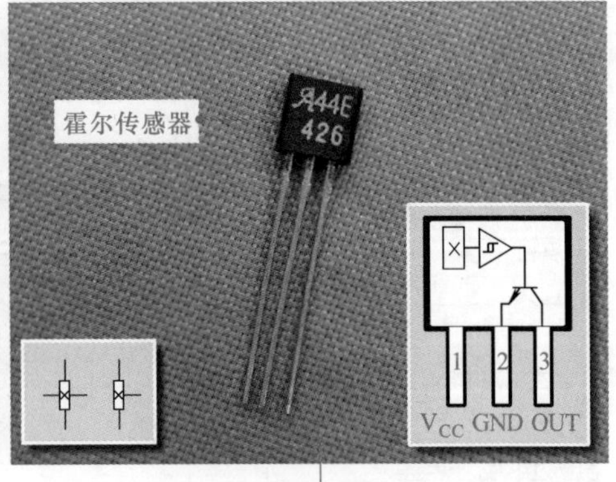

霍尔传感器(又称为磁电传感器)，主要由霍尔元件构成，广泛应用于机械测试及自动化测量领域

图 3-24 几种常见的传感器

3.6.2 速度继电器的功能特点

速度继电器主要与接触器配合使用，实现电动机控制系统的反接制动。常用的速度继电器主要有 JY1 型、JFZ0-1 型和 JFZ0-2 型，如图 3-25 所示。

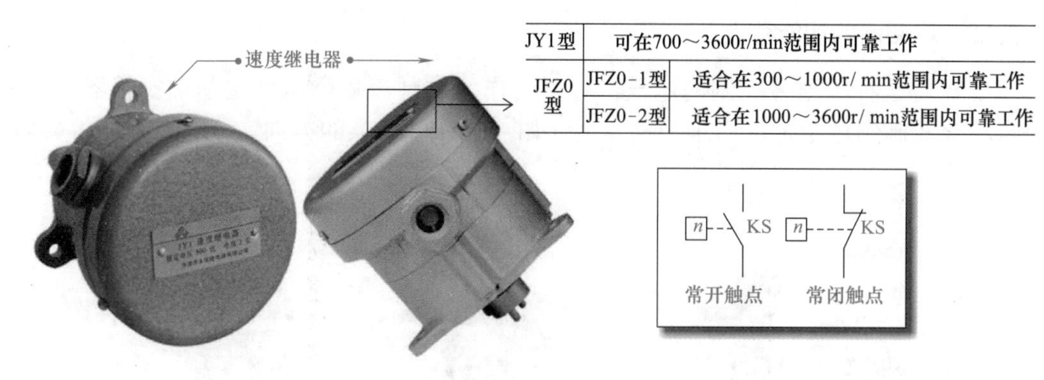

JY1型	可在700～3600r/min范围内可靠工作	
JFZ0型	JFZ0-1型	适合在300～1000r/ min范围内可靠工作
	JFZ0-2型	适合在1000～3600r/ min范围内可靠工作

图 3-25　典型速度继电器

提示说明

如图 3-26 所示，速度继电器主要是由转子、定子和触点三部分组成的。在电路中，速度继电器通常用字母“KS”表示。速度继电器常用于三相异步电动机反接制动电路中，工作时其转子和定子是与电动机相连接的。当电动机的相序改变而反相转动时，速度继电器的转子也随之反转，由于产生与实际转动方向相反的旋转磁场，从而产生制动力矩，这时速度继电器的定子就可以触动另外一组触点，使之断开或闭合。

当电动机停止时，速度继电器的触点即可恢复原来的静止状态。

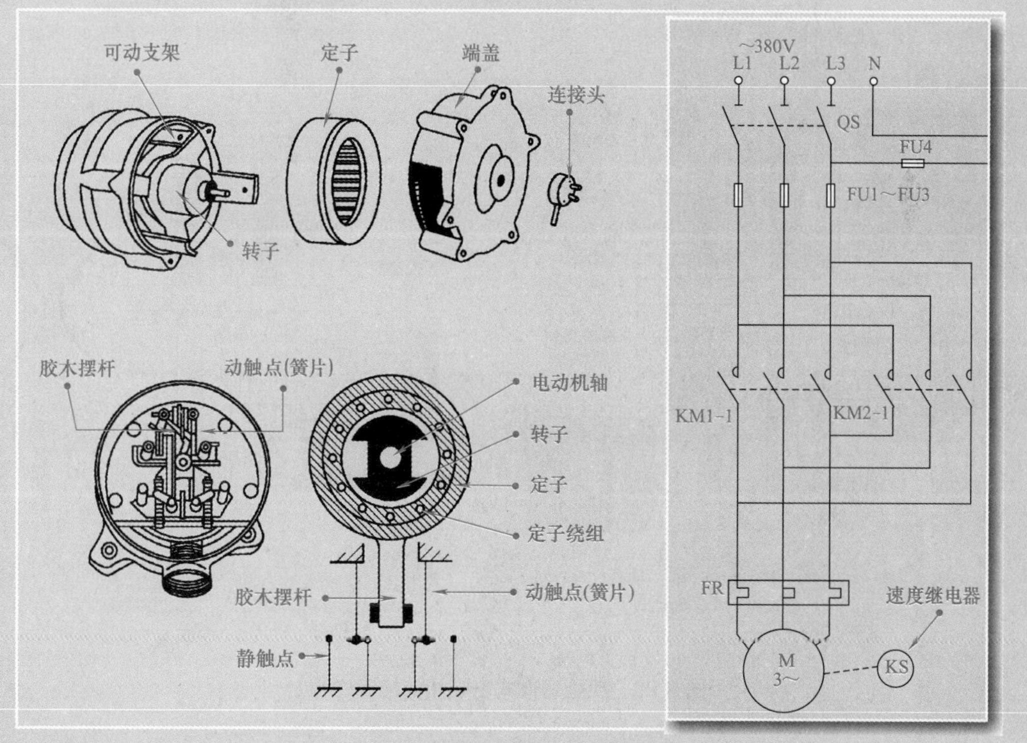

图 3-26　速度继电器的结构和应用

3.6.3 电磁阀的功能特点

电磁阀是一种用电磁控制的电气部件，可作为控制流体的自动化基础执行器件。在PLC自动化控制领域中，可用于调整介质（如液体、气体）的方向、流量、速度等参数，如图3-27所示。

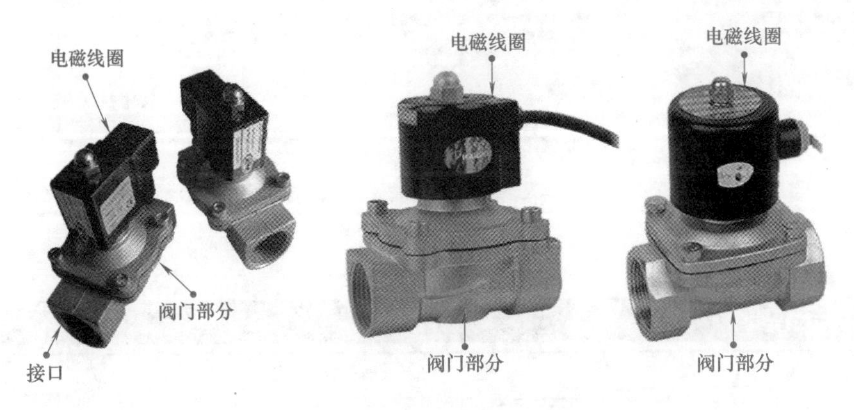

图3-27 典型电磁阀实物图

电磁阀的种类多种多样，具体的控制过程也不相同。以常见的给排水用的弯体式电磁阀为例，电磁阀的控制过程就是通过电磁阀线圈的得电、失电来控制内部机械阀门开、闭的过程，如图3-28所示。

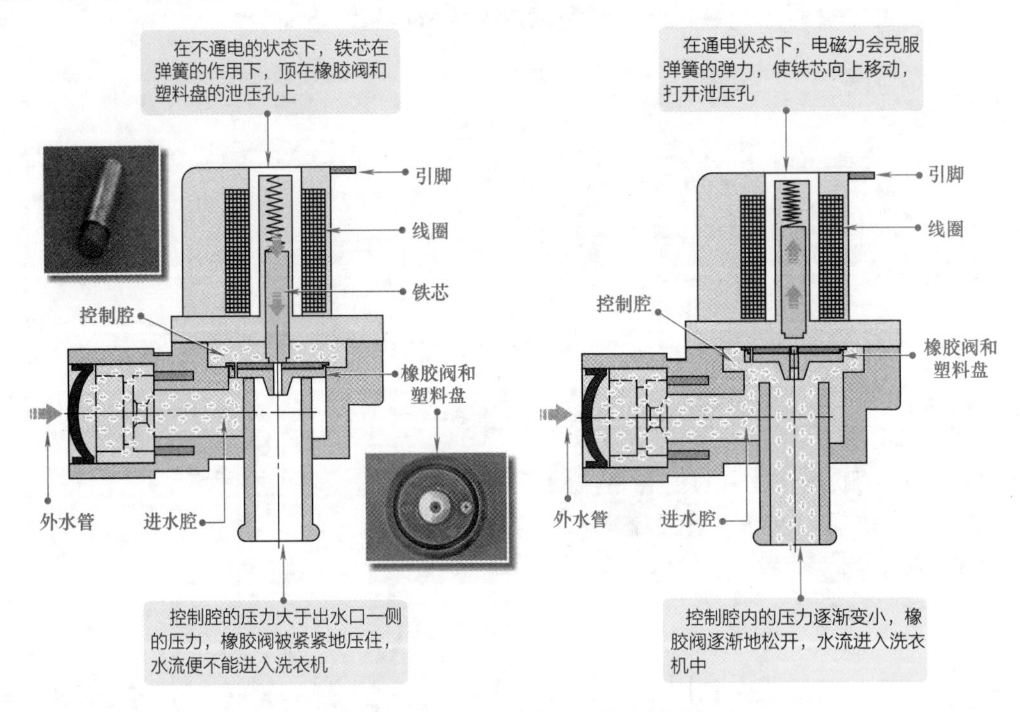

图3-28 典型弯体式电磁阀的控制过程

3.6.4 指示灯的功能特点

指示灯是一种用于指示线路或设备的运行状态的指示部件，如图3-29所示。

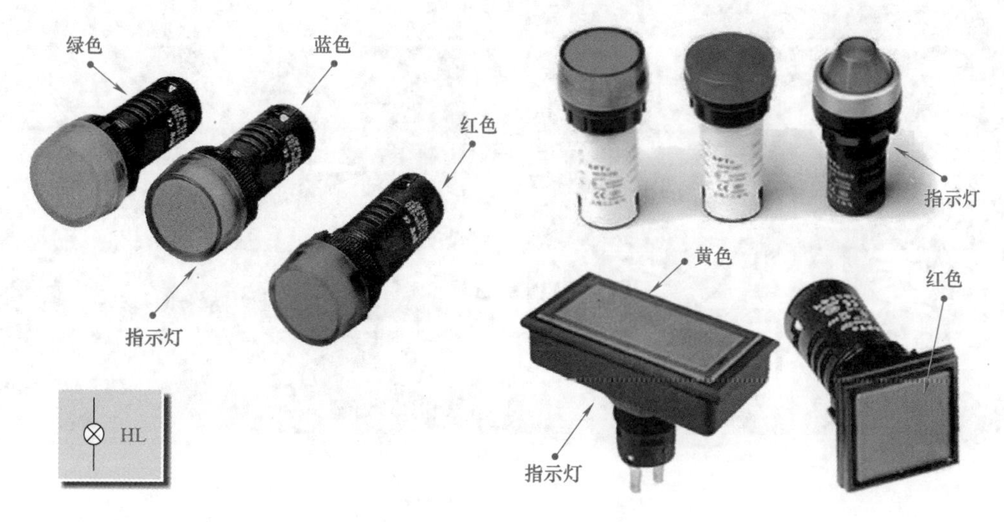

图 3-29　典型指示灯实物图

指示灯的控制过程比较简单，通常获得供电电压即可点亮，失去供电电压即熄灭；另外在一定设计程序的控制下还可实现闪烁，用以指示某种特定含义，如图 3-30 所示。

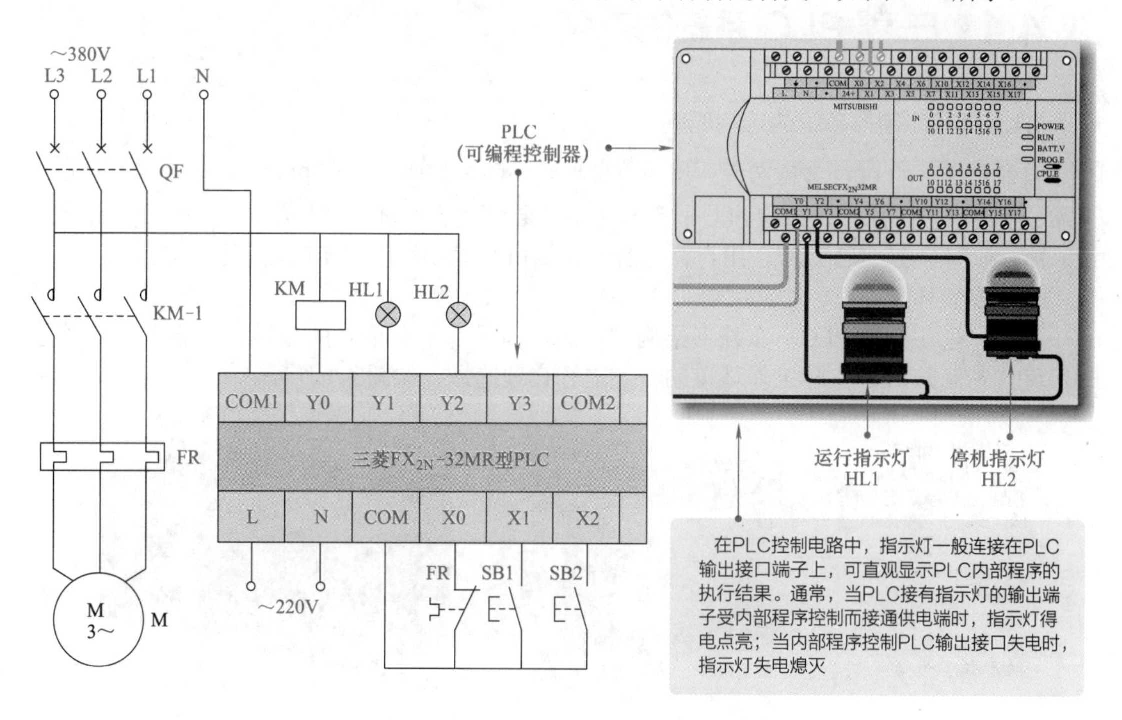

图 3-30　指示灯的控制关系

第 4 章 三菱 PLC 系统的安装、调试与维护

4.1 三菱 PLC 系统的安装

4.1.1 PLC 硬件系统的选购原则

目前市场上的 PLC 多种多样，用户可根据系统的控制要求选择 PLC，从而保证系统运行可靠、使用维护方便。在选购 PLC 时需要考虑安装环境、控制复杂程度、扫描速度、设备间统一性、控制对象、I/O 点数、用户存储器容量及 PLC 系统扩展性能等几方面因素。

（1）安装环境

不同厂家生产的 PLC，在外形结构和适用环境条件上有很大的差异。在选用 PLC 类型时，可首先根据 PLC 实际工作环境的特点进行合理选择，如图 4-1 所示。

在使用环境比较固定、维修量较少、控制规模不大的场合，可以选择整体式PLC；在使用环境比较恶劣、维修量较多、控制规模较大的场合，可以选择适应性更强的模块组合式PLC

图 4-1　根据安装环境选择 PLC

提示说明

在选购 PLC 中，环境因素是主要的选购参考依据，是确定机型结构的重要参考因素。三菱 PLC 的基本结构分为整体式、模块式和混合式三种。

◆多数小型 PLC 均为整体式，适用于工作过程比较固定、环境条件较好的场合。

◆模块式 PLC 是指将 CPU 模块与输入模块、输出模块等组合使用，适用于工艺变化较多、控制要求较复杂的场合。

◆混合式 PLC 是指将 CPU 主机与扩展模块配合使用，适用于控制要求复杂的场合，如图 4-2 所示。

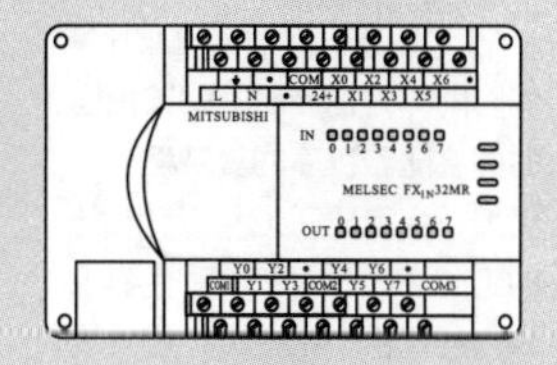

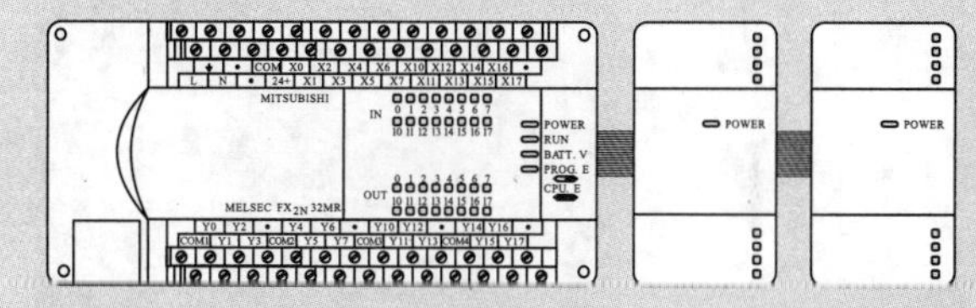

图 4-2　整体式 PLC 和混合式 PLC

三菱 FX_{1N} 系列 PLC 具有输入 / 输出、逻辑控制、通信扩展功能，最多可达 128 点控制，适用于普通顺控要求的场合。

三菱 FX_{2N} 系列 PLC 具有较快速度、定位控制、逻辑选件等特点，适用于大多数控制要求和环境。

（2）控制复杂程度

不同类型的 PLC 在功能上有很大的差异，选择 PLC 时应根据系统控制的复杂程度进行选择。

例如：对于控制要求不高，只需进行简单的逻辑运算、定时、数据传送、通信等基本控制和运算功能的系统，选用低档 PLC 即可满足控制要求；对于控制较为复杂、控制要求较高，且需要进行复杂的函数、PID、矩阵、远程 I/O、通信联网等较强的控制和运算功能的系统，则应视其规模及复杂程度，选择指令功能强大、具有较高运算速度的中档 PLC 或高档 PLC 进行控制，如图 4-3 所示。

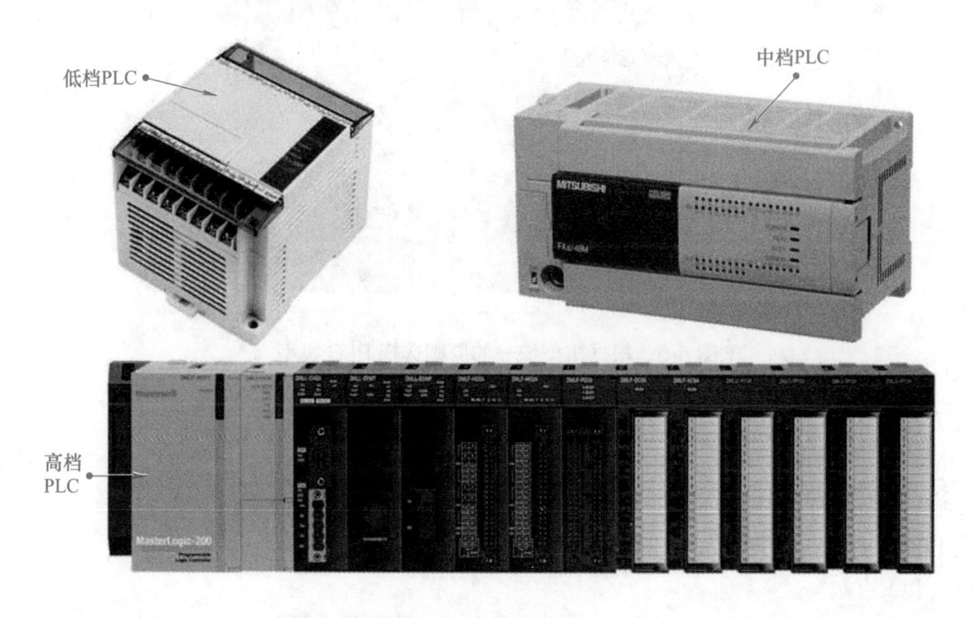

图 4-3　根据控制的复杂程度选择 PLC 类型

（3）扫描速度

PLC 的扫描速度是 PLC 选用的重要指标之一，PLC 的扫描速度直接影响系统控制的误差时间，因此在实时性要求较高的场合可选用高速 PLC，如图 4-4 所示。

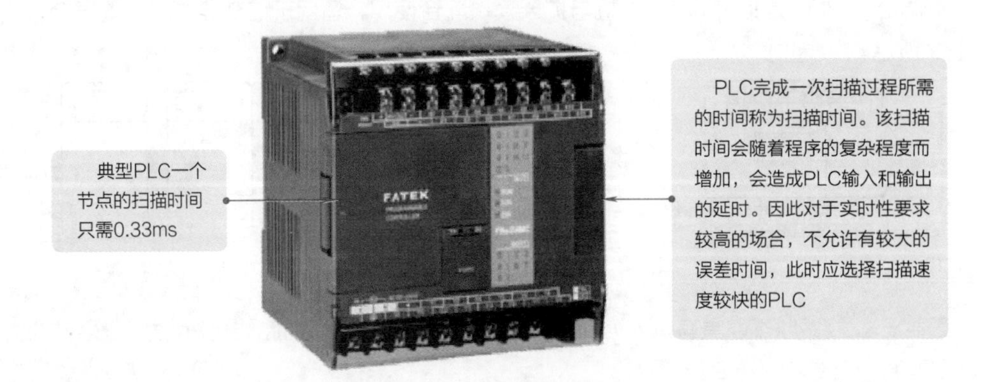

图 4-4　根据扫描速度选择 PLC 类型

（4）设备间统一性

由于机型统一的 PLC，其功能和编程方法也相同，所以使用同一机型组成的 PLC 系统，不仅仅有利于设备的采购与管理，也有助于技术人员的培训以及技术水平的提高。另外，由于同一机型 PLC 设备的通用性，其资源可以共享，使用一台计算机就可以将多台 PLC 设备连接成一个控制系统，进行集中管理。因此，在进行 PLC 机型选择时，应尽量选择同一机型的 PLC，如图 4-5 所示。

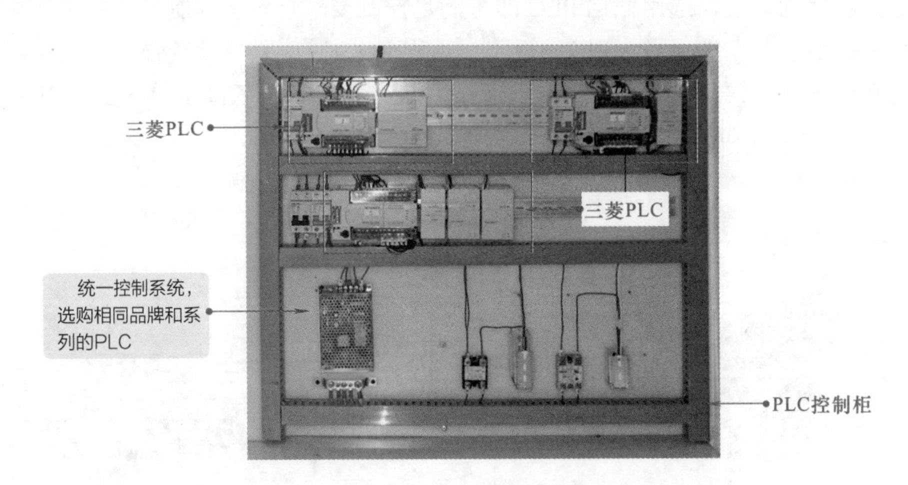

图 4-5　根据机型统一的原则选择 PLC 类型

（5）控制对象

为应对不同的控制对象，每种规格的三菱 PLC 都有三种输出端子类型，即继电器输出、晶体管输出和晶闸管输出。在实际应用时需要分析控制对象的控制过程和工作特点，以便合理选配 PLC，如图 4-6 所示。

（6）I/O 点数

I/O 点数是 PLC 选用的重要指标，是衡量 PLC 功能大小的标志。若不加以统计，一个小的控制系统，却选用中型或大型 PLC 不仅会造成 I/O 点数的闲置，也会造成投入成本的浪费。因此在选用 PLC 时，应对其使用的 I/O 点数进行估算，合理地进行选用，如图 4-7 所示。

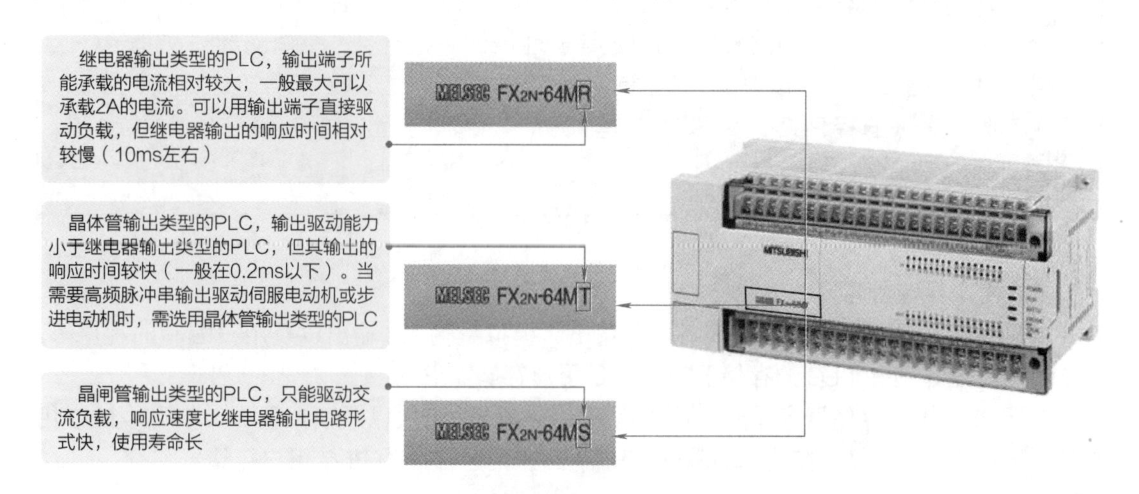

图 4-6　根据控制对象选择 PLC 类型

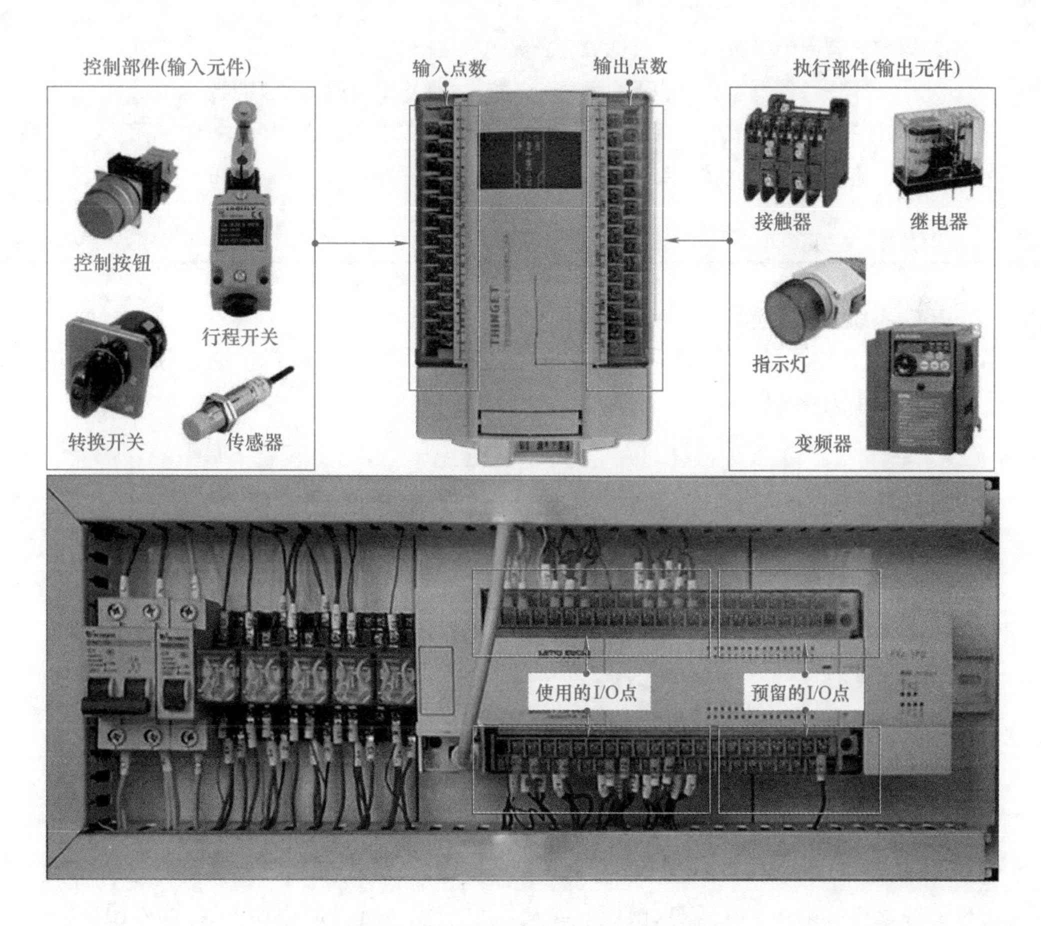

图 4-7　根据 I/O 点数选择 PLC 类型

提示说明

在明确控制对象的控制要求基础上，分析和统计所需的控制元件（即输入元件，如按钮、转换开关、行程开关、继电器触点、传感器等）的个数和执行元件（即输出元件，如指示灯、继电器或接触器线圈、电磁铁、变频器等）的个数。根据这些元件的个数确定所需 PLC 的 I/O 点数，且一般选择 PLC 的 I/O 点数应有 15% ~ 20% 的预留，以满足生产规模的扩大和生产工艺的改进。

（7）用户存储器容量

用户存储器是用于存储开关量输入 / 输出、模拟量输入 / 输出以及用户编写的程序等。在选用 PLC 时，应使 PLC 的存储器容量满足用户存储需求。

选择 PLC 用户存储器容量时，应参考开关量 I/O 的点数以及模拟量 I/O 点数对 PLC 用户存储器容量进行估算，在估算的基础上留有 25% 的余量即为 PLC 用户存储器容量。

提示说明

用户存储器容量用字数体现，其估算公式如下：

用户存储器字数 =（开关量 I/O 点数 ×10）+（模拟量 I/O 点数 ×150）

另外，用户存储器容量除了和开关量 I/O 点数、模拟量 I/O 点数有关外，还和用户编写的程序有关。不同的编程人员所编写程序的复杂程度会有所不同，其占用的存储器容量也不相同。

（8）PLC 系统扩展性能

当单独的 PLC 主机不能满足系统要求时，可根据系统需要选择扩展类模块，以增大系统规模和功能，如图 4-8 所示。

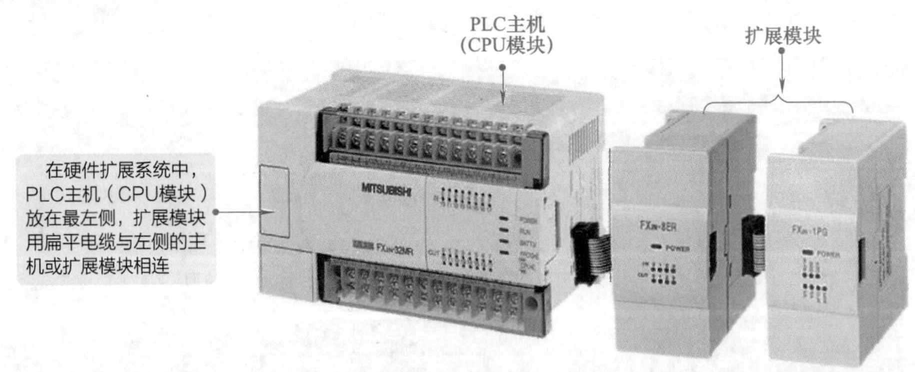

图 4-8　根据扩展性能选择 PLC 类型

选择 PLC 输入模块时，应根据系统输入信号与 PLC 输入模块的距离进行选择。通常距离较近的设备选择低电压 PLC 输入模块，距离较远的设备选择高电压 PLC 输入模块。

另外，除了需要考虑距离外，还应注意 PLC 输入模块允许同时接通的点数。通常允许同时接通的点数和输入电压、环境温度有关，如图 4-9 所示。

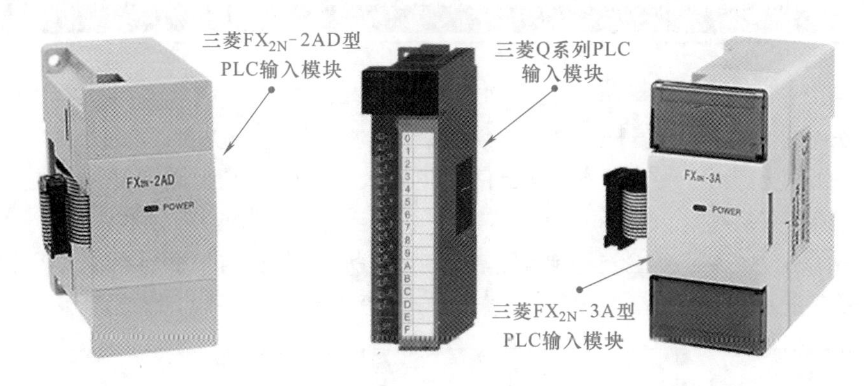

图 4-9　PLC 输入模块的选择

三菱 PLC 输出模块的输出方式主要有继电器输出方式、晶体管输出方式和晶闸管输出方式。选择 PLC 的输出模块时，应根据输出模块的输出方式进行选择，且输出模块输出的电流应大于负载电流的额定值，如图 4-10 所示。

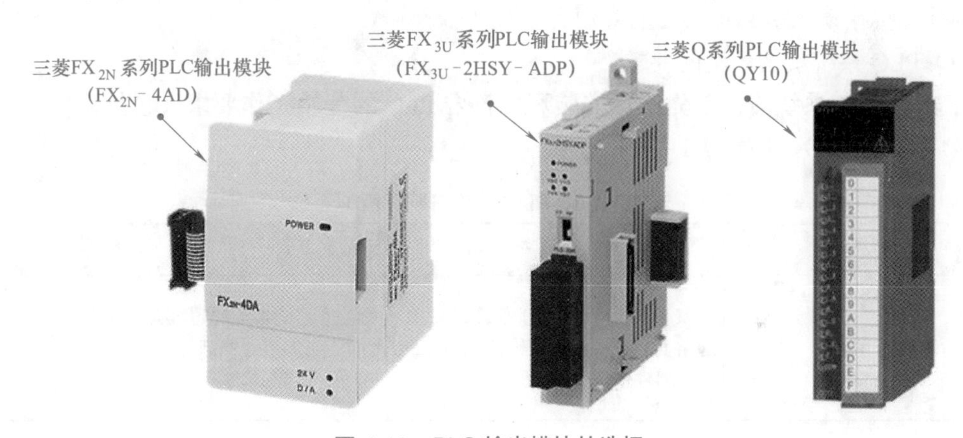

图 4-10　PLC 输出模块的选择

PLC 特殊模块用于将温度、压力等过程变量转换为 PLC 所接收的数字信号，同时也可将其内部的数字信号转换成模拟信号输出。在选用 PLC 特殊模块时，可根据系统的实际需要选择不同的 PLC 特殊模块，如图 4-11 所示。

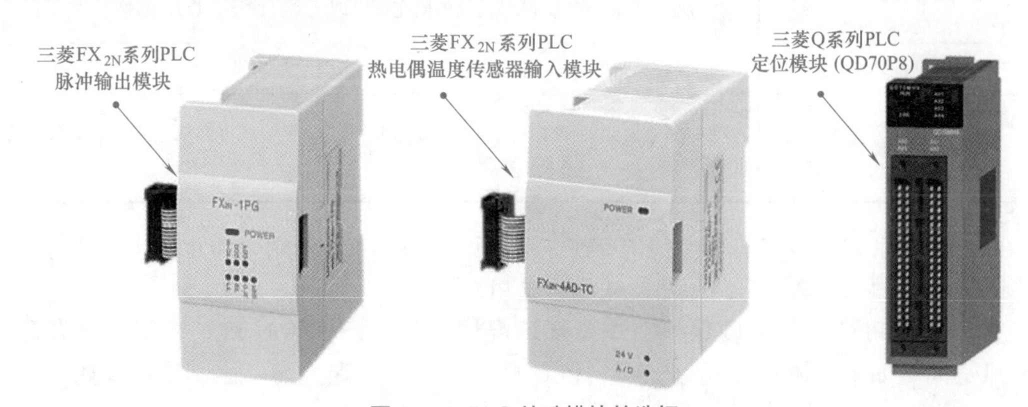

图 4-11　PLC 特殊模块的选择

提示说明

综合上述各种选购参考因素，三菱 PLC 的选型方法如下。

◆分析控制对象对三菱 PLC 控制系统的控制要求，明确控制方案。

◆根据控制系统的控制要求，确定 PLC 的输入设备（如按钮、位置开关、转换开关等）和输出设备（如接触器、电磁阀、指示灯等），以确定待选 PLC 的 I/O 点数。

◆根据上述分析，结合选购参考因素（如三菱各系列 PLC 的功能特点、使用场合等），明确选择三菱 PLC 的机型、容量、I/O 模块、电源等，完成三菱 PLC 的选型。

4.1.2 PLC 系统的安装与接线要求

PLC 属于新型自动化控制装置，是由基本的电子元器件等组成的。为了保证 PLC 系统的稳定性，在 PLC 安装和接线时，需要先了解安装 PLC 系统的基本要求及接线原则，以免造成硬件连接错误，引起不必要的麻烦。

（1）PLC 系统安装环境的要求

在安装 PLC 系统前，首先确保安装环境符合 PLC 的基本工作要求（包括温度、湿度、振动及周边设备等），如表 4-1 所示。

表 4-1 PLC 系统安装环境的要求

环境因素	具体安装要求
环境温度要求	安装 PLC 时应充分考虑 PLC 的环境温度，使其不得超过 PLC 允许的温度范围。通常 PLC 环境温度范围在 0 ～ 55℃之间；当温度过高或过低时，均会导致 PLC 内部元器件工作失常
环境湿度要求	PLC 对环境湿度也有一定的要求。通常 PLC 的环境湿度范围应在 35% ～ 85% 之间；当湿度太大时会使 PLC 内部元器件的导电性增强，可能导致元器件击穿损坏
振动要求	PLC不能安装在振动比较频繁的环境中（振动频率为10～55Hz、幅度为0.5mm），若振动过大可能会导致 PLC 内部的固定螺钉或元器件脱落、焊点虚焊
周边设备要求	确保 PLC 远离 600V 高压电缆、高压设备以及大功率设备
其他环境要求	PLC 应避免安装在存在大量灰尘或导电灰尘、腐蚀或可燃性气体、潮湿或淋雨、过热等环境下

PLC 硬件系统一般安装在专门的 PLC 控制柜内（图 4-12），用以防止灰尘、油污、水滴等进入 PLC 内部，造成电路短路，从而造成 PLC 损坏。

为了保证 PLC 工作温度保持在规定环境温度范围内，安装时 PLC 控制柜应有足够的通风空间。如果周围环境超过 55℃，PLC 控制柜应安装通风扇，强制通风，如图 4-13 所示。

图 4-12　PLC 控制柜

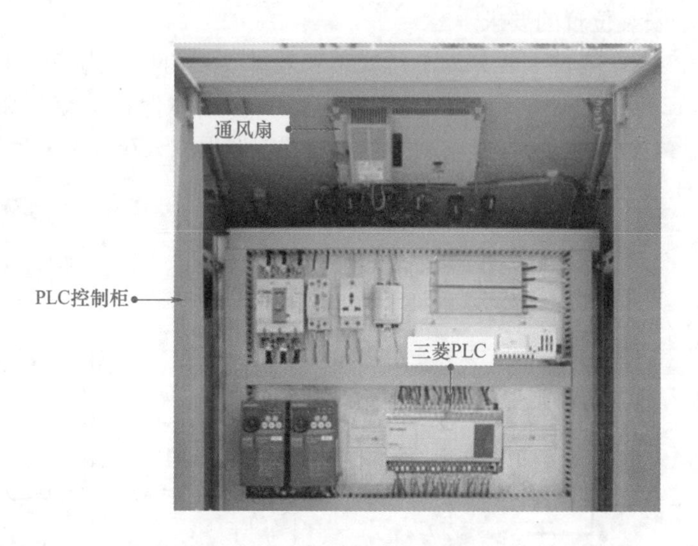

图 4-13　PLC 系统的通风要求

相关资料

PLC 控制柜的通风方式有自然冷却方式、强制冷却方式、强制循环方式和整体封闭冷却方式，如图 4-14 所示。

◆采用自然冷却方式的 PLC 控制柜通过进风口和出风口实现自然换气。

◆采用强制冷却方式的 PLC 控制柜是指在控制柜中安装通风扇，将 PLC 内部产生的热量通过通风扇排出，实现换气。

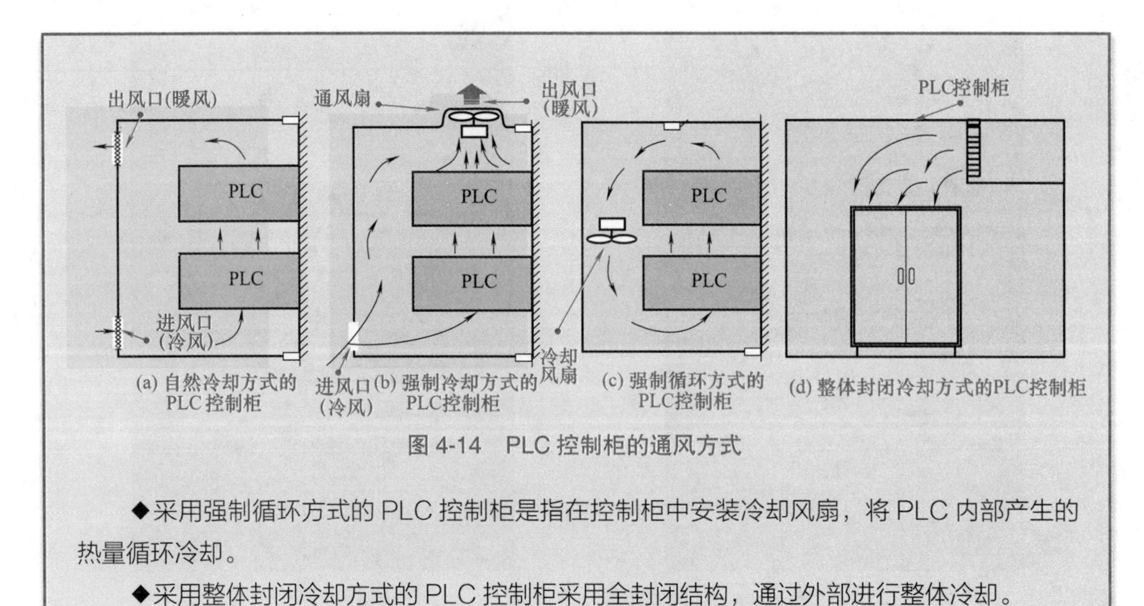

图 4-14　PLC 控制柜的通风方式

◆采用强制循环方式的 PLC 控制柜是指在控制柜中安装冷却风扇，将 PLC 内部产生的热量循环冷却。

◆采用整体封闭冷却方式的 PLC 控制柜采用全封闭结构，通过外部进行整体冷却。

（2）PLC 系统安装位置的要求

目前，三菱 PLC 安装时主要分为单排安装和双排安装两种。为了防止温度升高，PLC 单元应水平安装在专用的控制柜内，且需要与控制柜箱体保持一定的距离，如图 4-15、图 4-16 所示。注意，不允许将 PLC 安装在封闭空间的地板或天花板上。

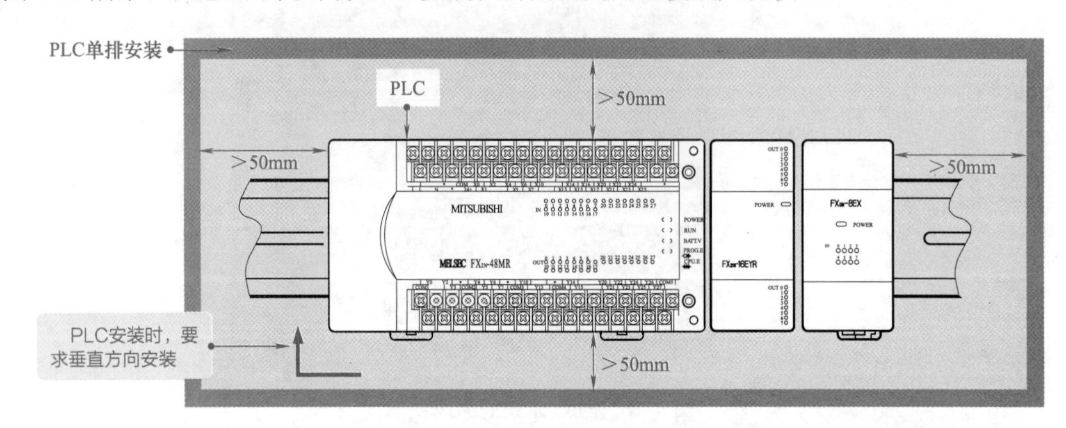

图 4-15　三菱 PLC 系统安装方式的要求（一）

（3）PLC 系统安装操作的要求

在进行 PLC 安装操作时，需要首先了解安装过程中的基本规范、注意事项、安全要求等方面，如图 4-17 所示。

PLC 的安装方式通常有安装孔垂直安装和 DIN 导轨安装两种方式，用户在安装时可根据安装条件进行选择。其中，安装孔垂直安装是指利用 PLC 机体上的安装孔，将 PLC 固定在安装板上，安装时应注意 PLC 必须保持垂直状态，如图 4-18 所示。

DIN 导轨安装方式是指利用 PLC 底部外壳上的导轨安装槽及卡扣将 PLC 安装在 DIN 导轨（一般宽 35mm）上，如图 4-19 所示。

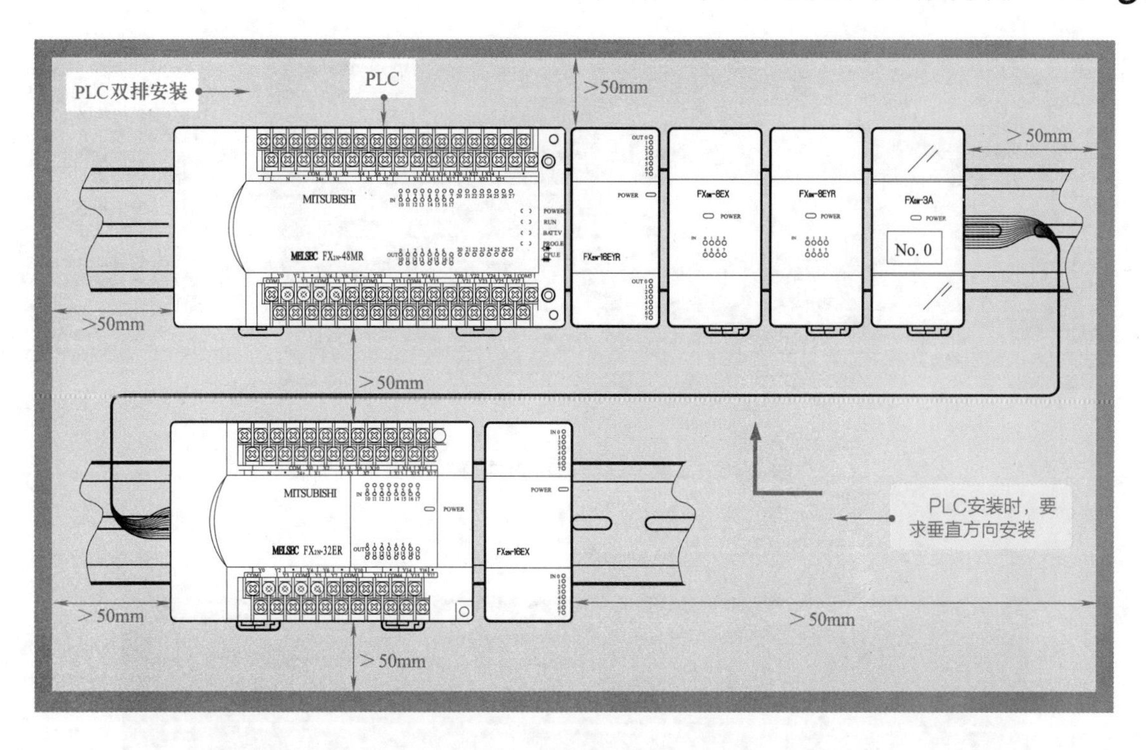

图 4-16　三菱 PLC 系统的安装位置要求（二）

①安装PLC时，应在断电情况下进行操作，同时为了防止静电对PLC的影响，应借助防静电设备或用手接触金属物体将人体的静电释放后，再对PLC进行安装

②PLC若要正常工作，最重要的一点就是要保证供电线路正常。在一般情况下，PLC供电电源的要求为AC220V/50Hz，三菱FX系列PLC还有一路24V的直流输出引线，用来连接光电开关、接近开关等传感器件

③在电源突然断电的情况下，PLC工作应在小于10ms内不受影响，以免电源电压突然波动影响PLC工作。在电源断开时间大于10ms时，PLC应停止工作

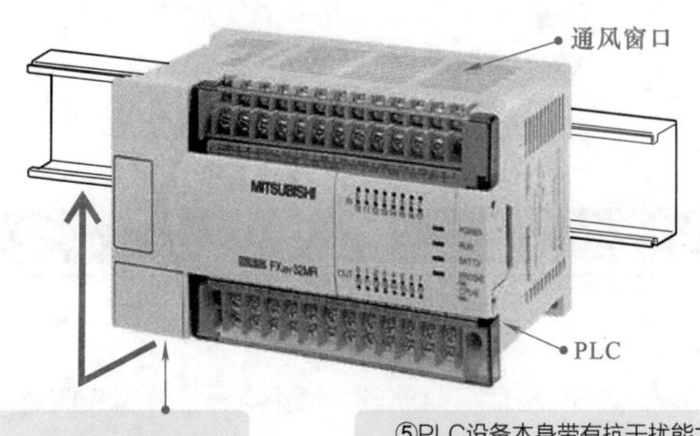

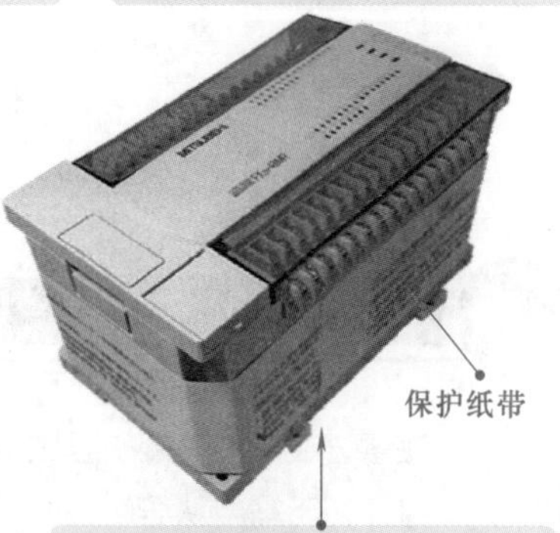

④特别要注意安装过程中防止碎片、线头、铁屑等从通风窗口掉入PLC内部

⑤PLC设备本身带有抗干扰能力，可以避免交流供电电源中的轻微干扰波形。若硬件系统供电电源中的干扰比较严重，则需要安装一个1:1的隔离变压器，以减少电流磁场的干扰

⑥PLC出厂时在通风窗口都包有保护纸带，以确保运输过程或安装前无异物、灰尘进入。一旦安装结束，要清除保护纸带，以防止过热，影响PLC的使用效果

图 4-17　三菱 PLC 系统的安装操作要求

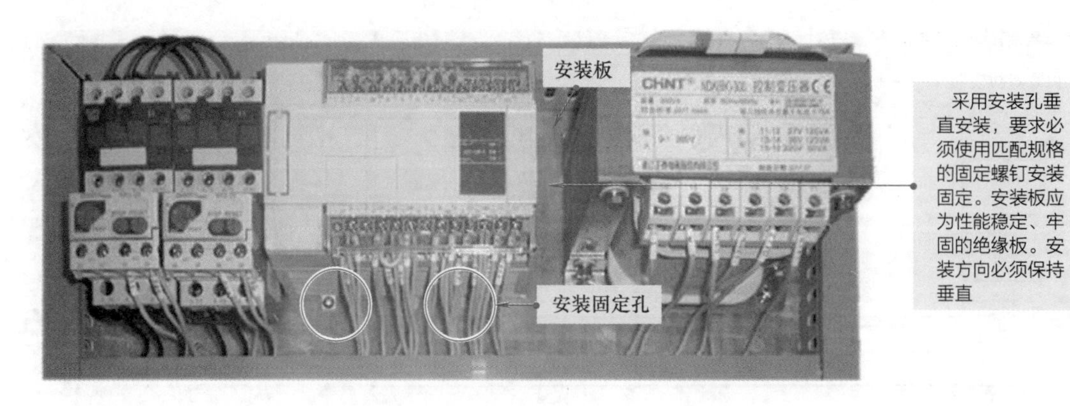

图 4-18　三菱 PLC 安装孔的垂直安装要求

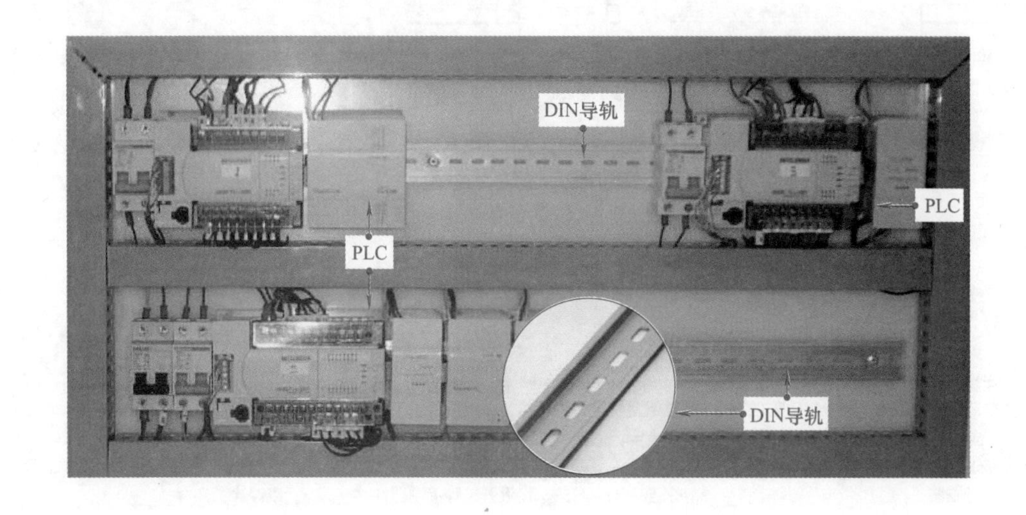

图 4-19　三菱 PLC 导轨的安装要求

提示说明

注意，在振动频繁的区域勿使用 DIN 导轨安装方式。

另外，若需要从导轨上卸下 PLC，应首先拉开卡住 DIN 导轨的弹簧夹。一旦弹簧夹脱离导轨，PLC 向上移即可卸下。切不可盲目用力，损伤 PLC 导轨槽，影响回装。

（4）PLC 系统的接地要求

有效的接地可以避免脉冲信号的冲击干扰，因此在对 PLC 设备或 PLC 扩展模块进行安装时，应保证其良好的接地，以免脉冲信号损坏 PLC 设备，如图 4-20 所示。

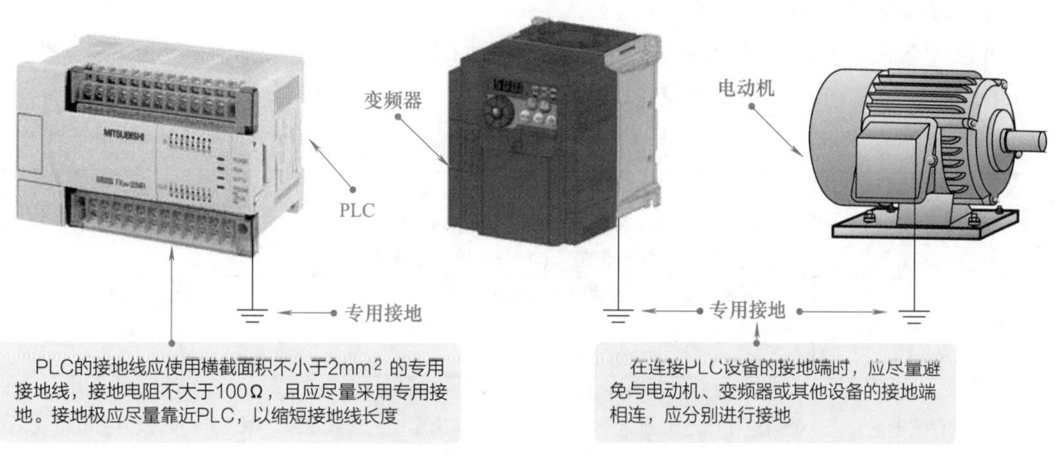

图 4-20　三菱 PLC 的接地要求

提示说明

若无法采用专用接地，可将 PLC 的接地极与其他设备的接地极相连接，构成共用接地。但严禁将 PLC 的接地线与其他设备的接地线连接，采用共用接地线的方法进行 PLC 的接地，如图 4-21 所示。

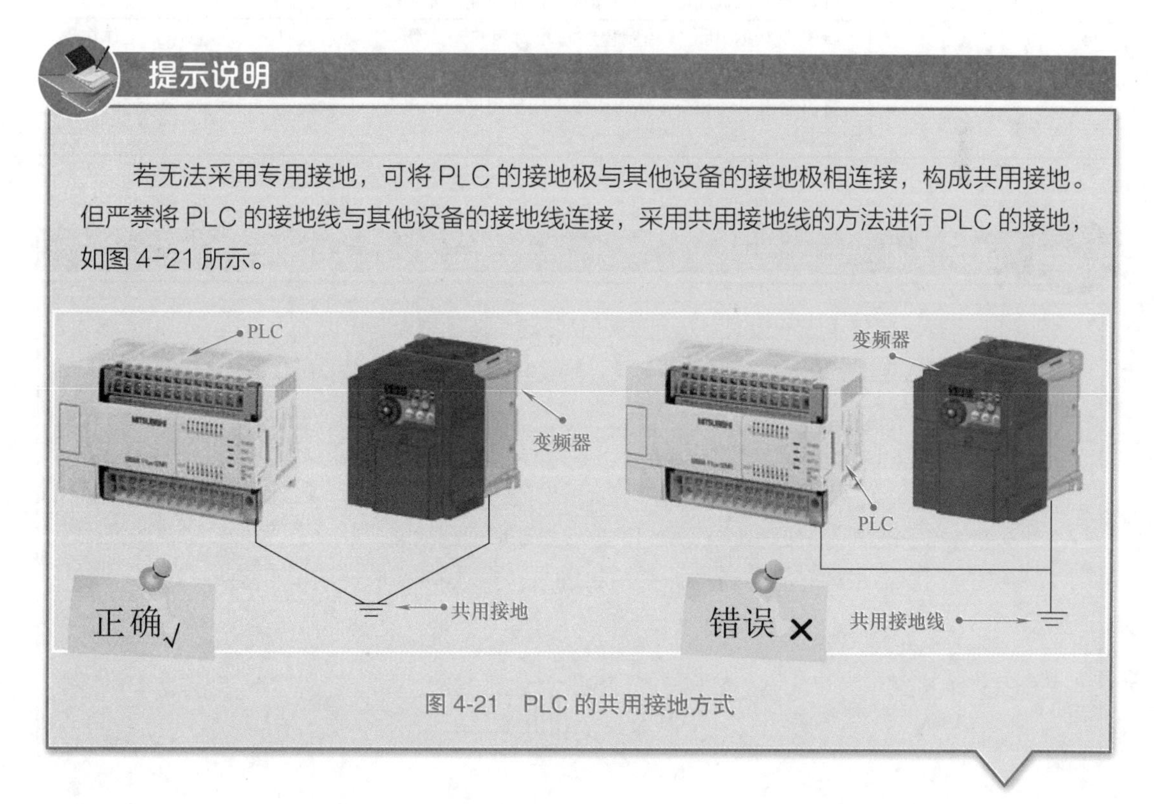

图 4-21　PLC 的共用接地方式

（5）PLC 输入端的接线要求

PLC 一般使用限位开关、按钮等控制，且输入端还常与外部传感器连接。因此在对 PLC 输入端的接口进行接线时，应注意 PLC 输入端的接线要求，如表 4-2 所示。

表 4-2　PLC 输入端的接线要求

输入端接线要求类型	具体要求内容
接线长度要求	输入端的连接线不能太长，应限制在 30m 以内；若连接线过长，则会使输入设备对 PLC 的控制能力下降，影响控制信号输入的精度
避免干扰要求	PLC 的输入端引线和输出端引线不能使用同一根多芯电缆，以免造成干扰，或引线绝缘层损坏时造成短路故障

（6）PLC 输出端的接线要求

PLC 设备的输出端一般用来连接控制设备，如继电器、接触器、电磁阀、变频器、指示灯等。在连接输出端的引线或设备时，应注意 PLC 输出端的接线要求，如表 4-3 所示。

表 4-3 PLC 输出端的接线要求

要求项目	具体要求内容
外部设备要求	若 PLC 的输出端连接继电器，应尽量选用工作寿命比较长的继电器，以免负载（电感性负载）影响到继电器的工作寿命（指内部开关动作次数）
输出端子及电源接线要求	在连接 PLC 输出端的引线时，应将独立输出和公共输出分别进行分组连接。在不同的组中，可采用不同类型和电压输出等级的输出电源；而在同一组中，只能选择同一种类型、同一个电压等级的输出电源
输出端保护要求	输出元件端应安装熔断器进行保护。由于 PLC 的输出元件安装在印制电路板上，需要使用连接线连接到端子板，若错接而将输出端的负载短路，则可能会烧毁印制电路板。安装熔断器后，若出现短路故障则熔断器快速熔断，保护电路板
防干扰要求	PLC 的输出负载可能产生噪声干扰，因此需要采取措施加以控制
安全要求	除了在 PLC 中设置控制程序防止对用户造成伤害，还应设计外部紧急停止工作电路，在 PLC 出现故障后，能够手动或自动切断电源，防止危险发生
电源输出引线要求	直流输出引线和交流输出引线不应使用同一个电缆，且输出端的引线要尽量远离高压线和动力线，避免并行或干扰

提示说明

PLC 输入 / 输出（以下标识为 I/O）端子接线时，应注意以下事项。

◆ I/O 信号连接电缆不要靠近电源电缆，不要共用一个防护套管，低压电缆最好与高压电缆分开并相互绝缘。

◆ 如果 I/O 信号连接电缆的距离较长，需要考虑信号的压降以及可能造成的信号干扰问题。

◆ I/O 端子接线时，应防止端子螺钉的连接松动造成的故障。

◆ 三菱 FX_{2N} 系列产品的接线端子在接线时，电缆线端头应使用扁平接头，如图 4-22 所示。

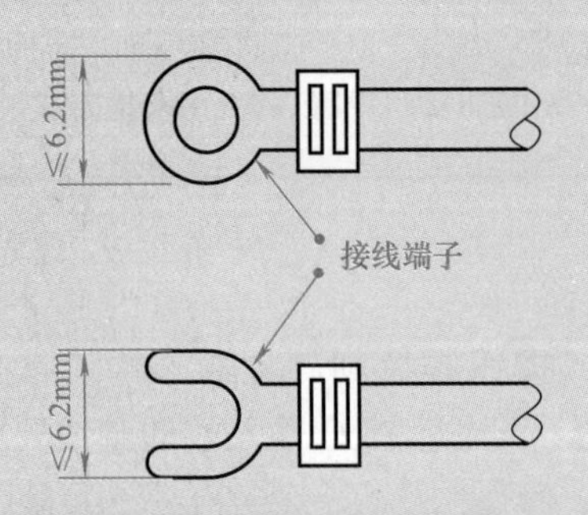

图 4-22 三菱 FX_{2N} 系列产品的接线端子

（7）PLC 电源的接线要求

电源供电是 PLC 正常工作的基本条件，必须严格按照要求对 PLC 的供电端接线（表 4-4），以确保 PLC 的基本工作条件稳定可靠。

表 4-4　PLC 电源的接线要求

电源端子	接线要求
电源输入端	接交流输入时，相线必须接在“L”端，零线必须接在“N”端 接直流输入时，电缆正极必须接在“+”端，电缆负极必须接在“−”端 电源电缆绝不能接到 PLC 的其他端子上 电源电缆的截面积不小于 $2mm^2$ 进行维修作业时，应采取可靠的方法使系统与高压电源完全隔离开 在急停的状态下，通过外部电路来切断基本单元和其他配置单元的输入电源
电源公共端	如果在已安装的系统中从 PLC 主机到功能性扩展模块都使用电源公共端子，则应连接 0V 端子，不应接 24V 端子 PLC 主机的 24V 端子不能接外部电源

提示说明

PLC 接线时，还应确保负载安全，因此应满足如下条件。

◆ 确保所有负载都在 PLC 输出的同侧。

◆ 同一个负载不能同时执行不同控制要求（如电动机运转方向的控制）。

◆ 在对安全有严格要求的场合，不能只依靠 PLC 内的程序来实现安全控制，而应在所有存在安全危险的电路中加入相应的机械互锁。

（8）PLC 扩展模块的连接要求

当一台整体式 PLC 不能满足系统要求时，可采用连接扩展模块的方式，在将 PLC 主机与扩展模块连接时有一定的要求［下面以三菱 FX_{2N} 系列主机（基本单元）为例］。

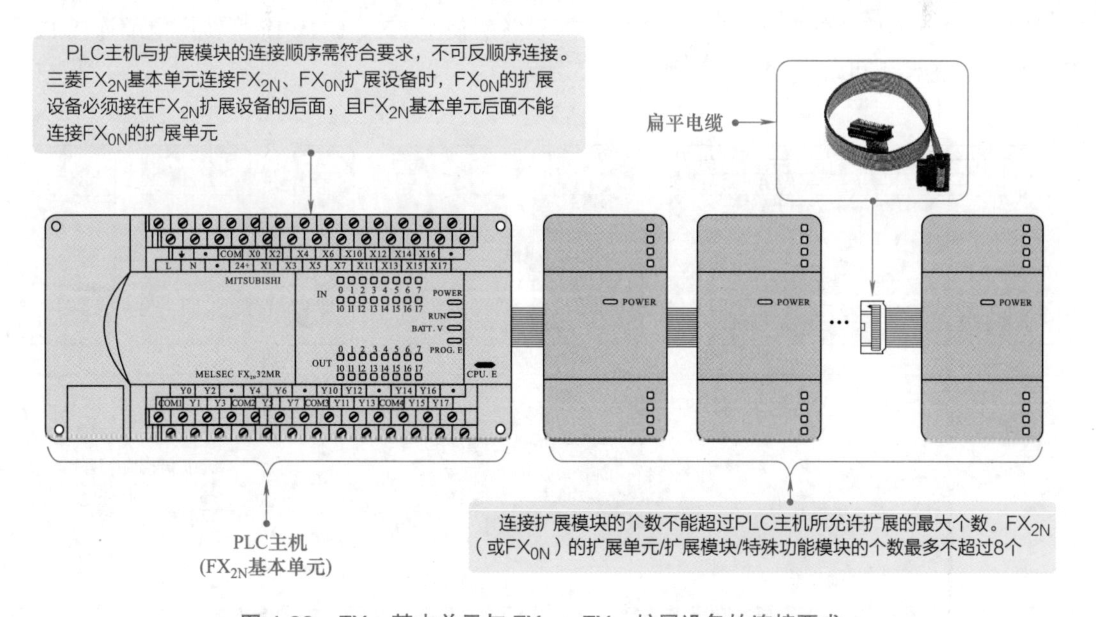

图 4-23　FX_{2N} 基本单元与 FX_{2N}、FX_{0N} 扩展设备的连接要求

① FX_{2N} 基本单元与 FX_{2N}、FX_{0N} 扩展设备的连接要求　当 FX_{2N} 系列 PLC 基本单元的右侧与 FX_{2N} 的扩展单元、扩展模块、特殊功能模块或 FX_{0N} 的扩展模块、特殊功能模块连接时，可直接将这些模块通过扁平电缆与基本单元进行连接，如图 4-23 所示。

② FX_{2N} 基本单元与 FX_1、FX_2 扩展设备的连接要求　当 FX_{2N} 系列 PLC 基本单元的右侧与 FX_1、FX_2 扩展单元、扩展模块、特殊功能模块连接时，需使用 FX_{2N}-CNV-IF 型转换电缆进行连接，如图 4-24 所示。

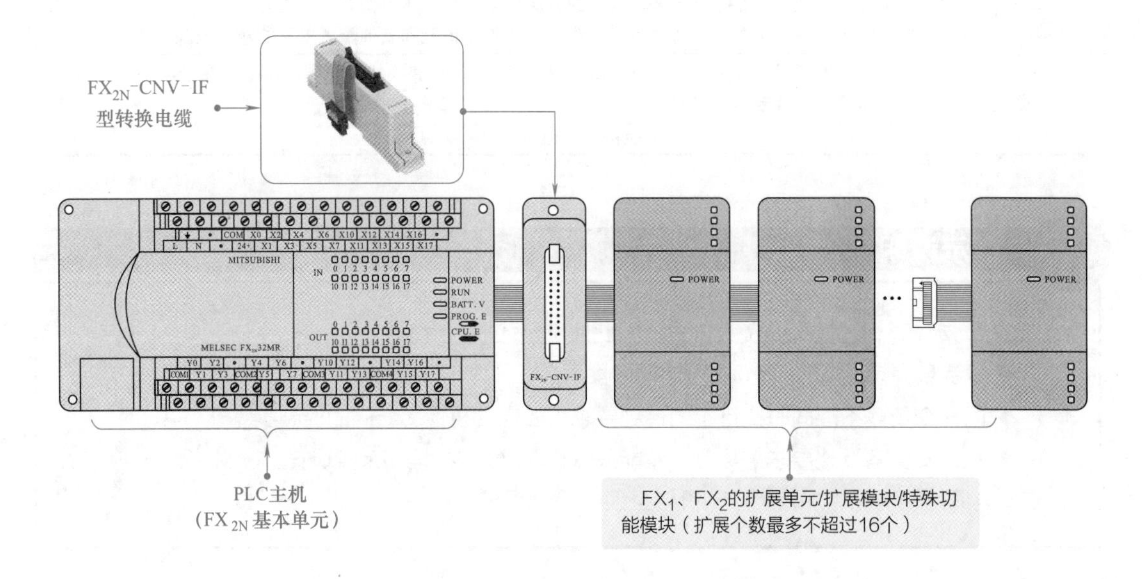

图 4-24　FX_{2N} 基本单元与 FX_1、FX_2 扩展设备的连接要求

③ FX_{2N} 基本单元与 FX_{2N}、FX_{0N}、FX_1、FX_2 扩展设备的混合连接要求　当 FX_{2N} 基本单元与 FX_{2N}、FX_{0N}、FX_1、FX_2 扩展设备混合连接时，需将 FX_{2N}、FX_{0N} 的扩展设备直接与 FX_{2N} 基本单元连接，然后在 FX_{2N}、FX_{0N} 扩展设备后使用 FX_{2N}-CNV-IF 型转换电缆连接 FX_1、FX_2 扩展设备，不可反顺序连接，如图 4-25 所示。

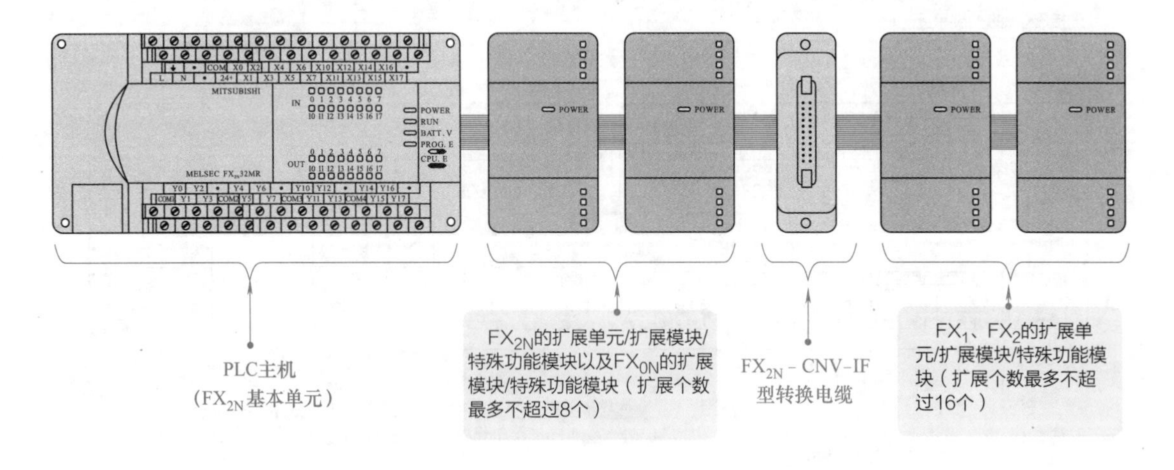

图 4-25　FX_{2N} 基本单元与 FX_{2N}、FX_{0N}、FX_1、FX_2 扩展设备的混合连接要求

提示说明

在进行 PLC 扩展设备的连接时，不可将 FX_{2N}、FX_{0N} 扩展设备连接在 FX_1、FX_2 扩展设备的后面，这种连接方法是错误的。在 FX_{2N} 系列 PLC 中，基本单元后面一旦使用 FX_{2N}-CNV-IF 型转换电缆连接了 FX_1、FX_2 扩展设备，就不能再使用 FX_{2N}、FX_{0N} 的扩展设备，如图 4-26 所示。

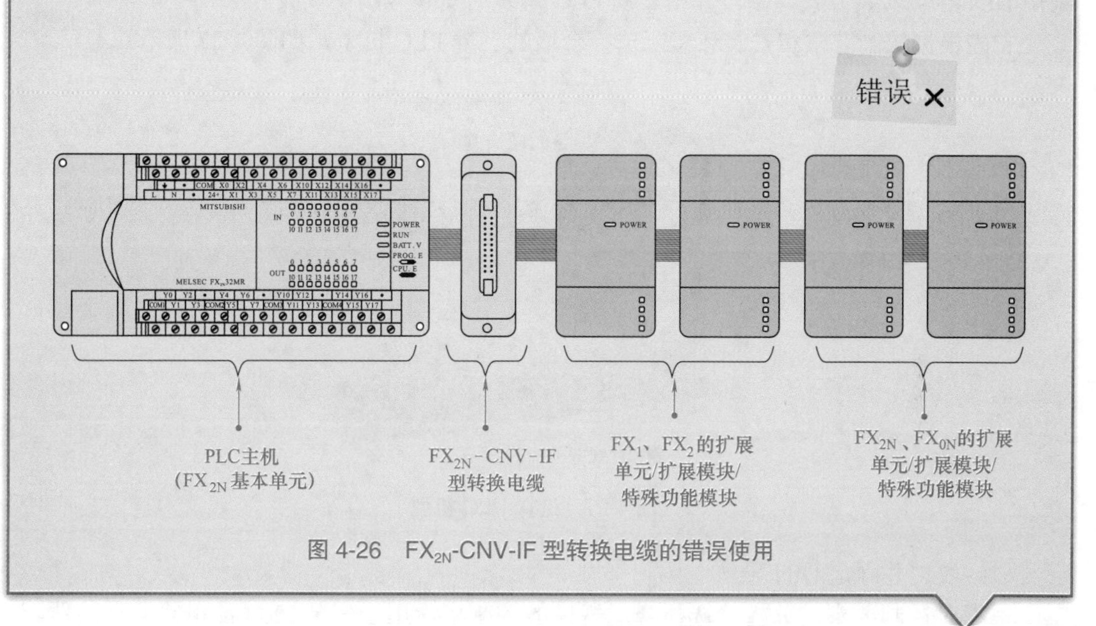

图 4-26　FX_{2N}-CNV-IF 型转换电缆的错误使用

相关资料

在进行三菱 PLC 硬件系统的扩展连接时，其增加的扩展模块消耗的电流量应在供给电流量的基本单元或扩展单元的总电流量以内。当电流量不够时应增加扩展单元进行电流量的补充，其剩余的电流量则可作为传感器或负载的电源。

在三菱 FX_{2N} 系列 PLC 的基本单元和扩展单元的内部都设有电源，均可向扩展模块提供 DC 24V 的电源，不同型号的基本单元和扩展单元供给电流量也不相同。

例如，三菱 FX_{2N}-48MR 型 PLC 基本单元的右侧连接了两个扩展模块，分别为 FX_{0N}-8EX（消耗电流量为 50mA）、FX_{0N}-8EYR（消耗电流量为 75mA），判断其两个扩展模块所消耗的电流量是否在基本单元供给电流量的范围内时，可计算系统的剩余电流量。若计算的剩余电流量充足，则可进行扩展模块的连接。其计算公式如下：

剩余电流量＝供给电流量－消耗电流量＝ 460mA-（50mA+75mA) ＝ 335mA

又如，三菱 FX_{2N}-48MR 型 PLC 基本单元的右侧连接了三个特殊功能模块，分别为 FX_{0N}-3A（消耗电流量为 30mA）、FX-1HC（消耗电流量为 70mA）、FX-10GM（自给），首先判断这三个特殊功能模块所消耗的电流量是否在基本单元供给电流量的范围内。若计算的剩余电流量充足，则可进行特殊功能模块的连接。其计算公式如下：

剩余电流量＝供给电流量－消耗电流量＝ 460mA－（30mA+70mA ＋ 0) ＝ 360mA

4.1.3 PLC 系统的安装方法

三菱 PLC 系统通常安装在 PLC 控制柜内，以避免灰尘、污物等的侵入。为增强 PLC 系统工作性能、延长 PLC 使用寿命，安装时应严格按照 PLC 的安装要求进行安装。下面以采用 DIN 导轨安装方式为例，介绍三菱 PLC 系统的安装方法及接线方法。

首先根据控制要求和安装环境，选择合适的三菱 PLC 机型，如图 4-27 所示。

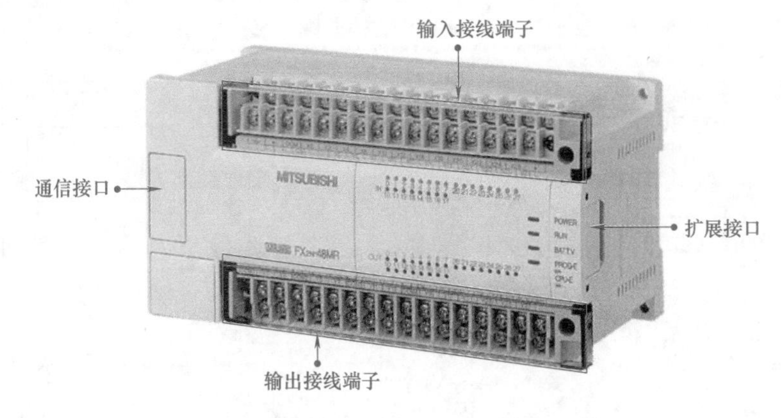

图 4-27　选择 PLC 机型

（1）安装并固定 DIN 导轨

根据对控制要求的分析，选择合适规模的控制柜，用于安装 PLC 及相关电气部件，确定 PLC 的安装位置。首先将 DIN 导轨安装固定在 PLC 控制柜中，并使用螺钉旋具将固定螺钉拧入 DIN 导轨和 PLC 控制柜的固定孔中；然后将 DIN 导轨固定在 PLC 控制柜上，如图 4-28 所示。

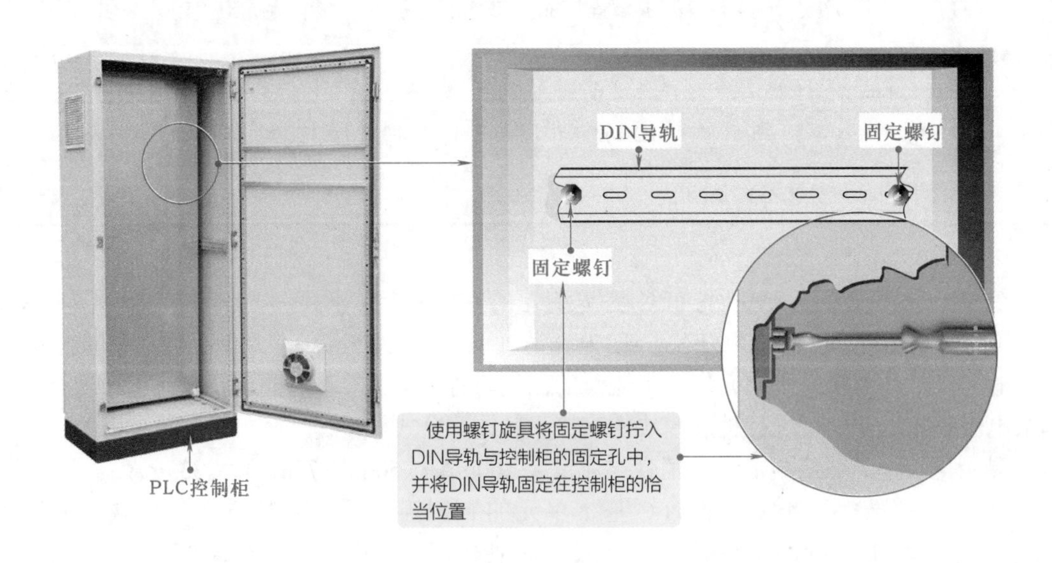

图 4-28　PLC 控制柜中 DIN 导轨的安装与固定

（2）安装并固定 PLC

将选好的三菱 PLC 按照安装要求和操作方法安装固定在 DIN 导轨上，如图 4-29 所示。

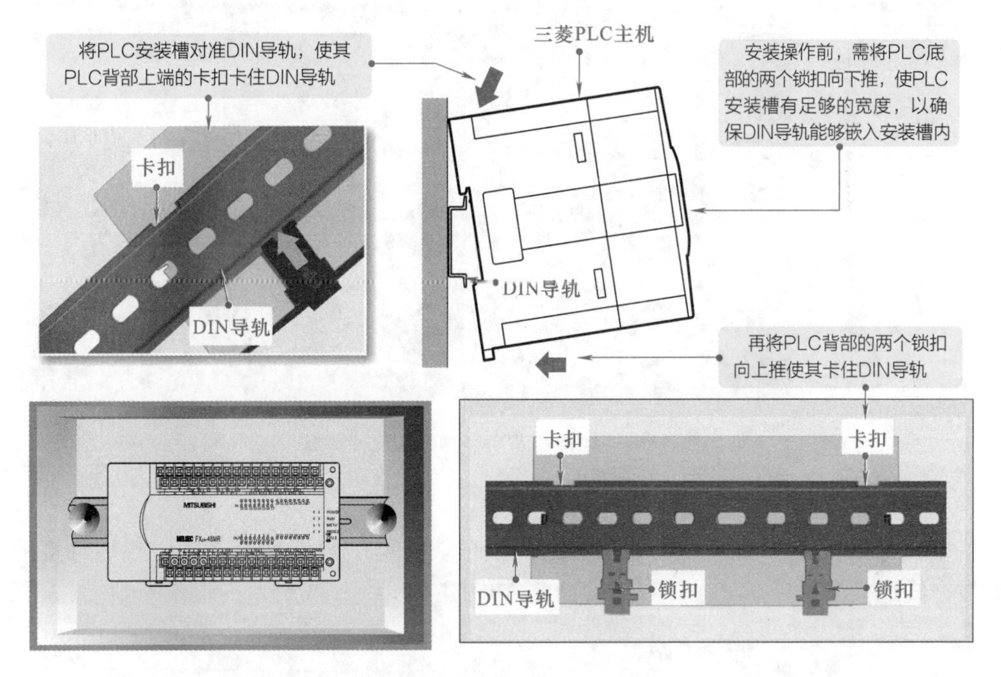

图 4-29　三菱 PLC 的安装固定

（3）打开端子排护罩

PLC 与输入、输出设备之间通过输入、输出端子排连接。在接线前，首先应将输入、输出端子排上的护罩打开，为接线做好准备，如图 4-30 所示。

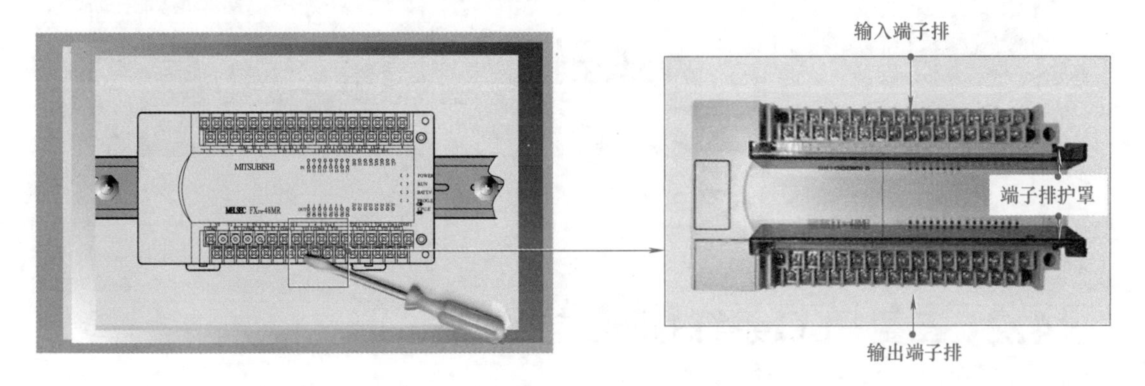

图 4-30　打开护罩，做好接线前的准备工作

（4）输入 / 输出端子接线

PLC 的输入接口常与输入设备（如控制按钮、热继电器等）进行连接，用于控制 PLC 的工作状态；PLC 的输出接口常与输出设备（如接触器、继电器、晶体管、变频器等）进行连接，用来控制输出设备的工作。

再根据控制要求和设计分析，将相应的输入设备和输出设备连接到 PLC 输入 / 输出端子上（图 4-31），端子号应与 I/O 地址表相符。

图 4-31　三菱 PLC 输入 / 输出端子接线

（5）PLC 扩展接口的连接

当 PLC 需要连接扩展模块时，应先将扩展模块安装在 PLC 控制柜内，然后再将扩展模块的数据线连接端插接在 PLC 扩展接口上，如图 4-32 所示。

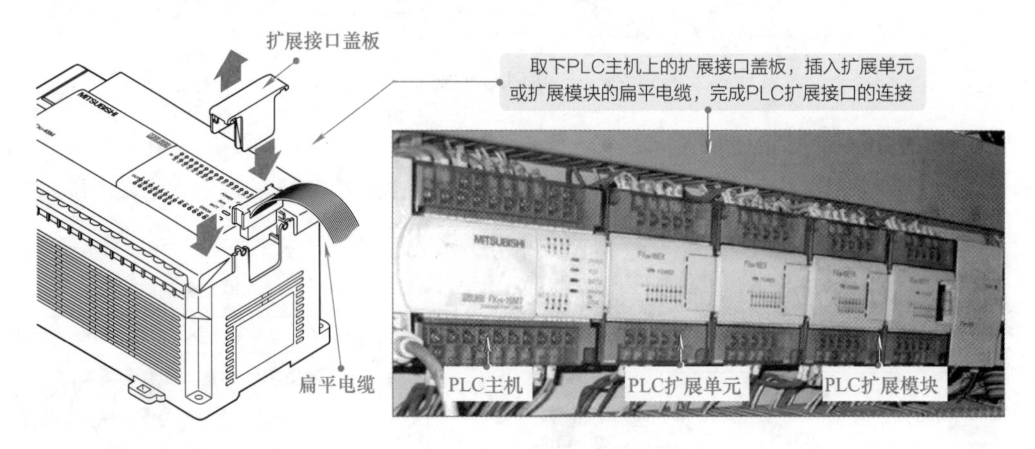

图 4-32　三菱 PLC 扩展接口的连接操作

4.2 三菱 PLC 系统的调试与维护

4.2.1　PLC 系统的调试

为了保障 PLC 系统能够正常运行，在 PLC 系统安装和接线完毕后（不能立即投入使用），需要对 PLC 系统进行调试与检测，以免在安装过程中出现线路连接不良、连接错误、设备损坏等情况，从而造成 PLC 系统短路、断路或损坏元器件等。

（1）初始检查

对 PLC 系统进行调试时，首先在断电状态下对线路的连接、工作条件进行初始检查，如表 4-5 所示。

表 4-5　PLC 系统的初始检查

调试项目	调试具体内容
检查线路连接	根据 I/O 原理图逐段确认 PLC 系统的接线有无漏接、错接之处，检查连接线接点的连接是否符合工艺标准。若通过逐段检查无异常，则可使用万用表检查连接的 PLC 系统线路有无短路、断路以及接地不良等现象，若出现连接故障应及时进行重新连接或调整
检查电源电压	在 PLC 系统通电前，检查系统供电电源与预先设计的 PLC 系统图中的电源是否一致。检查时，可合上电源总开关进行检测
检查 PLC 程序	将 PLC 程序、触摸屏程序、显示文本程序等输入到相应的系统内。若系统出现报警情况，应对 PLC 系统的接线、设定参数、外部条件以及 PLC 程序等进行检查，并对产生报警的部位进行重新连接或调整
局部调试	了解设备的工艺流程后进行手动空载调试，检查手动控制的输出点是否有相应的输出，若有问题则应立即进行解决；若手动空载调试正常再进行手动带负载调试，手动带负载调试中对调试电流、电压等参数进行记录

（2）通电调试

完成初始检查后接通 PLC 电源，试着写入简单的程序，对 PLC 进行通电调试，明确其工作状态，为最后正常投入工作做好准备，如图 4-33 所示。

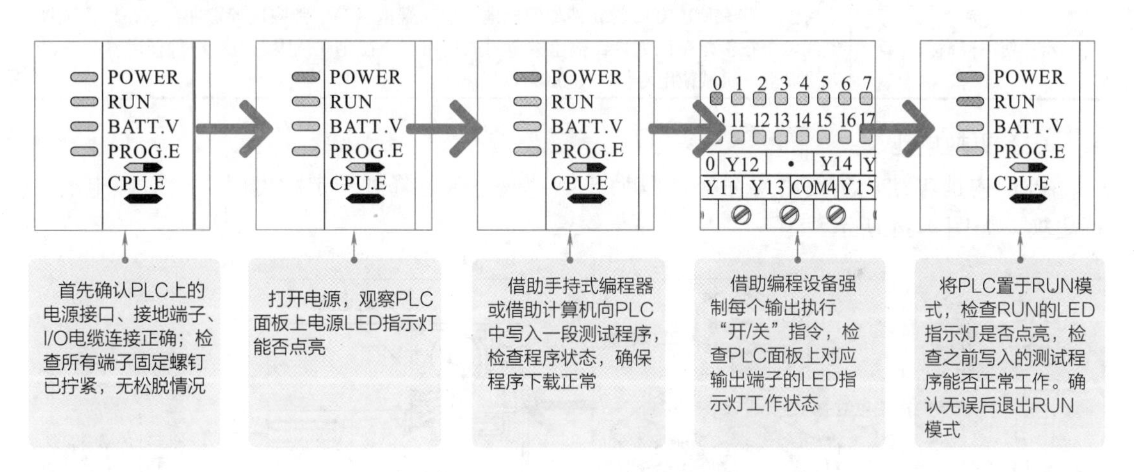

图 4-33　三菱 PLC 系统的通电调试

提示说明

在通电调试时需要注意不要碰到交流相线，不要碰触可能造成人身伤害的部位。目前在调试中常见的错误有以下几个。

◆ I/O 线路上某些点的继电器的接触点接触不良。

◆ 外部所使用的 I/O 设备超出其规定的工作范围。

◆ 输入信号的发生时间过短，小于程序的扫描周期。

◆ DC 24V 电源过载。

4.2.2 PLC 系统的维护

在 PLC 系统投入使用后，由于工作环境的影响，可能会造成 PLC 使用寿命的缩短或出现故障。因此需要对 PLC 系统进行日常维护，确保 PLC 系统安全、可靠运行。

（1）日常维护

对 PLC 系统进行日常维护，包括供电条件、工作环境、元器件使用寿命等，如表 4-6 所示。

表 4-6　PLC 系统的日常维护

日常维护项目	维护的具体内容
电源的检查	首先对 PLC 电源电压进行检测，查看是否为额定值或有无频繁波动的现象。电源电压必须在额定范围之内，且波动不能大于 10%，若有异常则应检查供电线路
输入、输出电源的检查	检查输入、输出端子处的电压变化是否在规定的标准范围内，若有异常则应对异常处进行检查
环境的检查	检查环境温度、湿度是否在允许范围之内（温度在 0 ～ 55℃之间，湿度在 35%~85% 之间），若超过允许范围则应降低或升高温度，以及进行加湿或除湿操作。安装环境不能有大量的灰尘、污物等，若有则应进行及时清理。检查面板内部温度有无过高情况
安装的检查	检查 PLC 设备各单元的连接是否良好，连接线有无松动、断裂以及破损等现象，控制柜的密封性是否良好等；检查散热窗（空气过滤器）是否良好，有无堵塞情况
元器件使用寿命的检查	对于一些有使用寿命的元件如锂电池、输出继电器等，则应进行定期检查，以保证锂电池电压在额定范围之内，输出继电器的使用寿命在允许范围之内（电气使用寿命在 30 万次以下，机械使用寿命在 1000 万次以下）

（2）更换电池

PLC 内锂电池达到使用寿命（一般为 5 年）或电压下降到一定程度时，应对锂电池进行更换，如图 4-34 所示。

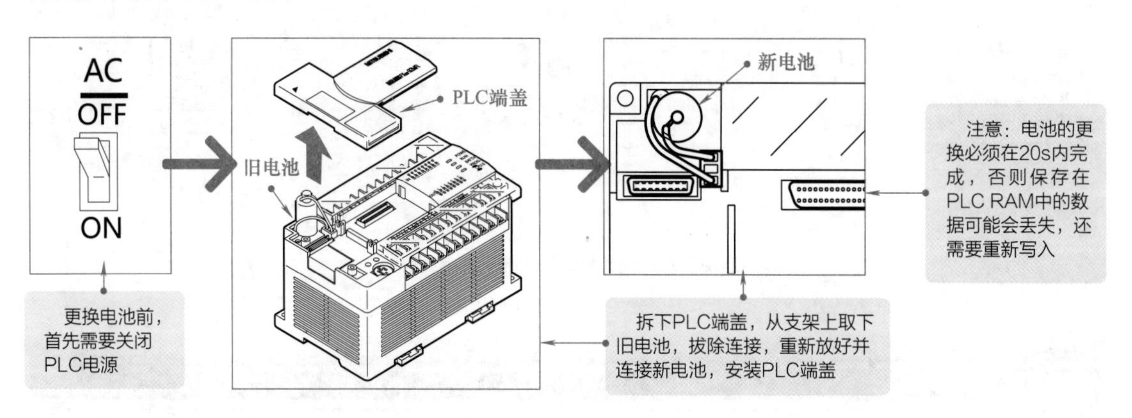

图 4-34　更换 PLC 电池

第5章 三菱PLC梯形图

5.1 三菱PLC梯形图的结构

PLC（可编程序控制器）通过预先编好的程序来实现对不同生产过程的自动控制。梯形图（LAD）是目前使用较多的编程语言，它是以触点符号代替传统电气控制电路中的按钮、接触器触点、继电器触点等部件的编程语言。

三菱PLC梯形图的特点

三菱PLC梯形图（Ladder Diagram，LAD）继承了继电器控制电路的设计理念，采用图形符号的连接图形式直观形象地表达电气控制电路的控制过程。它与电气控制电路非常类似，十分易于理解。

图5-1为典型电气控制电路与PLC梯形图对应。

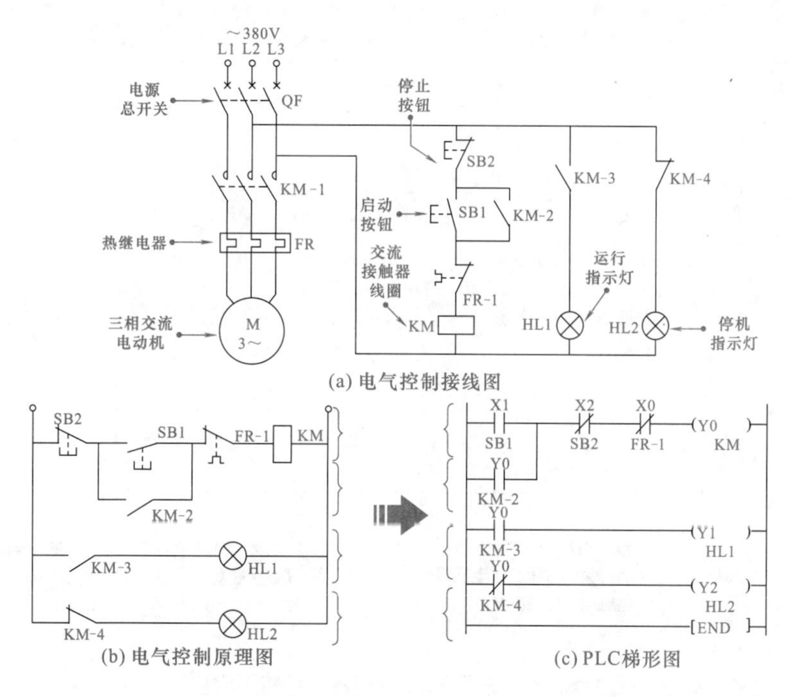

图5-1　典型电气控制电路与PLC梯形图对应

提示说明

将 PLC 梯形图写入 PLC 中，PLC 输入 / 输出接口与控制按钮、接触器等建立物理连接。输入元件将控制信号由 PLC 输入端子送入，PLC 根据预先编写好的程序（梯形图）对其输入信号进行处理，并由输出端子输出驱动信号，驱动外部的输出元件，进而实现对电动机的连续控制，如图 5-2 所示。

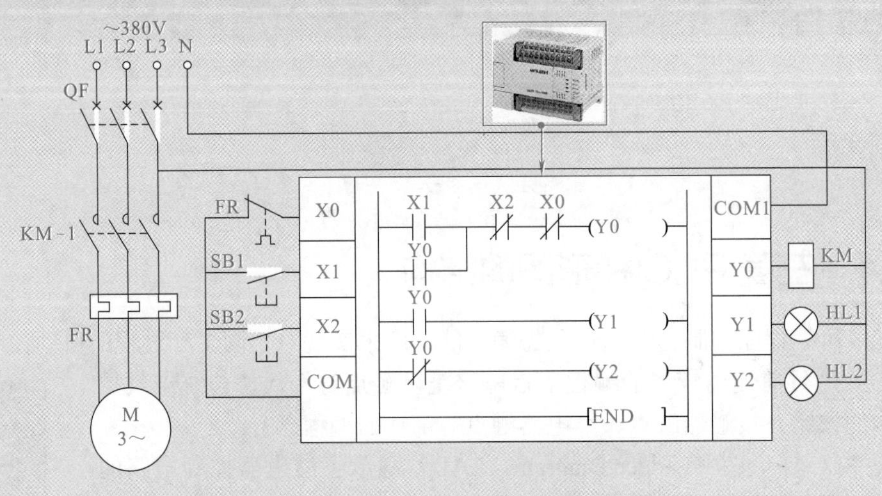

图 5-2　PLC 梯形图与 PLC 输入 / 输出端子外接物理部件的关联

三菱 PLC
梯形图的结构

三菱 PLC 梯形图也主要由母线、触点、线圈构成，如图 5-3 所示。

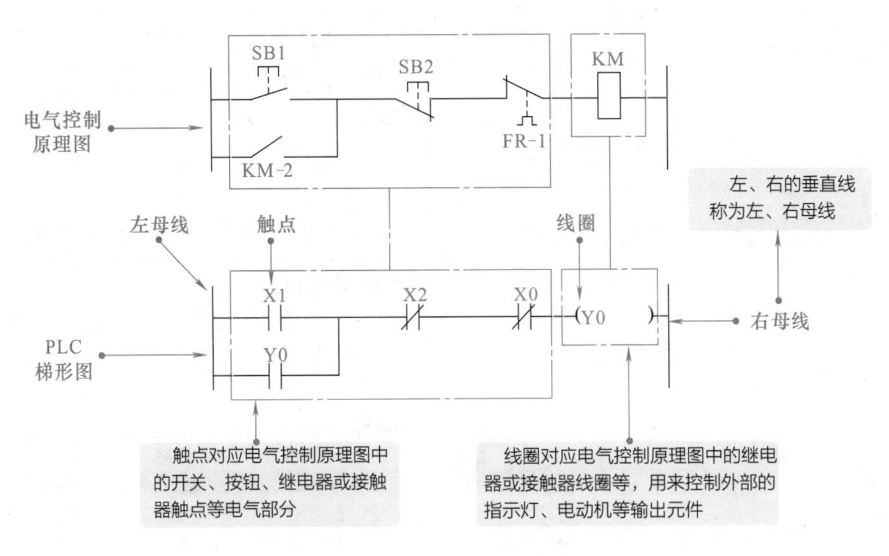

图 5-3　三菱 PLC 梯形图的结构组成

提示说明

在 PLC 梯形图中，特定的符号和文字标识标注了电气控制线路中各电气部件及其工作状态。整个控制过程由多个梯级来描述，也就是说每一个梯级通过能流线上连接的图形、符号或文字标识反映了控制过程中的一个控制关系。在梯级中，控制条件表示在左面，然后沿能流线逐渐表现出控制结果，这就是 PLC 梯形图。这种编程设计习惯非常直观、形象，与电气控制线路原理图十分对应，控制关系一目了然。

5.1.1　母线

梯形图中两侧的竖线称为母线。通常假设梯形图中的左母线代表电源正极，右母线代表电源负极，如图 5-4 所示。

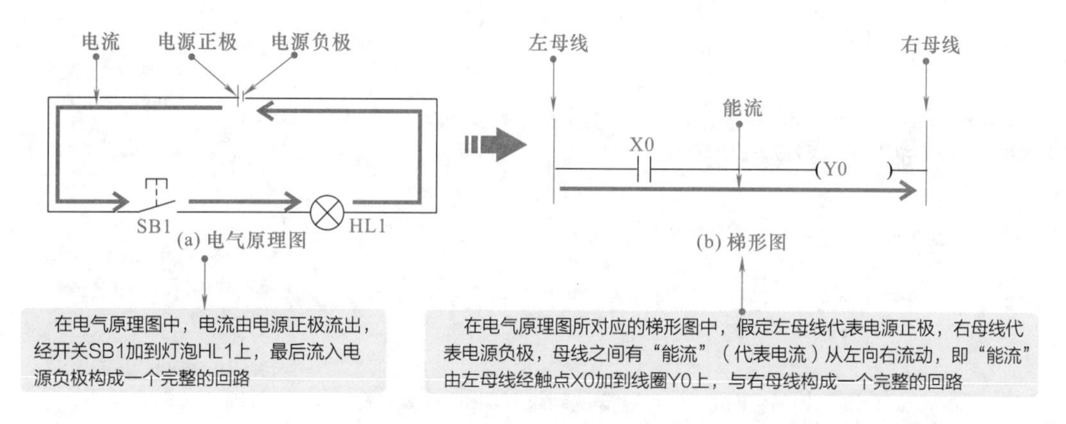

图 5-4　母线的含义及特点

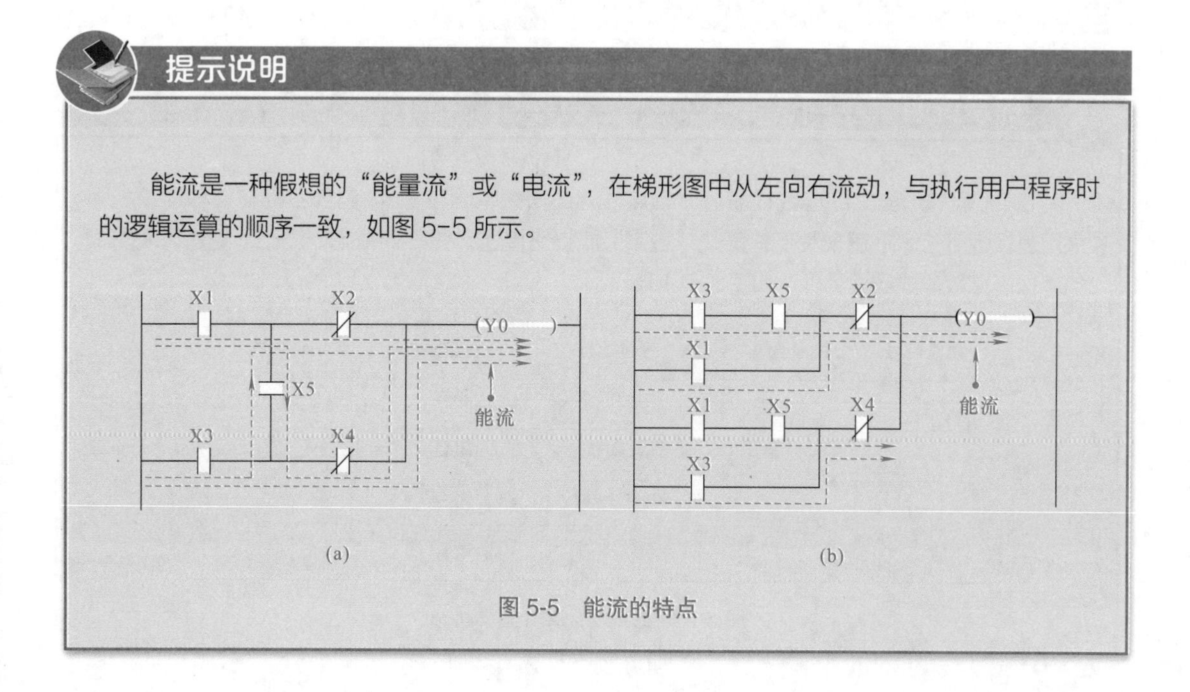

提示说明

能流是一种假想的“能量流”或“电流”，在梯形图中从左向右流动，与执行用户程序时的逻辑运算的顺序一致，如图 5-5 所示。

图 5-5　能流的特点

能流不是真实存在的物理量，它是为理解、分析和设计梯形图而假想出来的类似“电流”的一种形象表示。梯形图中的能流只能从左向右流动，根据该原则，不仅对理解和分析梯形图很有帮助，在设计时也起到关键的作用。

5.1.2 触点

触点是PLC梯形图中构成控制条件的元件。在PLC梯形图中有两类触点，分别为常开触点和常闭触点，触点的通断情况与触点的逻辑赋值有关，如图5-6所示。

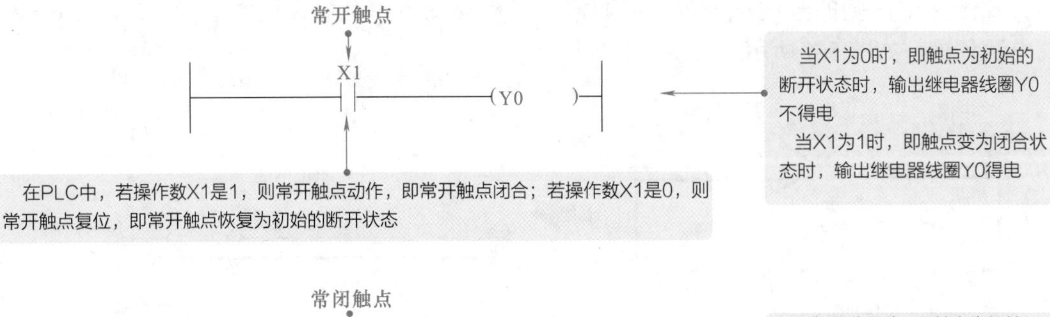

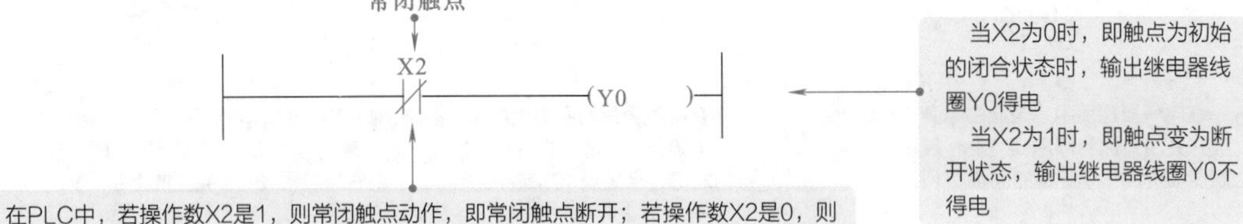

图5-6 触点的含义及特点

提示说明

在PLC梯形图上的连线代表各“触点”的逻辑关系。在PLC内部不存在这种连线，而采用逻辑运算来表征逻辑关系。某些“触点”或支路接通，并不存在电流流动，而是代表支路的逻辑运算取值或结果为1，如图5-7所示。

触点符号	代表含义	逻辑赋值	状态	常用地址符号
─┤ ├─	常开触点	0或OFF时	断开	X、Y、M、T、C
		1或ON时	闭合	
─┤/├─	常闭触点	0或OFF时	闭合	
		1或ON时	断开	

图5-7 触点的逻辑赋值及状态

不同品牌 PLC 中，梯形图触点符号标识不同。在三菱 PLC 中，用 X 表示输入继电器触点，Y 表示输出继电器触点，M 表示通用继电器触点，T 表示定时器触点，C 表示计数器触点。

5.1.3　线圈

线圈是 PLC 梯形图中执行控制结果的元件。PLC 梯形图中的线圈种类很多，如输出继电器线圈、辅助继电器线圈、定时器线圈等。

线圈与继电器控制电路中的线圈相同，若有电流（能流）流过线圈，则线圈操作数置 1，线圈得电；若无电流流过线圈，则线圈操作数复位（置 0），如图 5-8 所示。

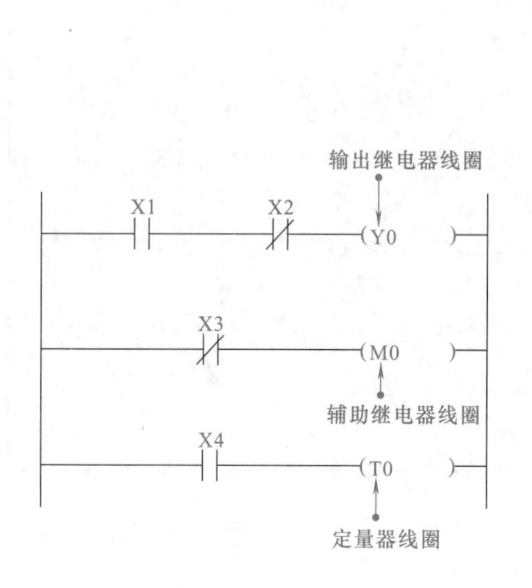

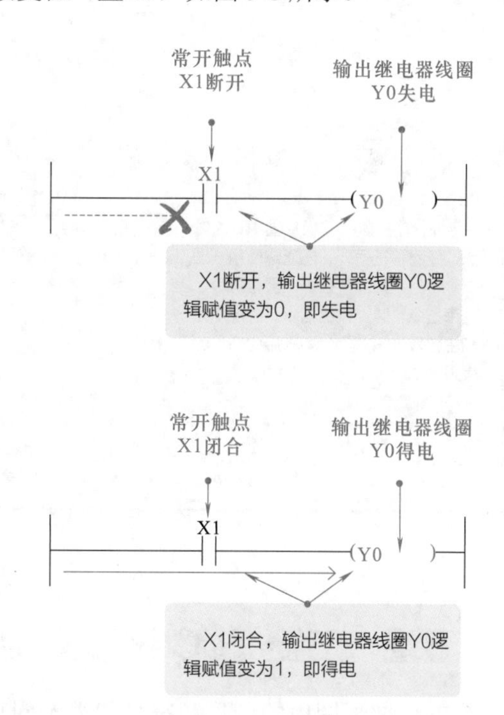

图 5-8　线圈的含义及特点

提示说明

在 PLC 梯形图中，线圈通断情况与线圈的逻辑赋值有关，若逻辑赋值为 0，线圈失电；若逻辑赋值为 1，线圈得电，如图 5-9 所示。

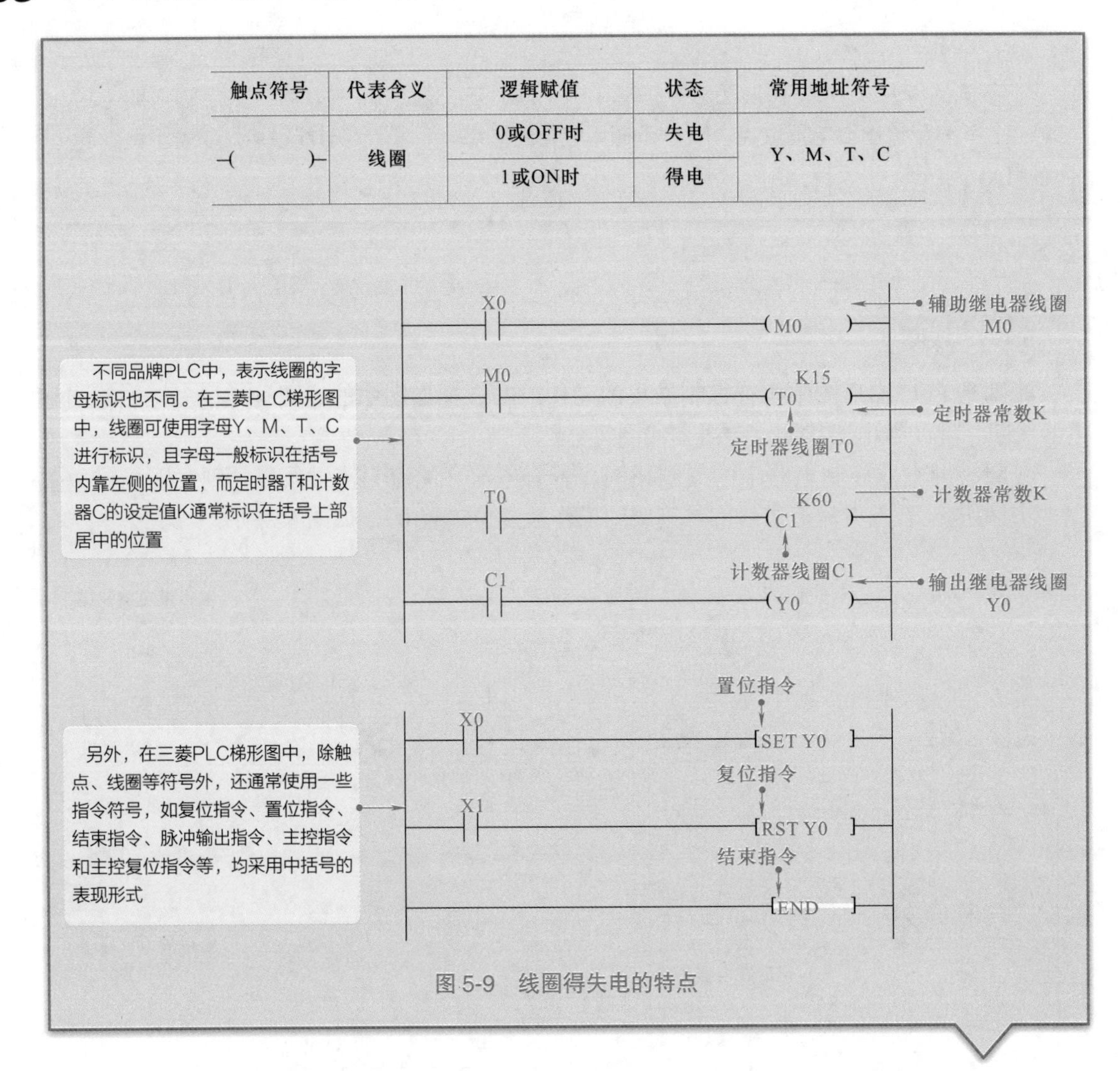

触点符号	代表含义	逻辑赋值	状态	常用地址符号
—(　　)—	线圈	0或OFF时	失电	Y、M、T、C
		1或ON时	得电	

图 5-9　线圈得失电的特点

5.2 三菱 PLC 梯形图的编程元件

PLC 梯形图内的图形和符号代表不同功能的元件。这些图形和符号并不是真正的物理元件，而是指在 PLC 编程时使用的输入 / 输出端子所对应的存储区，以及内部的存储单元、寄存器等，属于软元件，即编程元件。

在 PLC 梯形图中编程元件用继电器（注：与电气控制电路中的继电器不同）代表。在三菱 PLC 梯形图中，X 代表输入继电器，是由输入电路和输入映像寄存器构成的，用于直接输入给 PLC 的物理信号；Y 代表输出继电器，是由输出电路和输出映像寄存器构成的，用于从 PLC 直接输出物理信号；T 代表定时器，M 代表辅助继电器，C 代表计数器，S 代表状态继电器，D 代表数据寄存器，它们用于 PLC 内部运算。

5.2.1　输入 / 输出继电器（X、Y）

输入继电器常使用字母 X 标识，与 PLC 的输入端子相连；输出继电器常使用字母 Y 标识，与 PLC 的输出端子相连，如图 5-10 所示。

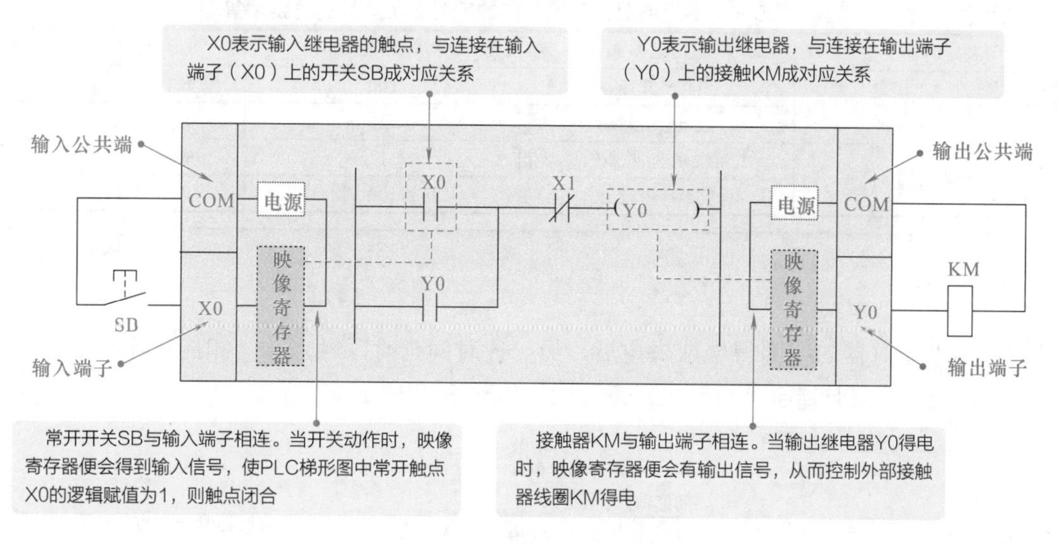

图 5-10 输入 / 输出继电器

5.2.2 定时器（T）

三菱 PLC
梯形图中的定时器

PLC 梯形图中的定时器相当于电气控制电路中的时间继电器，常使用字母 T 标识。在三菱 PLC 中，不同系列 PLC 的定时器类型不同。下面以三菱 FX_{2N} 系列 PLC 定时器为例进行介绍。

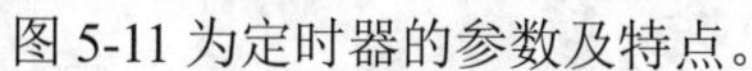

图 5-11 为定时器的参数及特点。

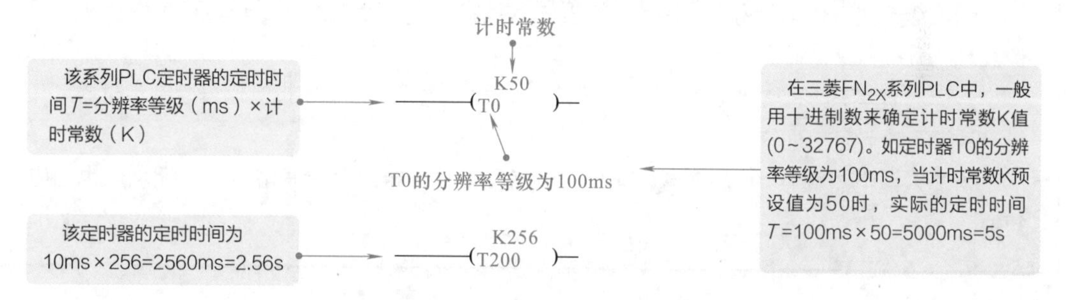

图 5-11 定时器的参数及特点

提示说明

三菱 FX_{2N} 系列 PLC 定时器可分为通用型定时器和累计型定时器两种，该系列 PLC 定时器的定时时间为

$$T = \text{分辨率等级（ms）} \times \text{计时常数（K）}$$

不同类型、不同号码的定时器所对应的分辨率等级也有所不同，如表 5-1 所示。

表 5-1　不同类型、不同号码的定时器所对应的分辨率等级

定时器类型	定时器号码	分辨率等级 /ms	计时范围 /s
通用型定时器	T0 ~ T199	100	0.1 ~ 3276.7
	T200 ~ T245	10	0.01 ~ 328.67
累计型定时器	T246 ~ T249	1	0.001 ~ 32.767
	T250 ~ T255	100	0.1 ~ 3276.7

（1）通用型定时器

通用型定时器的线圈得电或失电后，经一段时间延时，触点才会相应动作；输入电路断开或停电时，定时器不具有断电保持功能，如图 5-12 所示。

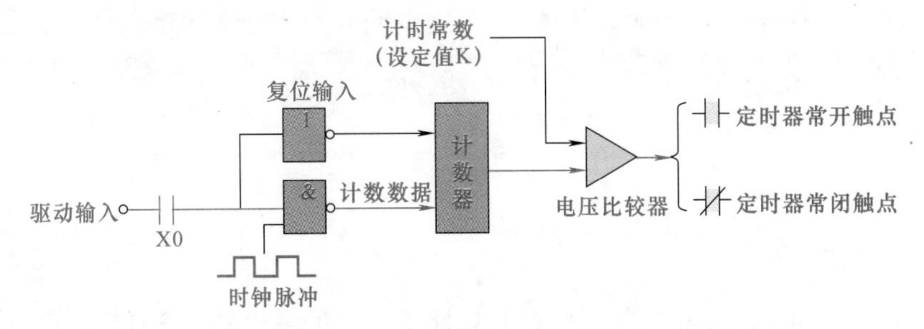

图 5-12　通用型定时器的内部结构及工作原理图

提示说明

输入继电器触点 X0 闭合，将计数数据送入计数器中，计数器从零开始对时钟脉冲进行计数。

当计数值等于计时常数（设定值 K）时，电压比较器输出端输出控制信号控制定时器常开触点、常闭触点相应动作。

当输入继电器触点 X0 断开或停电时，计数器复位，定时器常开触点、常闭触点也相应复位。

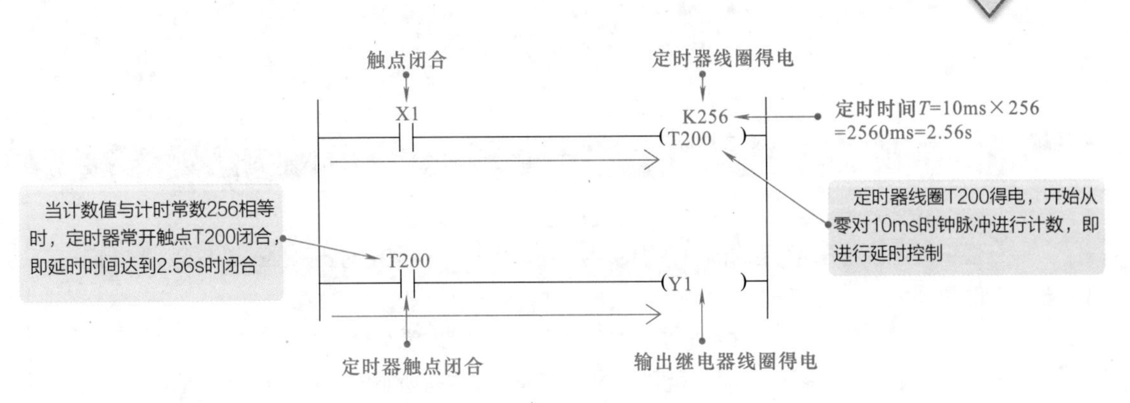

图 5-13　通用型定时器的工作过程

根据通用型定时器的定时特点，PLC 梯形图中定时器的工作过程比较容易理解，如图 5-13 所示。

（2）累计型定时器

累计型定时器与通用型定时器不同的是，累计型定时器在定时过程中断电或输入电路断开时，定时器具有断电保持功能，能够保持当前计数值；通电或输入电路闭合时，定时器会在保持当前计数值的基础上继续累计计数，如图 5-14 所示。

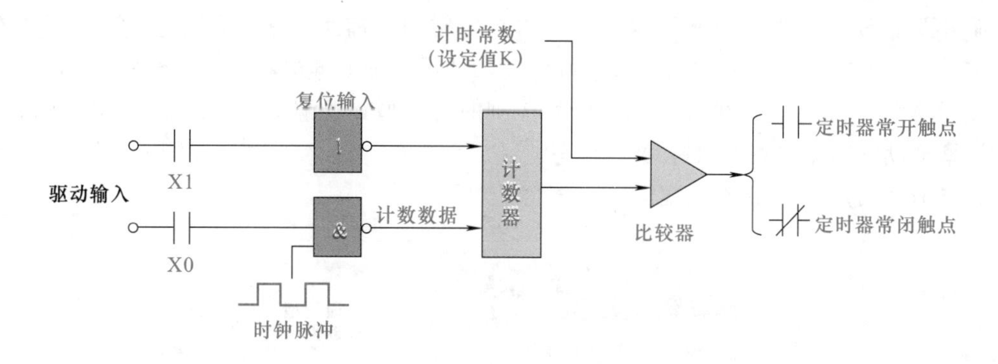

图 5-14　累计型定时器的内部结构及工作原理图

提示说明

在图 5-14 中，输入继电器触点 X0 闭合，将计数数据送入计数器中，计数器从零开始对时钟脉冲进行计数。

当定时器计数值未达到计时常数（设定值 K）而输入继电器触点 X0 断开或断电时，计数器可保持当前计数值；输入继电器触点 X0 再次闭合或通电时，计数器在当前值的基础上开始累计计数，当累计计数值等于计时常数（设定值 K）时，电压比较器输出端输出控制信号控制定时器常开触点、常闭触点相应动作。

当复位输入触点 X1 闭合时，计数器计数值复位，定时器常开触点、常闭触点也相应复位。

图 5-15 为累计型定时器的工作过程。

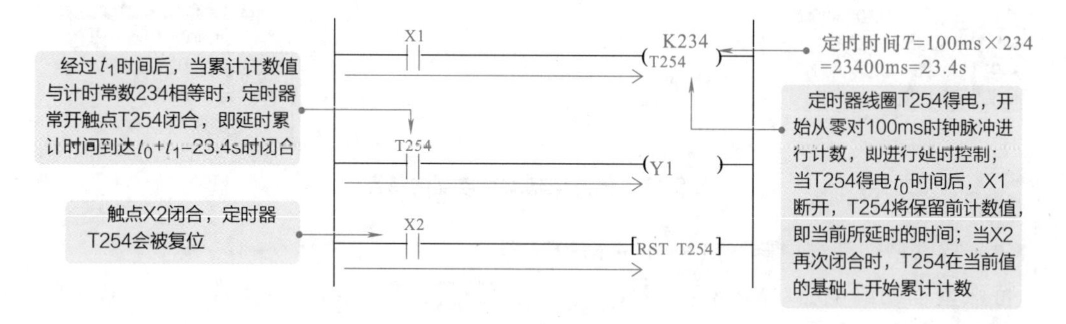

图 5-15　累计型定时器的工作过程

5.2.3 辅助继电器（M）

PLC 梯形图中的辅助继电器相当于电气控制线路中的中间继电器，常使用字母 M 标识，是 PLC 编程中应用较多的一种软元件。辅助继电器不能直接读取外部输入，也不能直接驱动外部负载，只能作为辅助运算。辅助继电器根据功能的不同可分为通用型辅助继电器、保持型辅助继电器和特殊型辅助继电器三种。

（1）通用型辅助继电器（M0 ～ M499）

通用型辅助继电器（M0 ～ M499）在 PLC 中常用于辅助运算、移位运算等，不具备断电保持功能，即在 PLC 运行过程中突然断电时，通用型辅助继电器线圈全部变为 OFF 状态；当 PLC 再次接通电源时，由外部输入信号控制的通用型辅助继电器线圈变为 ON 状态，其余通用型辅助继电器线圈均保持 OFF 状态。

图 5-16 为通用型辅助继电器的特点。

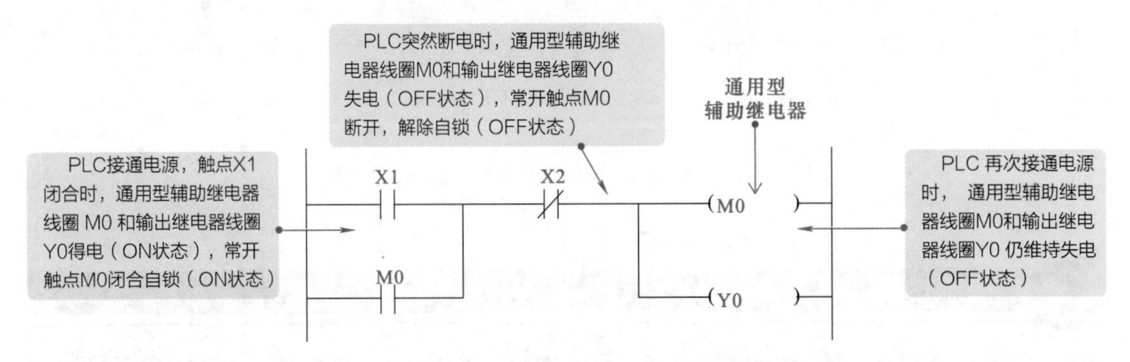

图 5-16 通用型辅助继电器的特点

（2）保持型辅助继电器（M500 ～ M3071）

保持型辅助继电器（M500 ～ M3071）能够记忆电源中断前的瞬时状态。当 PLC 运行过程中突然断电时，保持型辅助继电器可使用备用锂电池对其映像寄存器中的内容进行保持；再次接通电源后，保持型辅助继电器线圈仍保持断电前的瞬时状态。

图 5-17 为保持型辅助继电器的特点。

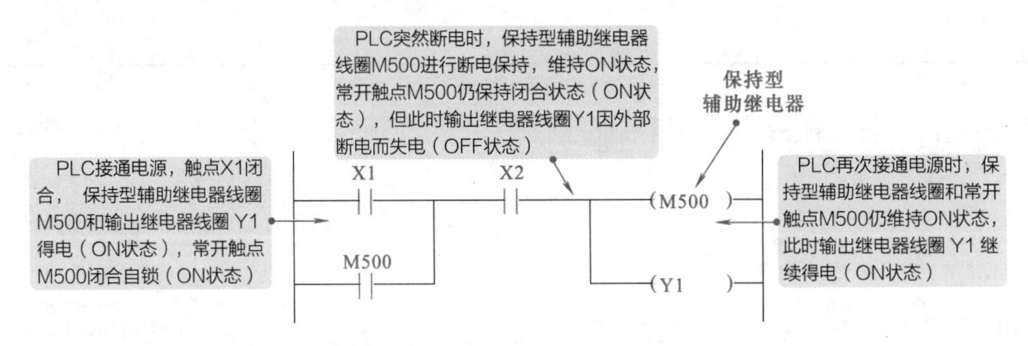

图 5-17 保持型辅助继电器的特点

（3）特殊型辅助继电器（M8000 ～ M8255）

特殊型辅助继电器（M8000 ～ M8255）具有特殊功能，如设定计数方向、禁止中断、PLC 的运行方式、步进顺控等。

图 5-18 为特殊型辅助继电器的特点。

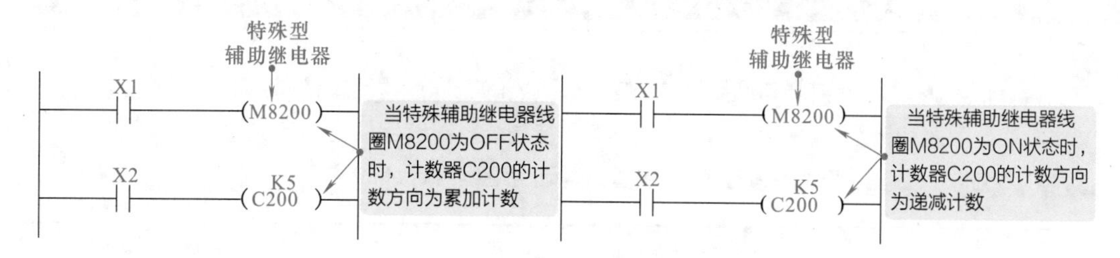

图 5-18 特殊型辅助继电器的特点

5.2.4 计数器（C）

三菱 FX2N 系列 PLC 梯形图中的计数器常使用字母 C 标识。计数器根据记录开关量的频率可分为内部计数器和外部高速计数器。

（1）内部计数器

内部计数器是用来对 PLC 内部软元件 X、Y、M、S、T 提供的信号进行计数的。当计数值到达计数器的设定值时，计数器的常开触点、常闭触点会相应动作。

内部计数器可分为 16 位加计数器和 32 位加 / 减计数器，这两种计数器又分别分为通用型计数器和累计型计数器两种，如表 5-2 所示。

表 5-2 内部计数器的相关参数信息

计数器类型	计数器功能类型	计数器编号	设定值 K 范围
16 位加计数器	通用型计数器	C0 ～ C99	1 ～ 32767
	累计型计数器	C100 ～ C199	
32 位加 / 减计数器	通用型双向计数器	C200 ～ C219	-2147483648 ～ +2147483647
	累计型双向计数器	C220 ～ C234	

三菱 FX_{2N} 系列 PLC 中通用型 16 位加计数器是在当前值的基础上累计加 1，当计数值等于计数常数 K 时，计数器的常开触点、常闭触点相应动作，如图 5-19 所示。

三菱 PLC
梯形图中的计数器

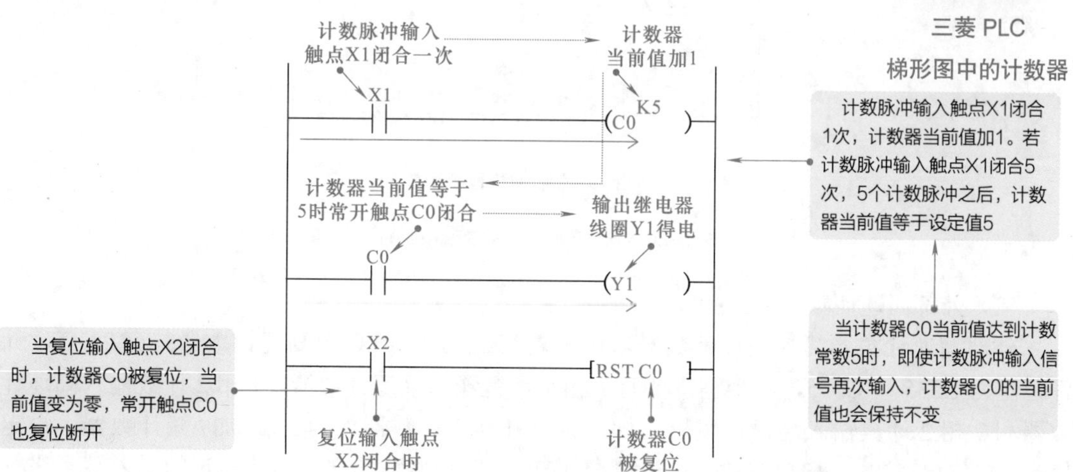

图 5-19 16 位加计数器的特点

提示说明

累计型 16 位加计数器与通用型 16 位加计数器的工作过程基本相同。不同的是，累计型 16 位加计数器在计数过程中断电时具有断电保持功能，能够保持当前计数值；当通电时，累计型 16 位加计数器会在所保持当前计数值的基础上继续累计计数。

在三菱 FX_{2N} 系列 PLC 中，32 位加 / 减计数器具有双向计数功能，计数方向由特殊型辅助继电器（M8200 ～ M8234）进行设定。当特殊型辅助继电器线圈为 OFF 状态时，32 位加 / 减计数器的计数方向为加计数；当特殊型辅助继电器线圈为 ON 状态时，32 位加 / 减计数器的计数方向为减计数，如图 5-20 所示。

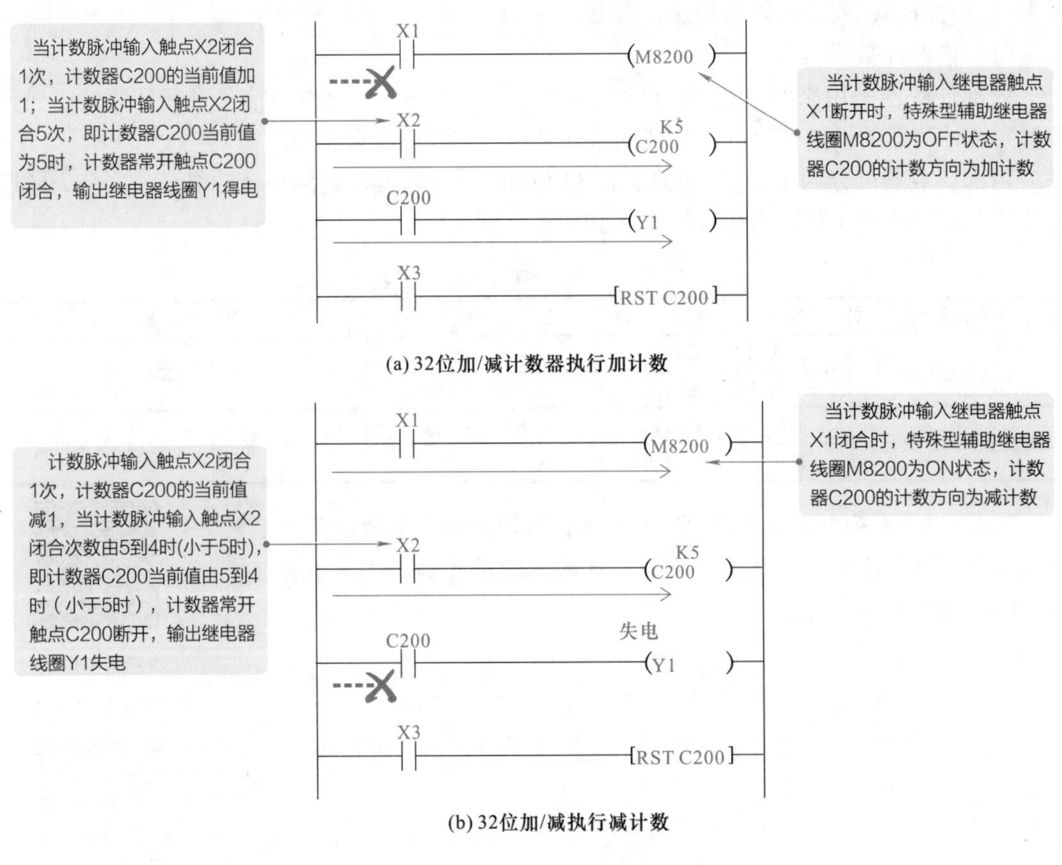

图 5-20　32 位加 / 减计数器的特点

（2）外部高速计数器

外部高速计数器简称高速计数器，在三菱 FX_{2N} 系列 PLC 中高速计数器共有 21 点，元件范围为 C235 ～ C255，其类型主要有 1 相 1 计数输入高速计数器、1 相 2 计数输入高速计数器和 2 相 2 计数输入高速计数器三种。这三种高速计数器均为 32 位加 / 减计数器，设定值为 -2147483648 ～ +2147483648，计数方向也由特殊型辅助继电器或指定的输入端子进行设定。

表 5-3 为外部高速计数器的参数及特点。

表 5-3　外部高速计数器的参数及特点

高速计数器类型	高速计数器功能类型	高速计数器编号	计数方向
1 相 1 计数输入高速计数器	具有一个计数器输入端子的计数器	C235 ～ C245	取决于 M8235 ～ M8245 的状态
1 相 2 计数输入高速计数器	具有两个计数器输入端子的计数器，分别用于加计数和减计数	C246 ～ C250	取决于 M8246 ～ M8250 的状态
2 相 2 计数输入高速计数器	也称为 A-B 相型高速计数器，共有 5 点	C251 ～ C255	取决于 A 相和 B 相的信号

提示说明

状态继电器常用字母 S 标识，是 PLC 中顺序控制的一种软元件。状态继电器常与步进顺控指令配合使用，若不使用步进顺控指令，则状态继电器可在 PLC 梯形图中作为辅助继电器使用。状态继电器的类型主要有初始状态继电器、回零状态继电器、保持状态继电器和报警状态继电器 4 种。

数据寄存器常用字母 D 标识，主要用于存储各种数据和工作参数。数据寄存器的类型主要有通用寄存器、保持寄存器、特殊寄存器、文件寄存器和变址寄存器 5 种。

第6章 三菱PLC语句表

6.1 三菱PLC语句表的结构

PLC语句表（IL）是三菱PLC系列产品中的另一种编程语言（适用于习惯汇编语言的用户使用），也称为指令表。它采用一种与汇编语言中指令相似的助记符表达式，将一系列的操作指令组成控制流程，通过编程器存入PLC中。

三菱PLC语句表是由步序号、操作码和操作数构成的，如图6-1所示。

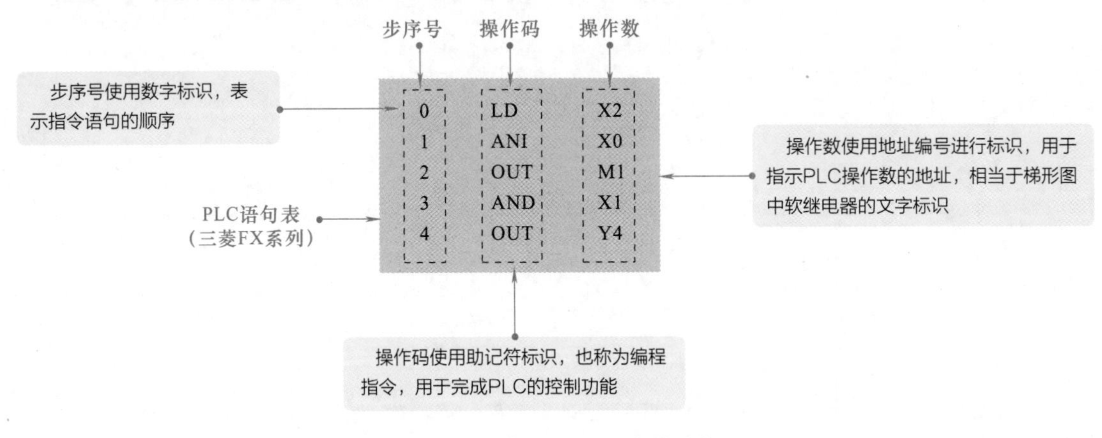

图6-1　三菱PLC语句表的结构

6.1.1　步序号

步序号是三菱PLC语句表中表示程序顺序的序号，一般用阿拉伯数字标识。在实际编写语句表程序时，可利用编程器读取或删除指定步序号的程序指令，以完成对PLC语句表的读取、修改等。

图6-2为利用PLC语句表步序号读取PLC内程序指令。

6.1.2　操作码

三菱PLC语句表中的操作码使用助记符进行标识，也称为编程指令，用于完成PLC的

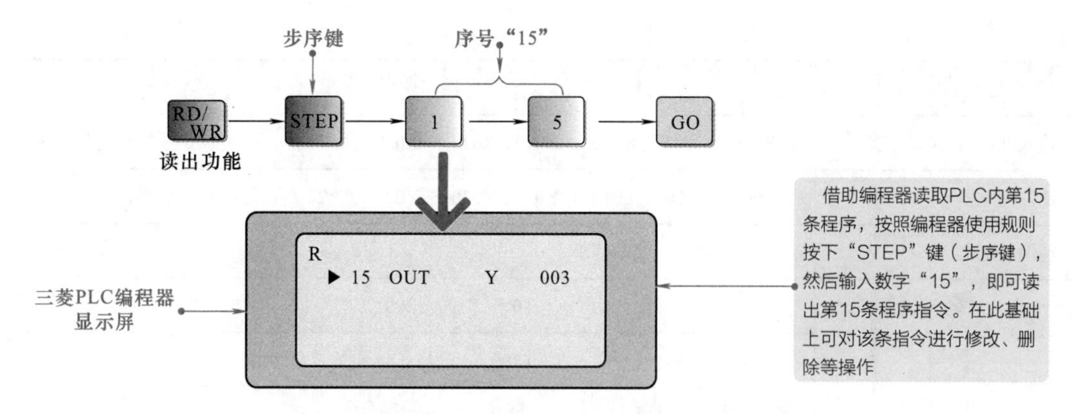

图 6-2　利用 PLC 语句表步序号读取 PLC 内程序指令

控制功能。在三菱 PLC 中，不同系列 PLC 所采用的操作码不同。表 6-1 为三菱 FX 系列 PLC 中常用的助记符。

表 6-1　三菱 FX 系列 PLC 中常用的助记符

助记符	功能	助记符	功能
LD	读指令	ORB	电路块或指令
LDI	读反指令	SET	置位指令
LDP	读上升沿脉冲指令	RST	复位指令
LDF	读下降沿脉冲指令	PLS	上升沿脉冲指令
OUT	输出指令	PLF	下降沿脉冲指令
AND	与指令	MC	主控指令
ANI	与非指令	MCR	主控复位指令
ANDP	与脉冲指令	MPS	进栈指令
ANDF	与脉冲（F）指令	MRD	读栈指令
OR	或指令	MPP	出栈指令
ORI	或非指令	INV	取反指令
ORP	或脉冲指令	NOP	空操作指令
ORF	或脉冲（F）指令	END	结束指令
ANB	电路块与指令		

6.1.3　操作数

三菱 PLC 语句表中的操作数使用编程元件的地址编号进行标识，即用于指示执行该指令的数据地址。

表 6-2 为三菱 FX_{2N} 系列 PLC 中常用的操作数。

表 6-2　三菱 FX_{2N} 系列 PLC 中常用的操作数

名称	操作数	操作数范围	
输入继电器	X	X000 ～ X007、X010 ～ X017、X020 ～ X027（共 24 点，可附加扩展模块进行扩展）	
输出继电器	Y	Y000 ～ Y007、Y010 ～ Y017、Y020 ～ Y027（共 24 点，可附加扩展模块进行扩展）	
辅助继电器	M	M0 ～ M499（500 点）	
定时器	T	0.1 ～ 999s	T0 ～ T199（200 点）
		0.01 ～ 99.9s	T200 ～ T245（26 点）
		1ms 累计定时器	T246 ～ T249（4 点）
		100ms 累计定时器	T250 ～ T255（6 点）
计数器	C	C0 ～ C99（16 位通用型）、C100 ～ C199（16 位累计型）、C200 ～ C219（32 位通用型）、C220 ～ C234（32 位累计型）	
状态寄存器	S	S0 ～ S499（500 点通用型）、S500 ～ S899（400 点保持型）	
数据寄存器	D	D0 ～ D199（200 点通用型）、D200 ～ D511（312 点保持型）	

6.2 三菱 PLC 语句表的特点

6.2.1 三菱 PLC 梯形图与语句表的关系

三菱 PLC 梯形图中的每一条语句都与语句表中若干条语句相对应，且每一条语句中的每一个触点、线圈都与 PLC 语句表中的操作码和操作数相对应，如图 6-3 所示。除此之外梯形图中的重要分支点，如并联电路块串联、串联电路块并联、进栈触点、读栈触点、出栈触点处等，在语句表中也会通过相应指令指示出来。

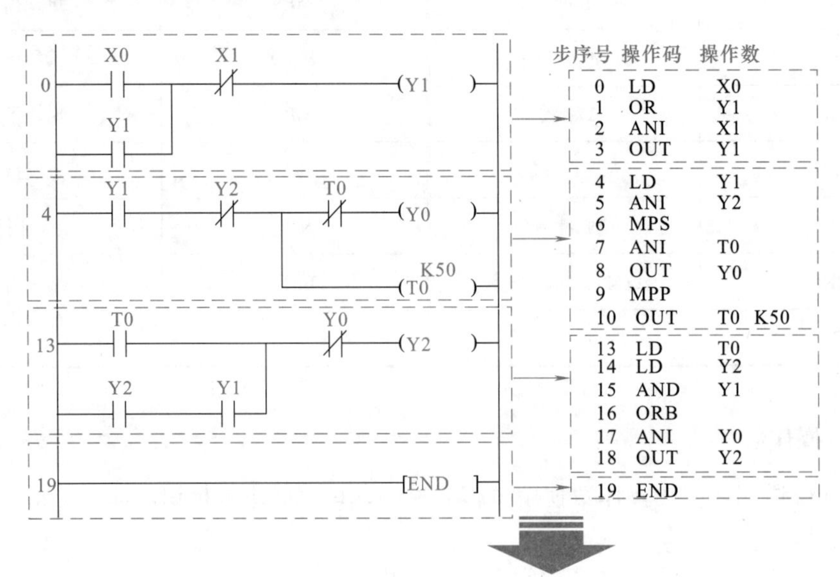

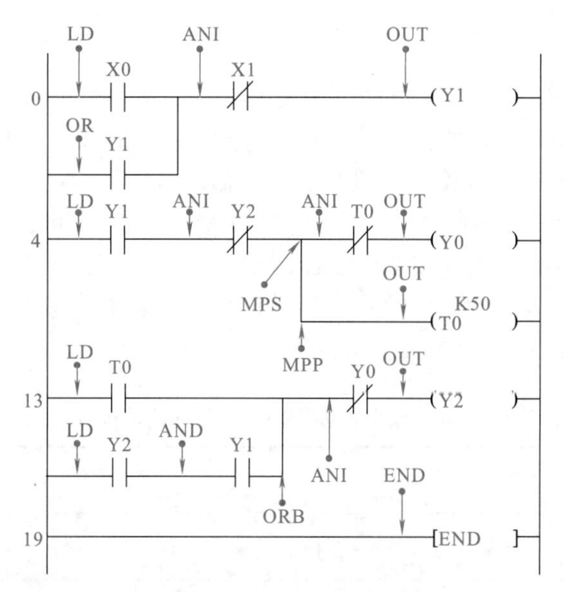

图 6-3　三菱 PLC 梯形图和语句表的对应关系

提示说明

在很多PLC编程软件中，都具有PLC梯形图和PLC语句表的互换功能，如图6-4所示。通过“梯形图 / 指令表显示切换”按钮即可实现 PLC 梯形图和语句表之间的转换。值得注意的是，所有的 PLC 梯形图都可转换成所对应的语句表，但并不是所有的语句表都可以转换为所对应的梯形图。

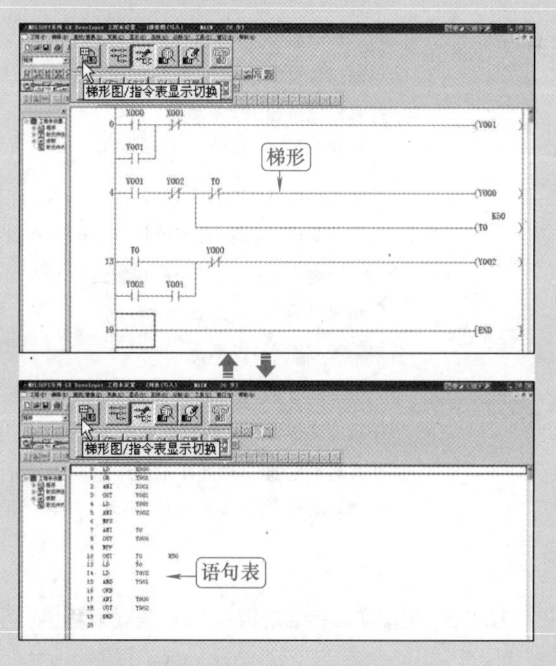

图 6-4　梯形图与语句表的转换

6.2.2 三菱 PLC 语句表编程

图 6-5 为电动机顺序启动控制 PLC 语句表程序。

在利用语句表编程时，根据上述控制要求可知，输入设备主要包括停止按钮 SB2、启动按钮 SB1、热继电器 FR 热元件，因此应有 3 个输入信号。

输出设备主要包括 2 个接触器，即控制电动机 M1 的交流接触器 KM1、控制电动机 M2 的交流接触器 KM2，因此应有 2 个输出信号。

将输入设备和输出设备的元件编号与三菱 PLC 语句表中的操作数（编程元件的地址编号）进行对应，填写三菱 PLC 的 I/O 分配表，如表 6-3 所示。

表 6-3 电动机顺序启动控制的三菱 PLC 语句表的 I/O 分配表

输入信号及地址编号			输出信号及地址编号		
名称	代号	输入点地址编号	名称	代号	输出点地址编号
热继电器	FR	X0	控制电动机 M1 的接触器	KM1	Y0
启动按钮	SB1	X1	控制电动机 M2 的接触器	KM2	Y1
停止按钮	SB2	X2			

```
LD    X1          //如果按下启动按钮SB1
OR    Y0          //启动运行自锁
ANI   X2          //并且停止按钮SB2未动作
ANI   X0          //并且热继电器FR热元件未动作
OUT   Y0          //控制电动机M1的交流接触器KM1得电，电动机M1启动运转
LD    Y0          //如果控制电动机M1的交流接触器KM1得电
ANI   Y1          //并且控制电动机M2的交流接触器KM2未动作
OUT   T51   K50   //启动定时器T51，开始5s计时
LD    T51         //如果定时器T51得电
OR    Y1          //启动运行自锁
ANI   X2          //并且停止按钮SB2未动作
ANI   X0          //并且热继电器FR热元件未动作
OUT   Y1          //控制电动机M2的交流接触器KM2得电，电动机M2启动运转
END               //程序结束
```

图 6-5 电动机顺序启动控制 PLC 语句表程序

电动机顺序启动控制模块划分和 I/O 分配表绘制完成后，便可根据各模块的控制要求进行语句表的编写，最后将各模块语句表进行组合。

（1）电动机M1启停控制模块语句表的编写

控制要求：按下启动按钮SB1，交流接触器线圈KM1得电，电动机M1启动连续运转；按下停止按钮SB2，交流接触器线圈KM1失电，电动机M1停止连续运转。

图6-6为电动机M1启停控制模块语句表的编程。

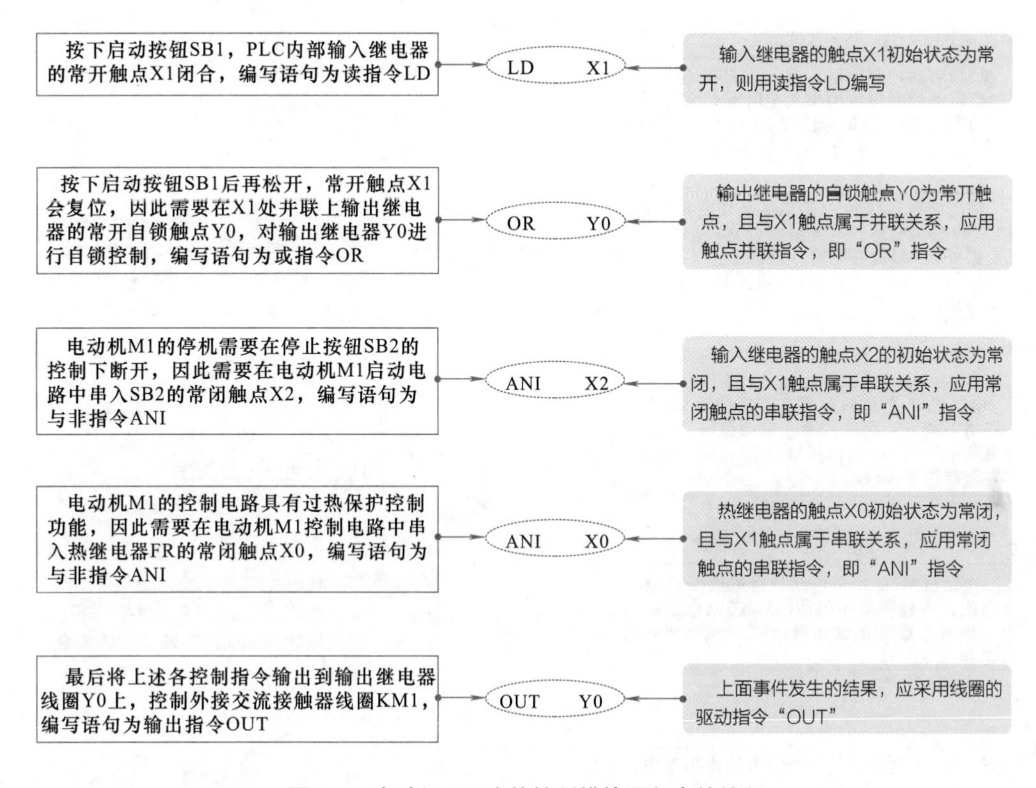

图6-6　电动机M1启停控制模块语句表的编程

（2）时间控制模块语句表的编写

控制要求：电动机M1启动运转后，开始5s计时。

图6-7为时间控制模块语句表的编程。

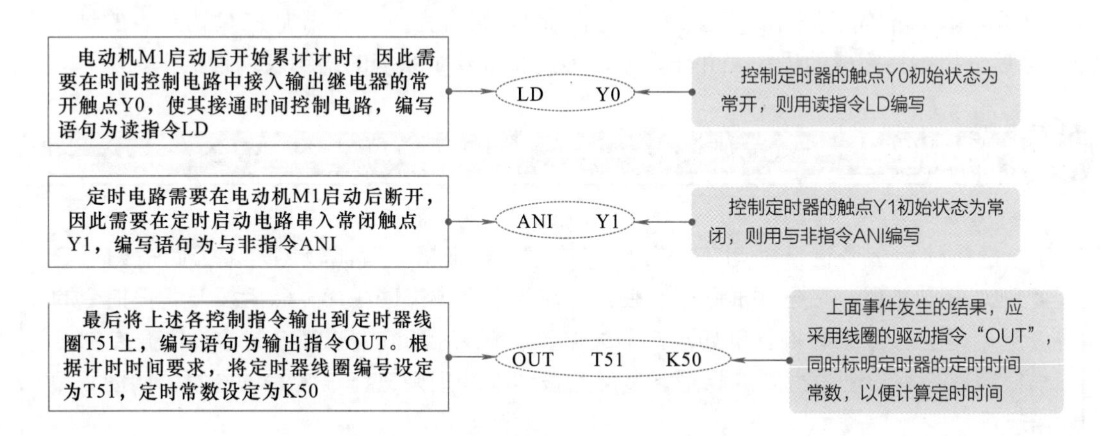

图6-7　时间控制模块语句表的编程

（3）电动机M2启停控制模块语句表的编写

控制要求：达到定时时间后，交流接触器线圈KM2得电，电动机M2启动连续运转；按下停止按钮SB2，交流接触器线圈KM2失电，电动机M2停止连续运转。

图6-8为电动机M2启停控制模块语句表的编程。

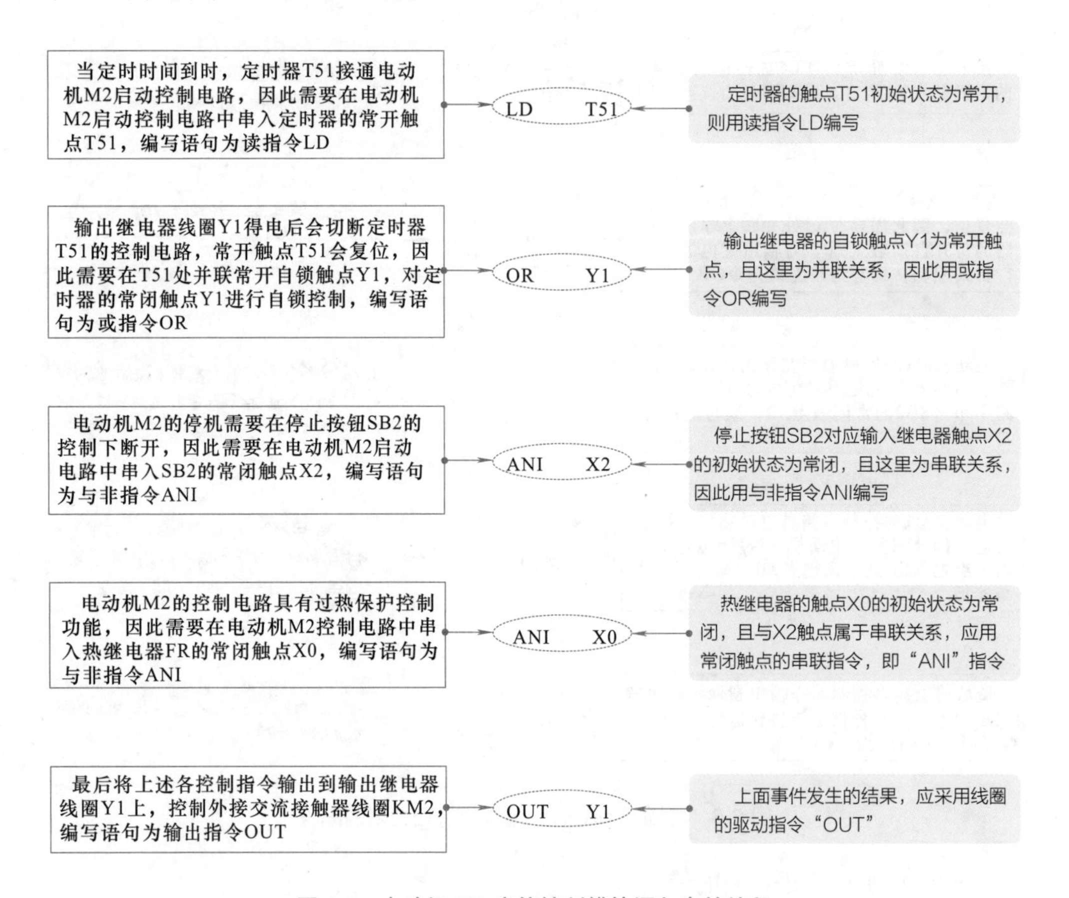

图6-8 电动机M2启停控制模块语句表的编程

（4）3个控制模块语句表的组合

根据各模块的先后顺序，将上述3个控制模块组合完成，并添加PLC语句表的结束指令。最后分析编写完成的语句表并作调整，最终完成整个系统的语句表编程工作。

提示说明

直接使用指令进行语句表编程比较抽象，对于初学者比较困难。因此在编写三菱PLC语句表时，可与梯形图配合使用，首先编写梯形图程序，然后按照编程指令的应用规则进行逐条转换。例如，在上述电动机顺序启动的PLC控制中，根据控制要求很容易编写出十分直观的梯形图，然后按照指令规则进行语句表的转换，如图6-9所示。

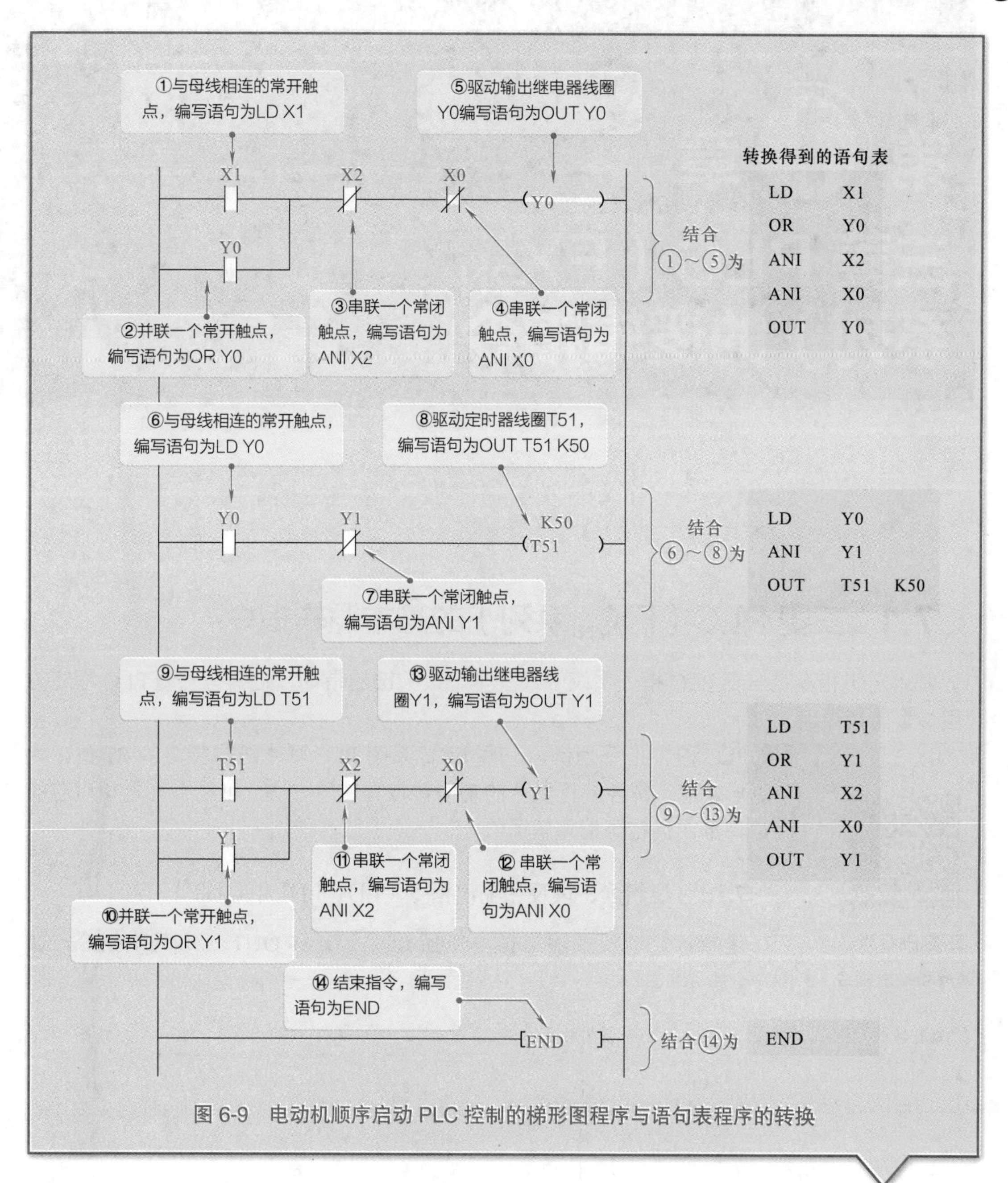

图6-9　电动机顺序启动PLC控制的梯形图程序与语句表程序的转换

7.1 三菱 PLC（FX_{2N} 系列）的基本逻辑指令

基本逻辑指令是三菱 PLC 指令系统中最基本、最关键的指令，是编写三菱 PLC 程序时应用最多的指令。

以三菱 FX_{2N} 系列 PLC 程序指令为例，三菱 FX_{2N} 系列 PLC 基本逻辑指令有 27 条。为了更形象地了解各编程指令的功能特点和使用方法，可结合与之相对应的 PLC 梯形图进行分析理解。

三菱 PLC 读、读反和输出指令

7.1.1 逻辑读、读反和输出指令（LD、LDI 和 OUT）

逻辑读、读反及输出指令包括 LD、LDI 和 OUT 三个基本指令，如图 7-1 所示。

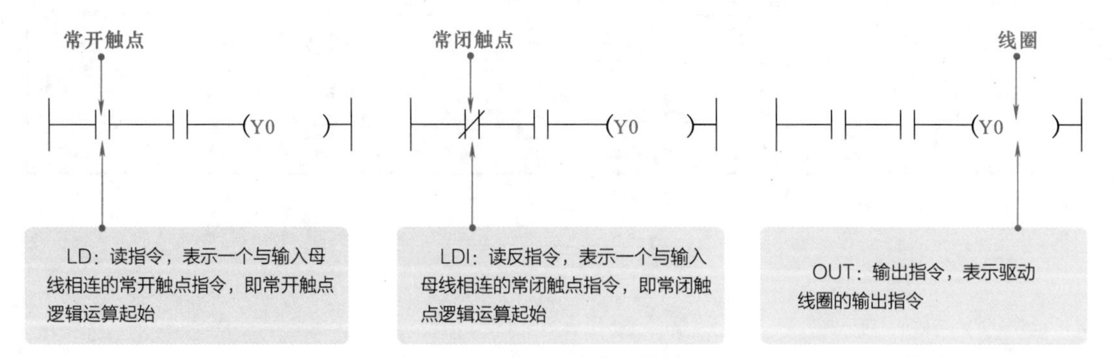

图 7-1 逻辑读、读反和输出指令的含义

读指令 LD 和读反指令 LDI 通常用于每条电路的第一个触点，用于将触点连接到输入母线上；而输出指令 OUT 则用于对输出继电器、辅助继电器、定时器、计数器等线圈的驱动，但不能用于对输入继电器的驱动，如图 7-2 所示。

X1 (Y0)
X2 (Y1)
(Y2)
X3 (Y3)

(a) 梯形图

步序号	操作码	操作数	
0	LD	X1	读指令LD，常开触点X1，与输入母线相连
1	OUT	Y0	输出指令OUT，驱动线圈Y0
2	LDI	X2	读反指令LDI，常闭触点X2，与输入母线相连
3	OUT	Y1	输出指令OUT，驱动线圈Y1
4	OUT	Y2	输出指令OUT，驱动线圈Y2
5	LD	X3	读指令LD，常开触点X3，与输入母线相连
6	OUT	Y3	输出指令OUT，驱动线圈Y3

(b) 语句表

图 7-2　逻辑读、读反和输出指令的应用

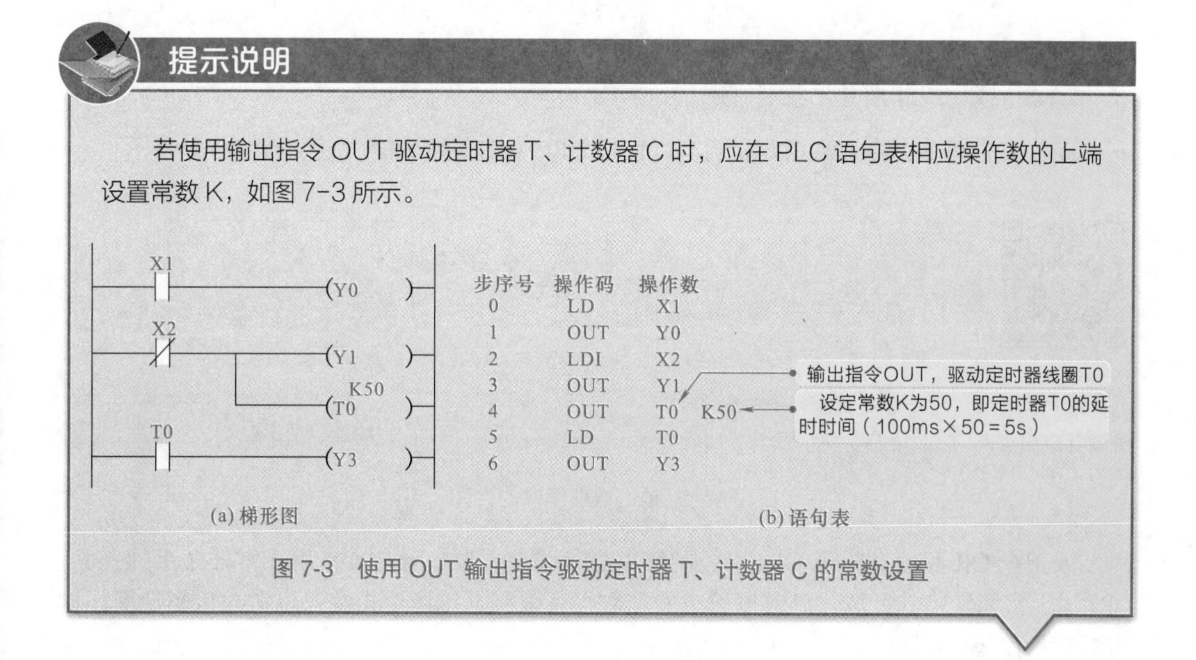

图 7-3　使用 OUT 输出指令驱动定时器 T、计数器 C 的常数设置

7.1.2　与、与非指令（AND、ANI）

与、与非指令也称为触点串联指令，包括 AND、ANI 两个基本指令，如图 7-4 所示。

三菱 PLC
触点串联指令

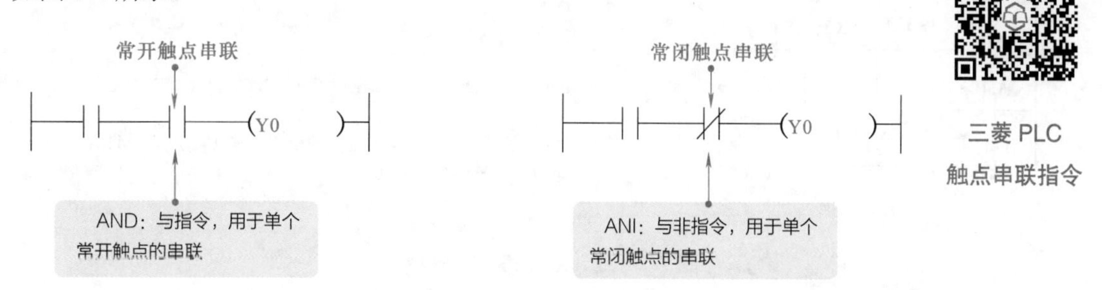

图 7-4　与、与非指令的含义

与指令 AND 和与非指令 ANI 可控制触点进行简单的串联。其中 AND 用于常开触点的串联，ANI 用于常闭触点的串联，其串联触点的个数没有限制。这两个指令可以多次重复使

用，如图 7-5 所示。

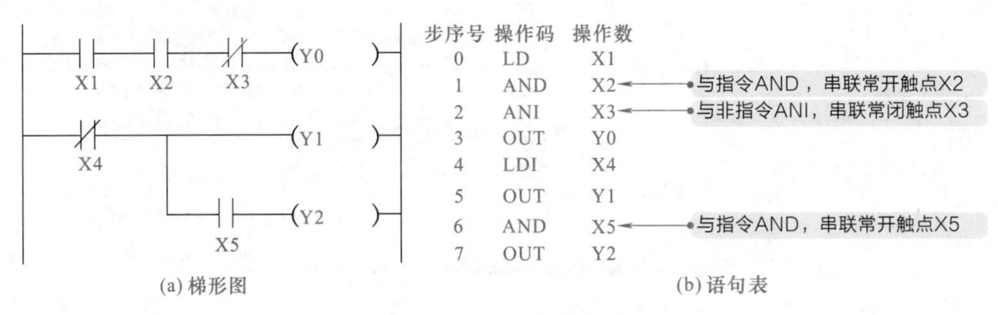

图 7-5　与、与非指令的应用

7.1.3　或、或非指令（OR、ORI）

或、或非指令也称为触点并联指令，包括 OR、ORI 两个基本指令，如图 7-6 所示。

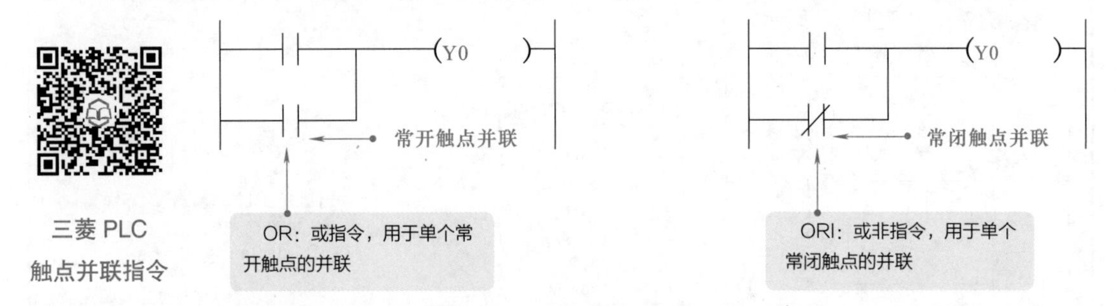

图 7-6　或、或非指令的含义

或指令 OR 和或非指令 ORI 可控制触点进行简单并联。其中 OR 用于常开触点的并联，ORI 用于常闭触点的并联，其并联触点的个数没有限制。这两个指令可以多次重复使用，如图 7-7 所示。

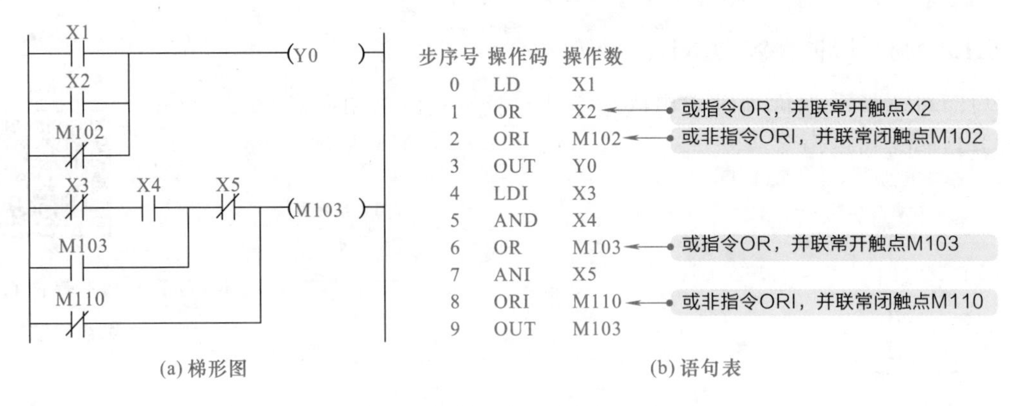

图 7-7　或、或非指令的应用

7.1.4　电路块与、电路块或指令（ANB、ORB）

电路块与、电路块或指令称为电路块连接指令，包括 ANB、ORB 两个基本指令，如图 7-8 所示。

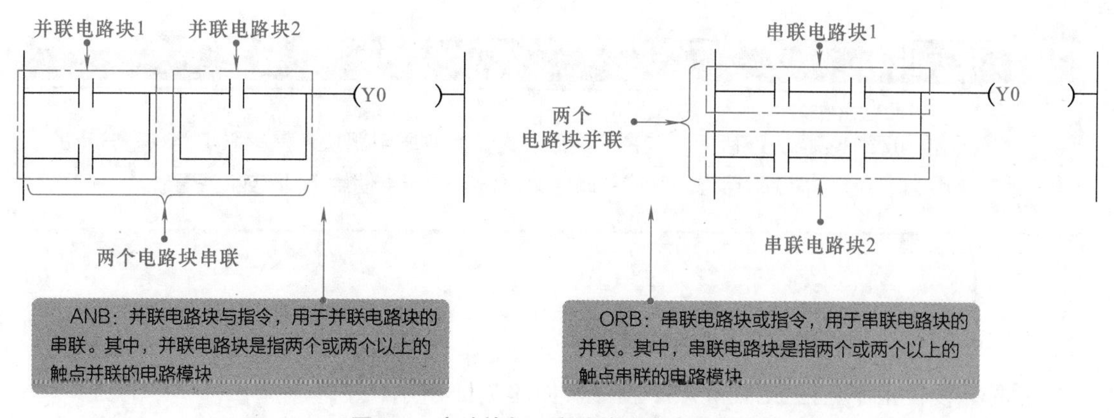

图 7-8　电路块与、电路块或指令的含义

并联电路块与指令 ANB 是一种无操作数的指令。当这种电路块之间进行串联时，分支的开始用 LD、LDI 指令，并联结束后分支的结果用 ANB 指令。该指令编程方法对串联电路块的个数没有限制，如图 7-9 所示。

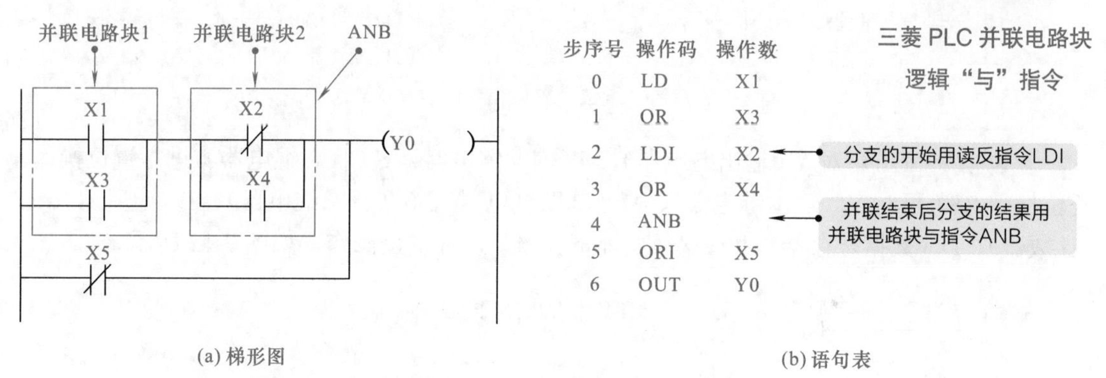

(a) 梯形图　　(b) 语句表

图 7-9　并联电路块与指令的应用

串联电路块或指令 ORB 是一种无操作数的指令。当这种电路块之间进行并联时，分支的开始用 LD、LDI 指令，串联结束后分支的结果用 ORB 指令。该指令编程方法对并联电路块的个数没有限制，如图 7-10 所示。

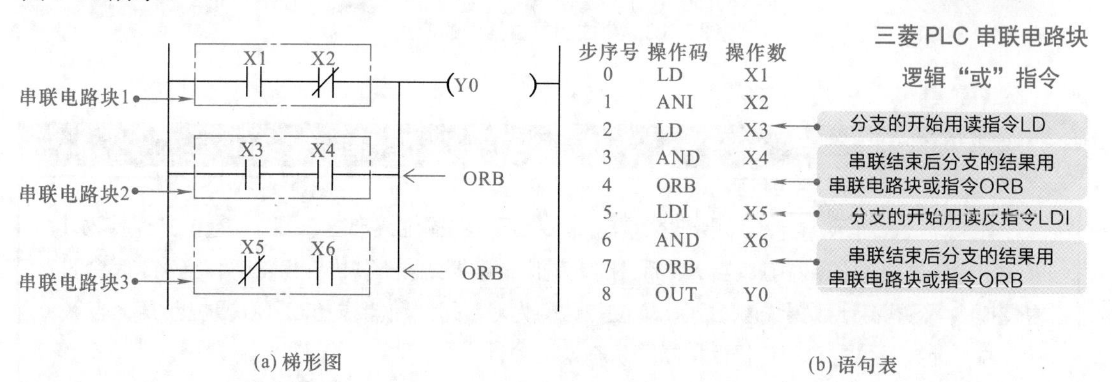

(a) 梯形图　　(b) 语句表

图 7-10　串联电路块或指令的应用

提示说明

PLC 语句表中电路块连接指令混合应用时，无论是并联电路块还是串联电路块，分支的开始都是用 LD、LDI 指令，且当串联或并联结束后分支的结果使用 ANB 或 ORB 指令。

7.1.5 置位、复位指令（SET、RST）

置位、复位指令是指 SET 和 RST 指令，如图 7-11 所示。

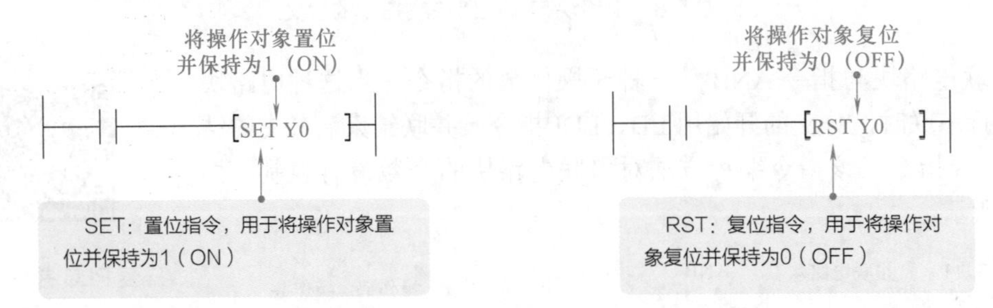

图 7-11　置位、复位指令的含义

置位指令 SET 可对 Y（输出继电器）、M（辅助继电器）、S（状态继电器）进行置位操作。复位指令 RST 可对 Y（输出继电器）、M（辅助继电器）、S（状态继电器）、T（定时器）、C（计数器）、D（数据寄存器）和 V/Z（变址寄存器）进行复位操作，如图 7-12 所示。

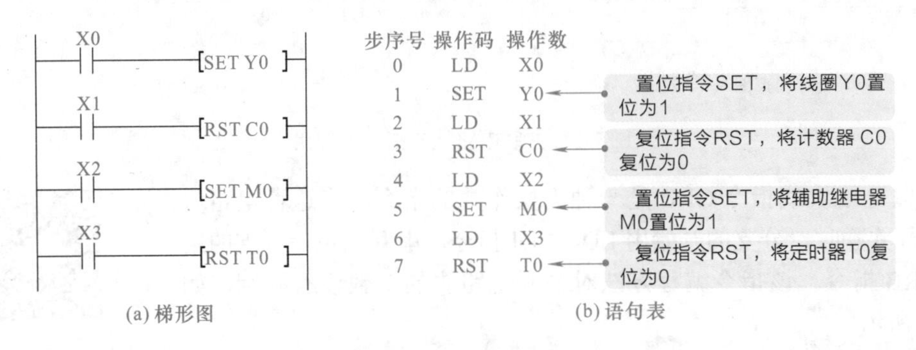

图 7-12　置位和复位指令的应用

提示说明

如图 7-13 所示，当 X0 闭合时，置位指令 SET 将输出继电器线圈 Y0 置位并保持为 1，即输出继电器线圈 Y0 得电；当 X0 断开时，输出继电器线圈 Y0 仍保持得电；当 X1 闭合时，复位指令 RST 将计数器线圈 C200 复位并保持为 0，即计数器线圈 C200 复位断开；当 X1 断开时，计数器线圈 C200 仍保持断开状态。

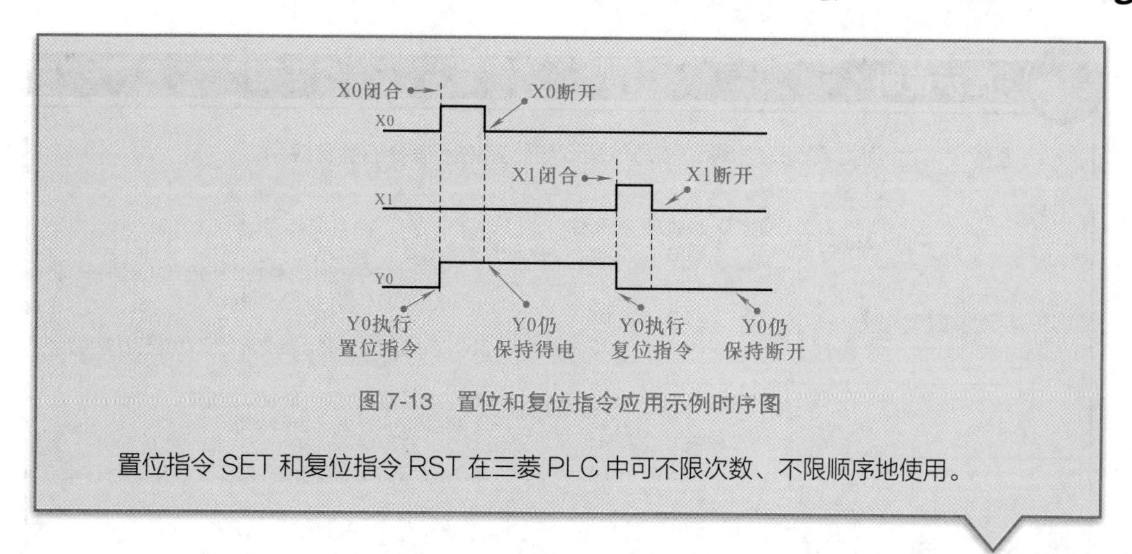

图 7-13　置位和复位指令应用示例时序图

置位指令 SET 和复位指令 RST 在三菱 PLC 中可不限次数、不限顺序地使用。

7.1.6　脉冲输出指令（PLS、PLF）

脉冲输出指令包含 PLS（上升沿脉冲指令）和 PLF（下降沿脉冲指令）两个指令，如图 7-14 所示。

三菱 PLC
脉冲输出指令

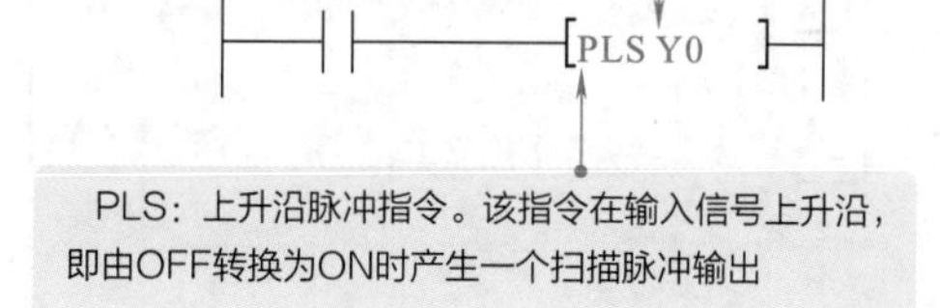

PLS：上升沿脉冲指令。该指令在输入信号上升沿，即由OFF转换为ON时产生一个扫描脉冲输出

PLF：下降沿脉冲指令。该指令在输入信号下降沿，即由ON转换为OFF时产生一个扫描脉冲输出

图 7-14　脉冲输出指令（PLS、PLF）的含义

使用上升沿脉冲指令 PLS，线圈 Y 或 M 仅在驱动输入闭合后（上升沿）的一个扫描周期内动作，执行脉冲输出；使用下降沿脉冲指令 PLF，线圈 Y 或 M 仅在驱动输入断开后（下降沿）的一个扫描周期内动作，执行脉冲输出，如图 7-15 所示。

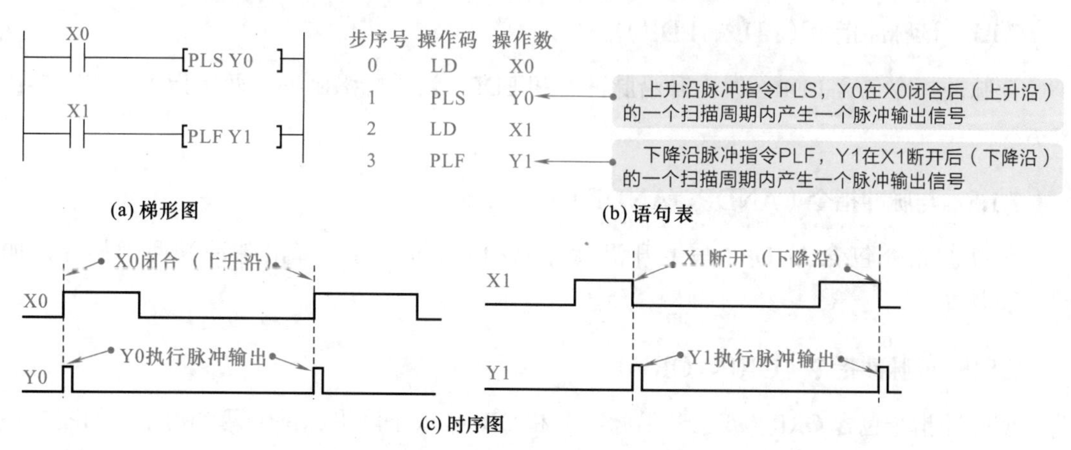

图 7-15　脉冲输出指令的应用

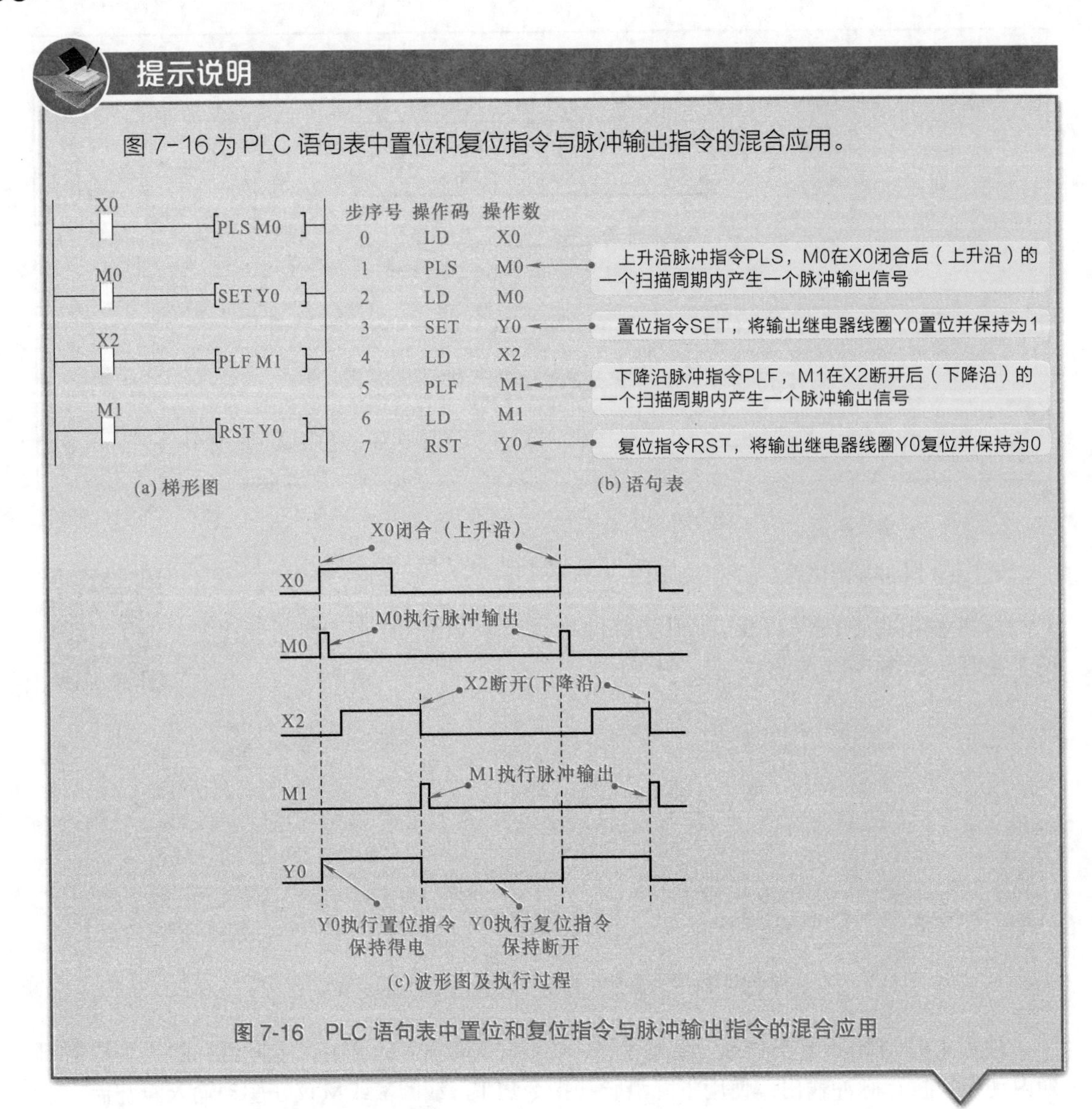

图 7-16　PLC 语句表中置位和复位指令与脉冲输出指令的混合应用

7.1.7　读脉冲指令（LDP、LDF）

读脉冲指令包含 LDP（读上升沿脉冲）和 LDF（读下降沿脉冲）两个指令，如图 7-17 所示。

7.1.8　与脉冲指令（ANDP、ANDF）

与脉冲指令包含 ANDP（与上升沿脉冲）和 ANDF（与下降沿脉冲）两个指令，如图 7-18 所示。

7.1.9　或脉冲指令（ORP、ORF）

或脉冲指令包含 ORP（或上升沿脉冲）和 ORF（或下降沿脉冲）两个指令，如图 7-19 所示。

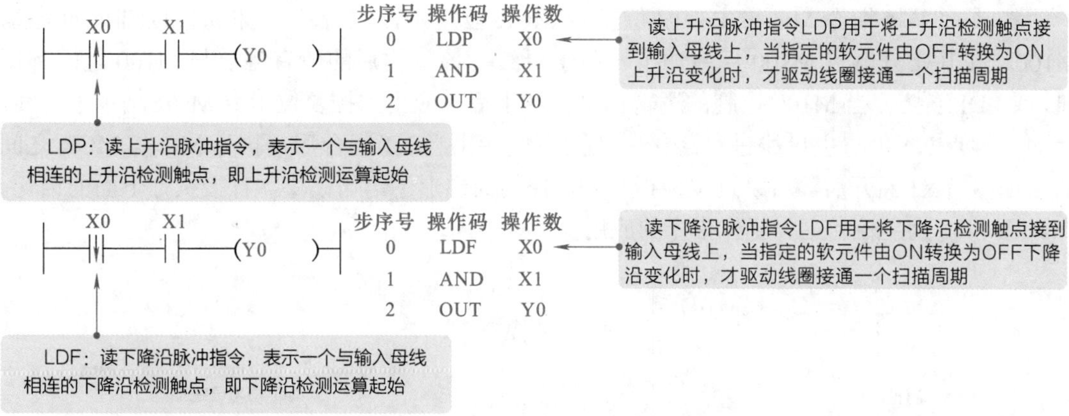

X0
X1
Y0
步序号 操作码 操作数
0 LDP X0
1 AND X1
2 OUT Y0
读上升沿脉冲指令LDP用于将上升沿检测触点接到输入母线上，当指定的软元件由OFF转换为ON上升沿变化时，才驱动线圈接通一个扫描周期
LDP：读上升沿脉冲指令，表示一个与输入母线相连的上升沿检测触点，即上升沿检测运算起始
X0
X1
Y0
步序号 操作码 操作数
0 LDF X0
1 AND X1
2 OUT Y0
读下降沿脉冲指令LDF用于将下降沿检测触点接到输入母线上，当指定的软元件由ON转换为OFF下降沿变化时，才驱动线圈接通一个扫描周期
LDF：读下降沿脉冲指令，表示一个与输入母线相连的下降沿检测触点，即下降沿检测运算起始

图 7-17　读脉冲指令的含义

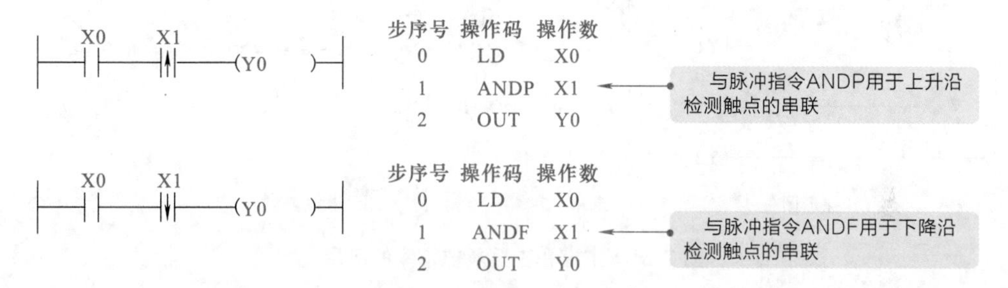

X0
X1
Y0
步序号 操作码 操作数
0 LD X0
1 ANDP X1
2 OUT Y0
与脉冲指令ANDP用于上升沿检测触点的串联
X0
X1
Y0
步序号 操作码 操作数
0 LD X0
1 ANDF X1
2 OUT Y0
与脉冲指令ANDF用于下降沿检测触点的串联

图 7-18　与脉冲指令的含义

X0
X0
Y0
步序号 操作码 操作数
0 LD X0
1 ORP X1
2 OUT Y0
或脉冲指令ORP用于上升沿检测触点的并联
X0
X0
Y0
步序号 操作码 操作数
0 LD X0
1 ORF X1
2 OUT Y0
或脉冲指令ORF用于下降沿检测触点的并联

图 7-19　或脉冲指令的含义

7.1.10　主控、主控复位指令（MC、MCR）

主控、主控复位指令包括 MC 和 MCR 两个基本指令，如图 7-20 所示。

主控指令
MC N0 Y0
嵌套层数
N0
Y0
主控触点
MCR N0
主控复位指令
MC：主控指令，用于公共串联触点的连接，可以有效地实现多个线圈同时受一个或一组触点控制，节省存储器单元
MCR：主控复位指令，也就是对土控指令MC进行复位的指令，使用时应与主控指令MC成对使用
使用主控指令的触点称为主控触点，在梯形图中与一般的触点垂直，是与母线相连接的常开触点

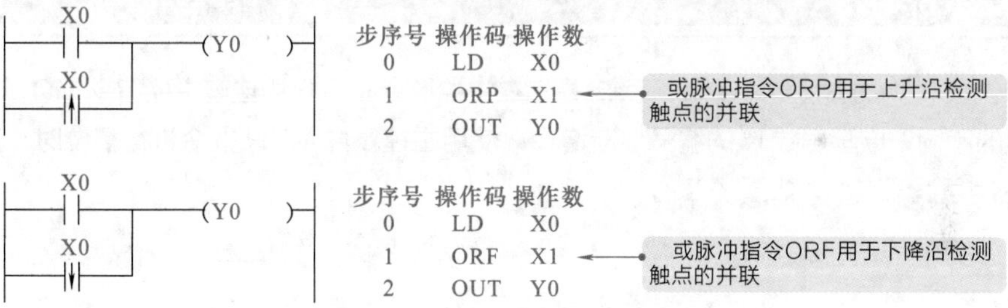

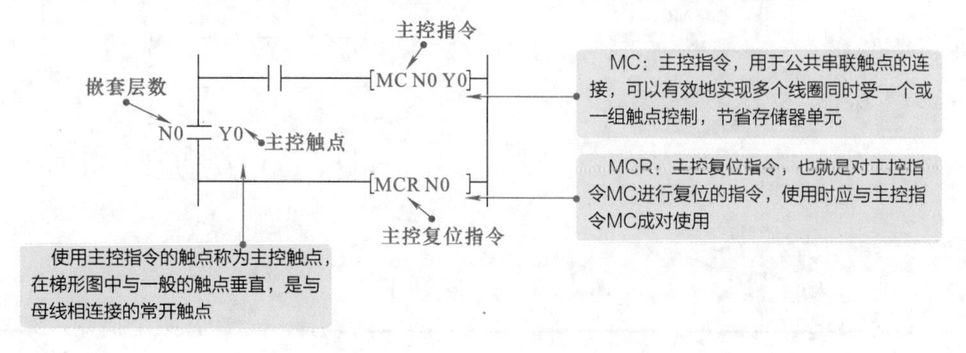

图 7-20　主控、主控复位指令的含义

在典型主控指令 MC 与主控复位指令 MCR 应用中，主控指令即为借助辅助继电器 M100，在其常开触点 M100 后新加了一条子母线，该母线后的所有触点与 M100 之间都用 LD 或 LDI 连接。当 M100 控制的逻辑行执行结束后，应用主控复位指令 MCR 结束子母线，后面的触点 X4 仍与主母线进行连接。从图中可看出当 X1 闭合后，执行 MC 与 MCR 之间的指令；当 X1 断开后，将跳过主控指令 MC 控制的梯形图语句模块，直接执行下面的语句。

图 7-21 为主控和主控复位指令的应用。

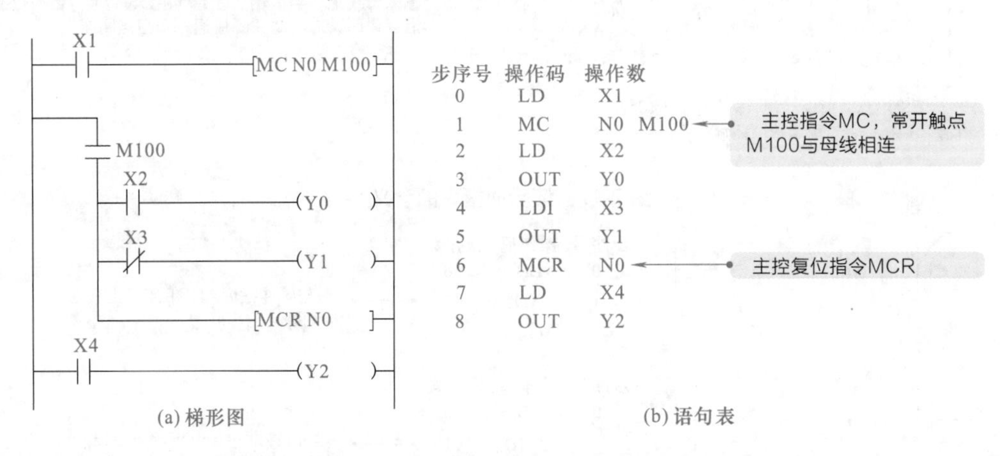

图 7-21　主控和主控复位指令的应用

提示说明

操作数 N 为嵌套层数（0 ~ 7 层），是指在主控指令 MC 区内嵌套主控指令 MC，根据嵌套层数的不同，嵌套层数 N 的编号逐渐增大；使用主控复位 MCR 指令进行复位时，嵌套层数 N 的编号逐渐减小，如图 7-22 所示。

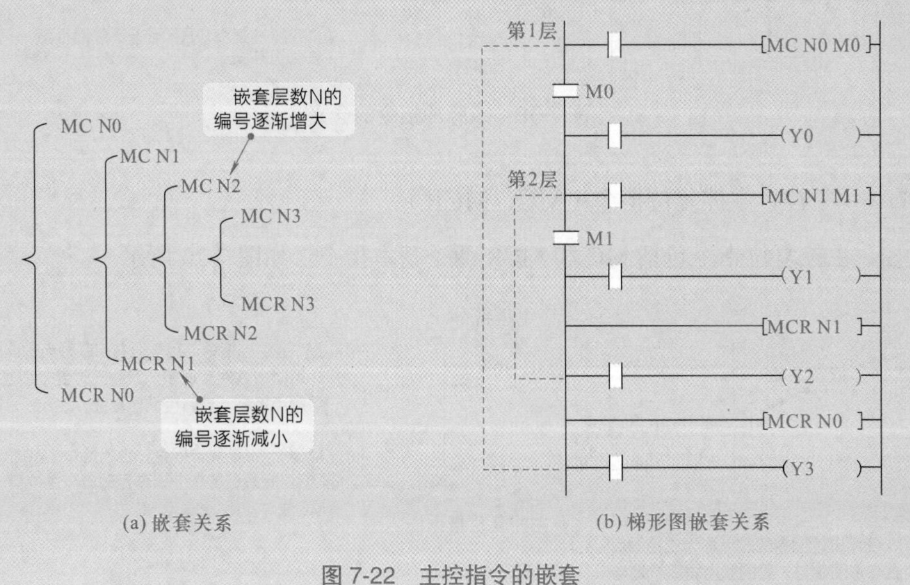

图 7-22　主控指令的嵌套

提示说明

在梯形图中新加两个主控触点 M10 和 M11 是为了更加直观地识别出主控触点以及梯形图的嵌套层数，如图 7-23 所示。在实际的 PLC 编程软件中输入图 7-23（a）所示梯形图时，不需要输入主控触点 M10 和 M11，如图 7-24 所示。

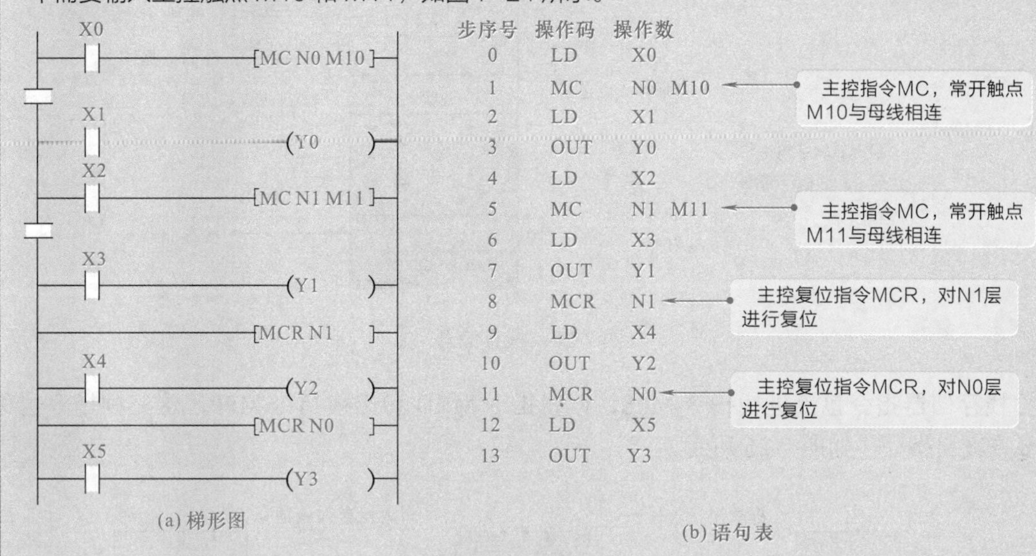

步序号	操作码	操作数
0	LD	X0
1	MC	N0　M10
2	LD	X1
3	OUT	Y0
4	LD	X2
5	MC	N1　M11
6	LD	X3
7	OUT	Y1
8	MCR	N1
9	LD	X4
10	OUT	Y2
11	MCR	N0
12	LD	X5
13	OUT	Y3

图 7-23　主控和主控复位指令的嵌套应用

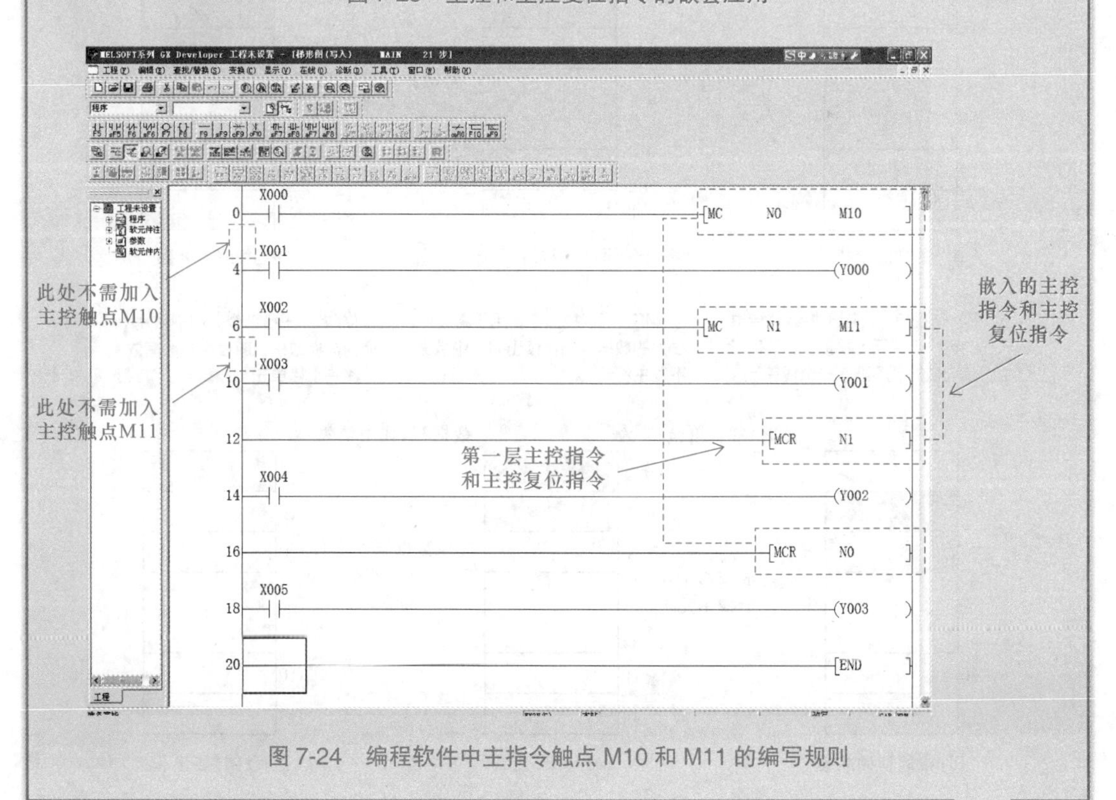

图 7-24　编程软件中主指令触点 M10 和 M11 的编写规则

7.2 三菱 PLC（FX_{2N} 系列）的实用逻辑指令

7.2.1 进栈、读栈、出栈指令（MPS、MRD、MPP）

三菱FX系列PLC中有11个存储运算中间结果的存储器，称为栈存储器，如图7-25所示。

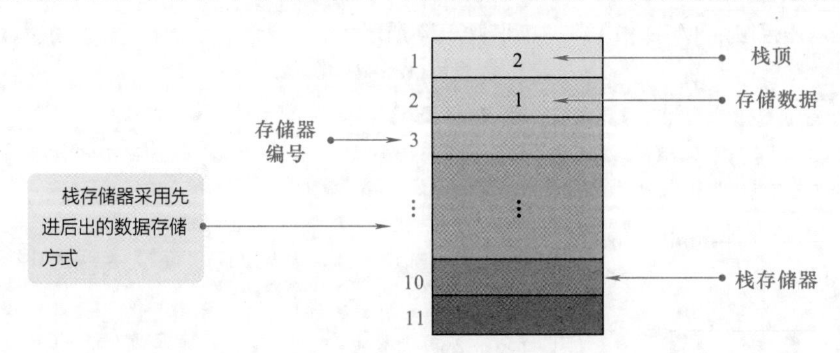

图 7-25　栈存储器

栈存储器指令包括进栈指令 MPS、读栈指令 MRD 和出栈指令 MPP，这三种指令也称为多重输出指令，如图 7-26 所示。

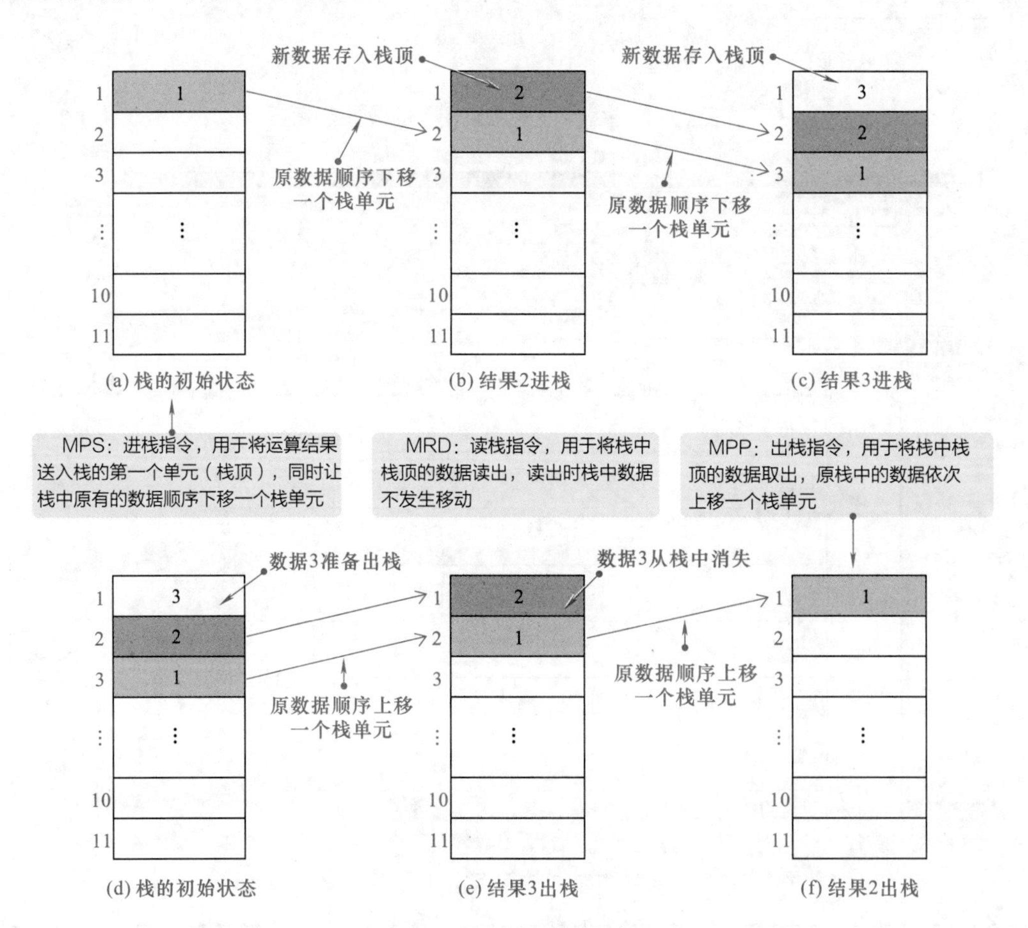

图 7-26　多重输出指令的含义

进栈指令 MPS 首先将多重输出电路中连接点处的数据存储在栈中，然后再使用读栈指令 MRD 将连接点处的数据从栈中读出，最后使用出栈指令 MPP 将连接点处的数据读出，如图 7-27 所示。

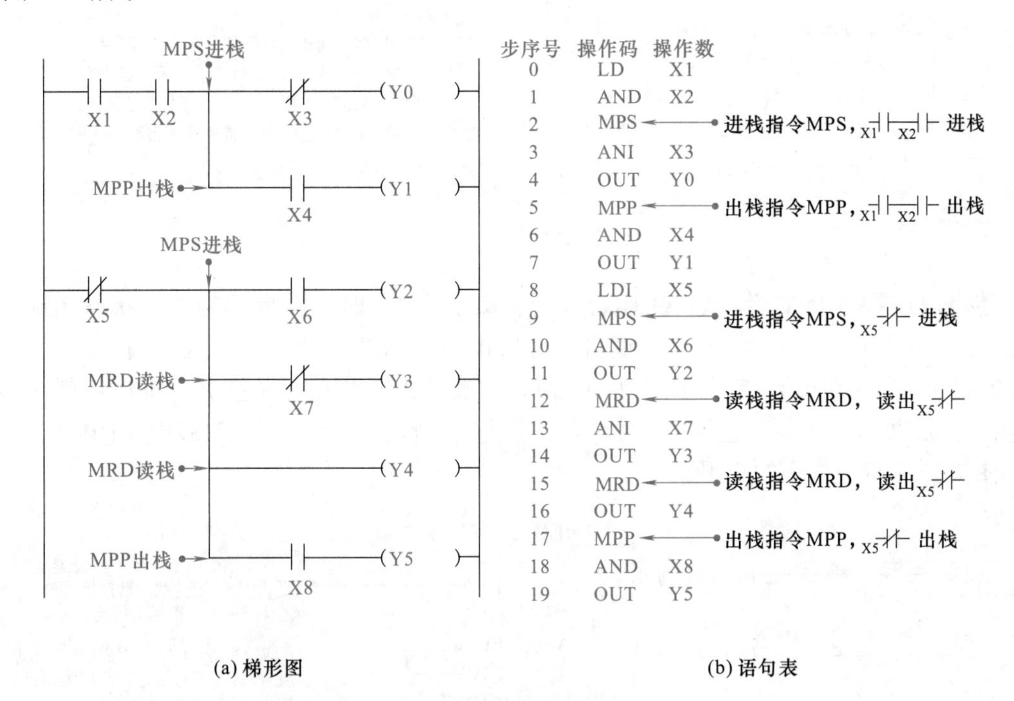

图 7-27　多重输出指令的应用

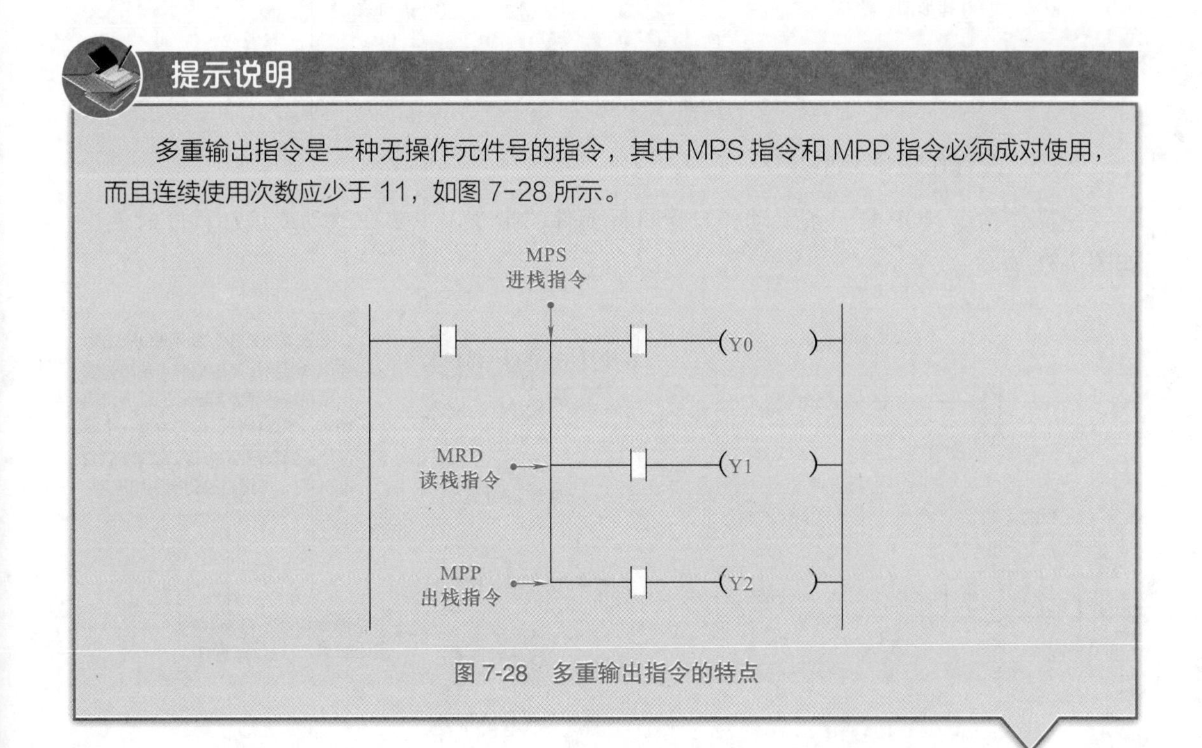

多重输出指令是一种无操作元件号的指令，其中 MPS 指令和 MPP 指令必须成对使用，而且连续使用次数应少于 11，如图 7-28 所示。

图 7-28　多重输出指令的特点

7.2.2 取反指令（INV）

取反指令 INV 用于将执行指令之前的运算结果取反，如图 7-29 所示。

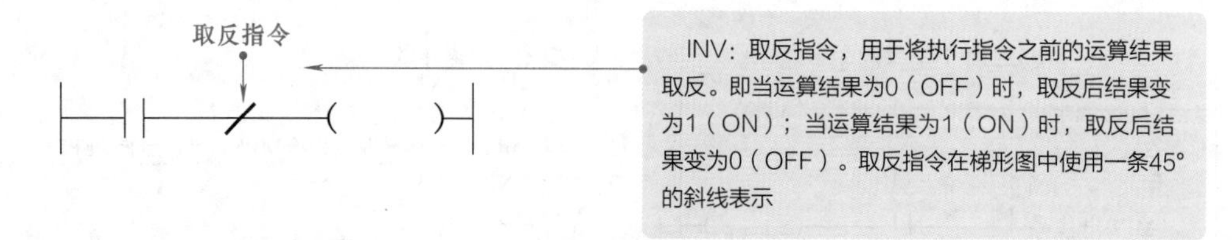

图 7-29 取反指令的含义

使用取反指令 INV 后，当 X1 闭合（逻辑赋值为 1）时，取反后为断开状态（置 0），此时线圈 Y0 不得电；当 X1 断开（逻辑赋值为 0）时，取反后为闭合状态（置 1），此时线圈 Y0 得电。当 X2 闭合（逻辑赋值为 0）时，取反后为断开状态（置 1），此时线圈 Y1 不得电；当 X2 断开（逻辑赋值为 1）时，取反后为闭合状态（置 0），此时线圈 Y1 得电。

图 7-30 为取反指令的应用。

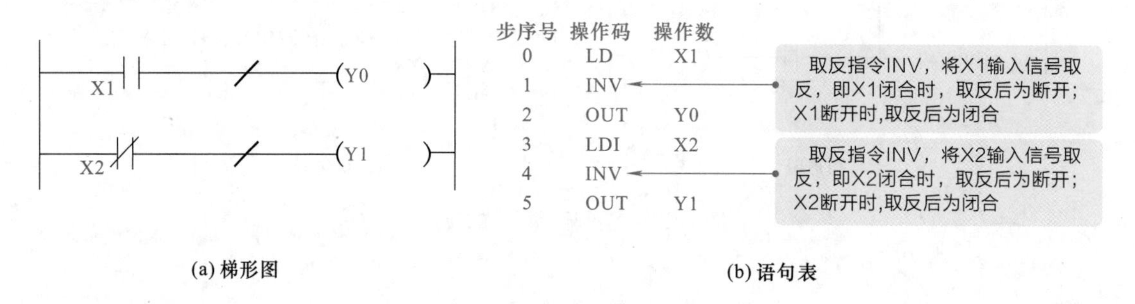

图 7-30 取反指令的应用

7.2.3 空操作指令（NOP）

空操作指令 NOP 是一条无动作、无目标元件的指令，主要在改动或追加程序时使用，如图 7-31 所示。

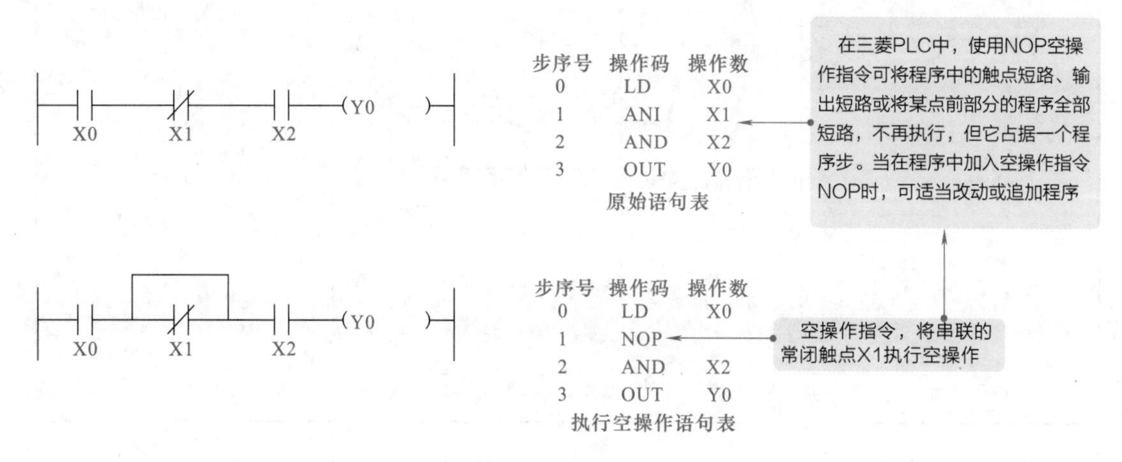

图 7-31 空操作指令的含义

7.2.4　结束指令（END）

结束指令 END 也是一条无动作、无目标元件的指令，如图 7-32 所示。

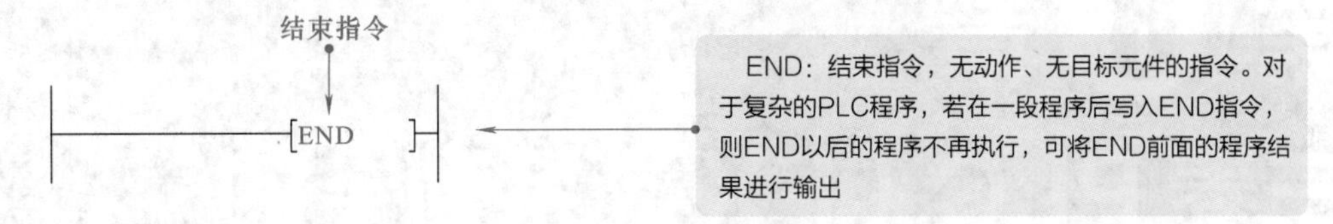

图 7-32　结束指令的含义

提示说明

程序结束指令 END 多应用于复杂程序的调试中。将复杂程序划分为若干段，每段后写入 END 指令后，可分别检验程序执行是否正常；当所有程序段执行无误后，再依次删除 END 指令即可。当程序结束时，应在最后一条程序的下一条线路上加上程序结束指令。

第8章 三菱PLC（FX_{2N}系列）的数据传送、比较、处理和循环移位指令

8.1 三菱PLC（FX_{2N}系列）的数据传送指令

8.1.1 传送指令（MOV、MOVP）

传送指令（功能码为FNC12）是指将源数据传送到指定的目标地址中。传送指令的格式如表8-1所示。

表8-1 传送指令的格式

指令名称	助记符	功能码（处理位数）	源操作数［S·］	目标操作数［D·］	占用程序步数
传送指令	MOV（连续执行型）	FNC12（16/32）	K、H、KnX、KnY、KnM、KnS、T、C、D、V、Z	KnY、KnM、KnS、T、C、D、V、Z	MOV、MOVP…5步（16位）DMOV、DMOVP…9步（32位）
	MOVP（脉冲执行型）				

提示说明

在文中涉及的各指令中，指令的处理位数为16位和32位时，32位指令的字母标识为在16位指令字母标识前面加字母D。例如，MOV为16位传送指令的字母标识，其32位指令标识应为DMOV。

图8-1、图8-2为传送指令的应用示例。

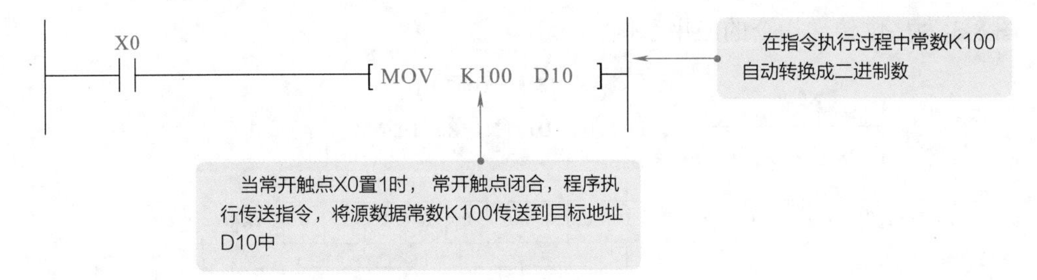

图 8-1　传送指令的应用示例（一）

字母P表示脉冲执行型

字母H表示十六进制数据

K2Y0表示Y7、Y6、Y5、Y4、Y3、Y2、Y1、Y0的8位数据

X0　MOVP　H00FF　K2Y0

在指令执行过程中常数H00FF自动转换成二进制数

X1　MOVP　H00AA　K2Y0

在指令执行过程中常数H00AA自动转换成二进制数

X2　MOVP　H0055　K2Y0

X3　MOVP　H0000　K2Y0

十六进制数据00FF，转换成二进制为1111 1111，即将1111 1111送入Y7、Y6、Y5、Y4、Y3、Y2、Y1、Y0中
十六进制数据00AA，转换成二进制为1010 1010，即将1010 1010送入Y7、Y6、Y5、Y4、Y3、Y2、Y1、Y0中
十六进制数据0055，转换成二进制为0101 0101，即将0101 0101送入Y7、Y6、Y5、Y4、Y3、Y2、Y1、Y0中
十六进制数据0000，转换成二进制为0000 0000，即将0000 0000送入Y7、Y6、Y5、Y4、Y3、Y2、Y1、Y0中
该程序可应用于8盏指示灯的控制电路中，即当X0接通时，8盏灯均亮；当X1接通时，奇数灯点亮；当X2接通时，偶数灯点亮；当X3接通时，灯全部熄灭

图 8-2　传送指令的应用示例（二）

8.1.2　移位传送指令（SMOV、SMOVP）

移位传送指令（功能码为 FNC13）是指将二进制源数据自动转换成 4 位 BCD 码，再经移位传送传送至目标地址，传送后的 BCD 码数据自动转换成二进制数。

移位传送指令的格式如表 8-2 所示。

表 8-2　移位传送指令的格式

指令名称	助记符	功能码（处理位数）	操作数范围					占用程序步数
			源操作数［S·］	m1	m2	目标操作数［D·］	n	
移位传送指令	SMOV（连续执行型） SMOVP（脉冲执行型）	FNC13（16）	K、H、KnX、KnY、KnM、KnS、T、C、D、V、Z	K、H=1～4	K、H=1～4	KnY、KnM、KnS、T、C、D、V、Z	K、H=1～4	11 步

图 8-3 为移位传送指令的应用示例。

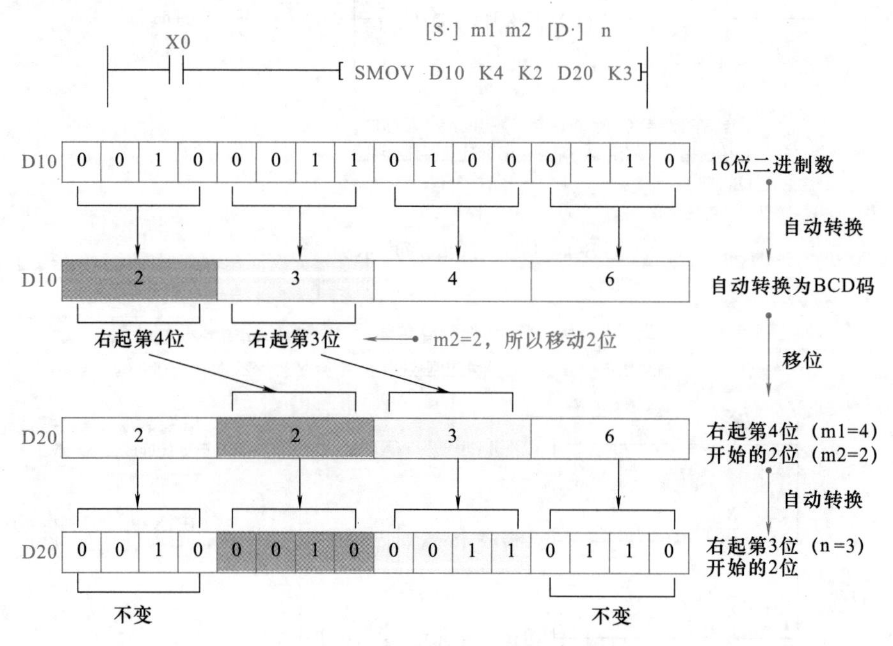

图 8-3 移位传送指令的应用示例

8.1.3 取反传送指令（CML）

取反传送指令 CML（功能码为 FNC14）是指将源操作数中的数据逐位取反后，传送到目标地址中。

取反传送指令的格式如表 8-3 所示。

表 8-3 取反传送指令的格式

指令名称	助记符	功能码（处理位数）	源操作数［S·］	目标操作数［D·］	占用程序步数
取反传送指令	CML（连续执行型）	FNC14（16/32）	K、H、KnX、KnY、KnM、KnS、T、C、D、V、Z	KnY、KnM、KnS、T、C、D、V、Z	16 位指令 CML 和 CMLP…5 步 32 位指令 DCML 和 DCMLP…13 步
	CMLP（脉冲执行型）				

图 8-4 为取反传送指令的应用示例。

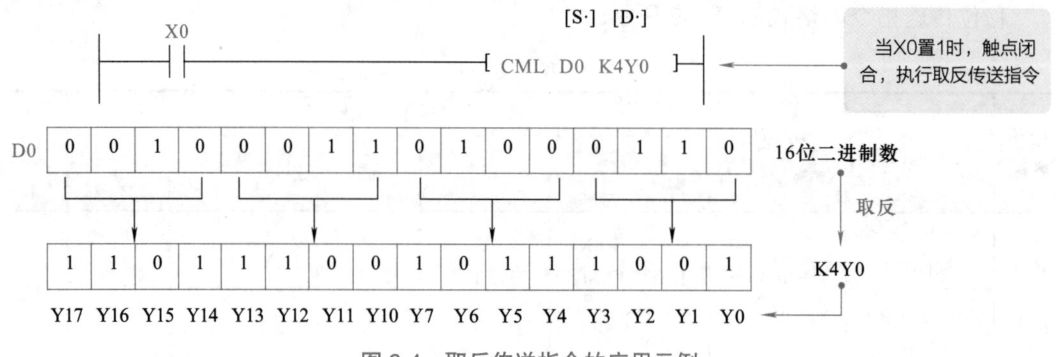

图 8-4 取反传送指令的应用示例

8.1.4　块传送指令（BMOV）

块传送指令 BMOV（功能码为 FNC15）是指将源操作数指定的由 n 个数据组成的数据块传送到指定的目标地址中。

块传送指令的格式如表 8-4 所示。

表 8-4　块传送指令的格式

指令名称	助记符	功能码（处理位数）	源操作数［S·］	目标操作数［D·］	n	占用程序步数
块传送指令	BMOV（连续执行型） BMOVP（脉冲执行型）	FNC15（16）	KnX、KnY、KnM、KnS、T、C、D	KnY、KnM、KnS、T、C、D	≤ 512	7 步

图 8-5 为块传送指令的应用示例。

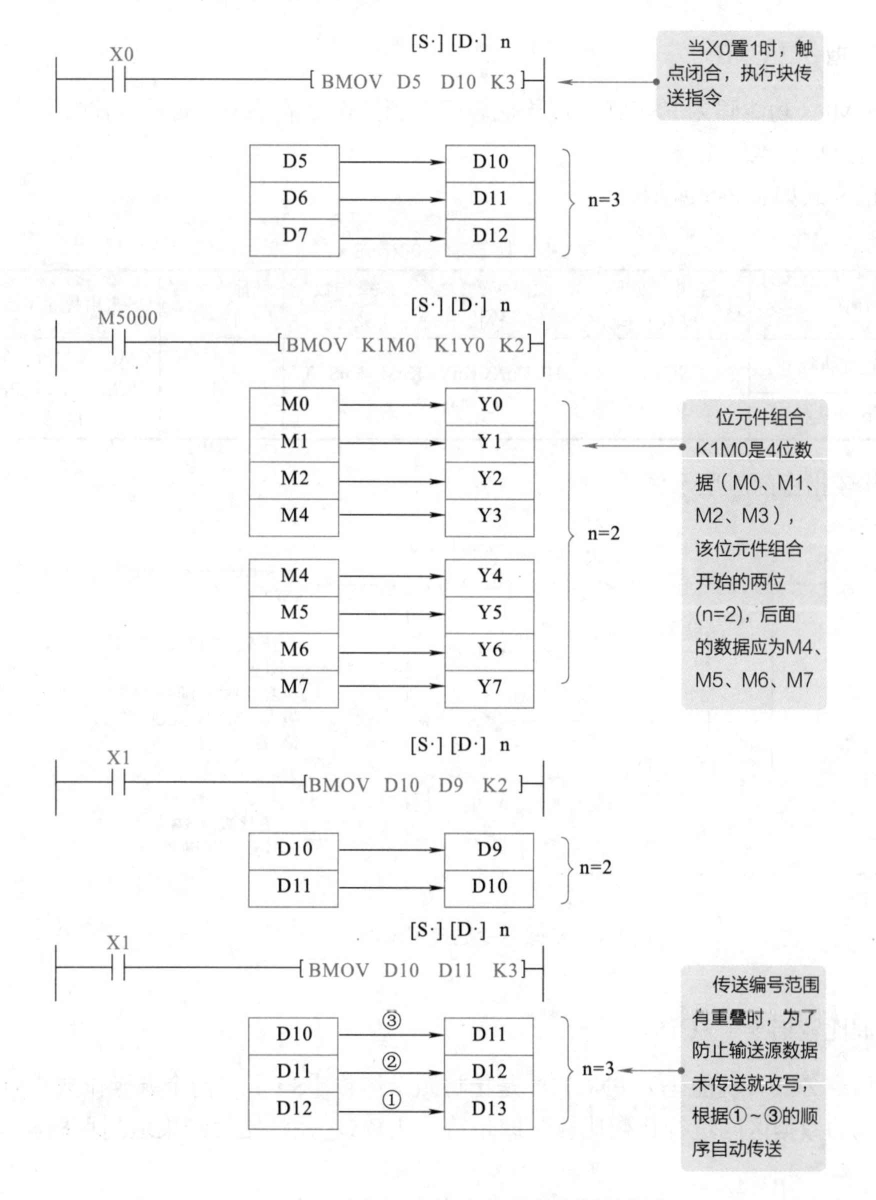

图 8-5　块传送指令的应用示例

提示说明

三菱PLC的传送指令除上述几种基本指令外，还包括多点传送指令FMOV（功能码为FNC16）、数据交换指令XCH（功能码为FNC17）等。

8.2 三菱PLC（FX_{2N}系列）的数据比较指令

三菱FX_{2N}系列PLC的数据比较指令包括比较指令（CMP）和区间比较指令（ZCP）。

8.2.1 比较指令（CMP）

比较指令CMP（功能码为FNC10）用于比较两个源操作数的数值（带符号比较）大小，并将比较结果送至目标地址中。

比较指令的格式如表8-5所示。

表8-5 比较指令的格式

指令名称	助记符	功能码（处理位数）	源操作数[S1·]	源操作数[S2·]	目标操作数[D·]	占用程序步数
比较指令	CMP（连续执行型）	FNC10（16/32）	K、H、KnX、KnY、KnM、KnS、T、C、D、V、Z		Y、M、S	CMP、CMPP…7步
	CMPP（脉冲执行型）					DCMP、DCMPP…13步

图8-6为比较指令的应用示例。

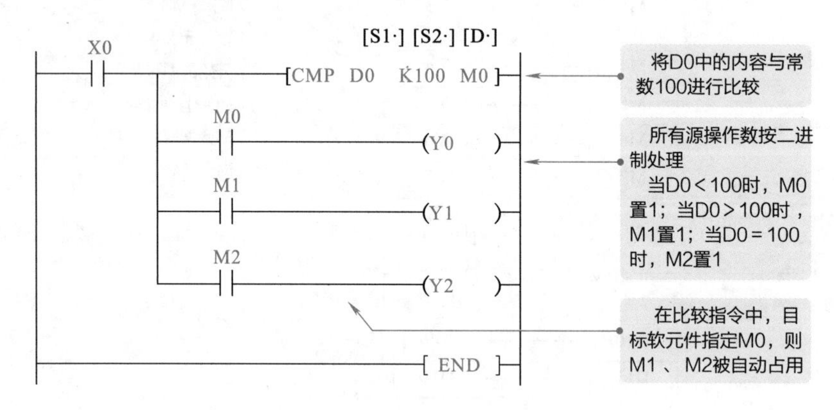

图8-6 比较指令的应用示例

8.2.2 区间比较指令（ZCP）

区间比较指令ZCP（功能码为FNC11）是指将源操作数[S·]与两个源操作数[S1·]和[S2·]组成的数据区间进行代数比较（即带符号比较），并将比较结果送到目标操作数[D·]中。

区间比较指令的格式如表8-6所示。

表 8-6　区间比较指令的格式

指令名称	助记符	功能码（处理位数）	源操作数 [S1・]、[S2・]、[S・]	目标操作数 [D・]	占用程序步数
区间比较指令	ZCP（连续执行型） ZCPP（脉冲执行型）	FNC11 （16/32）	K、H、KnX、KnY、KnM、KnS、T、C、D、V、Z	Y、M、S	ZCP、ZCPP…9 步 DZCP、DZCPP…17 步

图 8-7 为区间比较指令的应用示例。

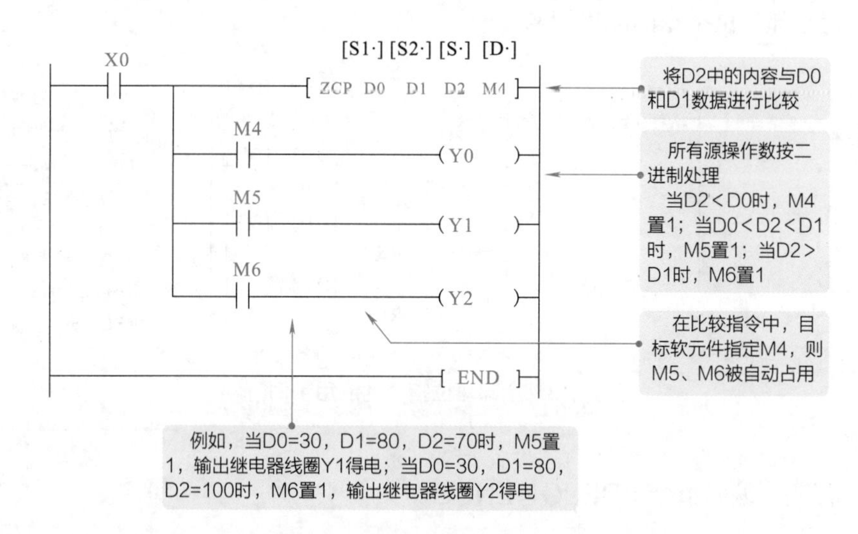

图 8-7　区间比较指令的应用示例

8.3　三菱 PLC（FX_{2N} 系列）的数据处理指令

三菱 FX_{2N} 系列 PLC 的数据处理指令是指进行数据处理的一类指令，主要包括全部复位指令（ZRST）、译码 / 编码指令（DECO/ENCO）、ON 位数指令（SUM）、ON 位判断指令（BON）、平均值指令（MEAN）、信号报警置位 / 复位指令（ANS/ANR）、二进制数据开方运算指令（SOR）、整数 - 浮点数转换指令（FLT）。

8.3.1　全部复位指令（ZRST）

全部复位指令 ZRST（功能码为 FNC40）是指将指定范围内（[D1・] ～ [D2・]）的同类元件全部复位。

全部复位指令的格式如表 8-7 所示。

表 8-7　全部复位指令的格式

指令名称	助记符	功能码（处理位数）	操作数范围 [D1・]～[D2・]	占用程序步数
全部复位指令	ZRST（连续执行型） ZRSTP（脉冲执行型）	FNC40 （16）	Y、M、S、T、C、D [D1・] 元件号≤ [D2・] 元件号	ZRST、ZRSTP…5 步

提示说明

［D1·］、［D2·］需指定同一类型元件，且［D1·］元件号≤［D2·］元件号；若［D1·］元件号>［D2·］元件号，则只有［D1·］指定的元件被复位。

图 8-8 为全部复位指令的应用示例。

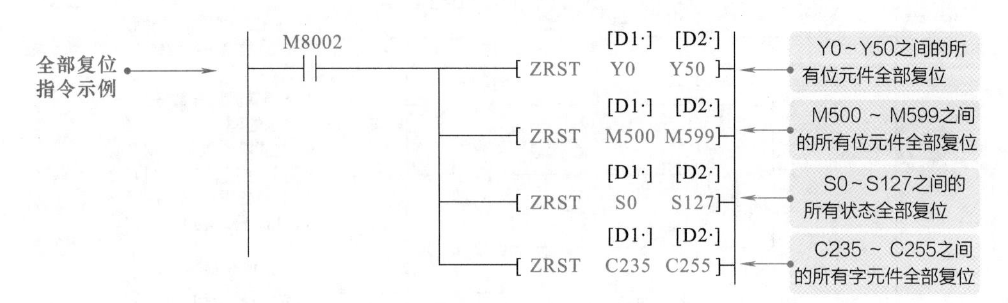

图 8-8 全部复位指令的应用示例

8.3.2 译码、编码指令（DECO、ENCO）

译码指令 DECO（功能码为 FNC41）也称为解码指令，是指根据源数据的数值来控制位元件 ON 或 OFF。

编码指令 ENCO（功能码为 FNC42）是指根据源数据中的十进制数编码为目标元件中二进制数。

译码指令（DECO）和编码指令（ENCO）的格式如表 8-8 所示。

表 8-8 译码指令（DECO）和编码指令（ENCO）的格式

<table>
<tr><th rowspan="2">指令名称</th><th rowspan="2">助记符</th><th rowspan="2">功能码（处理位数）</th><th colspan="3">操作数范围</th><th rowspan="2">占用程序步数</th></tr>
<tr><th>源操作数［S·］</th><th>目标操作数［D·］</th><th>n</th></tr>
<tr><td rowspan="2">译码指令</td><td>DECO（连续执行型）</td><td rowspan="2">FNC41（16）</td><td rowspan="2">K、H、X、Y、M、S、T、C、D、V、Z</td><td rowspan="2">Y、M、S、T、C、D</td><td rowspan="4">K、H：1≤n≤8</td><td rowspan="2">DECO、DECOP…7 步</td></tr>
<tr><td>DECOP（脉冲执行型）</td></tr>
<tr><td rowspan="2">编码指令</td><td>ENCO（连续执行型）</td><td rowspan="2">FNC42（16）</td><td rowspan="2">X、Y、M、S、T、C、D、V、Z</td><td rowspan="2">T、C、D、V、Z</td><td rowspan="2">ENCO、ENCOP…7 步</td></tr>
<tr><td>ENCOP（脉冲执行型）</td></tr>
</table>

提示说明

译码指令中，若源操作数［S•］为位元件，可取 X、Y、M、S，则目标操作数［D•］可取 Y、M、S；若源操作数［S•］为字元件，可取 K、H、T、C、D、V、Z，则目标操作数［D•］可取 T、C、D。

编码指令中，若源操作数［S•］为位元件，可取 X、Y、M、S；若源操作数［S•］为字元件，可取 T、C、D、V、Z。目标操作数［D•］可取 T、C、D、V、Z。

注：K、H、KnX、KnY、KnM、KnS、T、C、D、V、Z 属于字软元件，X、Y、M、S 属于位软元件。

图 8-9 为译码指令的应用示例。

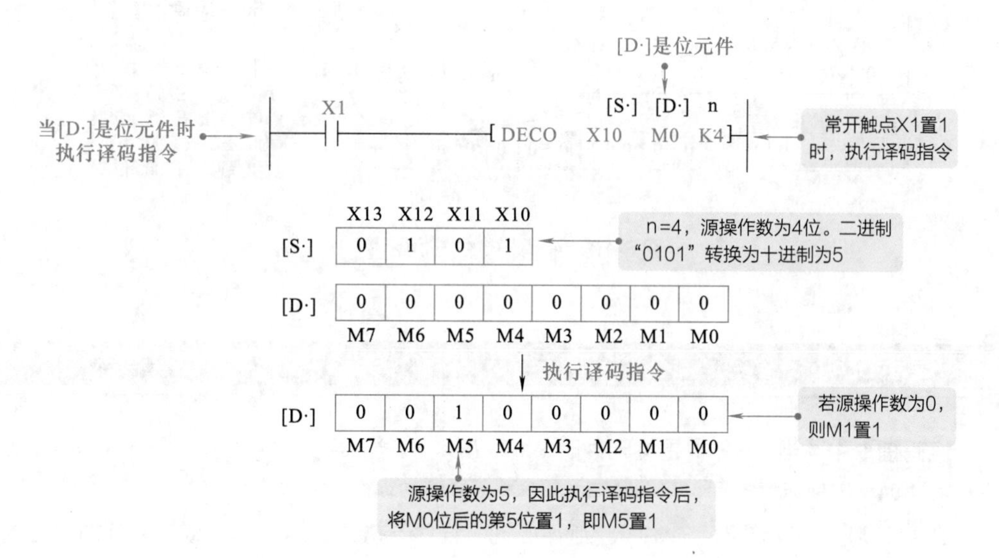

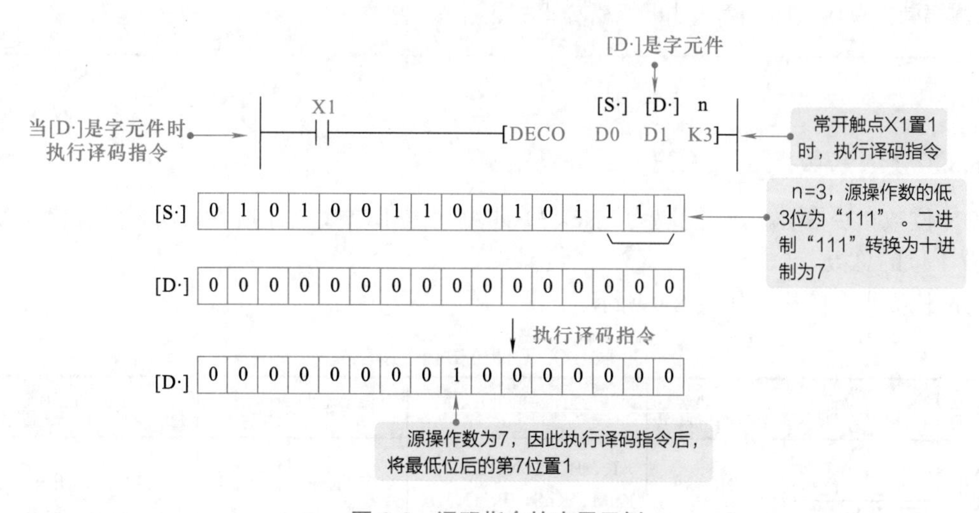

图 8-9　译码指令的应用示例

提示说明

译码指令中，当 [D•] 是位元件时，1 ≤ n ≤ 8。当 n=0 时，程序不执行；当 n > 8 或 n < 1 时，出现运算错误；当 n=8 时，[D•] 的位数为 2^8=256。

当 [D•] 是字元件时，n ≤ 4。当 n=0 时，程序不执行；当 n > 4 或 n < 1 时，出现运算错误；当 n=4 时，[D•] 的位数为 2^4=16。

图 8-10 为编码指令的应用示例。

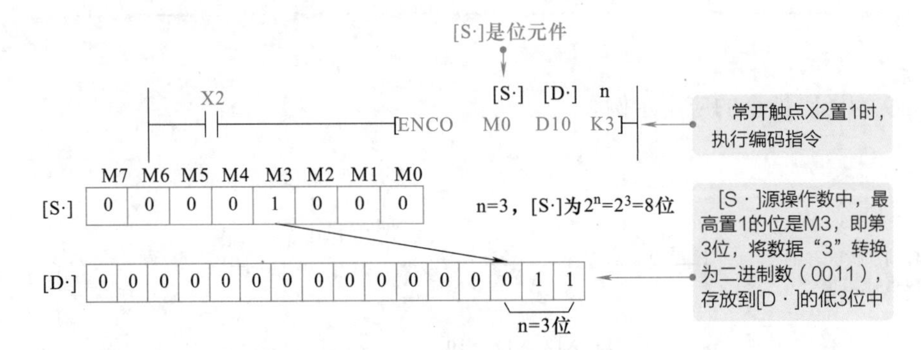

图 8-10 编码指令的应用示例

提示说明

编码指令中，当 [S•] 是位元件时，1 ≤ n ≤ 8。当 n=0 时，程序不执行；当 n > 8 或 n < 1 时，出现运算错误；当 n=8 时，[S•] 的位数为 2^8=256。

当 [S•] 是字元件时，n ≤ 4。当 n=0 时，程序不执行；当 n > 4 或 n < 1 时，出现运算错误；当 n=4 时，[S•] 的位数为 2^4=16。

8.3.3 ON 位数指令（SUM）

ON 位数指令 SUM（功能码为 FNC43）也称为置 1 总数统计指令，用于统计指定软元件中置 1 位的总数。

ON 位数指令的格式如表 8-9 所示。

表 8-9 ON 位数指令的格式

指令名称	助记符	功能码（处理位数）	目标操作数 [S•]	目标操作数 [D•]	占用程序步数
ON 位数指令	SUM（连续执行型）	FNC43（16/32）	K、H、KnX、KnY、KnM、KnS、T、C、D、V、Z	KnY、KnM、KnS、T、C、D、V、Z	SUM、SUMP…5 步 DSUM、DSUMP…9 步
	SUMP（脉冲执行型）				

图 8-11 为 ON 位数指令的应用示例。

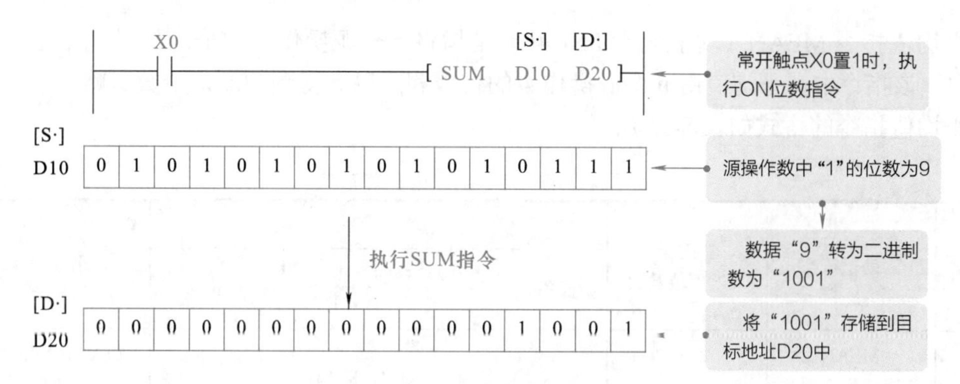

图 8-11　ON 位数指令的应用示例

提示说明

在执行 SUM 指令时，若源操作数 [S•] 中“1”的个数为 0，则零标志 M8020 置 1。

8.3.4　ON 位判断指令（BON）

ON 位判断指令 BON（功能码为 FNC44）用来检测指定软元件中指定的位是否为 1。ON 位判断指令的格式如表 8-10 所示。

表 8-10　ON 位判断指令的格式

指令名称	助记符	功能码（处理位数）	操作数范围			占用程序步数
			源操作数 [S•]	目标操作数 [D•]	n	
ON 位判断指令	BON（连续执行型） BONP（脉冲执行型）	FNC44（16/32）	K、H、KnX、KnY、KnM、KnS、T、C、D、V、Z	Y、M、S	16 位运算：0 ≤ n ≤ 15 32 位运算：0 ≤ n ≤ 31	BON、BONP…7 步 DBON、DBONP…13 步

图 8-12 为 ON 位判断指令的应用示例。

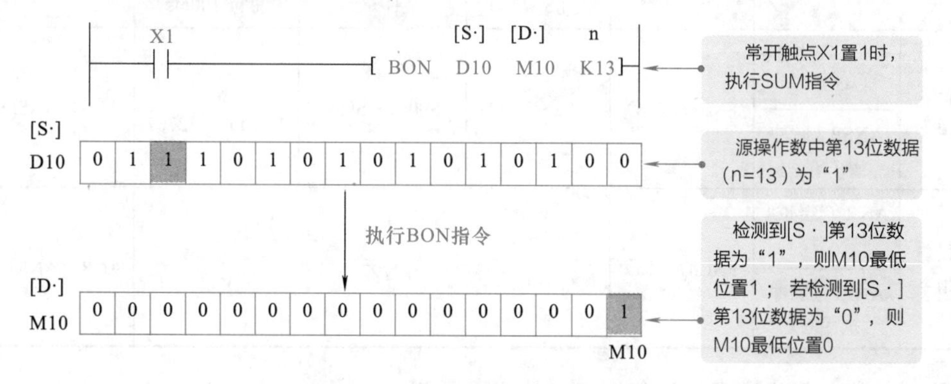

图 8-12　ON 位判断指令的应用示例

8.3.5 平均值指令（MEAN）

平均值指令 MEAN（功能码为 FNC45）是指将 n 个源操作数的平均值送到指定的目标地址中。该指令中，平均值由 n 个源操作数的代数和除以 n 得到的商，余数省略。

平均值指令的格式如表 8-11 所示。

表 8-11 平均值指令的格式

指令名称	助记符	功能码（处理位数）	操作数范围			占用程序步数
			源操作数［S·］	目标操作数［D·］	n	
平均值指令	MEAN（连续执行型）	FNC45（16/32）	KnX、KnY、KnM、KnS、T、C、D、V、Z	KnY、KnM、KnS、T、C、D、V、Z	K、H：1 ≤ n ≤ 64	MEAN、MEANP…7 步
	MEANP（脉冲执行型）					DMEAN、DMEANP…13 步

图 8-13 为平均值指令的应用示例。

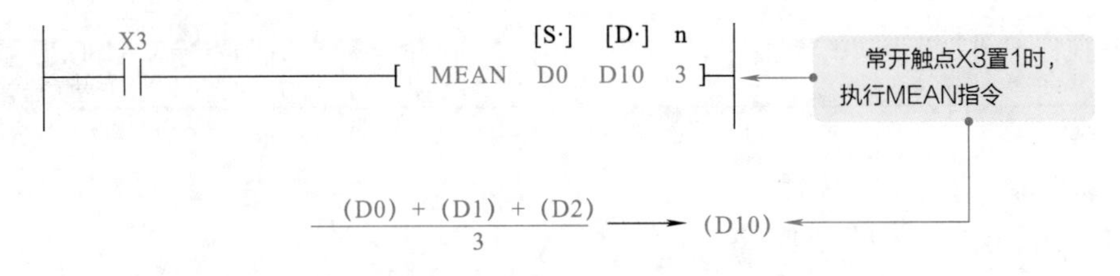

图 8-13 平均值指令的应用示例

8.3.6 信号报警置位、复位指令（ANS、ANR）

信号报警置位指令 ANS（功能码为 FNC46）和信号报警复位指令 ANR（功能码为 FNC47）用于指定报警器（状态继电器 S）的置位和复位操作。

信号报警置位和复位指令的格式如表 8-12 所示。

表 8-12 信号报警置位和复位指令的格式

指令名称	助记符	功能码（处理位数）	操作数范围			占用程序步数
			源操作数［S·］	目标操作数［D·］	m（单位 100ms）	
信号报警置位指令	ANS（连续执行型）	FNC46（16）	T0 ～ T199	S900 ～ S999	K：1 ≤ m ≤ 32767	ANS、ANSP…7 步
	ANSP（脉冲执行型）					
信号报警复位指令	ANR（连续执行型）	FNC47（16）	无			ANR、ANRP…1 步
	ANRP（脉冲执行型）					

图 8-14 为信号报警置位和复位指令的应用示例。

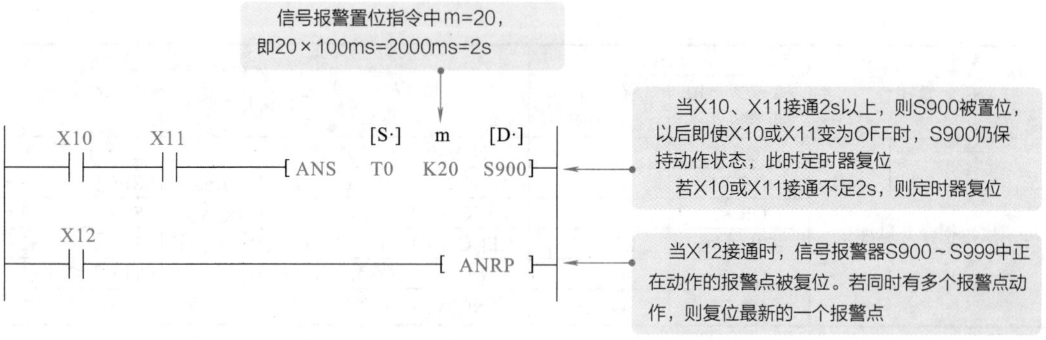

信号报警置位指令中 m=20，即20×100ms=2000ms=2s

```
  X10     X11               [S·]   m    [D·]
──┤├──────┤├────────[ ANS   T0    K20   S900 ]
  X12
──┤├──────────────────────────────[ ANRP ]
```

当X10、X11接通2s以上，则S900被置位，以后即使X10或X11变为OFF时，S900仍保持动作状态，此时定时器复位
若X10或X11接通不足2s，则定时器复位

当X12接通时，信号报警器S900～S999中正在动作的报警点被复位。若同时有多个报警点动作，则复位最新的一个报警点

图 8-14　信号报警置位和复位指令的应用示例

提示说明

三菱 FX_{2N} 系列 PLC 中常见的数据处理指令还包括二进制数据开方运算指令（SOR）、整数 - 浮点数转换指令（FLT）。

二进制数据开方运算指令 SOR（功能码为 FNC48）是指将源操作数进行开平方运算后送到指定的目标地址中。源操作数 [S•] 可取 K、H、D，目标操作数 [D•] 可取 D。

整数 - 浮点数转换指令 FLT（功能码为 FNC49）是指将二进制整数转换为二进制浮点数。源操作数 [S•] 和目标操作数 [D•] 均为 D。

8.4 三菱 PLC（FX_{2N} 系列）的触点比较指令

触点比较指令是指使用触点符号（LD、AND、OR）与关系运算符号组合而成，并通过对两个数值的关系运算来实现触点的闭合与断开。

触点比较指令共有 18 条，其格式如表 8-13 所示。

表 8-13　触点比较指令的格式

指令名称	助记符		功能码	操作数 [S1•]、[S2•]	导通条件
	16 位（占用程序 5 步）	32 位（占用程序 9 步）			
触点比较指令运算开始	LD=	LD=	FNC224（16/32）	K、H、KnX、KnY、KnM、KnS、T、C、D、V、Z	[S1•] = [S2•]
	LD >	LD >	FNC225（16/32）		[S1•] > [S2•]
	LD <	LD <	FNC226（16/32）		[S1•] < [S2•]
	LD <>	LD <>	FNC228（16/32）		[S1•] ≠ [S2•]
	LD ≤	LD ≤	FNC229（16/32）		[S1•] ≤ [S2•]
	LD ≥	LD ≥	FNC230（16/32）		[S1•] ≥ [S2•]
触点比较指令串联连接	AND=	AND=	FNC232（16/32）		[S1•] = [S2•]
	AND >	AND >	FNC233（16/32）		[S1•] > [S2•]
	AND <	AND <	FNC234（16/32）		[S1•] < [S2•]
	AND <>	AND <>	FNC236（16/32）		[S1•] ≠ [S2•]
	AND ≤	AND ≤	FNC237（16/32）		[S1•] ≤ [S2•]
	AND ≥	AND ≥	FNC238（16/32）		[S1•] ≥ [S2•]

续表

指令名称	助记符		功能码	操作数 [S1・]、[S2・]	导通条件
	16 位（占用程序 5 步）	32 位（占用程序 9 步）			
触点比较指令并联连接	OR=	OR=	FNC240（16/32）	K、H、KnX、KnY、KnM、KnS、T、C、D、V、Z	[S1・] = [S2・]
	OR >	OR >	FNC241（16/32）		[S1・] > [S2・]
	OR <	OR <	FNC242（16/32）		[S1・] < [S2・]
	OR <>	OR <>	FNC244（16/32）		[S1・] ≠ [S2・]
	OR ≤	OR ≤	FNC245（16/32）		[S1・] ≤ [S2・]
	OR ≥	OR ≥	FNC246（16/32）		[S1・] ≥ [S2・]

图 8-15 ～图 8-17 为触点比较指令的应用示例。

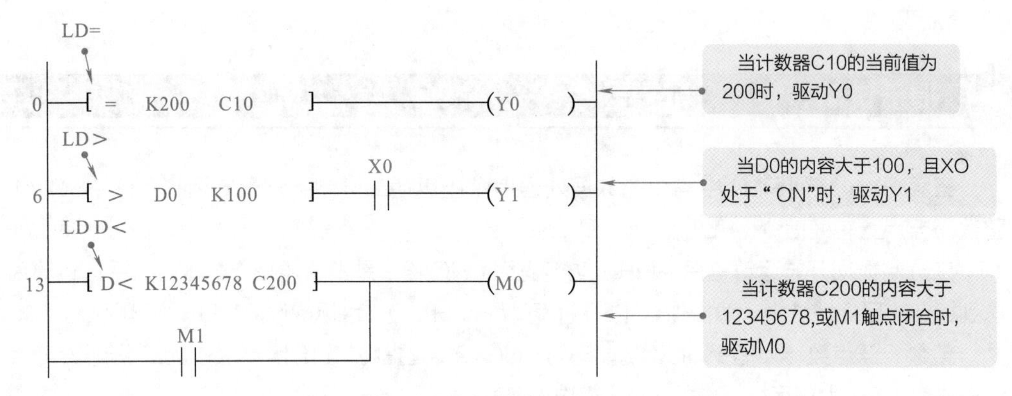

图 8-15 触点比较指令的应用示例（一）

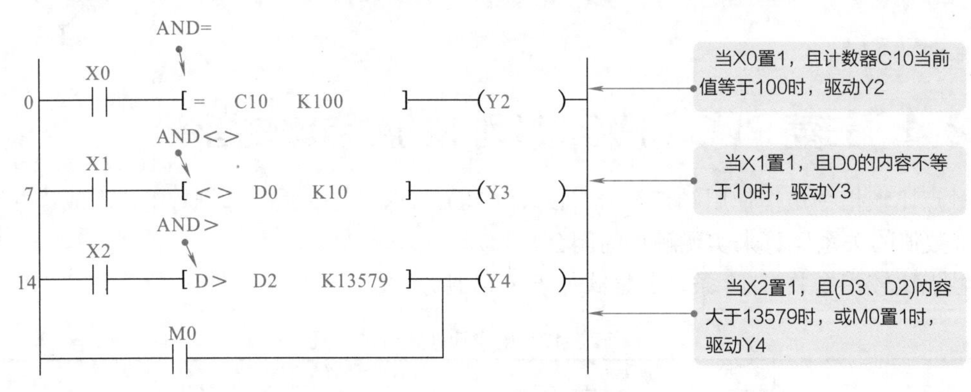

图 8-16 触点比较指令的应用示例（二）

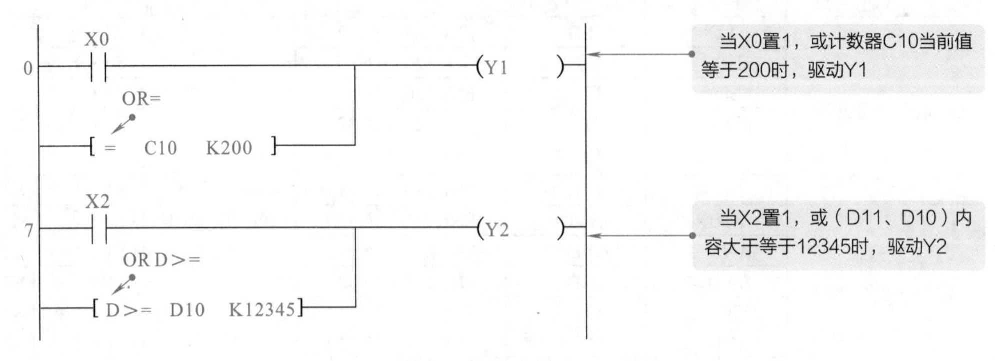

图 8-17 触点比较指令的应用示例（三）

提示说明

触点比较指令中，当源操作数的最高位（32 位指令的最高位 b31，16 位指令的最高位 b15）为 1 时，将该数值作为负数进行比较。

32 位计数器（C200 ~ C255）的触点比较，必须用 32 位指令。

提示说明

三菱 FX_{2N} 系列 PLC 的程序指令还有高速处理指令（包括输入输出刷新指令 REF、滤波调整指令 REFF、矩阵输入指令 MTR、比较置位指令 HSCS、比较复位指令 HSCR、区间比较指令 HSZ、脉冲密度指令 SPD、脉冲输出指令 PLSY、脉宽调制指令 PWM、可调速脉冲输出指令 PLSR）、外部 I/O 设备指令、外围设备指令、时钟运算指令等。

8.5 三菱 PLC（FX_{2N} 系列）的循环移位指令

三菱 FX_{2N} 系列 PLC 的循环移位指令主要包括循环移位指令、位移位指令、字移位指令和先入先出指令。其中，根据移位方向不同，循环移位指令、位移位指令、字移位指令又可细分为左移指令和右移指令。另外，循环移位指令还可分为带进位的循环移位指令和不带进位的循环移位指令。

8.5.1 循环移位指令（ROR、ROL）

根据移位方向不同，循环移位指令可以分为右循环移位指令 ROR（功能码为 FNC30）和左循环移位指令 ROL（功能码为 FNC31），其功能是将一个字或双字的数据向右或向左循环移动 n 位。

循环移位指令的格式如表 8-14 所示。

表 8-14　循环移位指令的格式

指令名称	助记符	功能码（处理位数）	目标操作数 [D·]	n	占用程序步数
右循环移位指令	ROR（连续执行型）	FNC30（16/32）	KnY、KnM、KnS、T、C、D、V、Z	K、H 移位位数：n ≤ 16（16 位指令）n ≤ 32（32 位指令）	ROR、RORP…5 步 DROR、DRORP…9 步
	RORP（脉冲执行型）				
左循环移位指令	ROL（连续执行型）	FNC31（16/32）			ROL、ROLP…5 步 DROL、DROLP…9 步
	ROLP（脉冲执行型）				

图 8-18 为循环移位指令的应用示例。

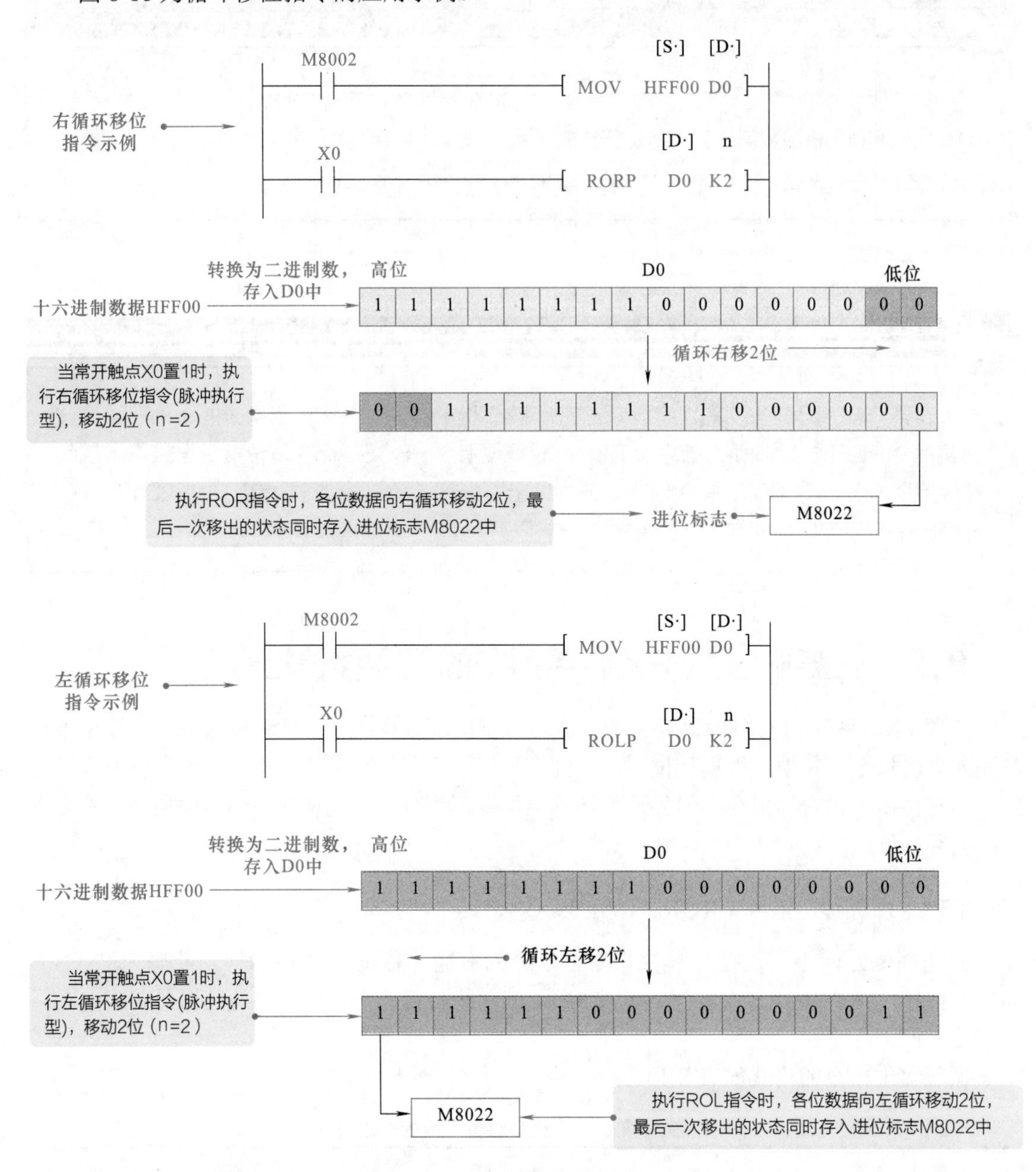

图 8-18 循环移位指令的应用示例

8.5.2 带进位的循环移位指令（RCR、RCL）

带进位的循环移位指令也根据移位方向分为带进位的右循环移位指令 RCR（功能码为 FNC32）和带进位的左循环移位指令 RCL（功能码为 FNC33）。带进位的循环移位指令的主要功能是将目标地址中的各位数据连同进位标志（M8022）向右或向左循环移动 n 位。

带进位的循环移位指令的格式如表 8-15 所示。

图 8-19 为带进位的循环移位指令的应用示例。

表 8-15　带进位的循环移位指令的格式

指令名称	助记符	功能码（处理位数）	目标操作数［D·］	n	占用程序步数
带进位的右循环移位指令	RCR（连续执行型）	FNC32（16/32）	KnY、KnM、KnS、T、C、D、V、Z	K、H 移位位数：n ≤ 16（16 位指令）n ≤ 32（32 位指令）	RCR、RCRP…5 步 DRCR、DRCRP…9 步
	RCRP（脉冲执行型）				
带进位的左循环移位指令	RCL（连续执行型）	FNC33（16/32）			RCL、RCLP…5 步 DRCL、DRCLP…9 步
	RCLP（脉冲执行型）				

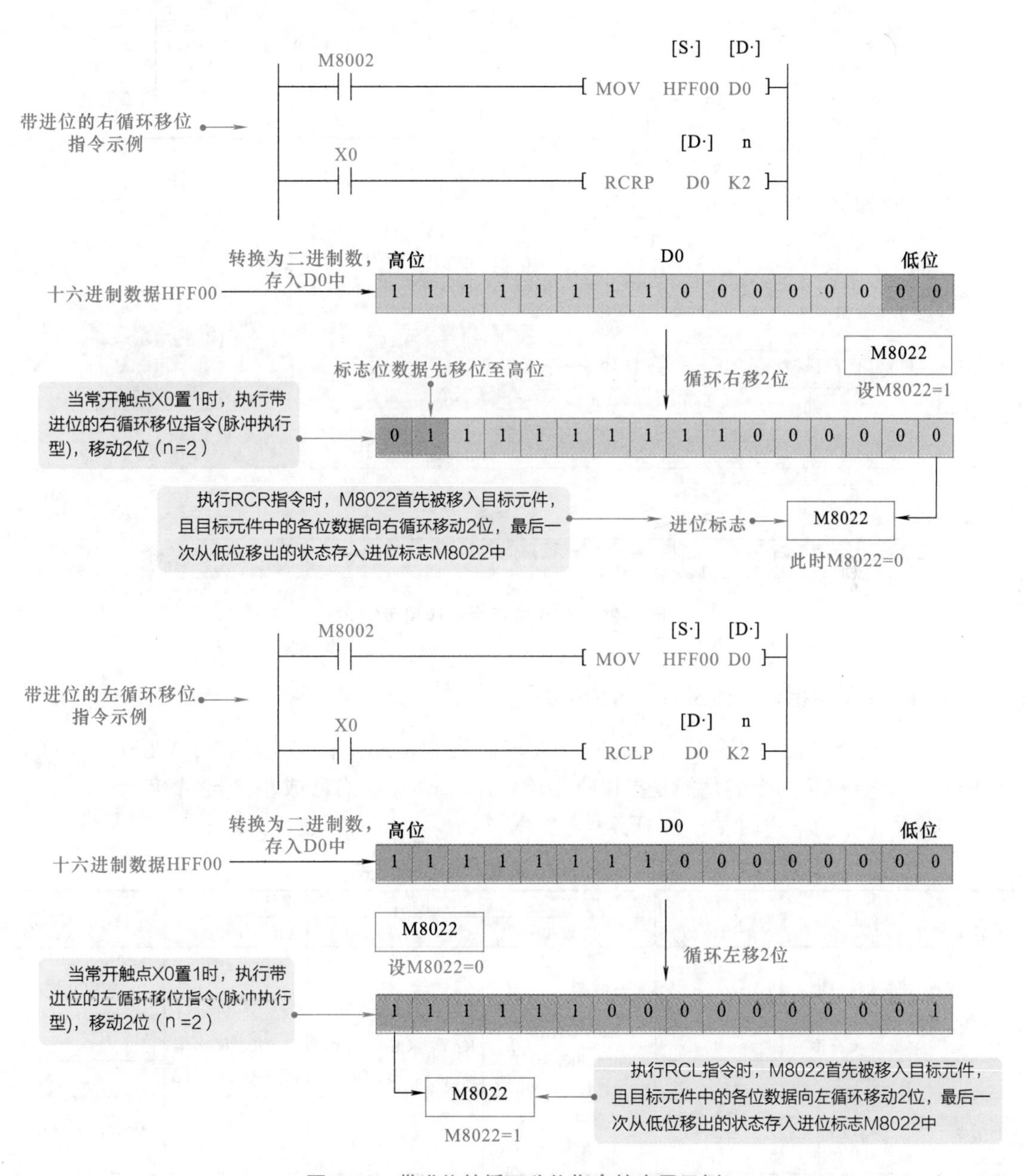

图 8-19　带进位的循环移位指令的应用示例

8.5.3 位移位指令（SFTR、SFTL）

位移位指令包括位右移指令 SFTR（功能码为 FNC34）和位左移指令 SFTL（功能码为 FNC35）。位移位指令的功能是将目标位元件中的状态（0 或 1）成组地向右（或向左）移动。

位移位指令的格式如表 8-16 所示。

表 8-16 位移位指令的格式

指令名称	助记符	功能码（处理位数）	操作数范围				占用程序步数
			源操作数［S・］	目标操作数［D・］	n1	n2	
位右移指令	SFTR（连续执行型） SFTRP（脉冲执行型）	FNC34（16）	X、Y、M、S	Y、M、S	K、H：n2 ≤ n1 ≤ 1024		SFTR、SFTRP…9 步
位左移指令	SFTL（连续执行型） SFTLP（脉冲执行型）	FNC35（16）	X、Y、M、S	Y、M、S	K、H：n2 ≤ n1 ≤ 1024		SFTL、SFTLP…9 步

注：n1 指定位元件的长度，n2 指定移位的位数。

图 8-20 为位移位指令的应用示例。

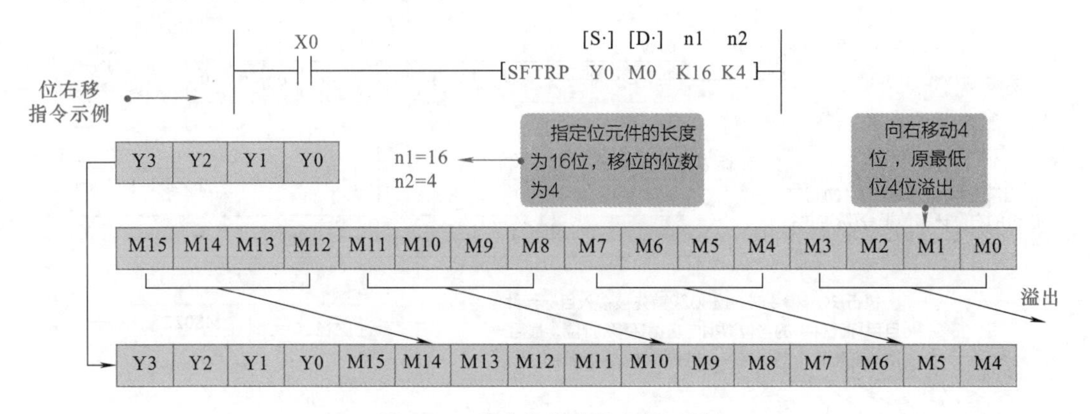

图 8-20 位移位指令的应用示例

8.5.4 字移位指令（WSFR、WSFL）

字移位指令包括字右移指令 WSFR（功能码为 FNC36）和字左移指令 WSFL（功能码为 FNC37）。字移位指令的功能是指以字为单位，将 n1 个字右移或左移 n2 个字。

字移位指令的格式如表 8-17 所示。

表 8-17 字移位指令的格式

指令名称	助记符	功能码（处理位数）	操作数范围				占用程序步数
			源操作数［S・］	目标操作数［D・］	n1	n2	
字右移指令	WSFR（连续执行型） WSFRP（脉冲执行型）	FNC36（16）	KnX、KnY、KnM、KnS、T、C、D	KnY、KnM、KnS、T、C、D	K、H：n2 ≤ n1 ≤ 512		WSFR、WSFRP…9 步
字左移指令	WSFL（连续执行型） WSFLP（脉冲执行型）	FNC37（16）	KnX、KnY、KnM、KnS、T、C、D	KnY、KnM、KnS、T、C、D	K、H：n2 ≤ n1 ≤ 512		WSFL、WSFLP…9 步

注：n1 指定字元件的长度，n2 指定移字的位数。

图 8-21 为字移位指令的应用示例。

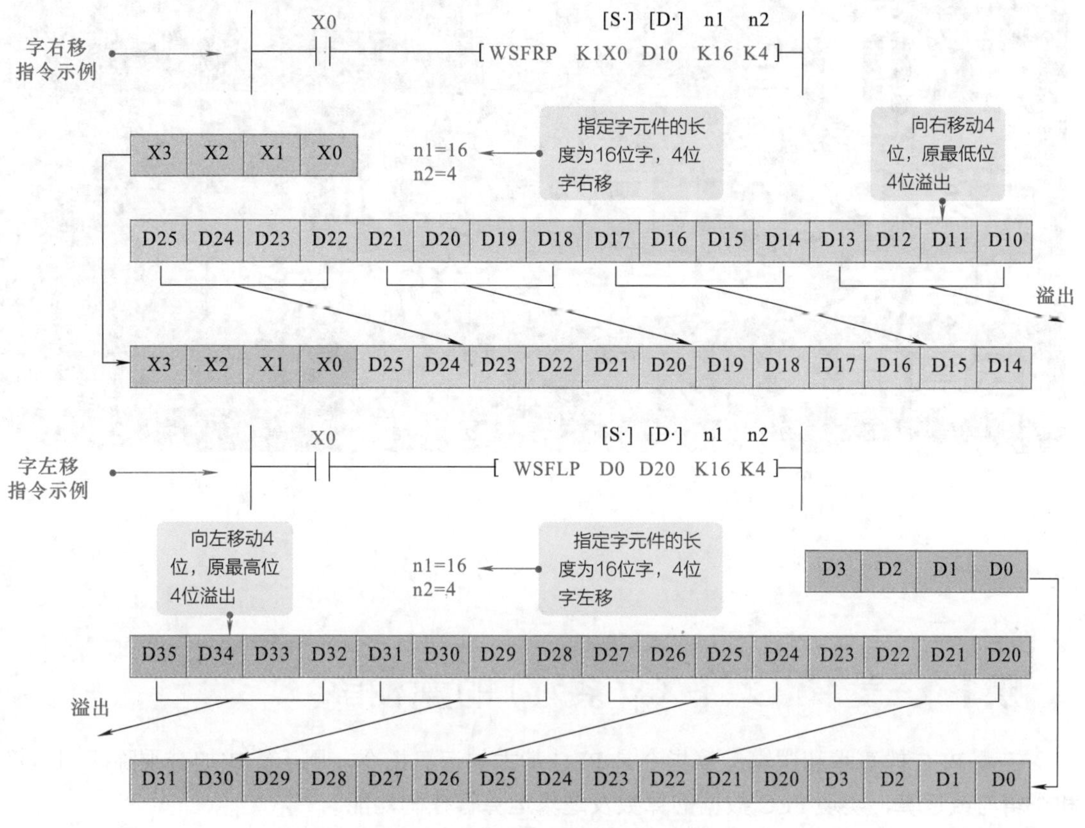

图 8-21　字移位指令的应用示例

8.5.5　先入先出写入、读出指令（SFWR、SFRD）

先入先出写入指令 SFWR（功能码为 FNC38）和先入先出读出指令 SFRD（功能码为 FNC39）分别为控制先入先出的数据写入和读出指令。

先入先出写入和读出指令的格式如表 8-18 所示。

表 8-18　先入先出写入和读出指令的格式

指令名称	助记符	功能码（处理位数）	操作数范围			占用程序步数
			源操作数［S・］	目标操作数［D・］	n	
先入先出写入指令	SFWR（连续执行型）	FNC38（16）	K、H、KnX、KnY、KnM、KnS、T、C、D、V、Z	KnY、KnM、KnS、T、C、D	K、H：2 ≤ n ≤ 512	SFWR、SFWRP…7 步
	SFWRP（脉冲执行型）					
先入先出读出指令	SFRD（连续执行型）	FNC39（16）	KnX、KnY、KnM、KnS、T、C、D	KnY、KnM、KnS、T、C、D、V、Z		SFRD、SFRDP…7 步
	SFRDP（脉冲执行型）					

第 9 章 三菱 PLC（FX_{2N} 系列）的算术、逻辑运算和浮点数运算指令

9.1 三菱 PLC（FX_{2N} 系列）的算术指令

三菱 PLC 的算术和逻辑运算指令是 PLC 基本的运算指令，用于完成加减乘除四则运算和逻辑与或运算，实现 PLC 数据的算数及逻辑运算等控制功能。

三菱 FX_{2N} 系列 PLC 的算术运算指令包括加法指令（ADD）、减法指令（SUB）、乘法指令（MUL）、除法指令（DIV）和加 1/ 减 1 指令（INC/DEC）。三菱 PLC 的逻辑运算指令包括字逻辑与指令（WAND）、字逻辑或指令（WOR）、字逻辑异或指令（WXOR）、求补指令（NEG）等。

9.1.1 加法指令（ADD）

加法指令 ADD（功能码为 FNC20）是指将源操作元件中的二进制数相加，并将结果送到指定的目标地址中。

加法指令的格式如表 9-1 所示。

表 9-1 加法指令的格式

指令名称	助记符	功能码（处理位数）	源操作数［S1・］、［S2・］	目标操作数［D・］	占用程序步数
加法指令	ADD（连续执行型） ADDP（脉冲执行型）	FNC20（16/32）	K、H、KnX、KnY、KnM、KnS、T、C、D、V、Z	KnY、KnM、KnS、T、C、D、V、Z	ADD、ADDP…7 步 DADD、DADDP…13 步

图 9-1 为加法指令的应用示例。

9.1.2 减法指令（SUB）

减法指令 SUB（功能码为 FNC21）是指将第 1 个源操作数指定的内容和第 2 个源操作

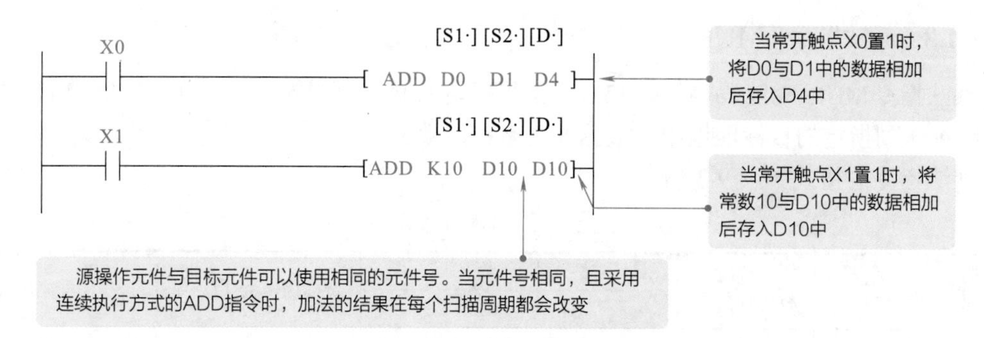

图 9-1　加法指令的应用示例

数指定的内容相减（二进制数的形式），并将结果送到指定的目标地址中。

减法指令的格式如表 9-2 所示。

表 9-2　减法指令的格式

指令名称	助记符	功能码（处理位数）	源操作数 [S1·]、[S2·]	目标操作数 [D·]	占用程序步数
减法指令	SUB（连续执行型） SUBP（脉冲执行型）	FNC21（16/32）	K、H、KnX、KnY、KnM、KnS、T、C、D、V、Z	KnY、KnM、KnS、T、C、D、V、Z	SUB、SUBP…7 步 DSUB、DSUBP…13 步

图 9-2 为减法指令的应用示例。

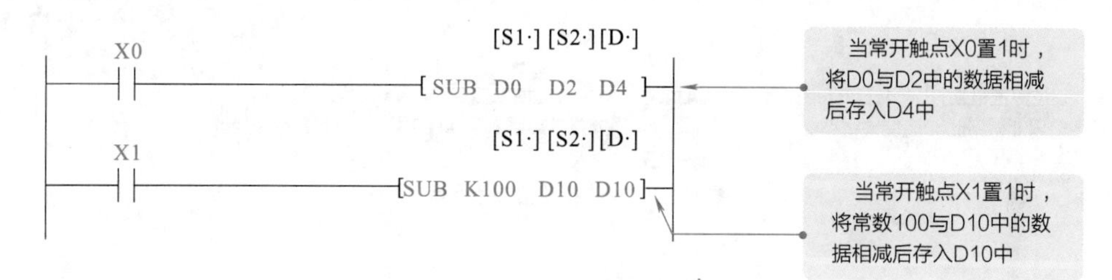

图 9-2　减法指令的应用示例

提示说明

加法指令 ADD 和减法指令 SUB 会影响到 PLC 中的 3 个特殊型辅助继电器（标志位）：零标志 M8020、借位标志 M8021 和进位标志 M8022。

若运算结果为 0，则 M8020=1；若运算结果小于 -32767（16 位运算）或 -2147483647（32 位运算），则 M8021=1；若运算结果大于 32767（16 位运算）或 2147483647（32 位运算），则 M8022=1。

另外，需要注意的是，运算数据的结果为二进制数，最高位为符号位，0 代表正数，1 代表负数。

9.1.3 乘法指令（MUL）

乘法指令MUL（功能码为FNC22）是指将指定源操作数的内容相乘（二进制数的形式），并将结果送到指定的目标地址中，数据均为有符号数。

乘法指令的格式如表 9-3 所示。

表 9-3 乘法指令的格式

指令名称	助记符	功能码（处理位数）	源操作数 [S1 •]、[S2 •]	目标操作数 [D •]	占用程序步数
乘法指令	MUL（连续执行型） MULP（脉冲执行型）	FNC22（16/32）	K、H、KnX、KnY、KnM、KnS、T、C、D、V、Z（V、Z 只能在 16 位运算中作为目标元件指定，不可用于 32 位计算中）	KnY、KnM、KnS、T、C、D、V、Z	MUL、MULP…7 步 DMUL、DMULP…13 步

图 9-3 为乘法指令的应用示例。

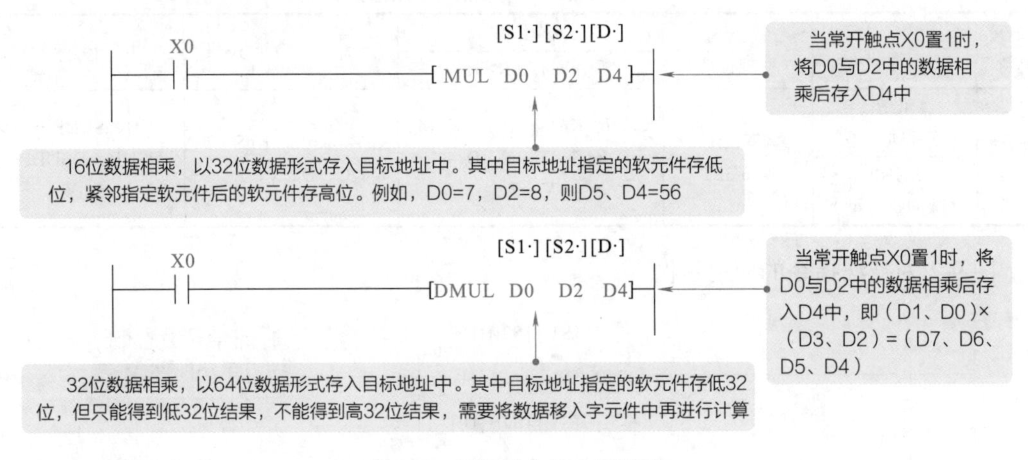

图 9-3 乘法指令的应用示例

9.1.4 除法指令（DIV）

除法指令 DIV（功能码为 FNC23）是指将第 1 个源操作数作为被除数，第 2 个源操作数作为除数，并将两者之商送到指定的目标地址中。

除法指令的格式如表 9-4 所示。

表 9-4 除法指令的格式

指令名称	助记符	功能码（处理位数）	源操作数 [S1 •]、[S2 •]	目标操作数 [D •]	占用程序步数
除法指令	DIV（连续执行型） DIVP（脉冲执行型）	FNC23（16/32）	K、H、KnX、KnY、KnM、KnS、T、C、D、V、Z（V、Z 只能在 16 位运算中作为目标元件指定，不可用于 32 位计算中）	KnY、KnM、KnS、T、C、D、V、Z	DIV、DIVP…7 步 DDIV、DDIVP…13 步

图 9-4 为除法指令的应用示例。

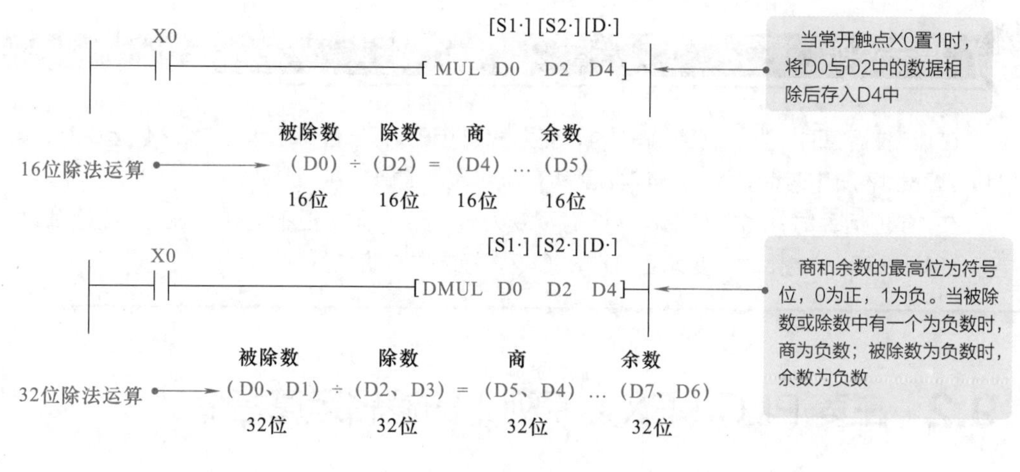

图 9-4　除法指令的应用示例

9.1.5　加 1、减 1 指令（INC、DEC）

加 1 指令 INC（功能码为 FNC24）和减 1 指令 DEC（功能码为 FNC25）的主要功能是当满足一定条件时，将指定软元件中的数据加 1 或减 1。

加 1、减 1 指令的格式如表 9-5 所示。

表 9-5　加 1、减 1 指令的格式

指令名称	助记符	功能码（处理位数）	目标操作数［D·］	占用程序步数
加 1 指令	INC（连续执行型）	FNC24（16/32）	KnY、KnM、KnS、T、C、D、V、Z	INC、INCP…3 步 DINC、DINCP…5 步
	INCP（脉冲执行型）			
减 1 指令	DEC（连续执行型）	FNC25（16/32）		DEC、DECP…3 步 DDEC、DDECP…5 步
	DECP（脉冲执行型）			

图 9-5 为加 1、减 1 指令的应用示例。

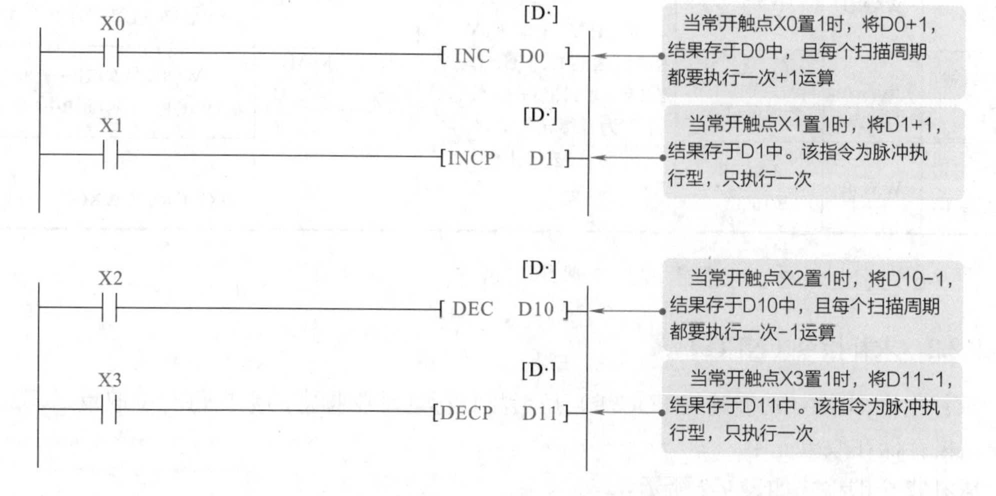

图 9-5　加 1、减 1 指令的应用示例

提示说明

在16位运算时，当32767加1时，变为-32768，标志位不动作；在32位运算时，当2147483647加1时，变为-2147483648，标志位不动作。

在16位运算时，当-32768减1时，变为32767，标志位不动作；在32位运算时，当-2147483648减1时，变为2147483647，标志位不动作。

9.2 三菱PLC（FX_{2N}系列）的逻辑运算指令

9.2.1 字逻辑与、字逻辑或、字逻辑异或（WAND、WOR、WXOR）指令

字逻辑与指令（WAND）、字逻辑或指令（WOR）、字逻辑异或指令（WXOR）是三菱PLC中的基本逻辑运算指令。

字逻辑与指令WAND（功能码为FNC26）是指将两个源操作数按位进行与运算操作，并将结果送到目标地址中。

字逻辑或WOR（功能码为FNC27）是指将两个源操作数按位进行或运算操作，并将结果送到目标地址中。

字逻辑异或WXOR（功能码为FNC28）是指将两个源操作数按位进行异或运算操作，并将结果送到目标地址中。

字逻辑与、字逻辑或、字逻辑异或指令的格式如表9-6所示。

表9-6 字逻辑与、字逻辑或、字逻辑异或指令的格式

指令名称	助记符	功能码（处理位数）	源操作数 [S1・]、[S2・]	目标操作数 [D・]	占用程序步数
字逻辑与指令	WAND	FNC26（16/32）	K、H、KnX、KnY、KnM、KnS、T、C、D、V、Z（V、Z只能在16位运算中作为目标元件指定，不可用于32位计算中）	KnY、KnM、KnS、T、C、D、V、Z	WAND、WANDP…7步 DWAND、DWANDP…13步
字逻辑或指令	WOR	FNC27（16/32）			WOR、WORP…7步 DWOR、DWORP…13步
字逻辑异或指令	WXOR	FNC28（16/32）			WXOR、WXORP…7步 DXWOR、DWXORP…13步

图9-6为字逻辑与、字逻辑或、字逻辑异或指令的应用示例。

9.2.2 求补指令（NEG）

求补指令NEG（功能码为FNC29）是指将目标地址中指定的数据每一位取反后再加1，并将结果存储在原单元中。

求补指令的格式如表9-7所示。

图9-7为求补指令的应用示例。

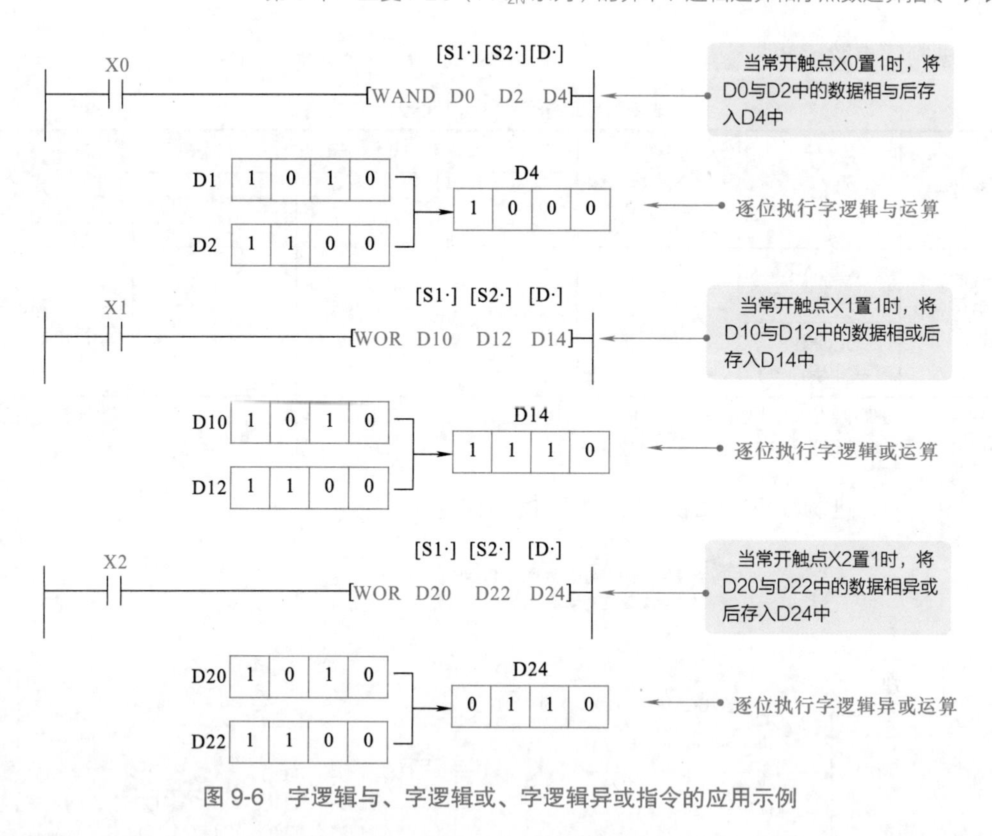

图 9-6　字逻辑与、字逻辑或、字逻辑异或指令的应用示例

表 9-7　求补指令的格式

指令名称	助记符	功能码（处理位数）	目标操作数［D·］	占用程序步数
求补指令	NEG（连续执行型）	FNC29 （16/32）	KnY、KnM、KnS、T、C、D、 V、Z	NEG、NEGP…3 步 DNEG、DNEGP…5 步
	NEGP（脉冲执行型）			

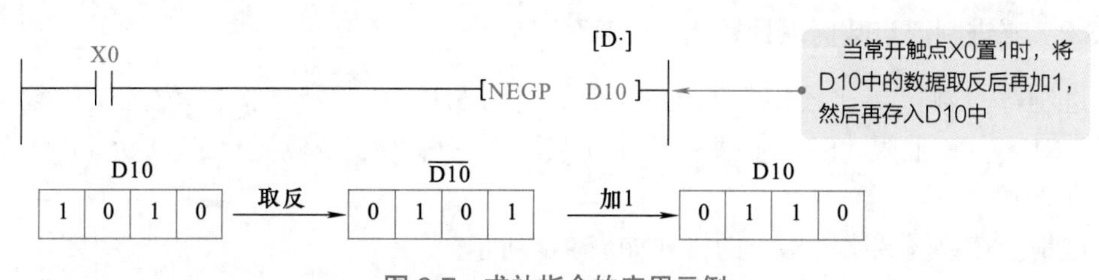

图 9-7　求补指令的应用示例

9.3　三菱 PLC（FX_{2N} 系列）的浮点数运算指令

浮点数（实数）运算指令包括浮点数的比较指令、转换指令、四则运算指令和三角函数指令等。浮点数运算指令的应用与整数运算指令相似，可参考整数运算指令进行了解。

9.3.1　二进制浮点数比较指令（ECMP）

二进制浮点数比较指令 ECMP（功能码为 FNC110）用于比较两个二进制的浮点数，将比较结果送入指定目标地址中。

二进制浮点数比较指令的格式如表 9-8 所示。

表 9-8　二进制浮点数比较指令的格式

指令名称	助记符	功能码（处理位数）	操作数范围			占用程序步数
			源操作数［S1・］	源操作数［S2・］	目标操作数［D・］	
二进制浮点数比较指令	DECMP（连续执行型） DECMPP（脉冲执行型）	FNC110（仅有 32 位）	K、H、D		Y、M、S	DECMP、DECMPP…13 步

注：由于二进制浮点数比较指令（ECMP）的处理位数只有 32 位，则指令格式表中会仅列出 32 位指令相关系数，即 DECMP（连续执行型）和 DECMPP（脉冲执行型）。

图 9-8 为二进制浮点数比较指令的应用示例。

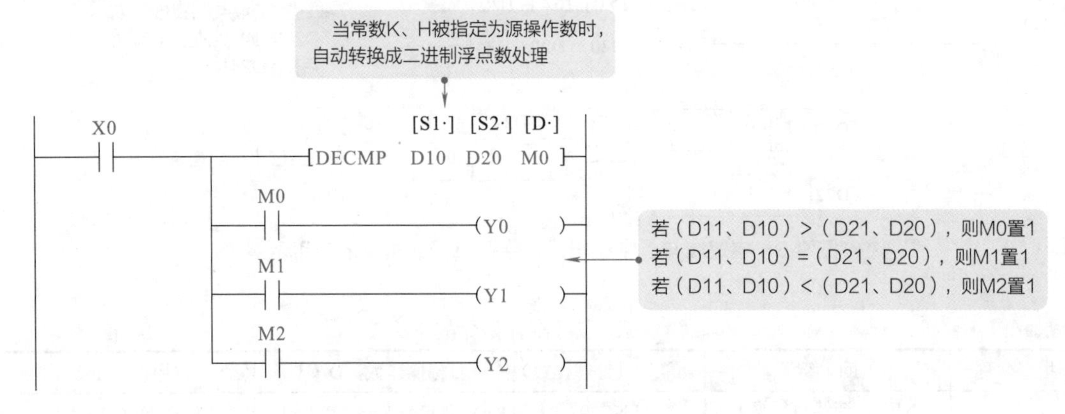

图 9-8　二进制浮点数比较指令的应用示例

9.3.2　二进制浮点数区域比较指令（EZCP）

二进制浮点数区域比较指令 EZCP（功能码为 FNC111）是指将 32 位源操作数［S・］与下限［S1・］和上限［S2・］进行范围比较，对应输出 3 个位元件的 ON/OFF 状态到指定目标地址中。

二进制浮点数区域比较指令的格式如表 9-9 所示。

表 9-9　二进制浮点数区域比较指令的格式

指令名称	助记符	功能码（处理位数）	操作数范围		占用程序步数
			源操作数［S1・］、［S2・］、［S・］	目标操作数［D・］	
二进制浮点数区域比较指令	DEZCP（连续执行型） DEZCPP（脉冲执行型）	FNC111（仅有 32 位）	K、H、D（［S1・］＜［S2・］）	Y、M、S	DECMP、DECMPP…17 步

图 9-9 为二进制浮点数区域比较指令的应用示例。

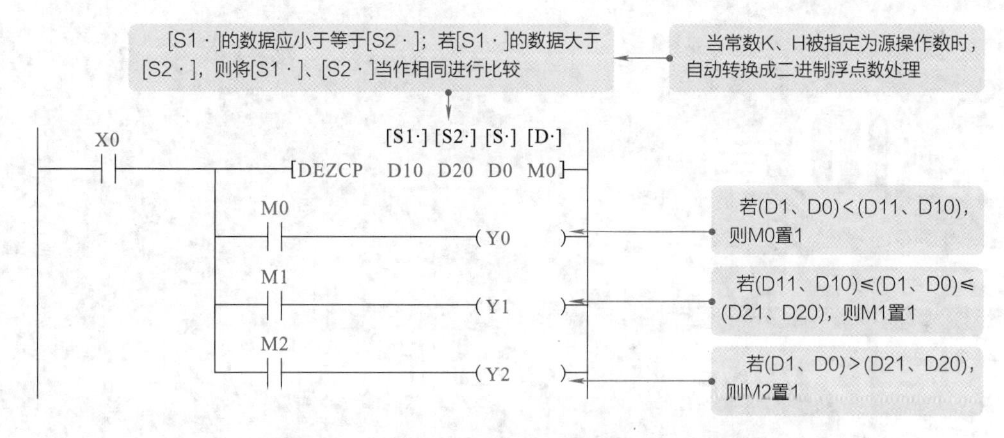

图 9-9　二进制浮点数区域比较指令的应用示例

9.3.3　浮点数转换指令（DEBCD、DEBIN）

浮点数转换指令包括二进制浮点数转十进制浮点数指令（DEBCD）、十进制浮点数转二进制浮点数指令（DEBIN）。这两种指令均为 32 位指令，源操作数［S•］和目标地址［D•］均取值 D，占用程序步数为 9 步。

9.3.4　二进制浮点数四则运算指令（EADD、ESUB、EMUL、EDIV）

二进制浮点数四则运算指令包括二进制浮点数加法指令 EADD（功能码为 FNC120）、二进制浮点数减法指令 ESUB（功能码为 FNC121）、二进制浮点数乘法指令 EMUL（功能码为 FNC122）和二进制浮点数除法指令 EDIV（功能码为 FNC123）。

二进制浮点数四则运算指令是指将两个源操作数进行四则运算（加、减、乘、除）后存入指定目标地址中。

二进制浮点数四则运算指令的格式如表 9-10 所示。

表 9-10　二进制浮点数四则运算指令的格式

指令名称	助记符	功能码（处理位数）	操作数范围		占用程序步数
			源操作数［S1•］、［S2•］	目标操作数［D•］	
二进制浮点数加法指令	DEADD（连续执行型）	FNC120（仅有 32 位）	K、H、D	D	13 步
	DEADDP（脉冲执行型）				
二进制浮点数减法指令	DESUB（连续执行型）	FNC121（仅有 32 位）			
	DESUBP（脉冲执行型）				
二进制浮点数乘法指令	DEMUL（连续执行型）	FNC122（仅有 32 位）			
	DEMULP（脉冲执行型）				
二进制浮点数除法指令	DEDIV（连续执行型）	FNC123（仅有 32 位）			
	DEDIVP（脉冲执行型）				

第10章 三菱PLC（FX_{2N}系列）的程序流程、步进顺控梯形图指令

10.1 三菱PLC的程序流程指令

三菱FX_{2N}系列PLC的程序流程指令是指控制程序流向的一类功能指令。程序流程指令主要包括条件跳转指令、子程序调用指令、子程序返回指令、主程序结束指令和循环指令。

10.1.1 条件跳转指令（CJ）

条件跳转指令CJ（功能码为FNC00）是指在有条件前提下跳过顺序程序中的一部分，直接跳转到指令的标号处，用以控制程序的流向，可有效缩短程序扫描时间。

表10-1为条件跳转指令的格式。

表10-1 条件跳转指令的格式

指令名称	助记符	功能码（处理位数）	操作数范围［D·］	占用程序步数
条件跳转指令	CJ（16位指令，连续执行型） CJP（脉冲执行性）	FNC00	P0～P127	CJ和CJP：3步 标号P：1步

图10-1为条件跳转指令的应用示例。

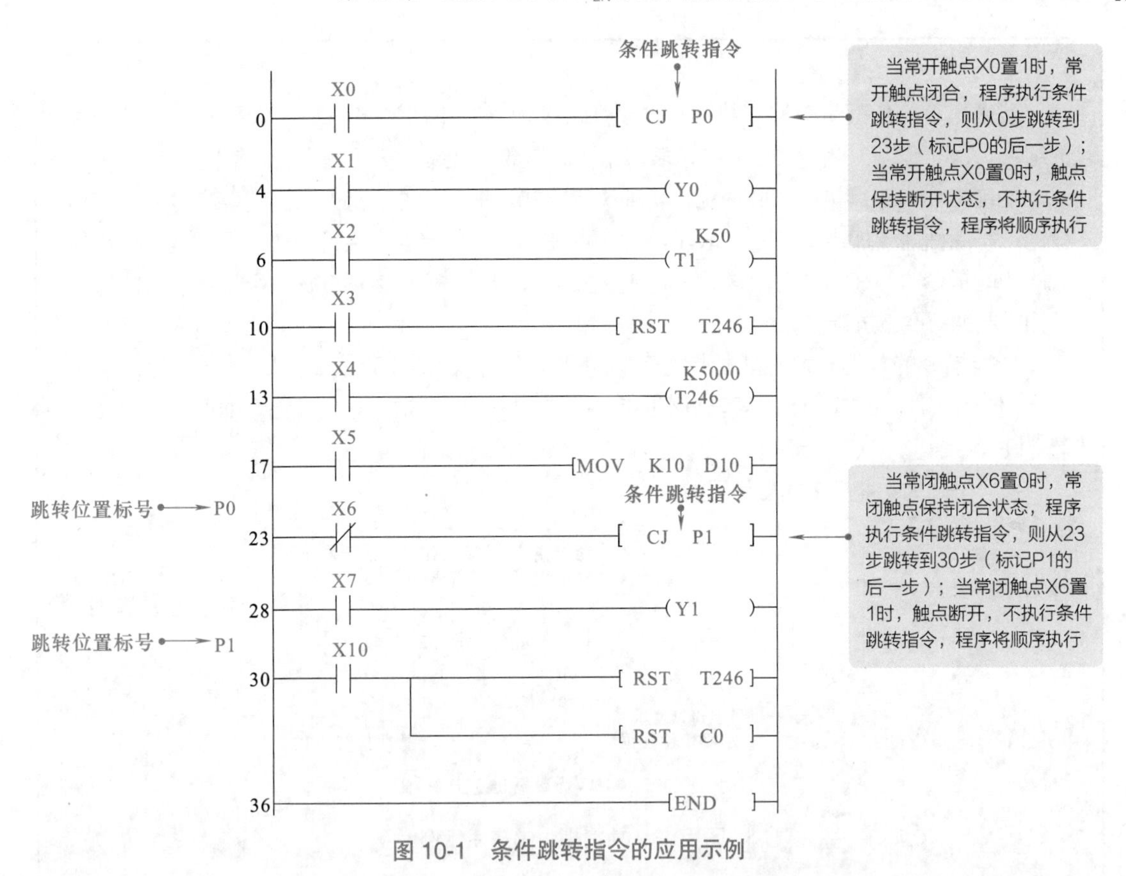

图 10-1　条件跳转指令的应用示例

提示说明

在三菱 PLC 的编程指令中，程序流程指令及传送与比较指令、四则逻辑运算指令、循环与移位指令、浮点数运算指令、触点比较指令都称为三菱 PLC 的功能指令。以三菱 FX 系列 PLC 的功能指令为例，功能指令由计算机通用的助记符来表示，且都有其对应的功能码。例如，数据传送指令的助记符为 MOV，该指令的功能码是 FNC12。当采用手持式编程器编程时，需要输入功能码。若采用计算机编程软件编程，则输入助记符即可。

功能指令有通用的表达形式，如图 10-2 所示。

X0
[S·]　[D·]
MOVP　K10　D100
功能指令助记符　源操作数　目的地址
功能指令的具体类型不同，相应的指令助记符也不同

图 10-2　三菱 PLC 功能指令通用的表达形式

功能指令一般都带有操作数，操作数可以取 K、H、KnX、KnY、KnM、KnS（位元件的组合）、T、C、D、V、Z。常数 K 表示十进制常数，常数 H 表示十六进制常数。

功能指令有连续执行和脉冲执行两种执行方式。采用脉冲执行方式的功能指令时，在指令助记符后面需要加字母“P”，表示该指令仅在执行条件接通时执行一次；采用连续执行方式的功能指令时，在指令助记符后面不需要加字母“P”，表示该指令在执行条件接通的每一个扫描周期都要被执行。

功能指令的数据长度：功能指令可以处理 PLC 内部的 16 位数据和 32 位数据。当处理 16 位数据时，在指令助记符前面不加字母；当处理 32 位数据时，在指令助记符前面加字母“D”。

图 10-3 为功能指令的应用示例。

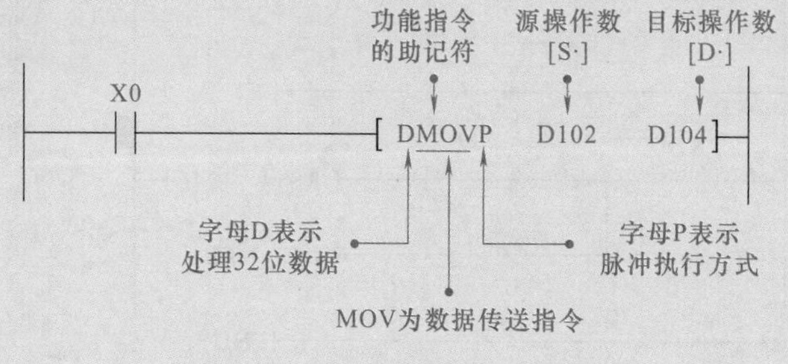

图 10-3　功能指令的应用示例

扩展资料

在功能指令的操作数中，KnX（输入位组件）、KnY（输出位组件）、KnM（辅助位组件）、KnS（状态位组件）表示位元件的组合，即多个元件按一定规律组合，称为位元件的组合。例如 KnY0，其中 K 表示十进制，n 表示组数，取值为 1 ~ 8，每组有 4 个位元件，如表 10-2 所示。

表 10-2　位元件的组合的特点

位元件组合中 n 的取值范围		例 KnX0	包含的位元件	位元件个数
1～8	1～4（适用于 32 位指令）	K1X0	X3～X0	4
		K2X0	X7～X0	8
		K3X0	X13～X10、X7～X0	12
		K4X0	X17～X10、X7～X0	16
	5～8（只可用于 32 位指令）	K5X0	X23～X20、X17～X10、X7～X0	20
		K6X0	X27～X20、X17～X10、X7～X0	24
		K7X0	X33～X30、X27～X20、X17～X10、X7～X0	28
		K8X0	X37～X30、X27～X20、X17～X10、X7～X0	32

例如：K1Y0 表示 Y3、Y2、Y1、Y0 的 4 位数据，其中 Y0 为最低位。

K2M10 表示 M17、M16、M15、M14、M13、M12、M11、M10 的 8 位数据，其中 M10 为最低位。

K4X30 表 示 X47、X46、X45、X44、X43、X42、X41、X40、X37、X36、X35、X34、X33、X32、X31、X30 的 16 位数据，其中 X30 为最低位。

10.1.2　子程序调用、子程序返回指令（CALL、SRET）

子程序是指可实现特定控制功能的相对独立的程序段。在主程序中通过调用指令直接调用子程序，可有效简化程序和提高编程效率。

子程序调用指令 CALL（功能码为 FNC01）可执行指定标号位置 P 的子程序，操作数为 P 指针 P0 ～ P127。子程序返回指令 SRET（功能码为 FNC02）用于返回原 CALL 下一条指令位置，无操作数。

子程序调用指令和子程序返回指令的格式如表 10-3 所示。

表 10-3　子程序调用指令和子程序返回指令的格式

指令名称	助记符	功能码（处理位数）	操作数范围［D·］	占用程序步数
子程序调用指令	CALL（连续执行型） CALLP（脉冲执行型）	FNC01（16）	P0 ～ P127，可嵌套 5 层	CALL 和 CALLP：3 步 标号 P：1 步
子程序返回指令	SRET	FNC02	无	1 步

图 10-4 为子程序调用指令和子程序返回指令的应用示例。

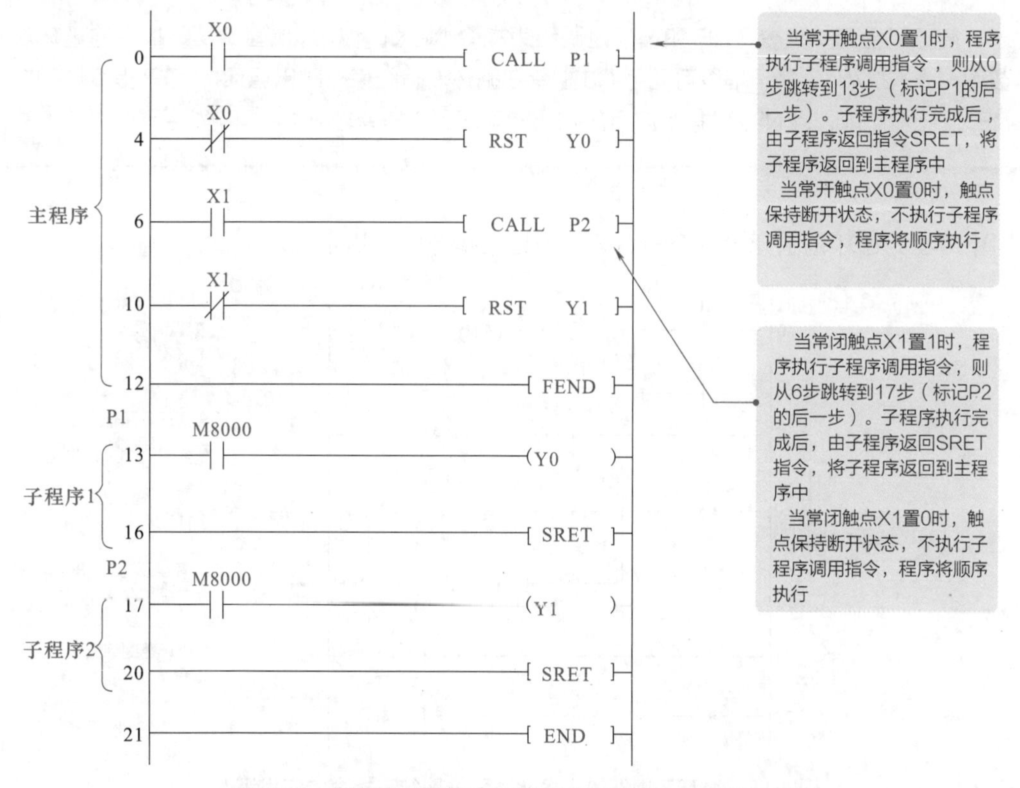

图 10-4　子程序调用指令和子程序返回指令的应用示例

相关资料

主程序结束指令 FEND（功能码为 FNC06）表示主程序结束子程序开始，无操作数。子程序和中断服务程序应写在 FEND 与 END 指令之间。

10.1.3 循环范围开始、结束指令（FOR、NEXT）

循环指令包括循环范围开始指令 FOR（功能码为 FNC08）和循环范围结束指令 NEXT（功能码为 FNC09）。FOR 指令和 NEXT 指令必须成对使用，且 FOR 指令与 NEXT 指令之间的程序被循环执行，循环的次数由 FOR 指令的操作数决定。循环指令完成后，执行 NEXT 指令后面的程序。

循环范围开始指令和循环范围结束指令的格式如表 10-4 所示。

表 10-4 循环范围开始指令和循环范围结束指令的格式

指令名称	助记符	功能码（处理位数）	源操作数 [S・]	占用程序步数
循环范围开始指令	FOR	FNC08	K、H、KnX、KnY、KnM、KnS、T、C、D、V、Z。	3 步
循环范围结束指令	NEXT	FNC09	无	1 步

提示说明

循环范围开始指令 FOR 和循环范围结束指令 NEXT 可循环嵌套 5 层。指令的循环次数 N=1 ~ 32767。循环指令可利用 CJ 指令在循环没有结束时跳出循环。FOR 指令应用在 NEXT 指令之前，且 NEXT 指令应用在 FEND 和 END 指令之前，否则会发生错误。

图 10-5 为循环范围开始指令和循环范围结束指令的应用示例。

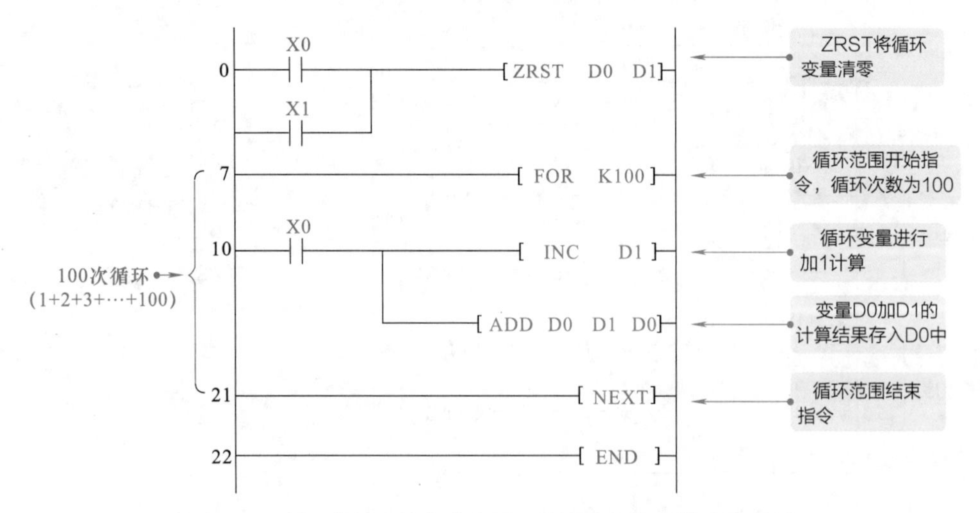

图 10-5 循环范围开始指令和循环范围结束指令的应用示例

10.2 顺序功能图（步进顺控梯形图指令）

顺序功能图（SFC）是一种用来表达顺序控制过程的程序。特别是对于一个复杂的顺序控制系统编程，由于其内部的连锁关系极其复杂，直接用梯形图编写程序可能达数百行，可读性较差，在这种情况下采用顺序功能图为顺序控制类程序的编制提供了很大方便。

10.2.1 顺序功能图的基本构成

顺序功能图简称功能图，又称状态功能图、状态流程图或状态转移图。它是专用于工业顺序控制程序设计的一种功能说明性语言，能完整地描述控制系统的工作过程、功能和特性，是分析、设计电气控制系统控制程序的重要工具。

顺序功能图主要由步、有向连线、转换、转换条件和动作组成。

图 10-6 为顺序功能图的一般形式。

（1）步

步是根据系统输出量的变化，将系统的一个工作循环过程分解成若干个顺序相连的阶段。步对应于系统的一个稳定状态，并不是 PLC 的输出触点动作。

步用矩形框表示，框中的数字或符号是该步的编号。通常将控制系统的初始状态称为起始步，是系统运行的起点，用双线框表示。

图 10-7 为步的表示方法。

通常将正在执行的步称为活动步，其他为不活动步。一个控制系统至少有一个初始步。

（2）有向连线

带箭头的有向连线用来表示顺序功能图中步和步之间执行的顺序关系。

图 10-8 为 PLC 顺序功能图中的有向连线。

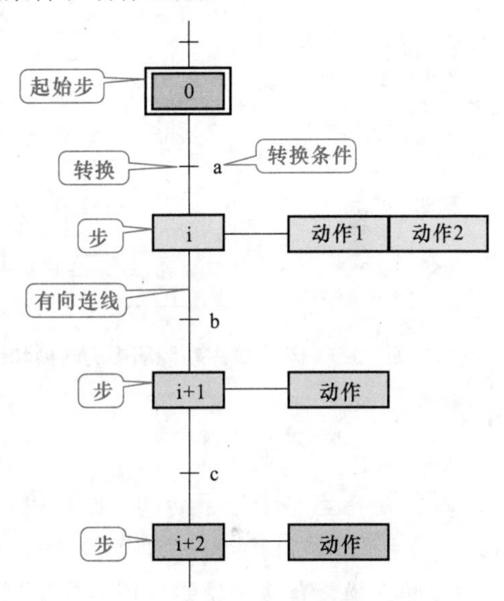

图 10-6　顺序功能图的一般形式

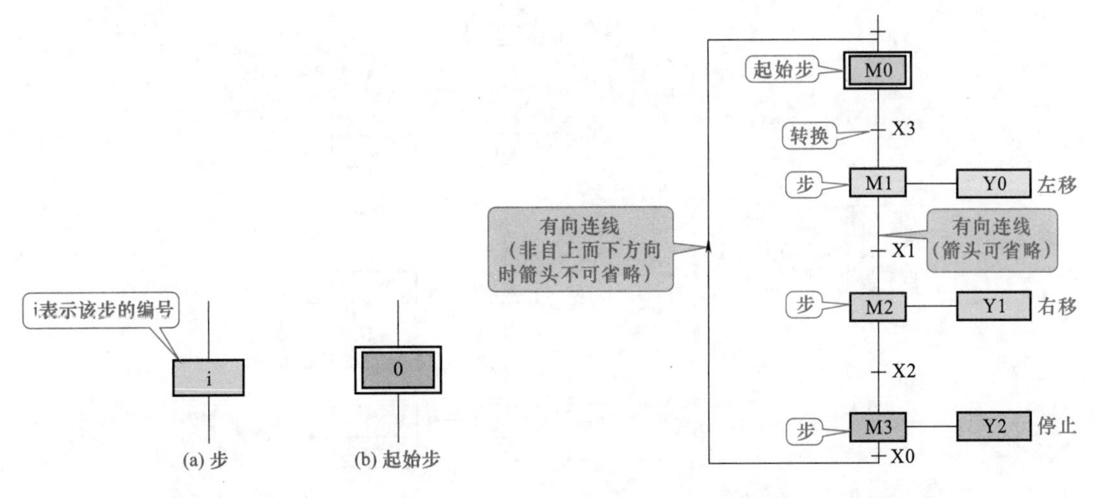

图 10-7　步的表示方法

图 10-8　PLC 顺序功能图中的有向连线

提示说明

由于通常顺序功能图中的步是按运行时工作的顺序排列的，其活动状态习惯的进展方向是从上到下、从左到右。通常这两个方向上的有向连线的箭头可以省略，其他方向不可省略。

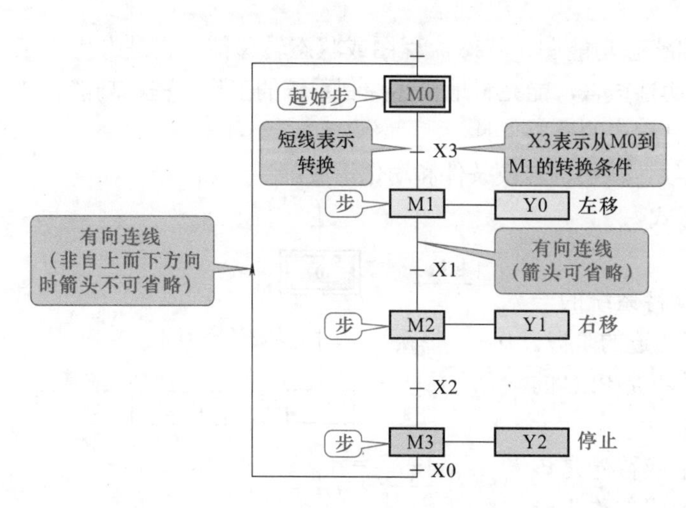

图 10-9　PLC 顺序功能图中的转换和转换条件

（3）转换和转换条件

转换一般用有向连线上的短线表示，用于分隔两个相邻的步，实现步活动状态的转化。

转换条件是与转换相关的逻辑命题，可以用文字、布尔表达式、图形符号等标注在表示转换的短线旁边。

图 10-9 为 PLC 顺序功能图中的转换和转换条件。

步与步之间不允许直接相连，需用转换隔开；转换与转换之间也不允许直接相连，需用步隔开。

（4）动作

动作是指当某步处于活动步时，PLC 向被控系统发出的命令，或被控系统应执行的动作。一个步表示控制过程中的稳定状态，它可以对应一个或多个动作。

步通常用带有文字说明或符号的矩形框表示，矩形框通过横线与相对应的步进行连接。图 10-10 为 PLC 顺序功能图中的动作。

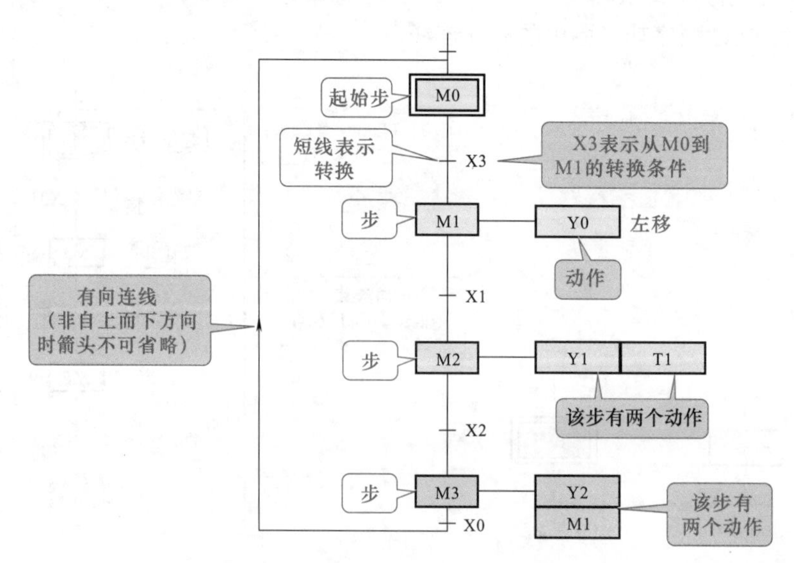

图 10-10　PLC 顺序功能图中的动作

提示说明

一个步可对应多个动作，一步中的动作是同时进行的，动作之间没有顺序关系。在 PLC 中动作可分为保持型和不保持型两种，保持型是指其对应步为活动步时执行动作，当步为不活动步时动作仍保持执行；不保持型是指其对应步为活动步时执行动作，当步为不活动步时动作停止执行。

10.2.2　顺序功能图的结构类型

顺序功能图按照步与步之间转换的不同情况，可分为三种结构类型：单序列结构、选择序列结构和并列序列结构。

（1）单序列结构

顺序功能图的单序列结构由若干顺序激活的步组成，每步后面有一个转换，每个转换后也仅有一个步。

图 10-11 为顺序功能图的单序列结构形式。

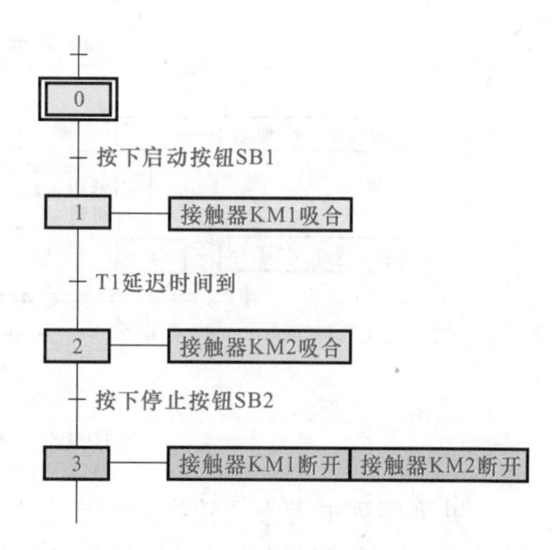

图 10-11　顺序功能图的单序列结构

顺序功能图的单序列结构即为一步步顺序执行的结构，一个步执行完后执行下一步，无分支。

（2）选择序列结构

顺序功能图的选择序列结构是指当一个步执行完后，其下面有两个或两个以上的分支步骤供选择，每次只能选择其中一个步执行。在选择序列结构中，两个或两个以上分支序列在分支开始和结束处用水平连线将各分支连起来。

图 10-12 为顺序功能图的选择序列结构。

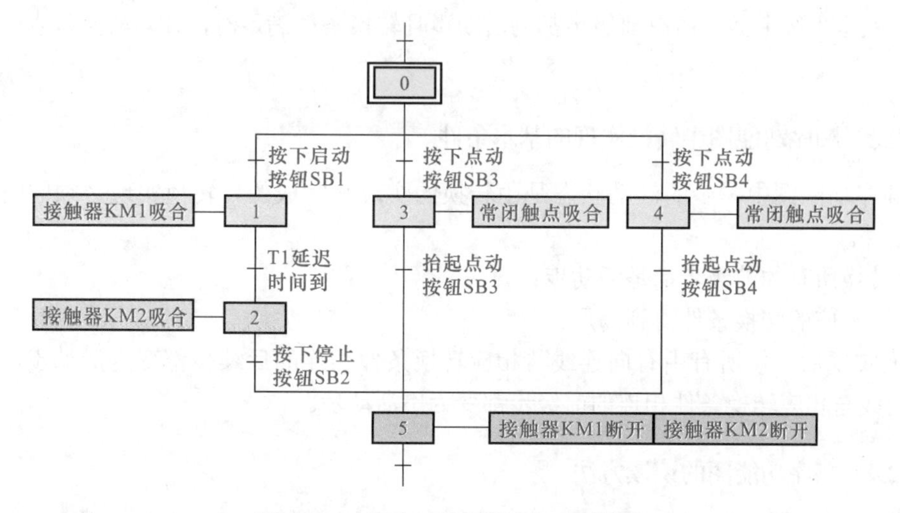

图 10-12　顺序功能图的选择序列结构

在选择序列结构中，选择序列的开始称为分支，分支处需要标注转换符号（即短横线，只能标注在水平连线之下）；选择序列的结束称为合并，合并处的转换符号只能标注在水平连线之上，每个分支步骤结束处都有自己的转换条件。

选择分支处，程序将转到满足转换条件的分支执行，一般只允许选择一个分支；当两个分支条件同时满足时，优先选择左侧分支。

（3）并列序列结构

一个步执行后，当其转换条件实现时，其后面的几个步同时激活执行，这些步称为并列序列。也就是说，当转换条件满足时，并列分支中的所有分支序列将同时激活，用于表示系统中的同时工作的独立部分。

图 10-13 为顺序功能图的并列序列结构。

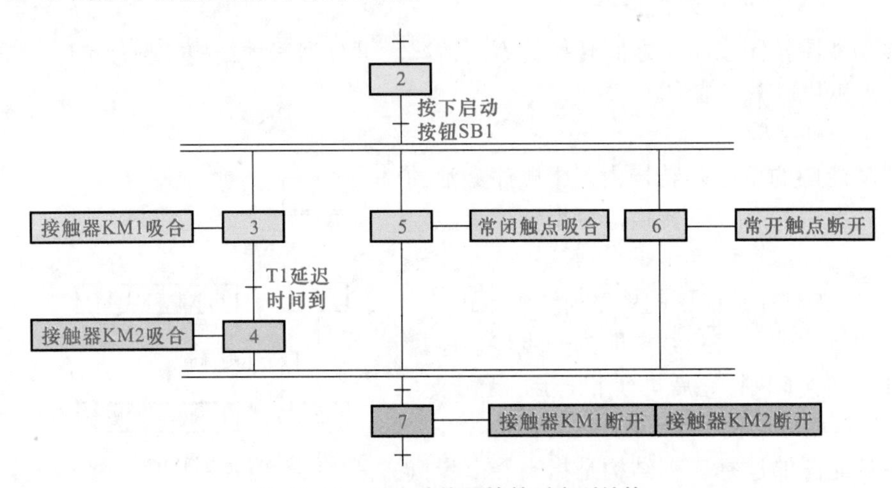

图 10-13 顺序功能图的并列序列结构

并列序列中为强调转换的同步实现，并列分支用双水平线表示。在并列分支的入口处只有一个转换，转换符号必须画在双水平线的上面。当转换条件满足时，双水平线下面连接的所有步变为活动步。

并列序列的结束称为合并，合并处也仅有一个转换条件，必须画在双水平线的下面。当连接在双水平线上面的所有前级步都为活动步且转换条件满足时，才转移到双水平线下面的步。

10.2.3 顺序功能图中转换实现的基本条件

在顺序功能图中，步的活动状态是由转换的实现来完成的。转换实现必须同时满足以下两个条件。

- 该转换所有的前级步都是活动步；
- 该步相应的转换条件得到满足。

转换实现后，使所有由有向连线与相应转换条件相连的后续步都变为活动步，使所有由有向连线与相应转换条件相连的前级步都变为不活动步。

10.2.4 顺序功能图的识读方法

对顺序功能图的识读，也就是将顺序功能图转换为梯形图并识读出该程序的具体控制过程。通常将根据顺序功能图转换为梯形图的过程称为顺序功能图的编程方法。下面以三菱系列 PLC 中常采用的编程方法为例进行讲解。

目前，将顺序功能图转换为梯形图的编程方法有三种：使用启停保电路的编程方法、使用 STL 指令的编程方法和以转换为中心的编程方法。

顺序功能图转换为梯形图时，一般用辅助继电器 M 代表步。

（1）使用启停保电路的编程方法

启停保电路编程是指，某步变为活动步的条件为前级步为活动步并且转换条件得到满足，因此某步的启动条件 = 前级步的状态 and 转换条件。

也就是说，将顺序功能图转换为梯形图时，某步的启动回路应为前级步的常开触点和转换条件的常开触点串联，并与自身常开触点并联实现自保持。

当某步的下一步变为活动步时，该步就由活动步变为不活动步，因此可以用后续步的常闭触点作为该步的停止条件。

图 10-14 为使用启停保电路的编程方法。

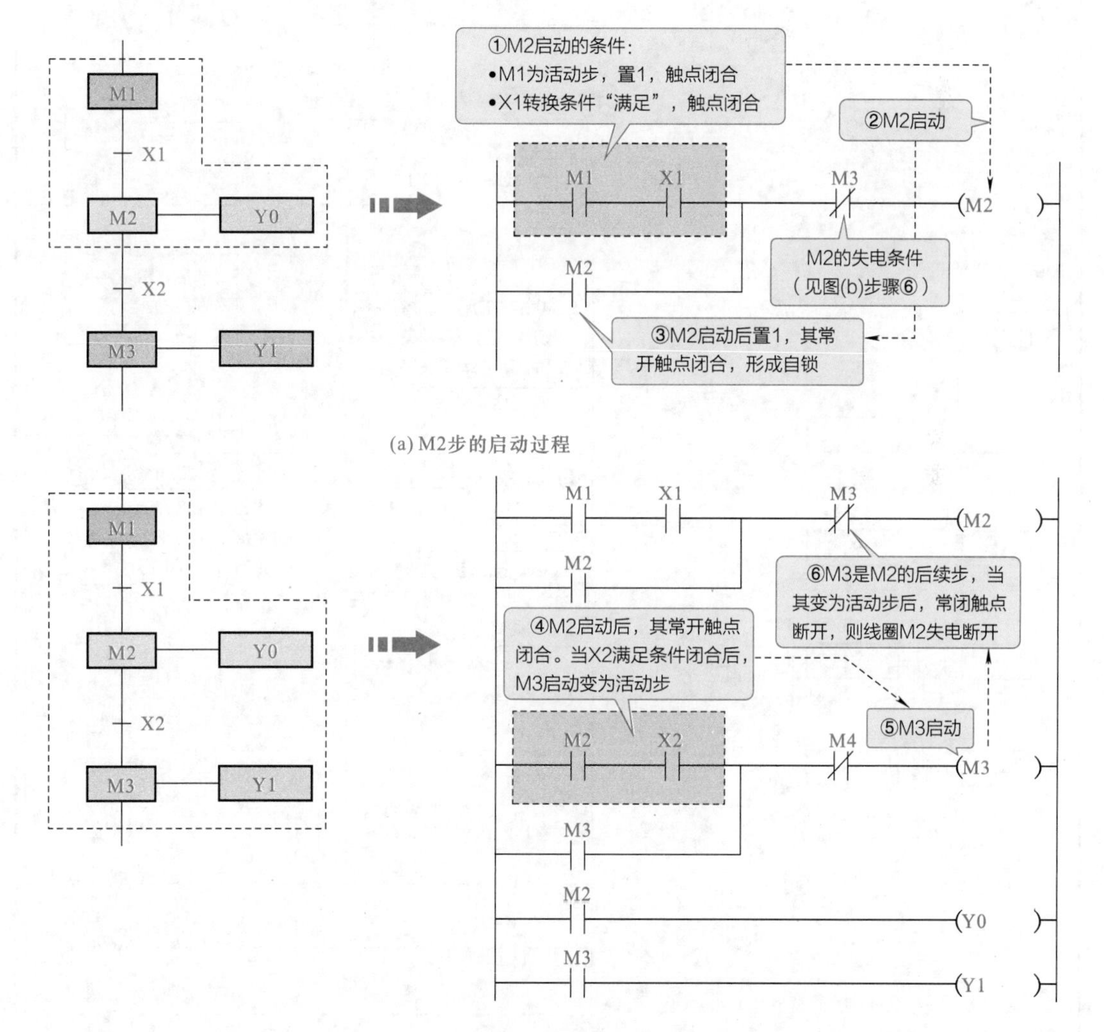

(a) M2步的启动过程

(b) M3步的启动过程和M2步的失电过程

图 10-14　使用启停保电路的编程方法（一）

图 10-14（a）中，当 M1 为活动步，且能够满足转换条件 X1 时，则 M1 的常开触点闭合，X1 转换条件常开触点闭合（步骤①），M2 启动（步骤②）。

M2 启动后其常开触点闭合，形成自锁（步骤③）。

图 10-14（b）中，经过上一步，M2 变为活动步，满足了其后续步 M3 启动的条件之一，此时若又能满足转换条件 X2（步骤④），则使 M3 步启动（步骤⑤）。

M3 步启动后，其常开触点闭合形成自锁，常闭触点断开，切断 M2 步，使 M2 失电，继而 M2 转为非活动步（步骤⑥）。而此时由于 M3 步本身形成自锁，即使该启动回路中 M2 转换为非活动步，M3 仍能够保持启动。

提示说明

若图 10-14 中包含后续步 M4，甚至后续步 M5，其分析过程与上述过程和方法相同，如图 10-15 所示。

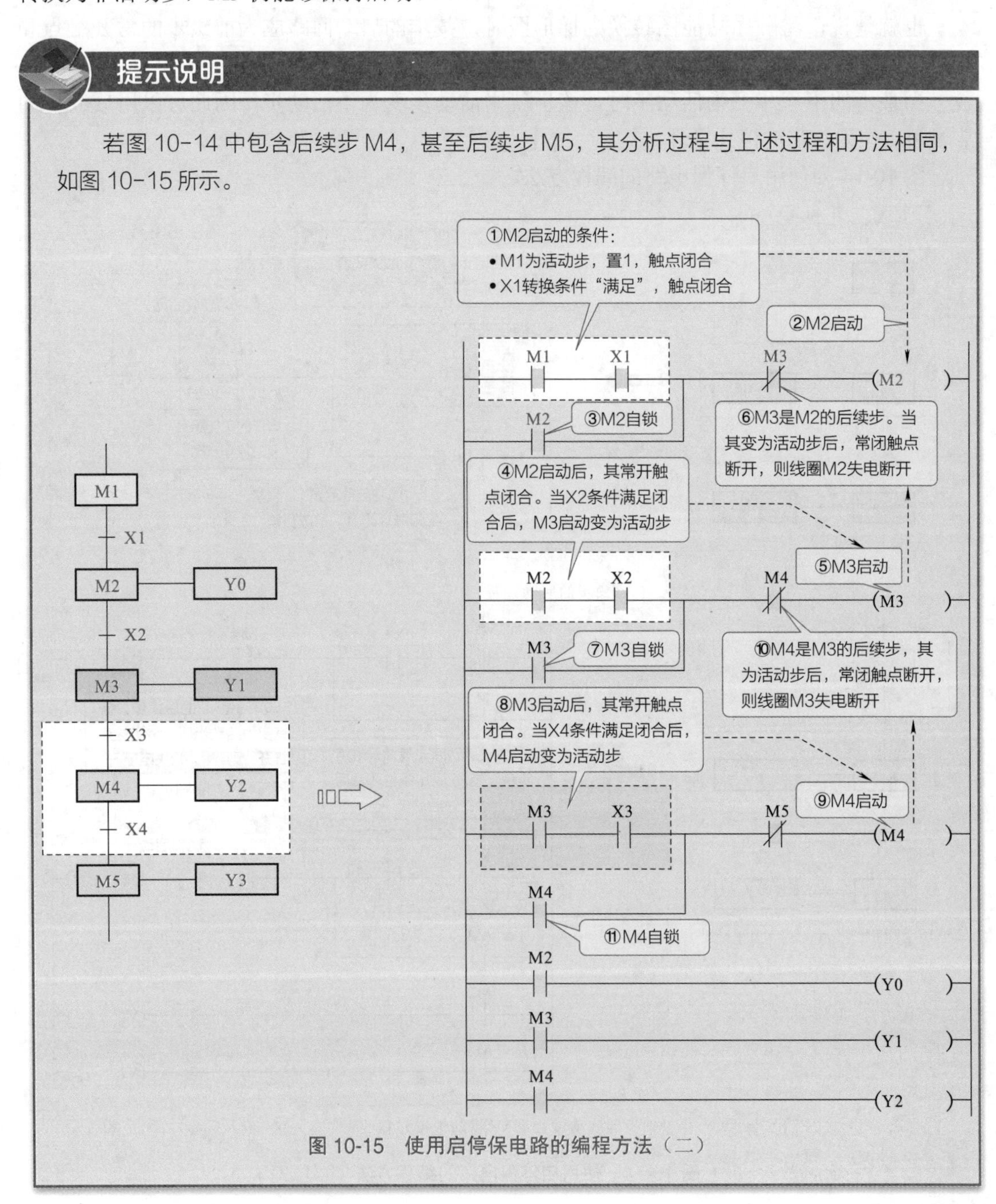

图 10-15　使用启停保电路的编程方法（二）

其控制过程如下。

经过上一步，M3 变为活动步，满足了其后续步 M4 启动的条件之一，此时若又能满足转换条件 X3，则使 M4 步启动。

M4 步启动后，其常开触点闭合形成自锁，常闭触点断开，切断 M3 步，使 M3 失电，继而 M3 转为非活动步。而此时由于 M4 步本身形成自锁，即使该启动回路中 M3 转换为非活动步，M4 仍能够保持启动。

另外，当 M2 步启动的同时，其常开触点闭合，则 Y0 得电；当 M3 步启动的同时，其常开触点闭合，则 Y1 得电；当 M4 步启动的同时，其常开触点闭合，则 Y2 得电。

通常，初始化脉冲 M8002 的常开触点为起始步的转换条件，该条件将起始步预置为活动步。

（2）使用 STL 指令的编程方法

顺序功能图的 STL 指令编程法即为步进梯形指令编程法，其编程元件主要包括步进梯形指令 STL 和状态继电器 S。只有步进梯形指令 STL 与状态继电器 S 配合，才能实现步进功能。

在 STL 指令编程中，使用 STL 指令的状态继电器的常开触点称为 STL 触点，用符号"┤|├"表示，没有常闭 STL 触点。

图 10-16 为使用 STL 指令的编程方法。

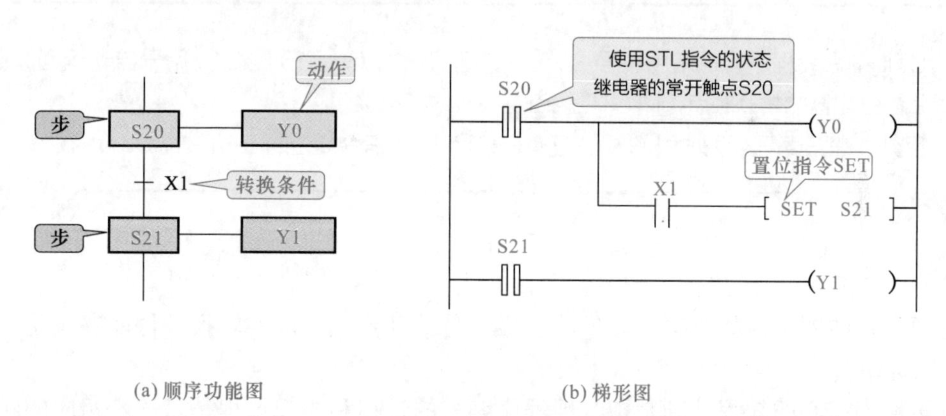

图 10-16　使用 STL 指令的编程方法

对该顺序功能图，可参考指令语句表进行识读。

图 10-17 为使用 STL 指令程序的识读方法。

STL 指令的执行为：当 S20 为活动步时，其对应的状态继电器触点 S20 闭合（步骤①），执行 Y0 动作（步骤②）。

此时若转换条件 X1 能够实现（步骤③），则对后续步 S21 进行置位操作（SET 指令，步骤④）；同时前级步 S20 自动断开，动作 Y0 停止执行。

接着，使用 STL 指令使后续步 S21 状态置位，状态继电器常开触点 S21 闭合，执行 Y1 动作（步骤⑤）；同时，状态继电器常开触点 S20 复位断开。

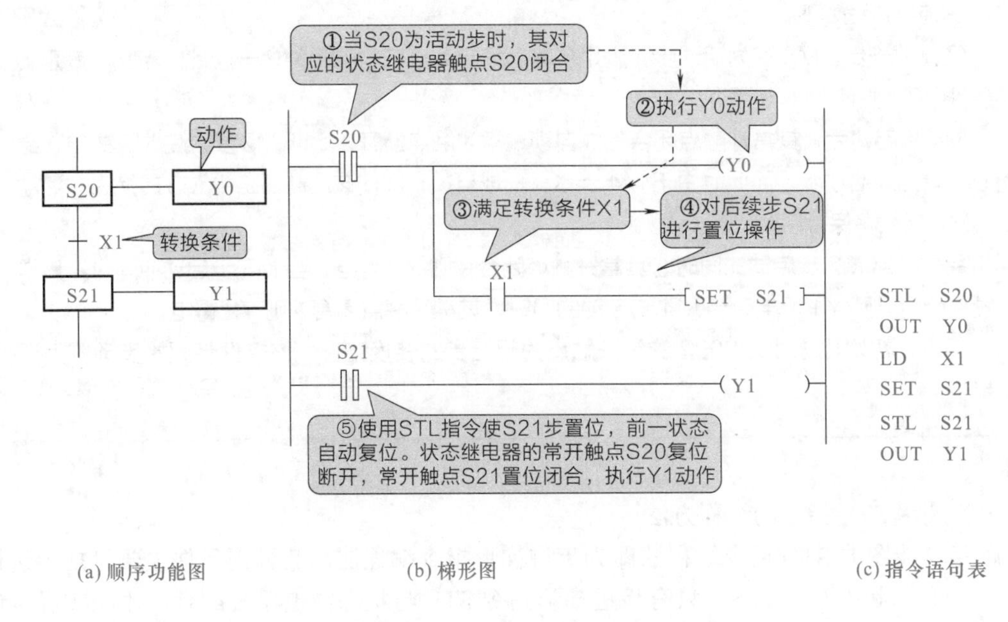

图 10-17　使用 STL 指令程序的识读方法

提示说明

STL 指令编程中，通常用编号 S0 ~ S9 标识初始步，S10 ~ S19 用于自动返回原点。一般状态继电器的常开触点（即 STL 触点）与母线相连接。

另外，在三菱 FX 系列 PLC 中，还有一条使 STL 指令复位的 RET 指令。

（3）以转换为中心的编程方法

在顺序功能图中，如果某一转换的前级步是活动步且相应的转换条件能够满足，则该转换可以实现。

以转换为中心的编程，则是指实现程序编写的过程和执行过程是以该步相应的转换为中心的。也就是说，用当前转换的前级步所对应的辅助继电器的常开触点和该转换的转换条件对应的触点串联构成启动回路，作为启动后续步对应继电器置位、前级步对应继电器复位的条件。

在该编程方法中，条件是：当前转换的前级步所对应的辅助继电器的常开触点和该转换的转换条件对应的触点串联构成启动回路。

执行结构是：当前转换的后续步对应继电器置位（使用 SET 指令）和当前转换的前级步对应继电器复位（使用 RST 指令）。

图 10-18 为以转换为中心的编程方法。

以转换为中心的编程方法有很多规律，对于一些复杂的顺序功能图，采用该编程方法转换为梯形图时容易掌握。

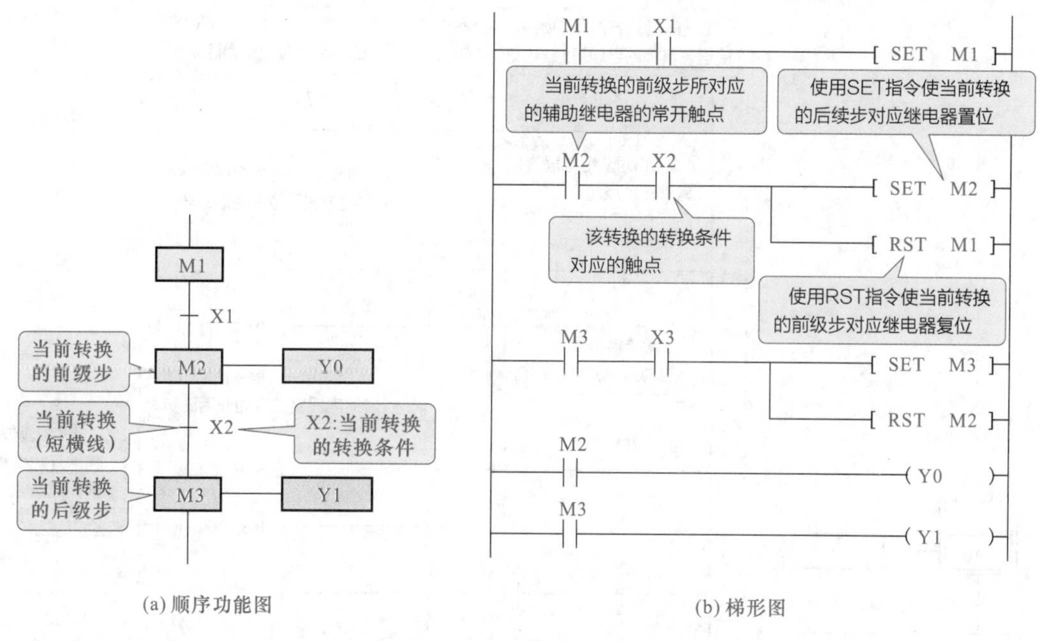

(a) 顺序功能图　　(b) 梯形图

图 10-18　以转换为中心的编程方法

需要注意的是，在这种编程方法中，不可将步所对应的动作（输出继电器线圈 Y0、Y1 等）与置位指令 SET 和复位指令 RST 并联，只需根据顺序功能图中的执行顺序，用其对应步的辅助继电器的常开触点进行驱动。

在识读以转换为中心编程方法编写的程序时，应按照从左到右、从上到下的顺序进行识读。

图 10-19 为采用以转换为中心的编程方法编写的程序的执行过程。

具体执行过程如下。

• 当 PLC 运行时，初始化脉冲 M8002 条件满足，其辅助继电器触点 M8002 闭合（步骤①），满足 M0 启动回路接通，此时使用 SET 指令时 M0 对应继电器置位变为活动步（步骤②）。

• 当 M0 变为活动步后，其对应辅助继电器的常开触点闭合（步骤③），则驱动 Y0 执行动作（步骤④）。

• 当 M0 处于活动步，且能满足转换条件 X0 时，转换条件对应的继电器常开触点闭合（即步骤④和步骤⑤同时满足），则使用 SET 指令使该转换的后级步 M1 置位，变为活动步（步骤⑥）；同时用 RST 指令使该转换的前级步 M0 复位，变为非活动步（步骤⑦）。

• M0 复位后，其继电器常开触点也复位断开，则线圈 Y0 失电（步骤⑧）。

• M1 置位后变为活动步，其常开触点闭合，则驱动 Y1 执行动作（步骤⑨）。

那么，接下来，M2 步的执行过程则与 M1 步相同，参考上述分析过程即可很容易完成识读过程，这里不再重复。

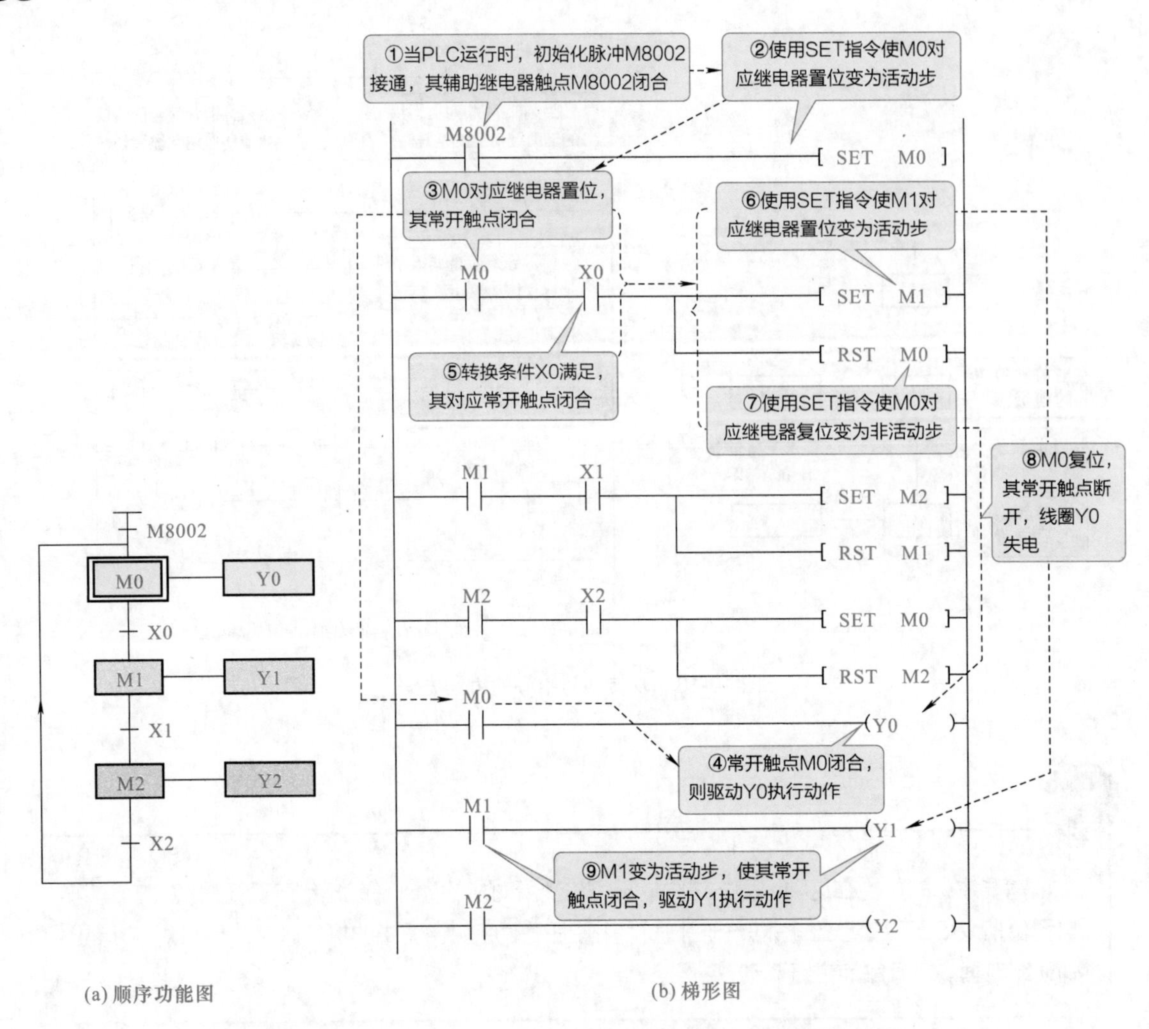

图 10-19　采用以转换为中心的编程方法编写的程序的执行过程

第11章 三菱PLC电气控制电路

11.1 三相交流感应电动机启停控制电路的PLC控制

11.1.1 三相交流感应电动机启停PLC控制电路的电气结构

三菱PLC的电动机启停控制电路

图11-1为电动机启停PLC控制电路的电气结构。该电路主要由FX_{2N}-32MR型PLC，输入设备SB1、SB2、FR，输出设备KM、HL1、HL2及电源总开关QF、三相交流电动机M等构成。

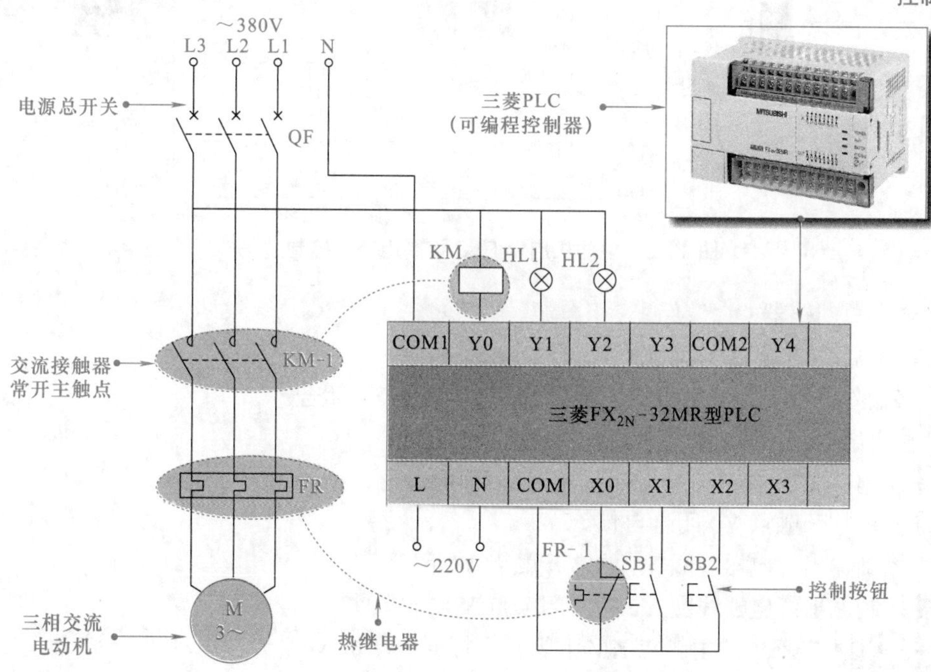

图11-1 电动机启停PLC控制电路的电气结构

输入设备和输出设备分别连接到 PLC 相应的 I/O 接口上，它是根据 PLC 控制系统设计之初建立的 I/O 分配表进行连接分配的，所连接的接口名称对应 PLC 内部程序的编程地址编号。表 11-1 为电动机启停 PLC 控制电路中 PLC（三菱 FX_{2N} 系列）I/O 分配表。

表 11-1 电动机启停 PLC 控制电路中 PLC（三菱 FX_{2N} 系列）I/O 分配表

输入信号及地址编号			输出信号及地址编号		
名称	代号	输入点地址编号	名称	代号	输出点地址编号
热继电器	FR-1	X0	交流接触器	KM	Y0
启动按钮	SB1	X1	运行指示灯	HL1	Y1
停止按钮	SB2	X2	停机指示灯	HL2	Y2

11.1.2 三相交流感应电动机启停控制电路的 PLC 控制原理

从控制部件、梯形图程序与执行部件的控制关系入手，逐一分析各组成部件的动作状态，即可弄清电动机 PLC 控制电路的控制过程，如图 11-2 所示。

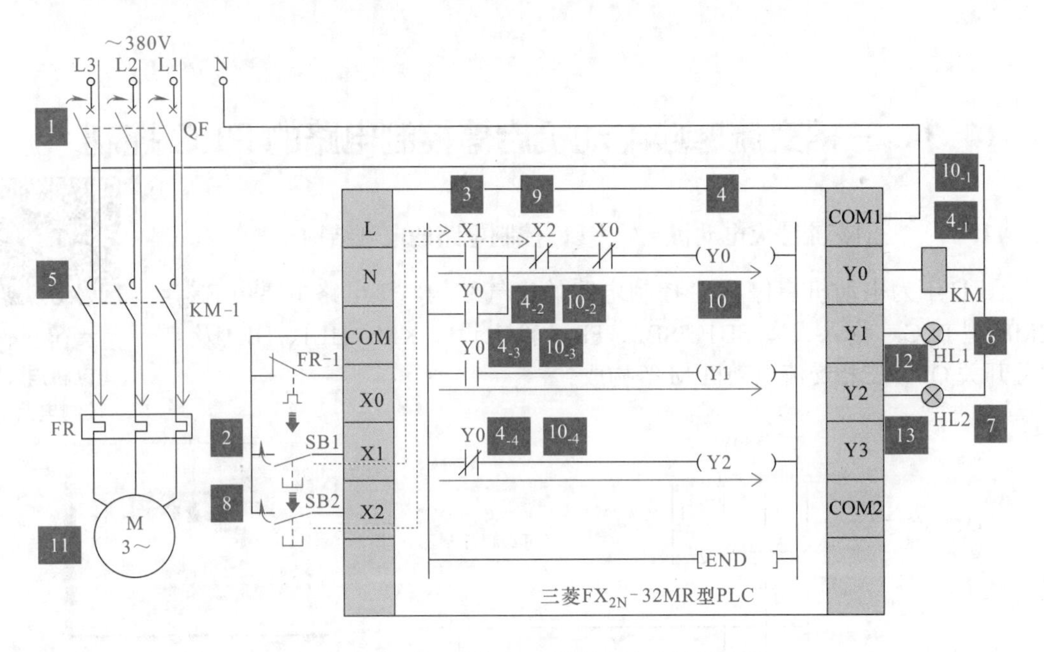

图 11-2 电动机启停 PLC 控制电路的控制过程

1 合上总断路器 QF，接通三相电源。

2 按下启动按钮 SB1，其触点闭合。

3 将输入继电器常开触点 X1 置 1，即常开触点 X1 闭合。

4 输出继电器线圈 Y0 得电。

4_{-1} 控制 PLC 外接交流接触器线圈 KM 得电。

4_{-2} 自锁常开触点 Y0 闭合自锁。

4_{-3} 控制输出继电器线圈 Y1 的常开触点 Y0 闭合。

4_{-4} 控制输出继电器线圈 Y2 的常闭触点 Y0 断开。

4_{-1} → 5 主电路中的主触点 KM-1 闭合，接通电动机 M 电源，电动机 M 启动运转。

4_{-3} → 6 输出继电器线圈 Y1 得电，运行指示灯 HL1 点亮。

4-4 → 7 输出继电器线圈 Y2 失电，停机指示灯 HL2 熄灭。

8 当需要停机时，按下停止按钮 SB2，其触点闭合。

9 输入继电器常闭触点 X2 置 0，即常闭触点 X2 断开。

10 输出继电器线圈 Y0 失电。

10-1 控制 PLC 外接交流接触器线圈 KM 失电。

10-2 自锁常开触点 Y0 复位断开解除自锁。

10-3 控制输出继电器线圈 Y1 的常开触点 Y0 断开。

10-4 控制输出继电器线圈 Y2 的常闭触点 Y0 闭合。

10-1 → 11 主电路中的主触点 KM-1 复位断开，切断电动机 M 电源，电动机 M 失电停转。

10-3 → 12 输出继电器线圈 Y1 失电，运行指示灯 HL1 熄灭。

10-4 → 13 输出继电器线圈 Y2 得电，停机指示灯 HL2 点亮。

11.2 三相交流感应电动机反接制动控制电路的 PLC 控制

11.2.1 三相交流感应电动机反接制动 PLC 控制电路的电气结构

三菱 PLC 控制的
电动机反接制动电路

图 11-3 为电动机反接制动 PLC 控制电路的电气结构。该电路主要由三菱 FX_{2N}-16MR 型 PLC，输入设备 SB1、SB2、KS-1、FR-1，输出设备 KM1、KM2 及电源总开关 QS、三相交流电动机 M 等构成。

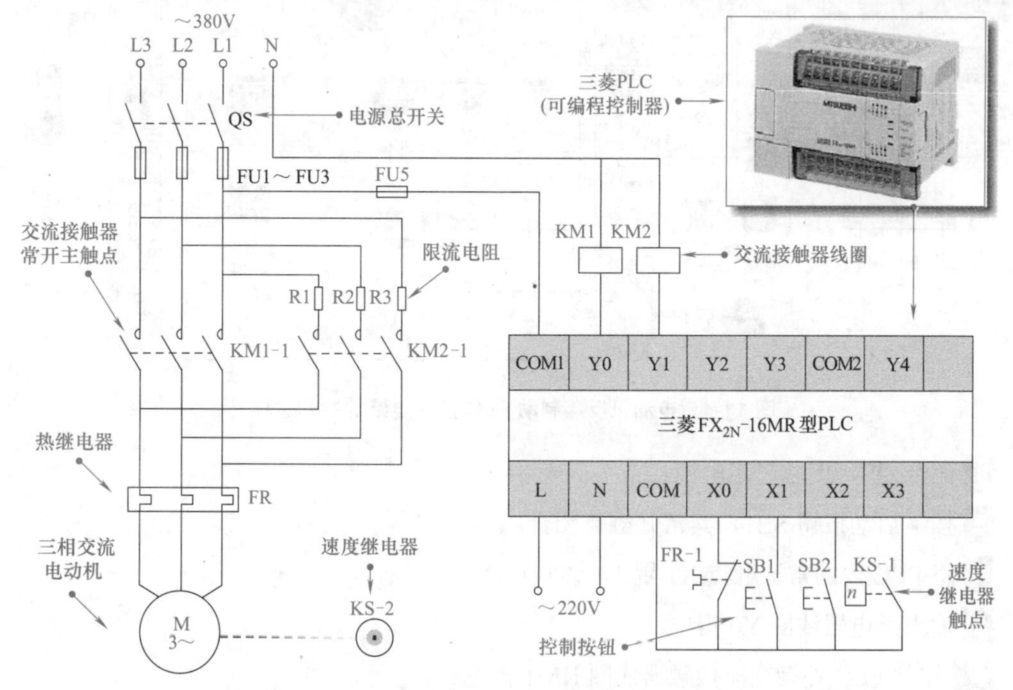

图 11-3 电动机反接制动 PLC 控制电路的电气结构

输入设备和输出设备分别连接到 PLC 相应的 I/O 接口上，它是根据 PLC 控制系统设计之初建立的 I/O 分配表进行连接分配的，所连接的接口名称对应 PLC 内部程序的编程地址编号。表 11-2 为电动机反接制动 PLC 控制电路中 PLC（三菱 FX_{2N}-16MR）I/O 分配表。

表 11-2　电动机反接制动 PLC 控制电路中 PLC（三菱 FX_{2N}-16MR）I/O 分配表

输入信号及地址编号			输出信号及地址编号		
名称	代号	输入点地址编号	名称	代号	输出点地址编号
热继电器常闭触点	FR-1	X0	交流接触器	KM1	Y0
启动按钮	SB1	X1	交流接触器	KM2	Y1
停止按钮	SB2	X2			
速度继电器常开触点	KS-1	X3			

11.2.2　三相交流感应电动机反接制动控制电路的 PLC 控制原理

从控制部件、梯形图程序与执行部件的控制关系入手，逐一分析各组成部件的动作状态，即可弄清电动机在 PLC 控制下实现反接制动的控制过程。

图 11-4 为电动机反接制动 PLC 控制电路的控制过程。

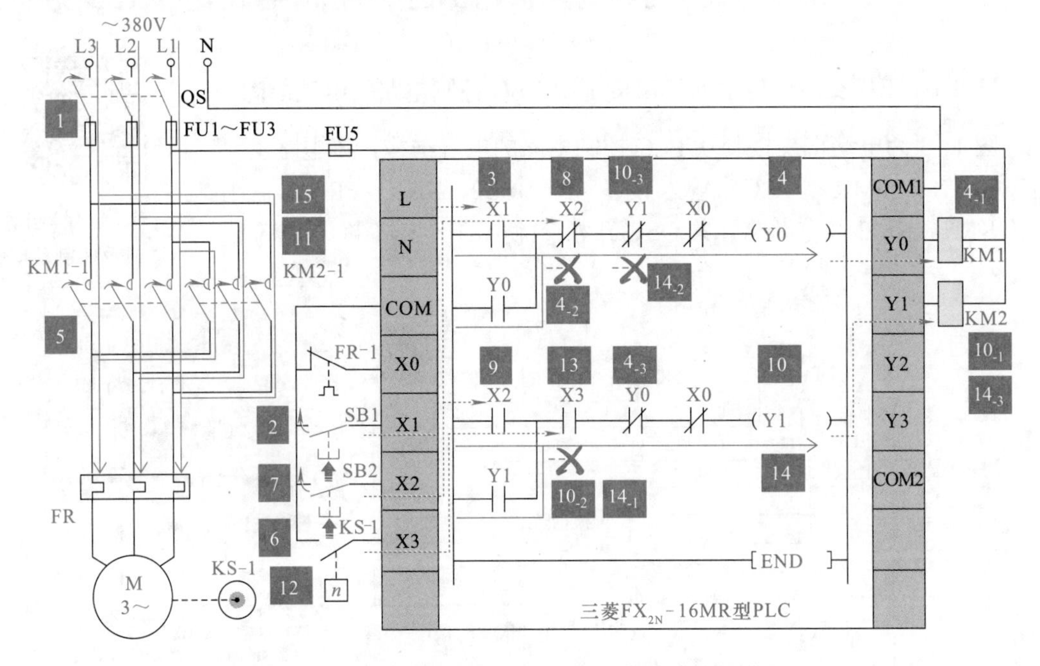

图 11-4　电动机反接制动 PLC 控制电路的控制过程

1 闭合 QS，接通三相电源。

2 按下启动按钮 SB1，其常开触点闭合。

3 将 PLC 内的常开触点 X1 置 1，该触点闭合。

4 输出继电器线圈 Y0 得电。

4_{-1} 控制 PLC 外接交流接触器线圈 KM1 得电。

4_{-2} 自锁常开触点 Y0 闭合自锁，使松开的启动按钮仍保持闭合。

4_{-3} 常闭触点 Y0 断开，防止 Y2 得电，即防止交流接触器线圈 KM2 得电。

4_{-1} → 5 主电路中的常开主触点 KM1-1 闭合，接通电动机 M 电源，电动机 M 启动运转。

4-1 → 6 同时速度继电器 KS-2 与电动机联轴同速运转，常开触点 KS-1 闭合，PLC 内部触点 X3 接通。

电动机的制动过程如下。

7 按下停止按钮 SB2，其常闭触点断开，控制 PLC 内输入继电器 X2 触点动作。

7 → 8 控制输出继电器线圈 Y0 的常闭触点 X2 断开，输出继电器线圈 Y0 失电，控制 PLC 外接交流接触器线圈 KM1 失电，带动主电路中常开主触点 KM1-1 复位断开，电动机 M 断电作惯性运转。

7 → 9 控制输出继电器线圈 Y1 的常开触点 X2 闭合。

10 输出继电器线圈 Y1 得电。

10-1 控制 PLC 外接交流接触器线圈 KM2 得电。

10-2 自锁常开主触点 Y1 闭合，实现自锁功能。

10-3 控制输出继电器线圈 Y0 的常闭触点 Y1 断开，防止 Y0 得电，即防止交流接触器线圈 KM1 得电。

10-1 → 11 带动主电路中常开主触点 KM2-1 闭合，电动机 M 串联限流电阻器 R1 ～ R3 后反接制动。

12 由于制动作用使电动机 M 转速减小到零时，速度继电器常开触点 KS-1 复位断开。

13 将 PLC 内的常开触点 X3 置 0，即控制输出继电器线圈 Y1 的常开触点 X3 断开。

14 输出继电器线圈 Y1 失电。

14-1 常开触点 Y1 断开，解除自锁。

14-2 常闭触点 Y1 复位闭合，为输出继电器线圈 Y0 下次得电做好准备。

14-3 PLC 外接的交流接触器线圈 KM2 失电。

14-3 → 15 常开主触点 KM2-1 断开，电动机 M 切断电源，制动结束，电动机 M 停止运转。

11.3 三相交流感应电动机顺序启停电路的 PLC 控制

11.3.1 三相交流感应电动机顺序启停 PLC 控制电路的电气结构

图 11-5 为电动机顺序启停 PLC 控制电路的电气结构。该电路主要由两台电动机 M1/M2、FX_{2N}-32MR 型三菱 PLC、PLC 输入 / 输出设备、电源总开关 QS、热继电器 FR 等构成。

在两台电动机顺序启停的 PLC 控制电路中，采用三菱 FX_{2N}-32MR 型 PLC，外部的控制部件和执行部件都是通过 PLC 预留的 I/O 接口连接到 PLC 上的，各部件之间没有复杂的连接关系。

控制部件和执行部件分别连接到 PLC 相应的 I/O 接口上，它是根据 PLC 控制系统设计之初建立的 I/O 分配表进行连接分配的，所连接的接口名称对应于 PLC 内部程序的编程地址编号。

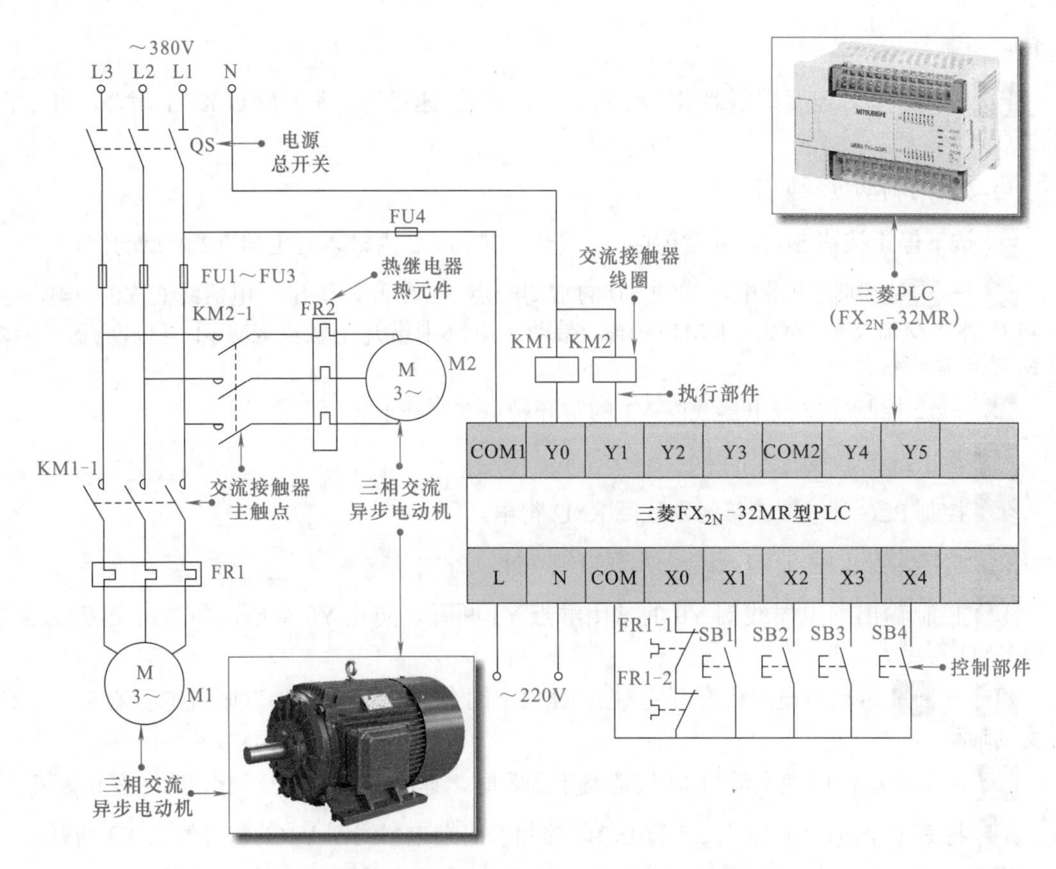

图 11-5 电动机顺序启停 PLC 控制电路的电气结构

表 11-3 为电动机顺序启停控制电路中 PLC（三菱 FX_{2N}-32MR）I/O 分配表。

表 11-3 电动机顺序启停控制电路中 PLC（三菱 FX_{2N}-32MR）I/O 分配表

输入信号及地址编号			输出信号及地址编号		
名称	代号	输入点地址编号	名称	代号	输出点地址编号
热继电器	FR-1、FR2-1	X0	电动机 M1 交流接触器	KM1	Y0
M1 停止按钮	SB1	X1	电动机 M2 交流接触器	KM2	Y1
M1 启动按钮	SB2	X2			
M2 停止按钮	SB3	X3			
M2 启动按钮	SB4	X4			

11.3.2 三相交流感应电动机顺序启停控制电路的 PLC 控制原理

电动机顺序启停 PLC 控制电路实现了两台电动机顺序启动、反顺序停机的控制过程，将 PLC 内部梯形图与外部电气部件控制关系结合，了解具体控制过程。

图 11-6 为两台电动机顺序启动的控制过程。

1 合上电源总开关 QS，接通三相电源。

2 按下电动机 M1 的启动按钮 SB2。

3 PLC 内的输入继电器的常开触点 X2 置 1，即常开触点 X2 闭合。

4 输出继电器线圈 Y0 得电。

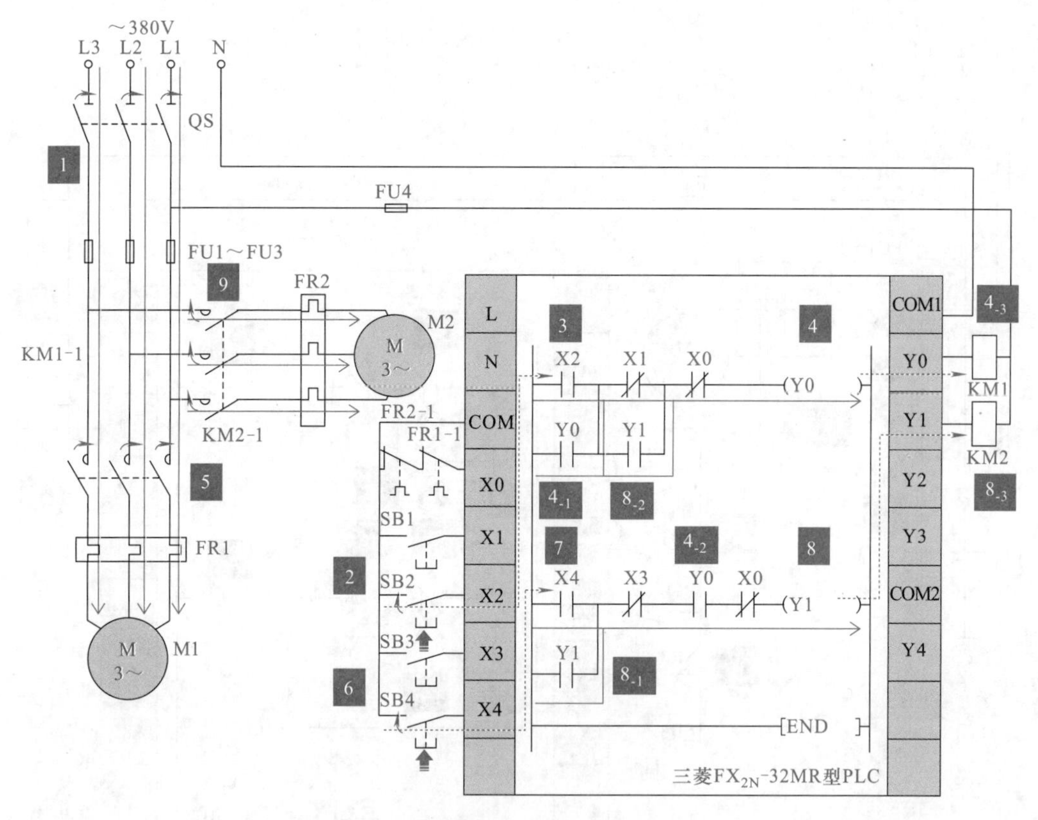

图 11-6　两台电动机顺序启动的控制过程

4_{-1} 自锁常开触点 Y0 闭合实现自锁。

4_{-2} 同时控制输出继电器线圈 Y1 的常开触点 Y0 闭合，为输出继电器线圈 Y1 得电做好准备。

4_{-3} PLC 外接交流接触器线圈 KM1 得电。

4_{-3} → 5 主电路中的主触点 KM1-1 闭合，接通电动机 M1 电源，电动机 M1 启动运转。

6 当需要电动机 M2 运行时，按下电动机 M2 的启动按钮 SB4。

7 PLC 内的输入继电器常开触点 X4 置 1，即常开触点 X4 闭合。

8 输出继电器线圈 Y1 得电。

8_{-1} 自锁常开触点 Y1 闭合实现自锁功能（锁定停止按钮 SB1，用于防止当启动电动机 M2 时，误按动电动机 M1 的停止按钮 SB1，而关断电动机 M1，不符合反顺序停机的控制要求）。

8_{-2} 控制输出继电器线圈 Y0 的常开触点 Y1 闭合，锁定常闭触点 X1。

8_{-3} PLC 外接交流接触器线圈 KM2 得电。

8_{-3} → 9 主电路中的主触点 KM2-1 闭合，接通电动机 M2 电源，电动机 M2 继 M1 之后启动运转。

图 11-7 为两台电动机反顺序停机的控制过程。

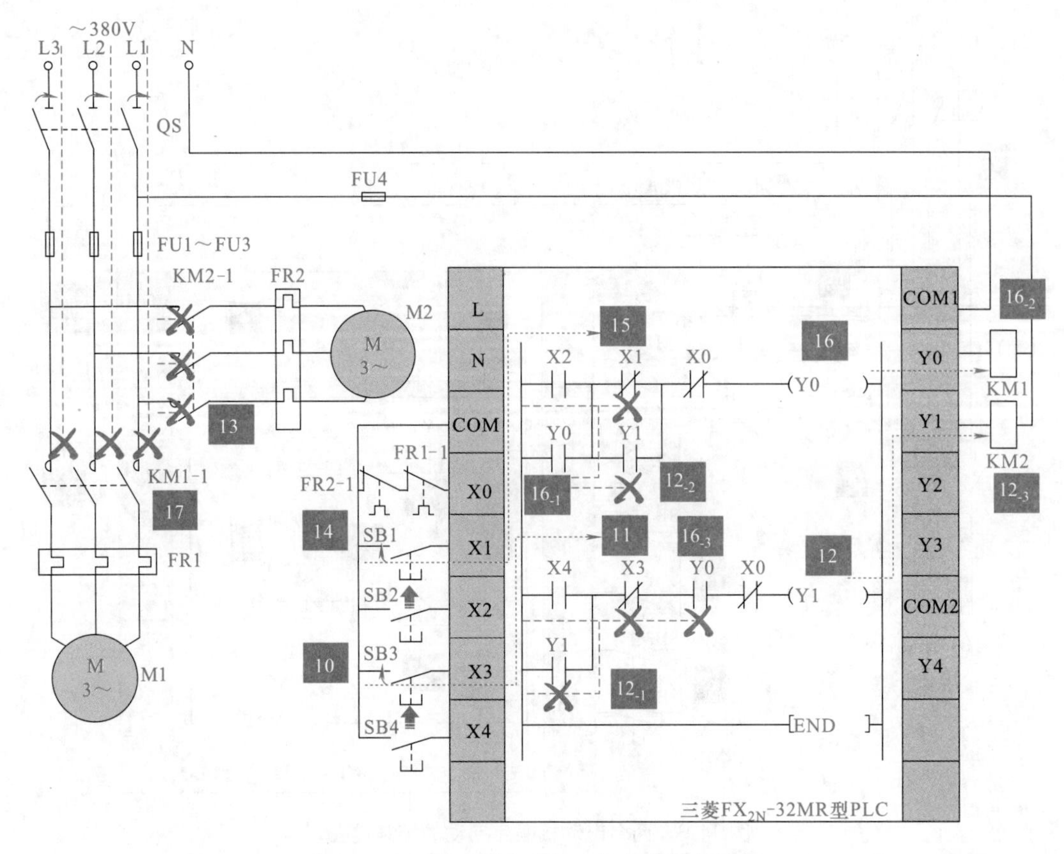

图 11-7 两台电动机反顺序停机的控制过程

10 按下电动机 M2 的停止按钮 SB3。

11 将 PLC 内的输入继电器常闭触点 X3 置 1，即常闭触点 X3 断开。

12 输出继电器线圈 Y1 失电。

12_{-1} 自锁常开触点 Y1 复位断开，解除自锁功能。

12_{-2} 联锁常开触点 Y1 复位断开，解除对常闭触点 X1 的锁定。

12_{-3} 控制 PLC 外接交流接触器线圈 KM2 失电。

12_{-3} → 13 连接在主电路中的主触点 KM2-1 复位断开，电动机 M2 供电电源被切断，电动机 M2 停转。

14 按照反顺序停机要求，按下停止按钮 SB1。

15 将 PLC 内的输入继电器常闭触点 X1 置 1，即常闭触点 X1 断开。

16 输出继电器线圈 Y0 失电。

16_{-1} 自锁常开触点 Y0 复位断开，解除自锁功能。

16_{-2} PLC 外接交流接触器线圈 KM1 失电。

16_{-3} 同时，控制输出继电器线圈 Y1 的常开触点 Y0 复位断开。

16_{-2} → 17 主电路中 KM1-1 复位断开，电动机 M1 供电电源被切断，继 M2 后停转。

11.4 声光报警系统的 PLC 控制

11.4.1 声光报警系统 PLC 控制电路的电气结构

图 11-8 为用 PLC 控制的声光报警器的电气结构。该电路主要是由报警触发开关、报警扬声器、报警指示灯、三菱 PLC 等构成的。

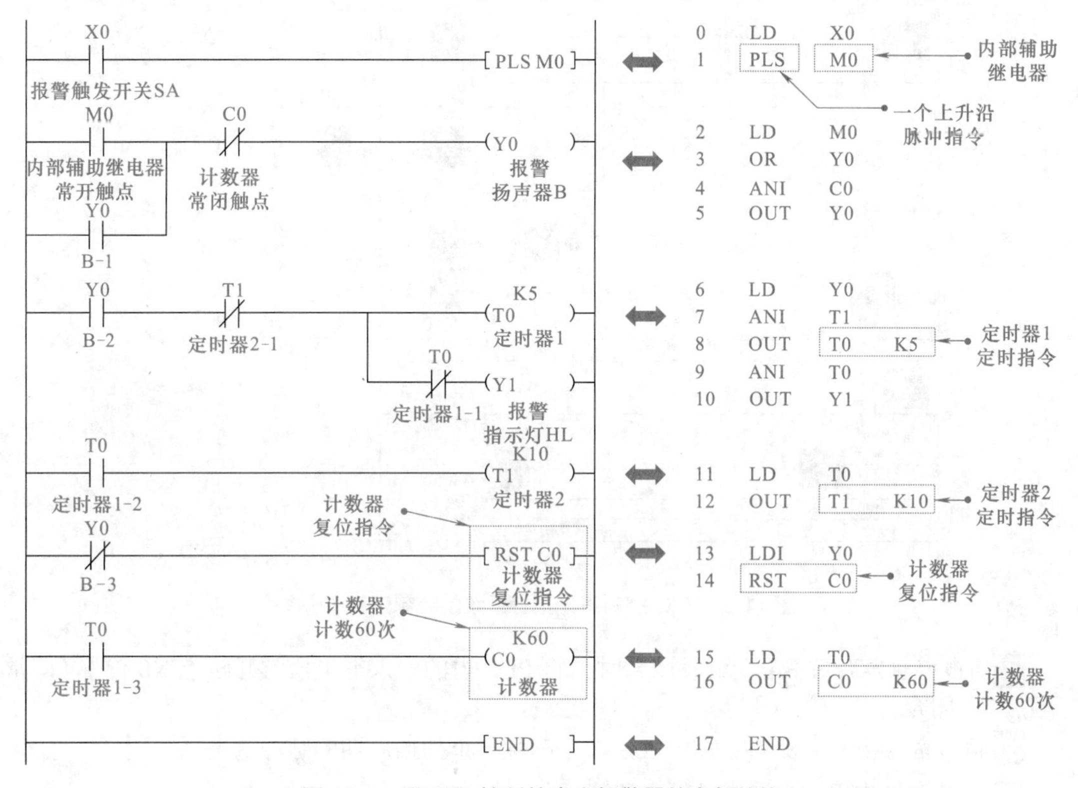

图 11-8　用 PLC 控制的声光报警器的电气结构

输入设备和输出设备分别连接到 PLC 相应的 I/O 接口上，它是根据 PLC 控制系统设计之初建立的 I/O 分配表进行连接分配的，所连接的接口名称对应于 PLC 内部程序的编程地址编号。

表 11-4 所列为声光报警 PLC 控制电路中 PLC（三菱 FX 系列）I/O 分配表。

表 11-4　声光报警 PLC 控制电路中 PLC（三菱 FX 系列）I/O 分配表

输入信号及地址编号			输出信号及地址编号		
名称	代号	输入点地址编号	名称	代号	输出点地址编号
报警触发开关	SA	X0	报警扬声器	B	Y0
			报警指示灯	HL	Y1

11.4.2 声光报警系统控制电路的 PLC 控制原理

用 PLC 控制声光报警器，用以实现报警器受触发后自动启动报警扬声器和报警闪烁灯进行声光报警的功能。

图 11-9、图 11-10 为 PLC 控制声光报警系统的控制过程。

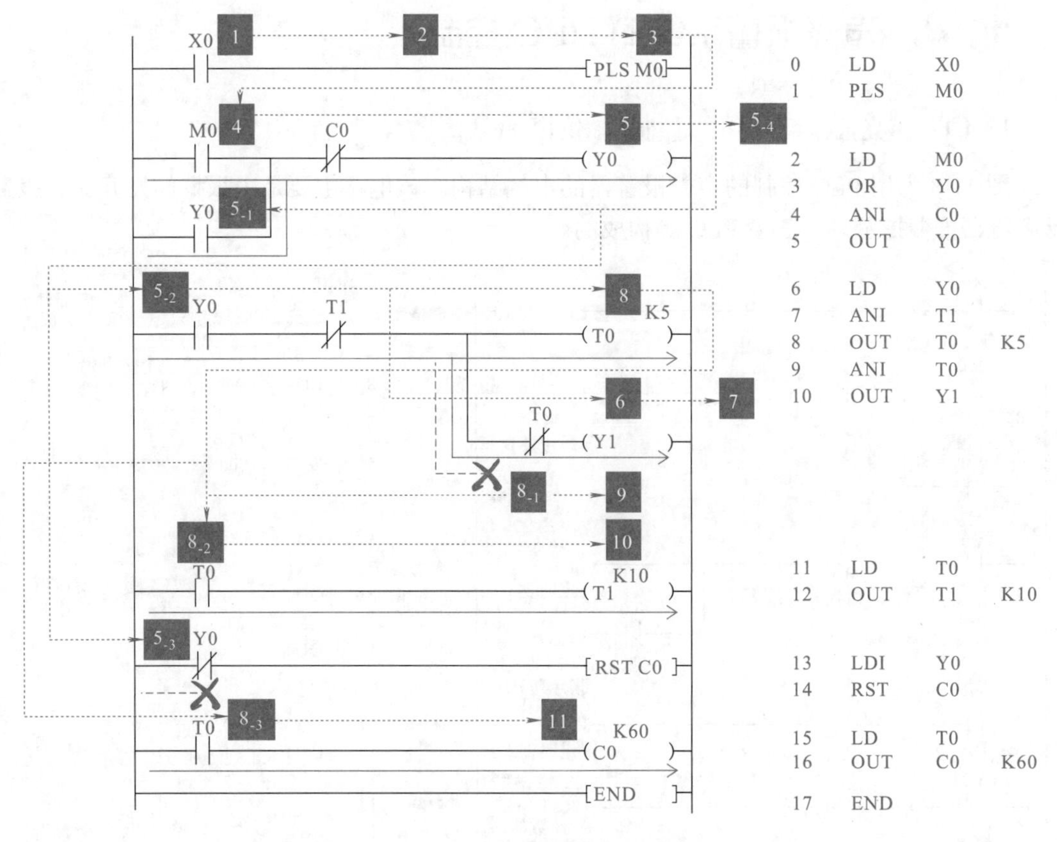

图 11-9 PLC 控制声光报警系统的控制过程（一）

1 当报警触发开关 SA 受触发闭合时，将 PLC 内的输入继电器常开触点 X0 置 1，即常开触点 X0 闭合。

2 输入信号由 ON 变为 OFF，PLS 指令产生一个扫描周期的脉冲输出。

3 在一个扫描周期内，辅助继电器线圈 M0 得电。

4 控制输出继电器线圈 Y0 的常开触点 M0 闭合。

5 输出继电器线圈 Y0 得电。

5_{-1} 自锁常开触点 Y0 闭合，实现自锁功能。

5_{-2} 控制定时器 T0 和输出继电器线圈 Y1 的常开触点 Y0 闭合。

5_{-3} 控制计数器复位指令的常闭触点 Y0 断开，使计数器无法复位。

5_{-4} 控制 PLC 外接报警扬声器 B 得电，发出报警声。

5_{-2} → 6 输出继电器线圈 Y1 得电。

7 控制 PLC 外接报警指示灯 HL 点亮。

5_{-2} → 8 定时器线圈 T0 得电，开始 0.5s 计时。

8_{-1} 计时时间到，控制输出继电器线圈 Y1 的延时断开常闭触点 T0 断开。

8_{-2} 计时时间到，控制定时器线圈 T1 的延时闭合常开触点 T0 闭合。

8_{-3} 计时时间到，控制计数器线圈 C0 的延时闭合常开触点 T0 闭合。

8_{-1} → 9 输出继电器线圈 Y1 失电，控制 PLC 外接报警指示灯 HL 熄灭。

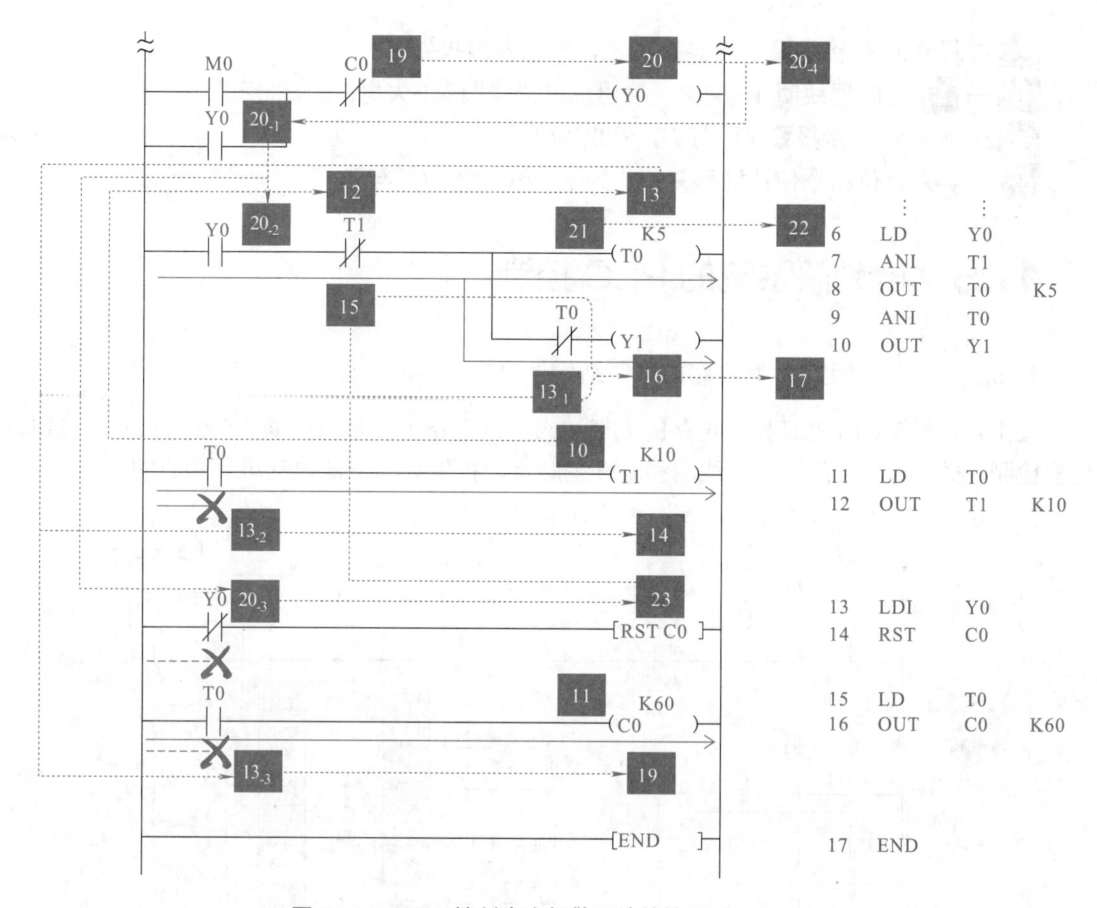

图 11-10　PLC 控制声光报警系统的控制过程（二）

8_{-2} → 10 定时器线圈 T1 得电，开始 1s 计时。

8_{-3} → 11 计数器 C0 计数 1 次，当前值为 1。

10 → 12 计时时间到，控制定时器线圈 T0 和输出继电器线圈 Y1 的常闭触点 T1 断开。

13 定时器线圈 T0 失电。

13_{-1} 控制输出继电器线圈 Y1 的延时断开常闭触点 T0 立即复位闭合。

13_{-2} 控制定时器线圈 T1 的延时闭合常开触点 T0 立即复位断开。

13_{-3} 控制计数器线圈 C0 的延时闭合常开触点 T0 立即复位断开。

13_{-2} → 14 定时器线圈 T1 失电。

15 控制定时器线圈 T0 和输出继电器线圈 Y1 的常闭触点 T1 立即复位闭合。

15 + 13_{-1} → 16 输出继电器线圈 Y1 再次得电。

17 控制 PLC 外接报警指示灯 HL 熄灭 1s 后再次点亮。

18 报警指示灯每亮灭循环一次，计数器当前值加 1。

19 当达到计数器设定值 60 时，控制输出继电器线圈 Y0 的常闭触点 C0 断开。

20 输出继电器线圈 Y0 失电。

20_{-1} 自锁常开触点 Y0 复位断开，解除自锁。

20_{-2} 控制定时器线圈 T0 和输出继电器线圈 Y1 的常开触点 Y0 复位断开。

20_{-3} 控制计数器复位的常闭触点 Y0 复位闭合。

20₋₄ 控制 PLC 外接报警扬声器 B 失电，停止发出报警声。

20₋₂ → 21 定时器线圈 T0 失电，输出继电器线圈 Y1 失电。

22 控制 PLC 外接报警指示灯 HL 停止闪烁。

20₋₃ → 23 复位指令使计数器复位，为下一次计数做好准备。

11.5 自动门系统的 PLC 控制

11.5.1 自动门 PLC 控制电路的电气结构

图 11-11 为自动门 PLC 控制电路的电气结构。该电路主要是由三菱 FX 系列 PLC、按钮、位置检测开关、开 / 关门接触器线圈和常开主触点、报警灯、交流电动机等构成的。

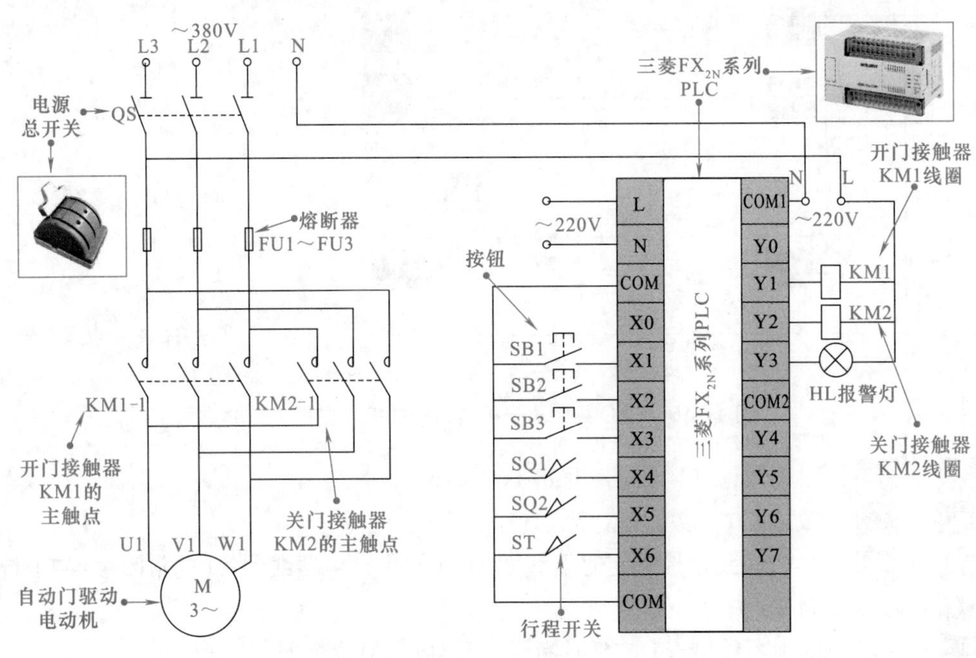

图 11-11 自动门 PLC 控制电路的电气结构

输入设备和输出设备分别连接到 PLC 相应的 I/O 接口上，它是根据 PLC 系统设计之初建立的 I/O 分配表进行连接分配的，所连接的接口名称对应 PLC 内部程序的编程地址编号。

表 11-5 为自动门 PLC 控制电路的 I/O 分配表。

表 11-5 自动门 PLC 控制电路的 I/O 分配表

输入信号及地址编号			输出信号及地址编号		
名称	代号	输入点地址编号	名称	代号	输出点地址编号
开门按钮	SB1	X1	开门接触器	KM1	Y1
关门按钮	SB2	X2	关门接触器	KM2	Y2
停止按钮	SB3	X3	报警灯	HL	Y3
开门限位开关	SQ1	X4			
关门限位开关	SQ2	X5			
安全开关	ST	X6			

11.5.2　自动门控制电路的 PLC 控制原理

结合 PLC 内部梯形图程序及 PLC 外接输入 / 输出设备分析电路控制过程，如图 11-12、图 11-13 所示。

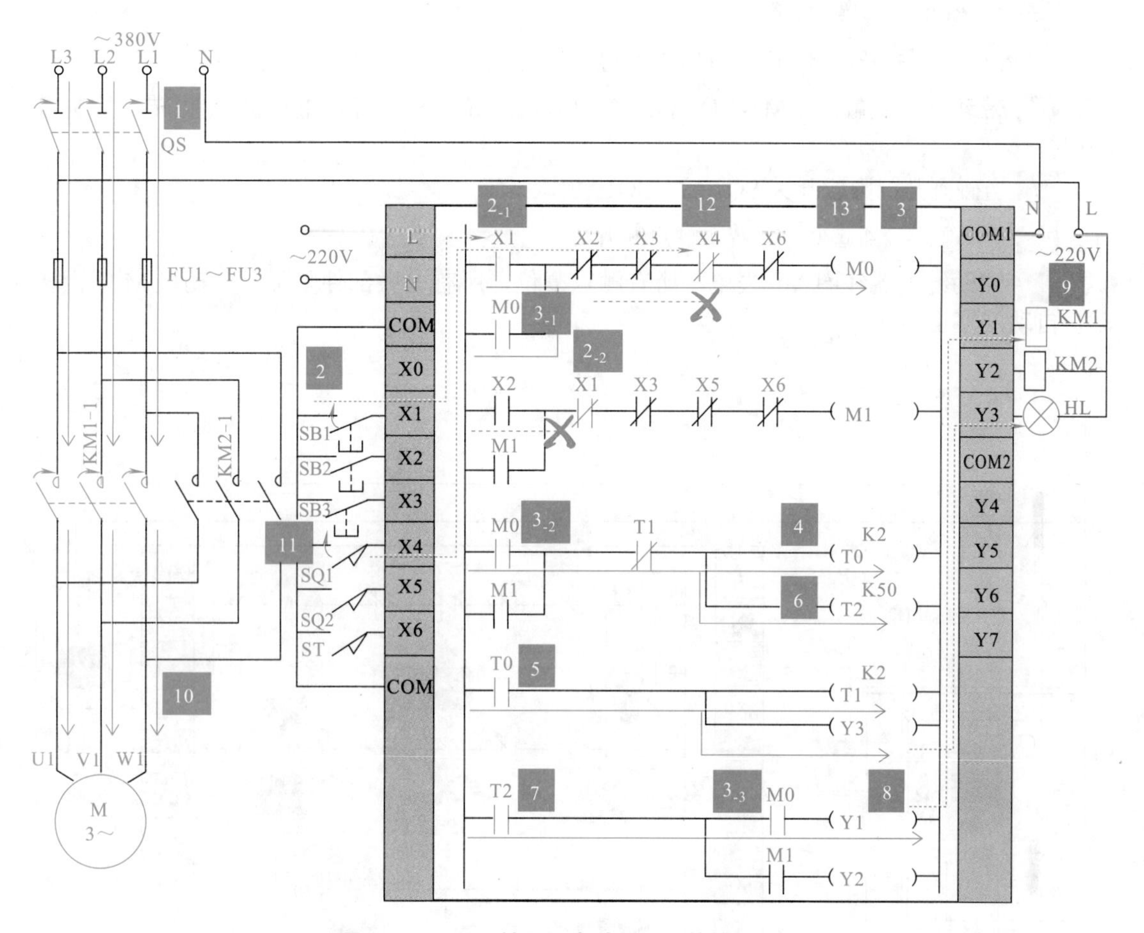

图 11-12　PLC 控制下自动门开门的控制过程

1 合上电源总开关 QS，接通三相电源。

2 按下开门按钮 SB1。

2_{-1} PLC 内部的输入继电器 X1 常开触点置 1，即控制辅助继电器线圈 M0 的常开触点 X1 闭合。

2_{-2} PLC 内部控制辅助继电器线圈 M1 的常闭触点 X1 置 0，防止辅助继电器线圈 M1 得电。

2_{-1} → 3 辅助继电器线圈 M0 得电。

3_{-1} 控制 M0 线路的常开触点 M0 闭合实现自锁。

3_{-2} 控制定时器线圈 T0、T2 的常开触点 M0 闭合。

3_{-3} 控制输出继电器线圈 Y1 的常开触点 M0 闭合。

3_{-2} → 4 定时器线圈 T0 得电。

5 延时 0.2s 后，定时器的常开触点 T0 闭合，为定时器线圈 T1 和输出继电器线圈 Y3

供电，使报警灯 HL 以 0.4s 为周期进行闪烁。

3_{-2} → 6 定时器线圈 T2 得电。

7 延时 5s 后，控制输出继电器线圈 Y1 的常开触点 T2 闭合。

8 输出继电器线圈 Y1 得电。

9 PLC 外接的开门接触器线圈 KM1 得电吸合。

10 带动常开主触点 KM1-1 闭合，接通电动机 M 三相电源，电动机 M 正转，控制自动门打开。

11 当碰到开门限位开关 SQ1 后，SQ1 动作。

12 常闭触点 X4 置 0，即常闭触点断开。

13 辅助继电器线圈 M0 失电，所有触点复位，所有关联部件复位，电动机 M 停止转动，自动门停止移动。

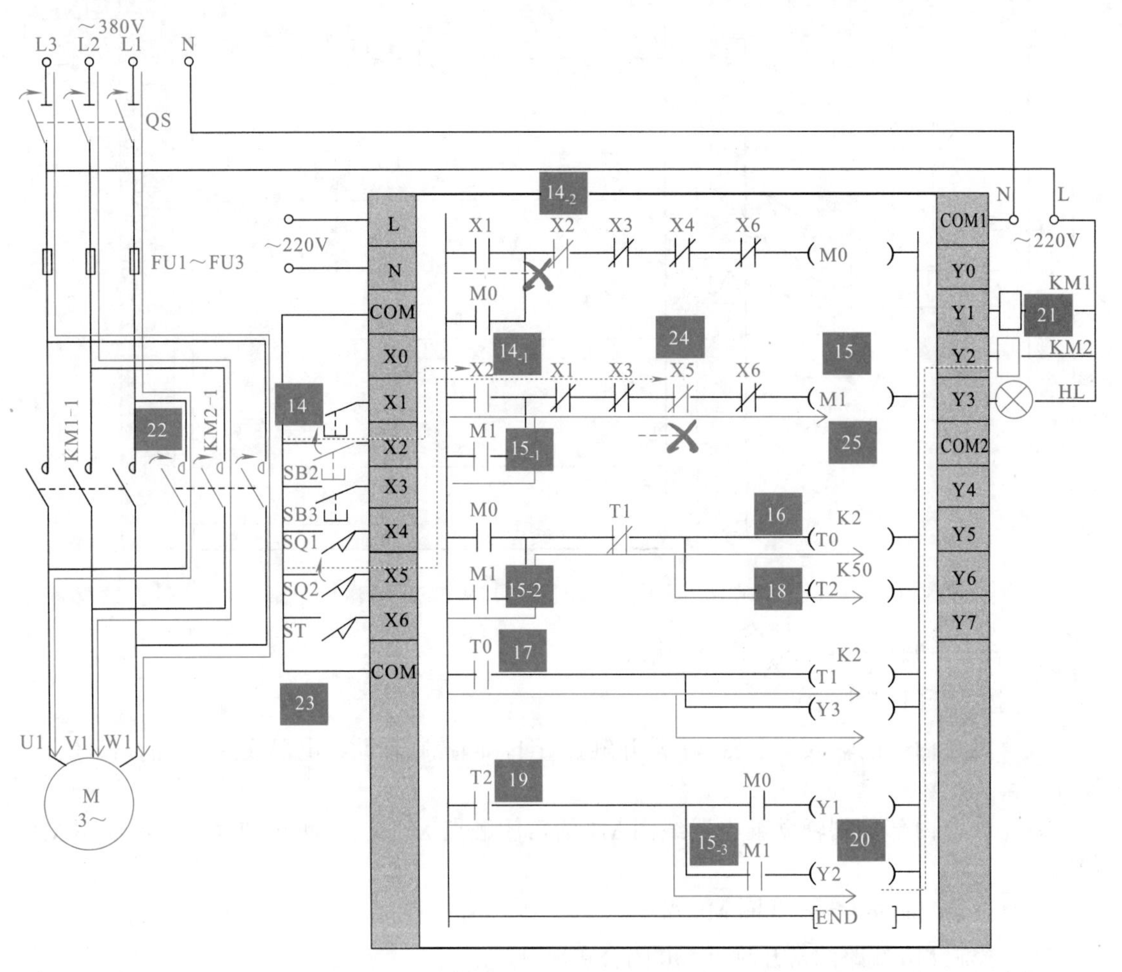

图 11-13 PLC 控制下自动门关门的控制过程

14 当需要关门时，按下关门按钮 SB2，其内部的常闭触点断开。向 PLC 内送入控制指令，梯形图中的输入继电器触点 X2 动作。

14_{-1} PLC 内部控制辅助继电器线圈 M1 的常开触点 X2 置 1，即常开触点 X2 闭合。

14-2 PLC 内部控制辅助继电器线圈 M0 的常闭触点 X2 置 0，防止辅助继电器线圈 M0 得电。

14-1 → 15 辅助继电器线圈 M1 得电。

15-1 控制 M1 线路的常开触点 M1 闭合实现自锁。

15-2 控制定时器 T0、T2 的常开触点 M1 闭合。

15-3 控制输出继电器线圈 Y2 的常开触点 M1 闭合。

15-2 → 16 定时器线圈 T0 得电。

17 延时 0.2s 后，定时器的常开触点 T0 闭合，为定时器线圈 T1 和输出继电器线圈 Y3 供电，使报警灯 HL 以 0.4s 为周期进行闪烁。

15-2 → 18 定时器线圈 T2 得电。

19 延时 5s 后，控制输出继电器线圈 Y2 的常开触点 T2 闭合。

20 输出继电器线圈 Y2 得电。

21 外接的关门接触器线圈 KM2 得电吸合。

22 带动常开主触点 KM2-1 闭合，反相接通电动机 M 三相电源，电动机 M 反转，控制自动门关闭。

23 当碰到关门限位开关 SQ2 后，SQ2 动作。

24 PLC 内部的输入继电器常闭触点 X5 置 0，即常闭触点 X5 断开。

25 辅助继电器线圈 M1 失电，所有触点复位，所有关联部件复位，电动机 M 停止转动，自动门停止移动。

11.6 交通信号灯控制系统的 PLC 控制

11.6.1 交通信号灯 PLC 控制电路的电气结构

图 11-14 为交通信号灯 PLC 控制电路的电气结构。该电路主要是由启动开关、三菱 FX 系列 PLC、南北和东西两组交通信号灯（绿色信号灯、黄色信号灯、红色信号灯）等构成的。

由三菱 FX 系列 PLC 控制的十字路口简单信号灯控制电路的基本功能为：当按下启动开关 SA，交通信号灯控制系统启动。南北绿色信号灯点亮，红色信号灯熄灭；东西绿色信号灯熄灭，红色信号灯点亮，南北方向车辆通行。

30s 后，南北黄色信号灯和东西红色信号灯同时以 5Hz 频率闪烁 3s。之后，南北黄色信号灯熄灭，红色信号灯点亮；东西绿色信号灯点亮，红色信号灯熄灭，使东西方向车辆通行。

24s 后，东西黄色信号灯和南北红色信号灯同时以 5Hz 频率闪烁 3s。之后，又切换成南北车辆通行状态。如此往复，南北和东西的信号灯以 60s 为周期循环，控制车辆通行。

表 11-6 为交通信号灯 PLC 控制电路中 PLC（三菱 FX 系列）I/O 分配表。

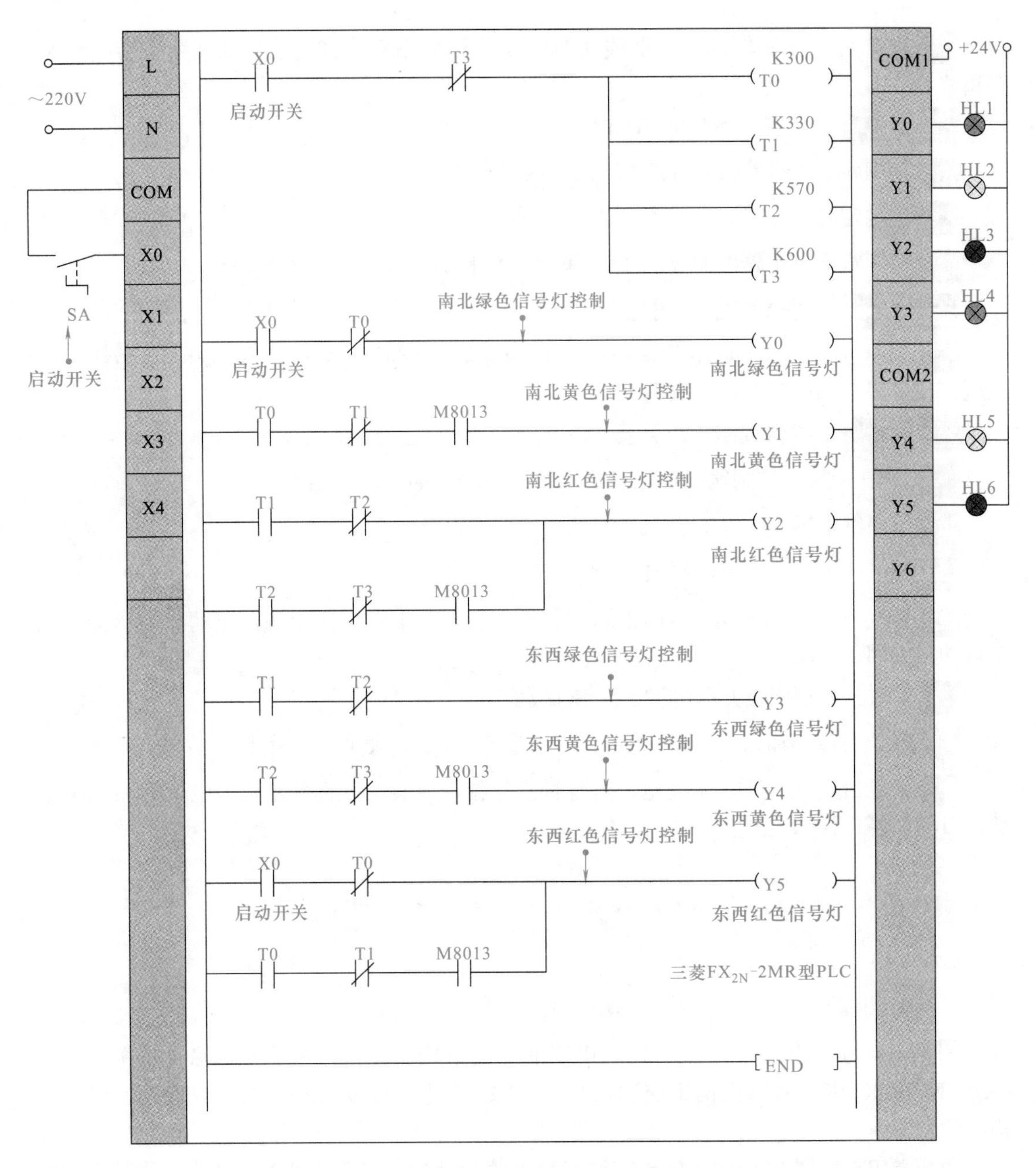

图 11-14 交通信号灯 PLC 控制电路的电气结构

表 11-6 交通信号灯 PLC 控制电路中 PLC（三菱 FX 系列）I/O 分配表

输入信号及地址编号			输出信号及地址编号		
名称	代号	输入点地址编号	名称	代号	输出点地址编号
启动开关	SA	X0	南北绿色信号灯	HL1	Y0
			南北黄色信号灯	HL2	Y1
			南北红色信号灯	HL3	Y2
			东西绿色信号灯	HL4	Y3
			东西黄色信号灯	HL5	Y4
			东西红色信号灯	HL6	Y5

资料扩展

为了清晰了解该 PLC 控制电路的控制关系，可先理清系统中交通信号灯的时序关系，如图 11-15 所示。

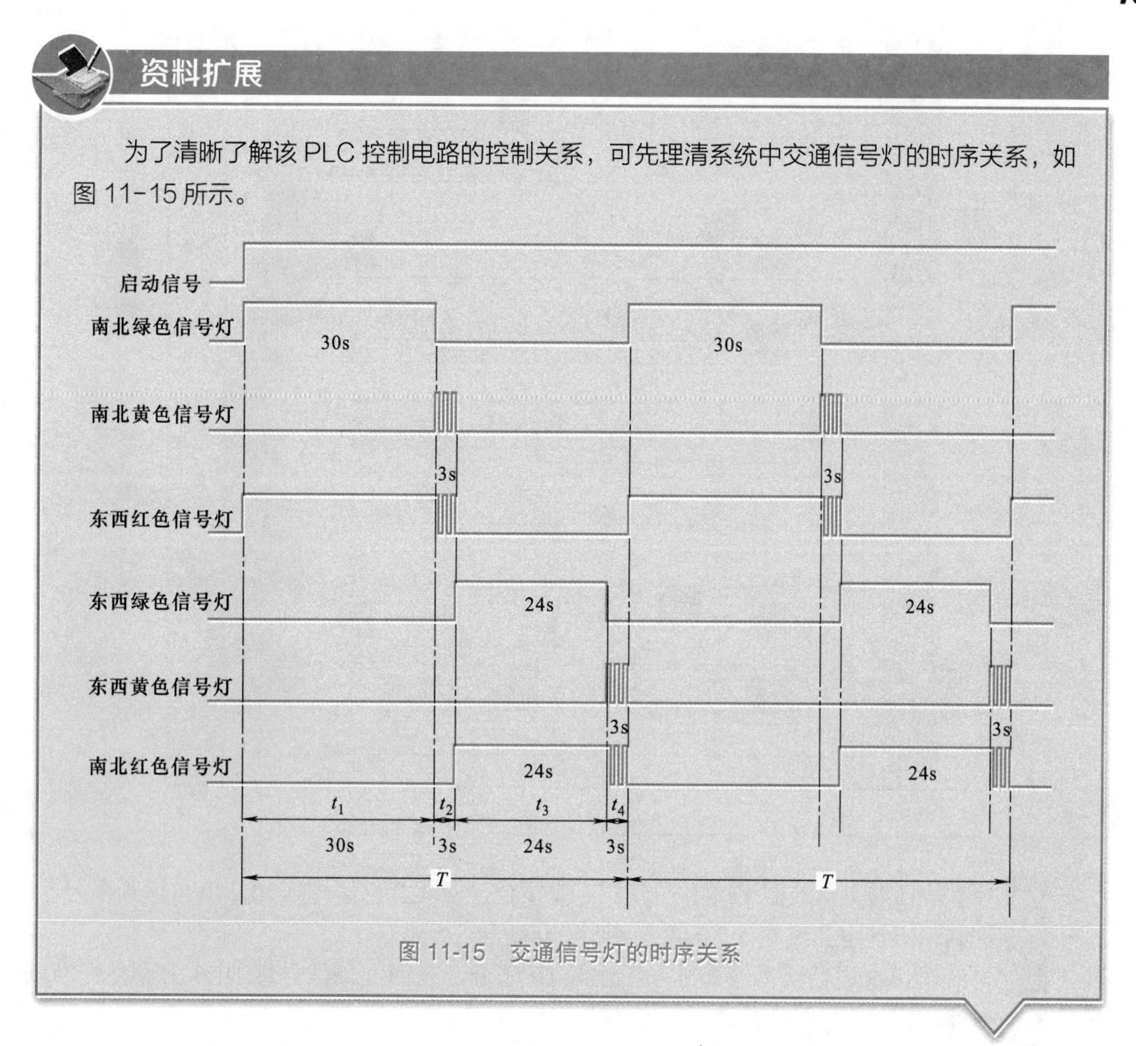

图 11-15　交通信号灯的时序关系

11.6.2　交通信号灯控制电路的 PLC 控制原理

用 PLC 控制简单十字路口交通信号灯系统，控制过程结合 PLC 内部梯形图程序实现。当输入设备输入启动信号，程序识别、执行和输出控制信号，控制输出设备实现电路功能。

图 11-16、图 11-17 为在三菱 PLC 控制下交通信号灯的控制过程。

1 将启动开关 SA 转换到启动位置，即其常开触点闭合。

2 SA 闭合经 PLC 接口向其内部送入启动信号，输入继电器常开触点 X0 闭合。

2 → 3 四个定时器线圈 T0、T1、T2、T3 均得电开始计时。

2 → 4 控制输出继电器线圈 Y0 得电，南北绿色信号灯 HL1 点亮。

2 → 5 控制输出继电器线圈 Y5 得电，东西红色信号灯 HL6 同时点亮。

此时，南北方向车辆通行。

6 当南北绿色信号灯点亮 30s 后，定时器 T0 计时时间到，其常开触点闭合、常闭触点断开。

6_{-1} 控制输出继电器线圈 Y0 的常闭触点 T0 断开，南北绿色信号灯 HL1 熄灭。

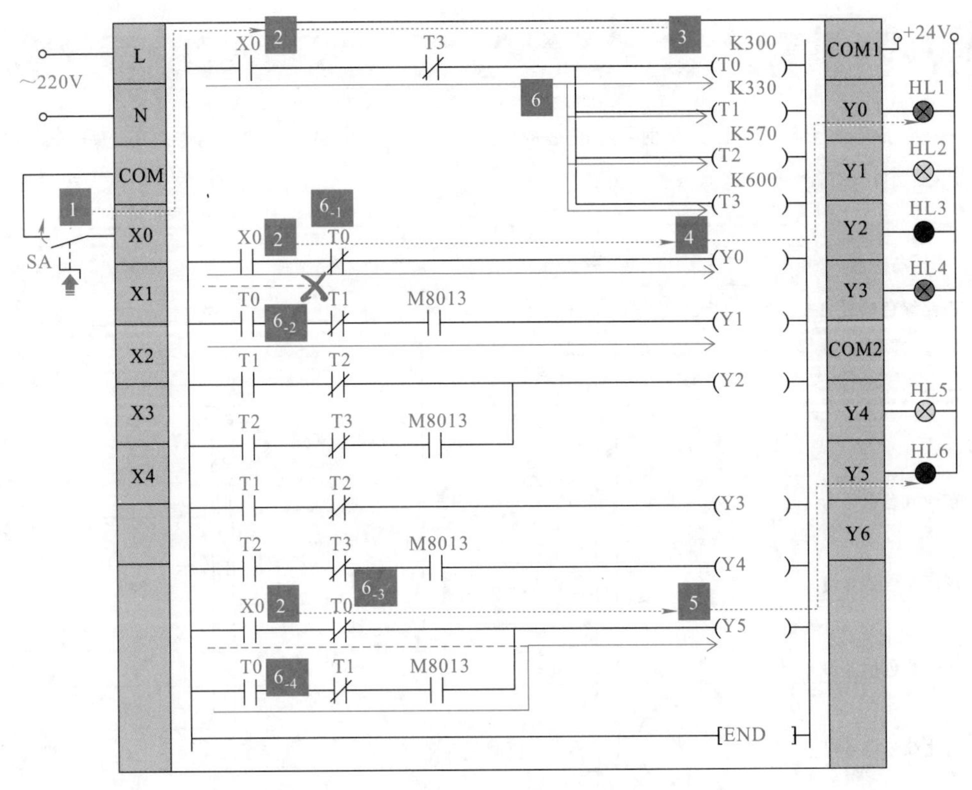

图 11-16　三菱 PLC 控制下交通信号灯的控制过程（一）

6_{-2} 控制输出继电器线圈 Y1 的常开触点 T0 闭合，南北黄色信号灯 HL2 以 5Hz 频率闪烁。

6_{-3} 控制输出继电器线圈 Y5 的常闭触点 T0 断开。

6_{-4} 控制输出继电器线圈 Y5 的常开触点 T0 闭合，东西红色信号灯 HL6 由点亮变为以 5Hz 频率闪烁。

7 经过 3s 后，定时器 T1 计时时间到，其常开触点闭合、常闭触点断开。

7_{-1} 控制输出继电器线圈 Y1 的常闭触点 T1 断开，南北黄色信号灯 HL2 熄灭。

7_{-2} 控制输出继电器线圈 Y2 的常开触点 T1 闭合，南北红色信号灯 HL3 点亮。

7_{-3} 控制输出继电器线圈 Y3 的常开触点 T1 闭合，东西绿色信号灯 HL4 点亮。

7_{-4} 控制输出继电器线圈 Y5 的常闭触点 T1 断开，东西红色信号灯 HL6 熄灭。此时，东西方向车辆通行。

8 经过 24s 后，定时器 T2 计时时间到，其常开触点闭合、常闭触点断开。

8_{-1} 控制输出继电器线圈 Y2 的常闭触点 T2 断开。

8_{-2} 控制输出继电器线圈 Y2 的常开触点 T2 闭合，南北红色信号灯 HL3 开始闪烁。

8_{-3} 控制输出继电器线圈 Y3 的常闭触点 T2 断开，东西绿色信号灯 HL4 熄灭。

8_{-4} 控制输出继电器线圈 Y4 的常开触点 T2 闭合，东西黄色信号灯 HL5 开始闪烁。

9 经过 3s 后，定时器 T3 计时时间到，其常开触点闭合、常闭触点断开。

9_{-1} 控制四个定时器复位的常闭触点 T3 断开。

9_{-2} 控制输出继电器线圈 Y2 的常闭触点 T3 断开，南北红色信号灯 HL3 熄灭。

9_{-3} 控制输出继电器线圈 Y4 的常闭触点 T3 断开，东西黄色信号灯 HL5 熄灭。

9_{-1} → 10 所有定时器复位并重新开始定时，一个新的循环周期开始。

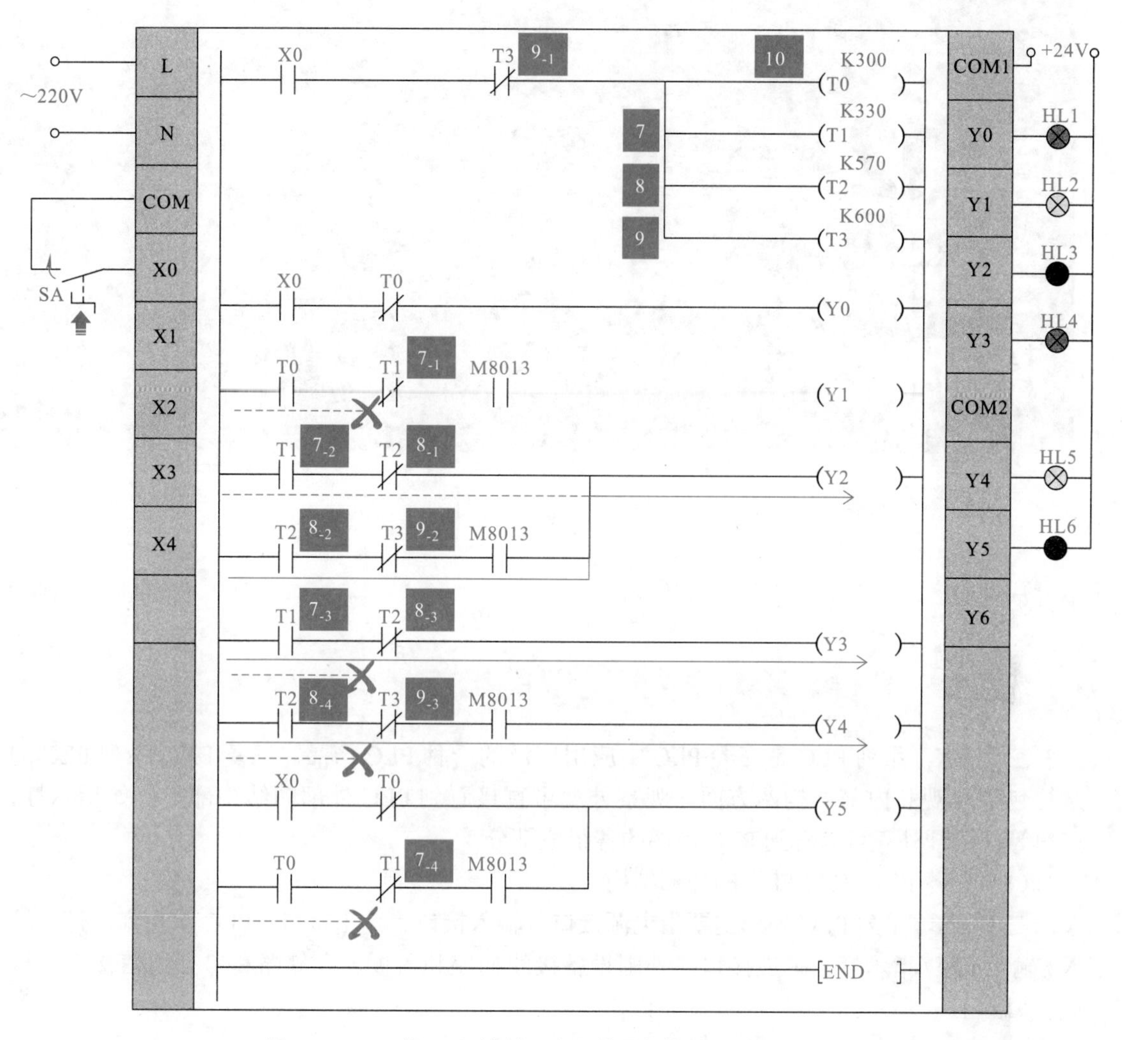

图 11-17　三菱 PLC 控制下交通信号灯的控制过程（二）

第12章 三菱 FX_{2N} 系列 PLC 使用规范

12.1 三菱 FX_{2N} 系列 PLC 的结构

三菱 FX_{2N} 系列 PLC 是三菱 PLC 中应用广泛的一种 PLC 产品。三菱 FX_{2N} 系列 PLC 的结构包括外观和内部结构两方面。观察外观可直接看到 PLC 外部的结构部件，如指示灯、接口等；拆开外壳可以看到 PLC 内部的各组成部分。

（1）三菱 FX_{2N} 系列 PLC 的外部结构

三菱 FX_{2N} 系列 PLC 外部主要由电源接口、输入接口、输出接口、PLC 状态指示灯、输入 / 输出 LED 指示灯、扩展接口、外围设备接线插座和盖板、存储器和串行通信接口等构成，如图 12-1 所示。

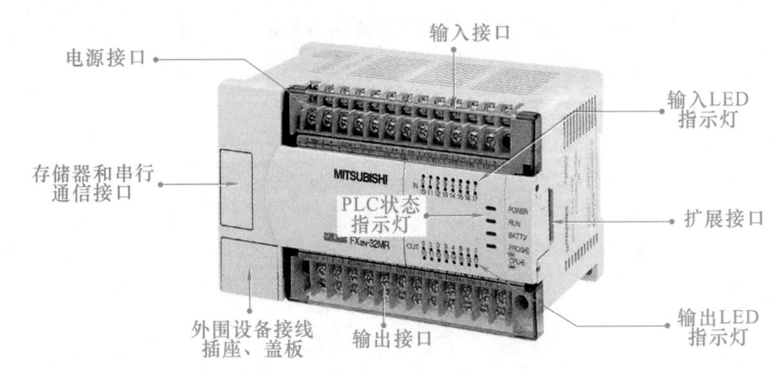

图 12-1 三菱 FX_{2N} 系列 PLC 的外部结构

提示说明

仔细观察三菱 FX_{2N} 系列 PLC 的正面外观，可看到 PLC 的每一个输入 / 输出接口、输入 / 输出 LED 指示灯、PLC 状态指示灯上都有该接口或该指示灯的文字标识，如图 12-2 所示。

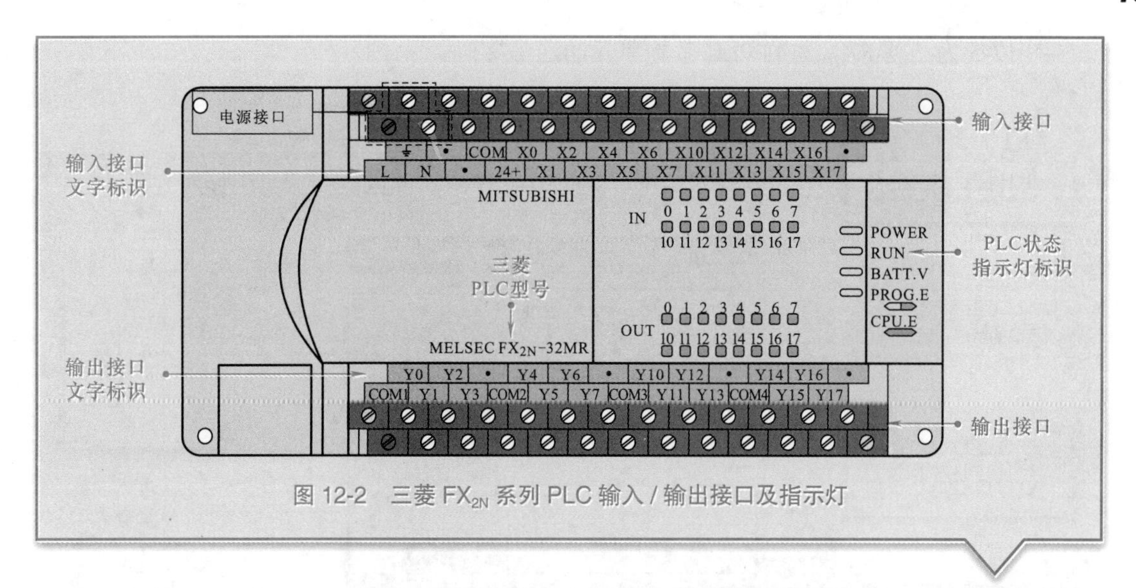

图 12-2　三菱 FX_{2N} 系列 PLC 输入 / 输出接口及指示灯

① 电源接口和输入/输出接口　三菱 FX_{2N} 系列 PLC 的电源接口包括 L 端、N 端和接地端，用于为 PLC 供电；PLC 的输入接口通常使用 X0、X1 等进行标识；PLC 的输出接口通常使用 Y0、Y1 等进行标识。

图 12-3 为三菱 FX_{2N} 系列 PLC 基本单元的电源接口和输入 / 输出接口部分。

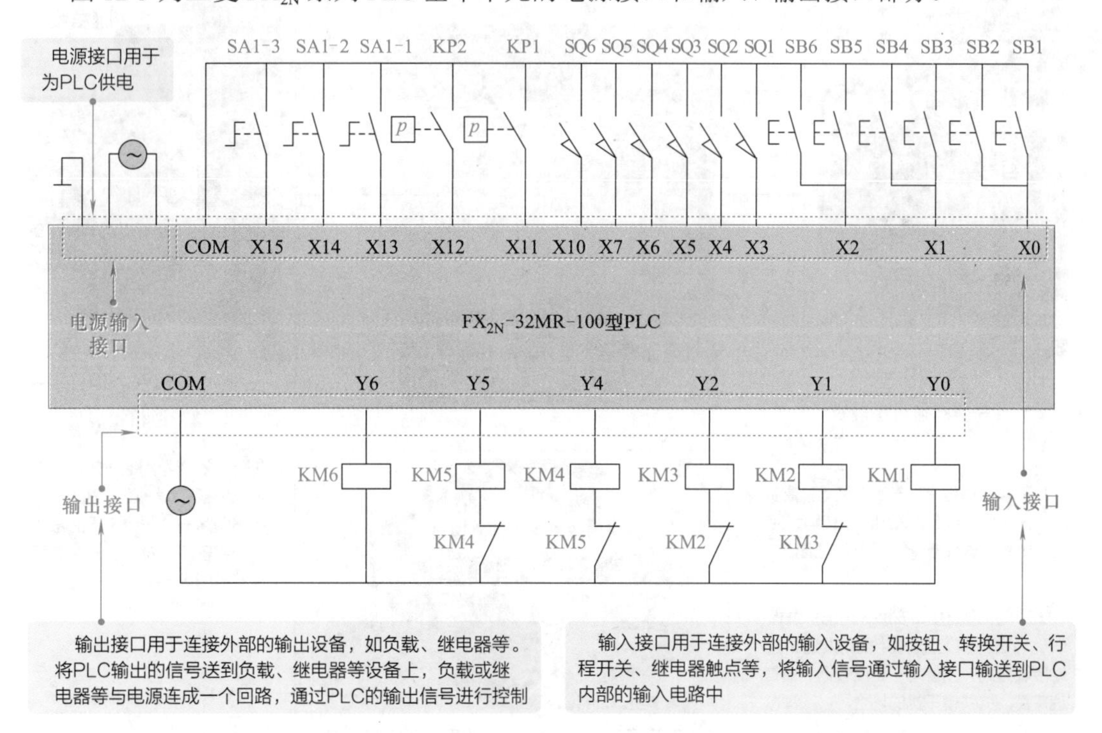

图 12-3　三菱 FX_{2N} 系列 PLC 基本单元的电源接口和输入 / 输出接口

② LED 指示灯　三菱 FX_{2N} 系列 PLC 的 LED 指示灯部分包括 PLC 状态指示灯、输入指示灯和输出指示灯三部分，如图 12-4 所示。

③ 通信接口　PLC 与计算机、与外围设备、与其他 PLC 之间需要通过共同约定的通信协议和通信方式由通信接口实现信息交换。

图 12-5 为三菱 FX_{2N} 系列 PLC 基本单元的通信接口。

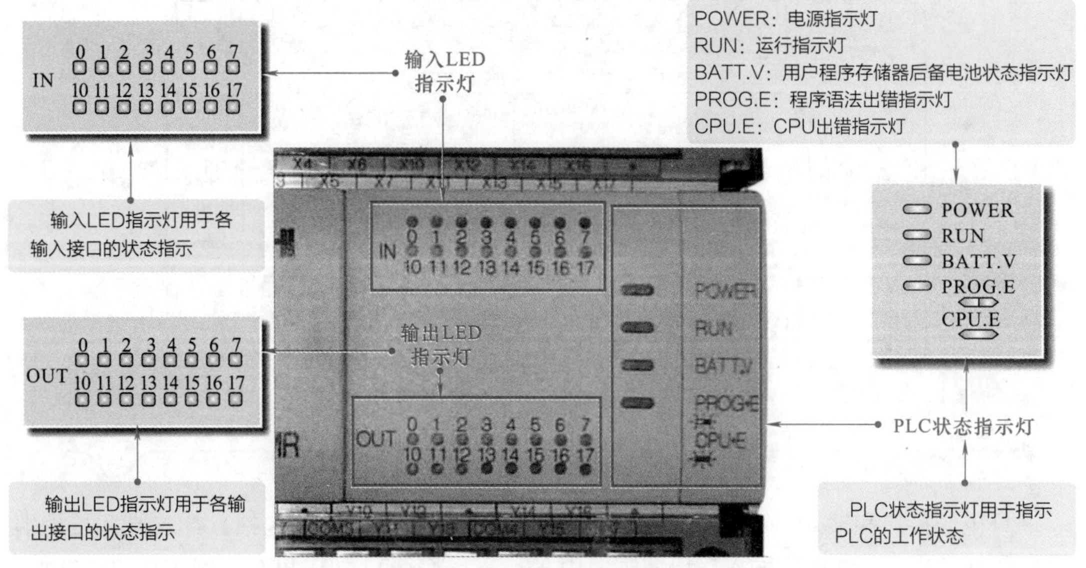

图 12-4　三菱 FX_{2N} 系列 PLC 外壳上的 LED 指示灯

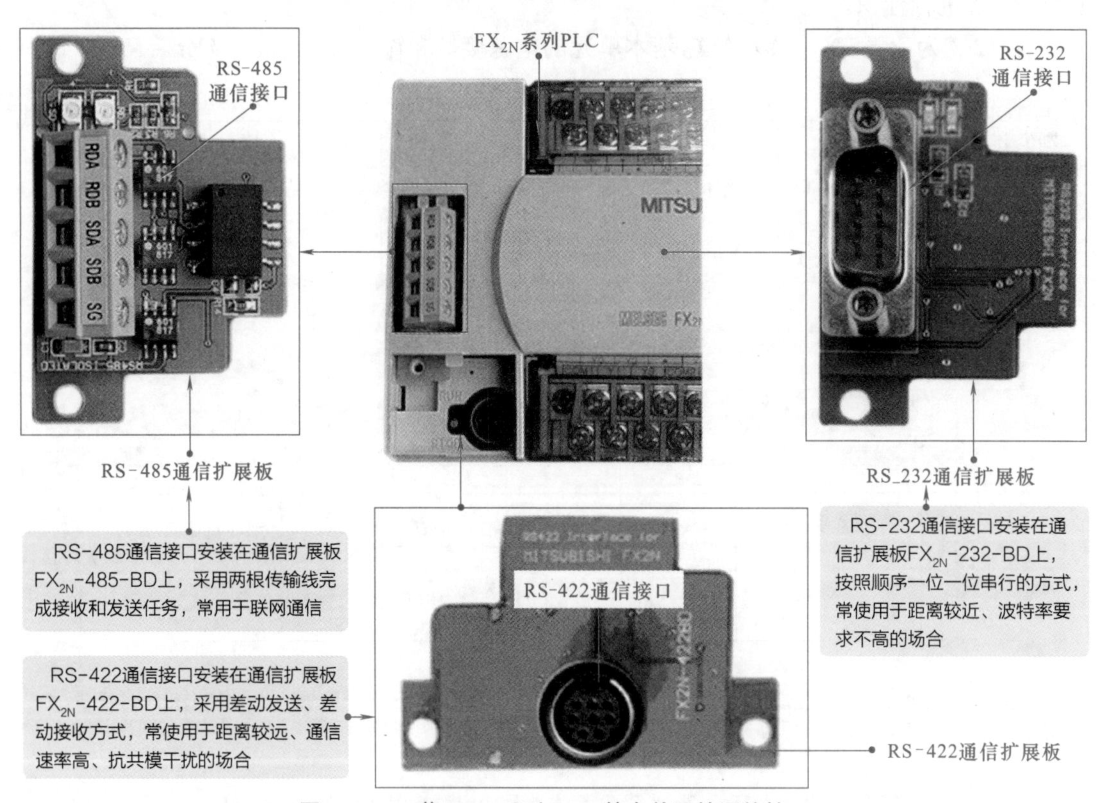

图 12-5　三菱 FX_{2N} 系列 PLC 基本单元的通信接口

（2）三菱 FX_{2N} 系列 PLC 的内部结构

拆开三菱 FX_{2N} 系列 PLC 的外壳即可看到 PLC 的内部结构组成。在通常情况下，三菱 FX_{2N} 系列 PLC 基本单元的内部主要是由 CPU 电路板、输入 / 输出接口电路板和电源电路板构成的，如图 12-6 所示。

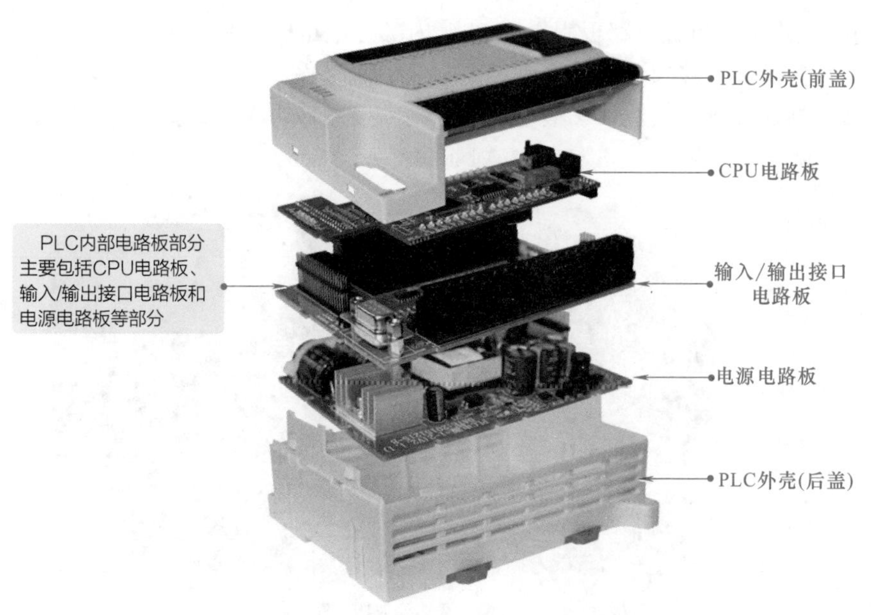

图 12-6　三菱 FX_{2N} 系列 PLC 的内部结构

① CPU 电路板　CPU 电路板用于实现 PLC 的运算、存储和控制功能。它主要由微处理器芯片、存储器芯片、晶体、CMOS 存储器芯片、CMOS 存储器电池及接口电路部件和一些外围元器件等构成。

图 12-7 为三菱 FX_{2N} 系列 PLC 内部的 CPU 电路板。

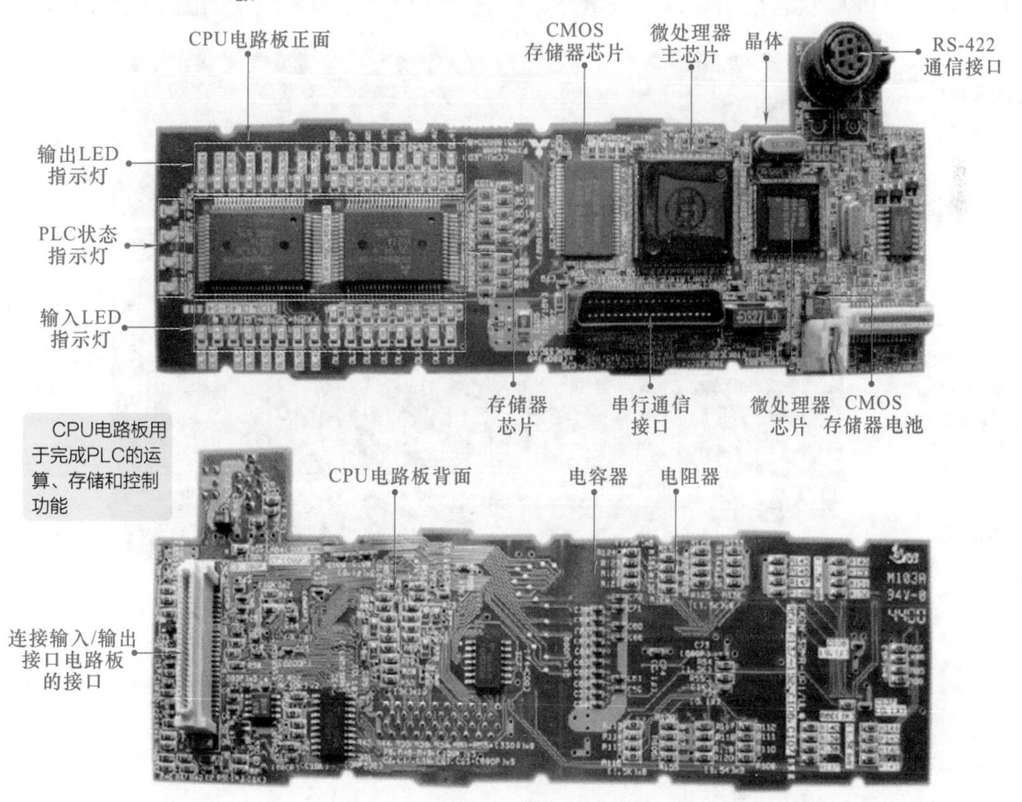

图 12-7　三菱 FX_{2N} 系列 PLC 内部的 CPU 电路板

② 电源电路板　电源电路板用于为 PLC 内部各电路提供所需的工作电压。通常，电源电路板主要由电源输入接口、熔断器、过电压保护器、桥式整流堆、滤波电容器、开关晶体管、开关变压器、互感滤波器、二极管、电源输出接口等构成，如图 12-8 所示。

图 12-8　三菱 FX2N 系列 PLC 的电源电路板

③ 输入 / 输出接口电路板　输入 / 输出接口电路板是 PLC 外部接口直接关联的电路部分，用于 PLC 输入 / 输出信号的处理。通常情况下，PLC 内部接口电路板主要由输入接口、输出接口、24V 电源接口、通信接口、输出继电器、光电耦合器、输入 LED 指示灯、输出 LED 指示灯、PLC 状态指示灯、集成电路、电容器、电阻器等构成，如图 12-9 所示。

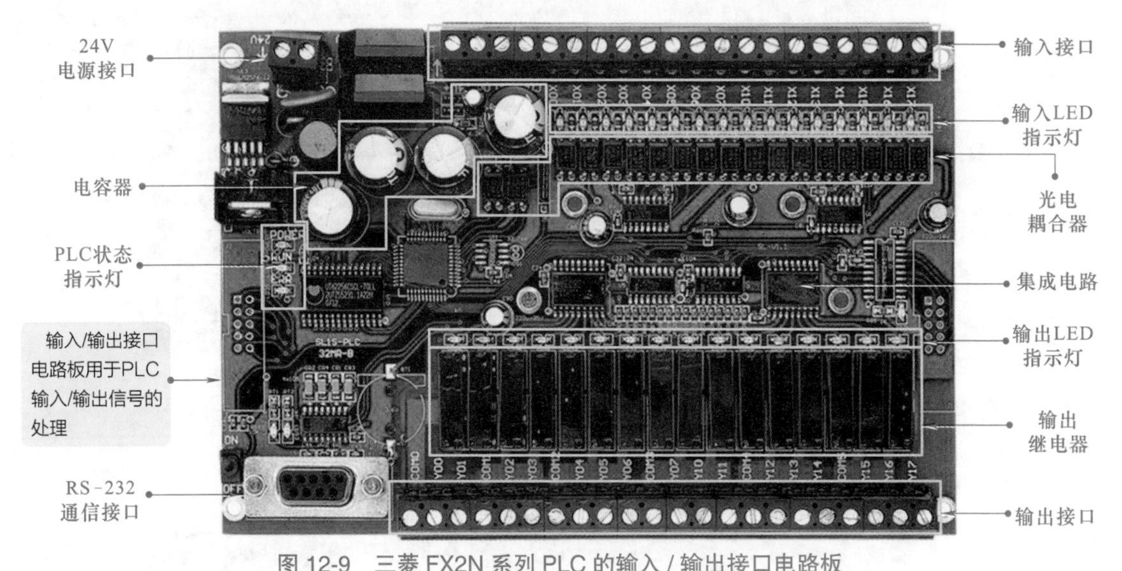

图 12-9　三菱 FX2N 系列 PLC 的输入 / 输出接口电路板

12.2　三菱 FX_{2N} 系列 PLC 的编程

12.2.1　三菱 FX_{2N} 系列 PLC 梯形图编程

学习三菱 FX_{2N} 系列 PLC 梯形图的编程方法，需要先了解三菱 PLC 产品编程元件的标注方式、编写要求，再结合实际的三菱 PLC 梯形图编程实例，体会三菱 PLC 梯形图的编程特色，掌握三菱 PLC 梯形图的编程技能。

使用 GX-Developer 软件绘制三菱 PLC 梯形图

（1）三菱 FX_{2N} 系列 PLC 梯形图中编程元件的标注方式

三菱 PLC 梯形图中的编程元件主要由字母和数字组成。标注时，通常采用字母＋数字的组合方式。其中，字母表示编程元件的类型，数字表示编程元件的序号。

图 12-10 为三菱 FX_{2N} 系列 PLC 输入 / 输出继电器的标注方法。在三菱 FX_{2N} 系列 PLC 梯形图中输入继电器使用字母 X 标识，输出继电器使用字母 Y 标识（两者均采用八进制编号，即 X0 ～ X7、X10 ～ X17…和 Y0 ～ Y7、Y10 ～ Y17…）。

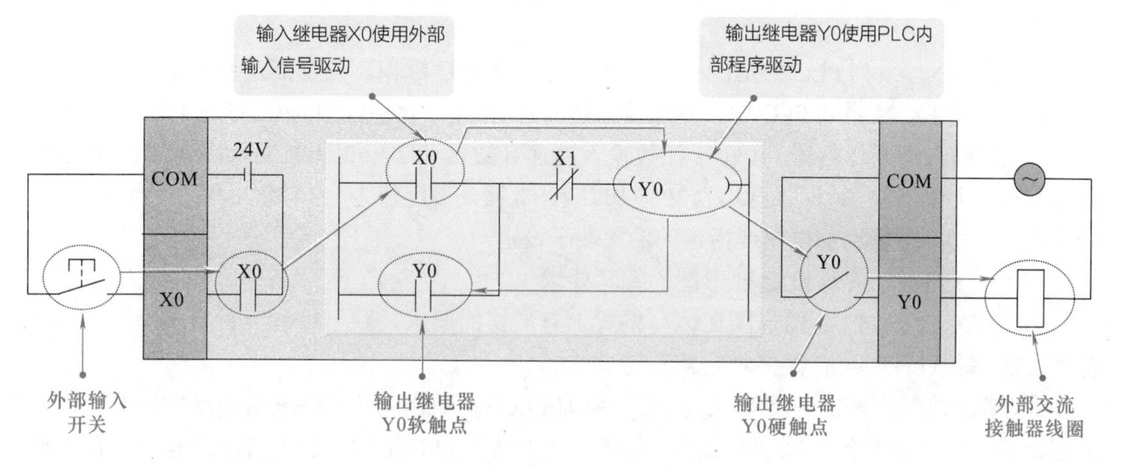

图 12-10　三菱 FX_{2N} 系列 PLC 输入 / 输出继电器的标注方法

辅助继电器在三菱 FX_{2N} 系列 PLC 梯形图中使用字母 M 标识，采用十进制编号，如图 12-11 所示。

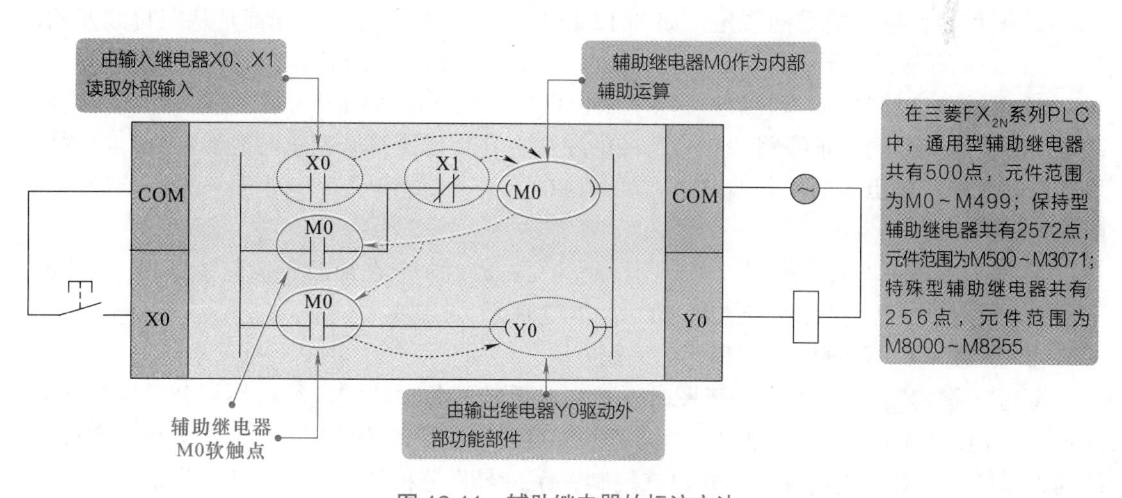

图 12-11　辅助继电器的标注方法

在三菱 FX_{2N} 系列 PLC 梯形图中，定时器使用字母 T 标识，采用十进制编号，如图 12-12 所示。根据功能的不同，定时器可分为通用型定时器和累计型定时器两种。其中，通用型定时器共有 246 点，元件范围为 T0 ～ T245；累计型定时器共有 10 点，元件范围为 T246 ～ T255。

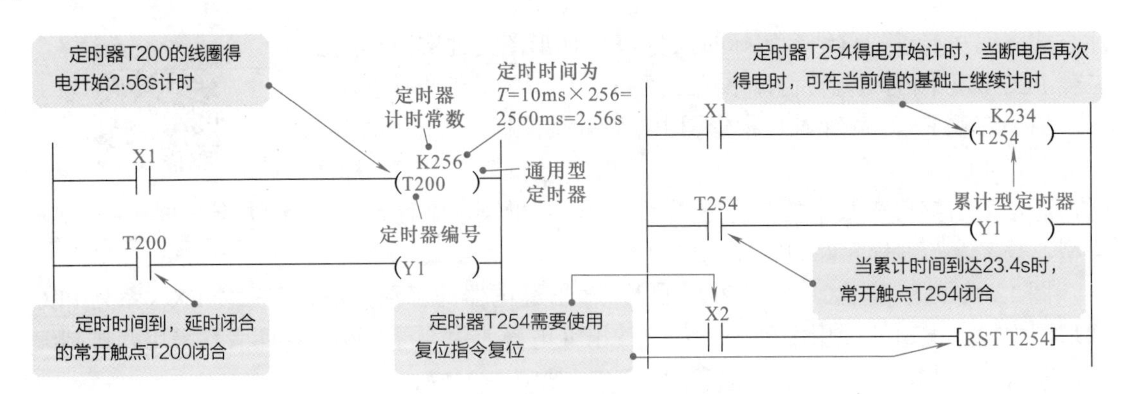

图 12-12　定时器的标注方法

在三菱 FX_{2N} 系列 PLC 梯形图中，计数器使用字母 C 标识。外部高速计数器简称高速计数器。在三菱 FX2N 系列 PLC 中，高速计数器共有 21 点，元件范围为 C235 ～ C255，主要有 1 相 1 计数输入高速计数器、1 相 2 计数输入高速计数器和 2 相 2 计数输入高速计数器三种，如图 12-13 所示。这三种计数器均为 32 位加/减计数器，设定值为 -2147483648 ～ +214783648，计数方向由特殊型辅助继电器或指定的输入端子设定。

（2）三菱 FX_{2N} 系列 PLC 梯形图的编写要求

三菱 FX_{2N} 系列 PLC 梯形图在编写格式上有严格的要求，除了编程元件有严格的书写规范外，在编程过程中还有很多规定需要遵守。

① 编程顺序的规定　编写三菱 FX_{2N} 系列 PLC 梯形图时应严格遵循能流的概念，就是将能流假想成“能量流”或“电流”，在梯形图中从左向右流动，与执行用户程序时的逻辑运算顺序一致。在三菱 FX_{2N} 系列 PLC 梯形图中，事件发生的条件表示在梯形图的左侧，事件发生的结果表示在梯形图的右侧。编写梯形图时，应按从左到右、从上到下的顺序编写，如图 12-14 所示。

② 编程元件位置关系的规定　如图 12-15 所示，梯形图的每一行都是从左母线开始、右母线结束的，触点位于线圈的左侧，线圈接在最右侧与右母线相连。

③ 母线分支的规定　触点既可以串联也可以并联，而线圈只可以并联。并联模块串联时，应将触点多的一条线路放在梯形图的左侧；使梯形图符合左重右轻的原则；串联模块并联时，应将触点多的一条线路放在梯形图的上方，使梯形图符合上重下轻的原则，如图 12-16 所示。

④ 梯形图结束方式的规定　梯形图程序编写完成后，应在最后一条程序的下一条线路上加上 END 结束符，代表程序结束，如图 12-17 所示。

（3）三菱 FX_{2N} 系列 PLC 梯形图的编程方法

编写三菱 FX_{2N} 系列 PLC 梯形图时，首先对系统的各项功能进行模块划分，并对 PLC 的各个 I/O 点进行分配；然后根据 I/O 分配表对各功能模块逐个编写，并根据各模块实现功能的先后顺序，对模块进行组合并建立控制关系；最后分析调整编写完成的梯形图，完成整个系统的编程工作。下面以电动机连续运转控制系统的设计作为案例，介绍三菱 FX_{2N} 系列 PLC 梯形图的编程方法。

图 12-18 为电动机连续运转控制系统的编写要求和编程前的分析准备，即根据控制过程的描述，理清控制关系，划分出控制系统的功能模块。

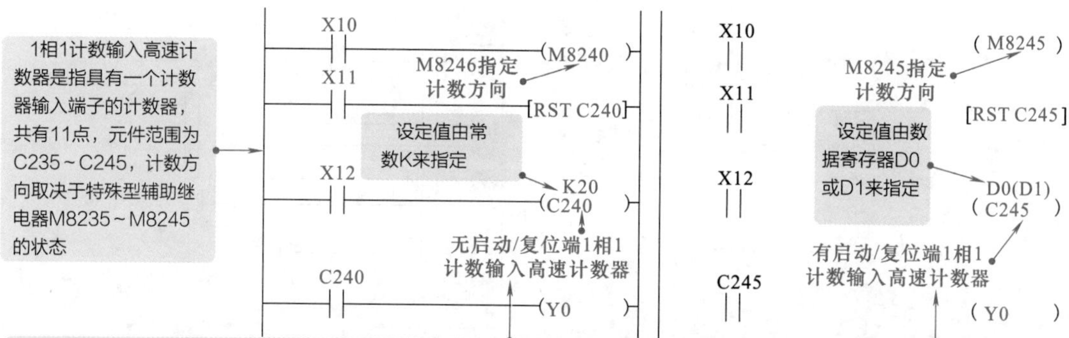

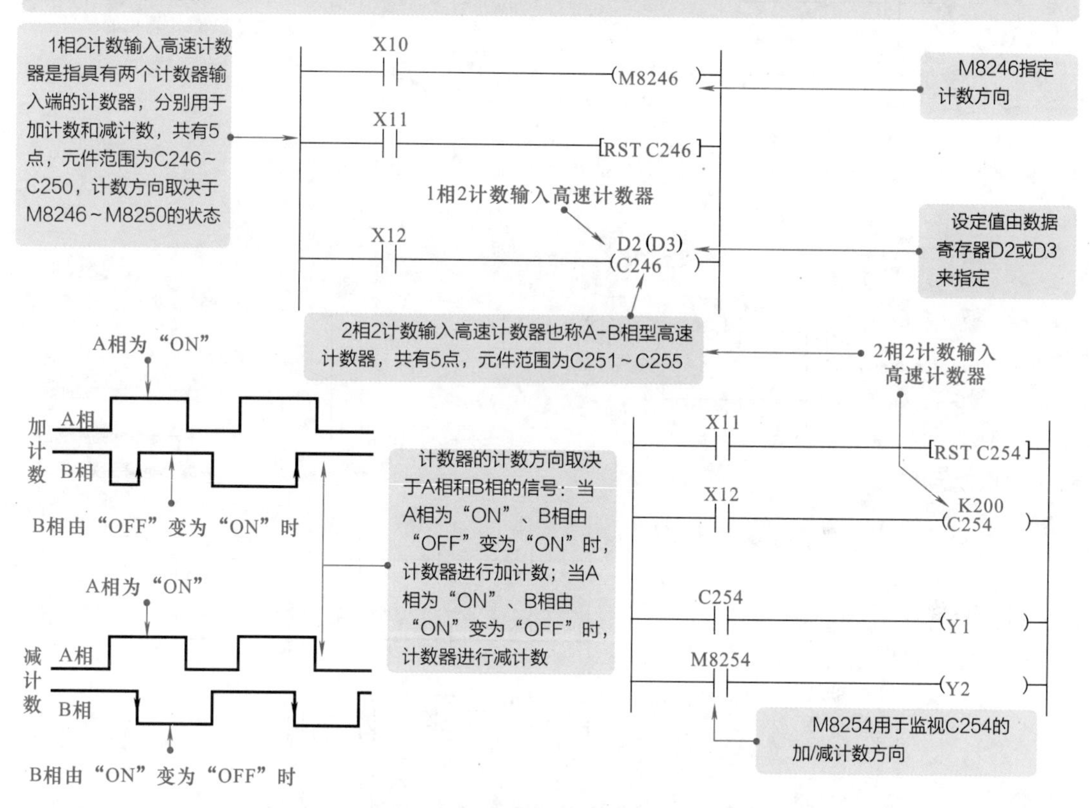

图 12-13　计数器的标注方法

划分电动机连续控制电路中的功能模块后进行 I/O 分配，将输入设备和输出设备的元件编号与三菱 PLC 梯形图中的输入继电器和输出继电器的编号对应，并填写 I/O 分配表，如表 12-1 所示。

电动机正反转控制模块划分和 I/O 分配表绘制完成后，便可根据各模块的控制要求编写梯形图，最后将各模块梯形图进行组合。

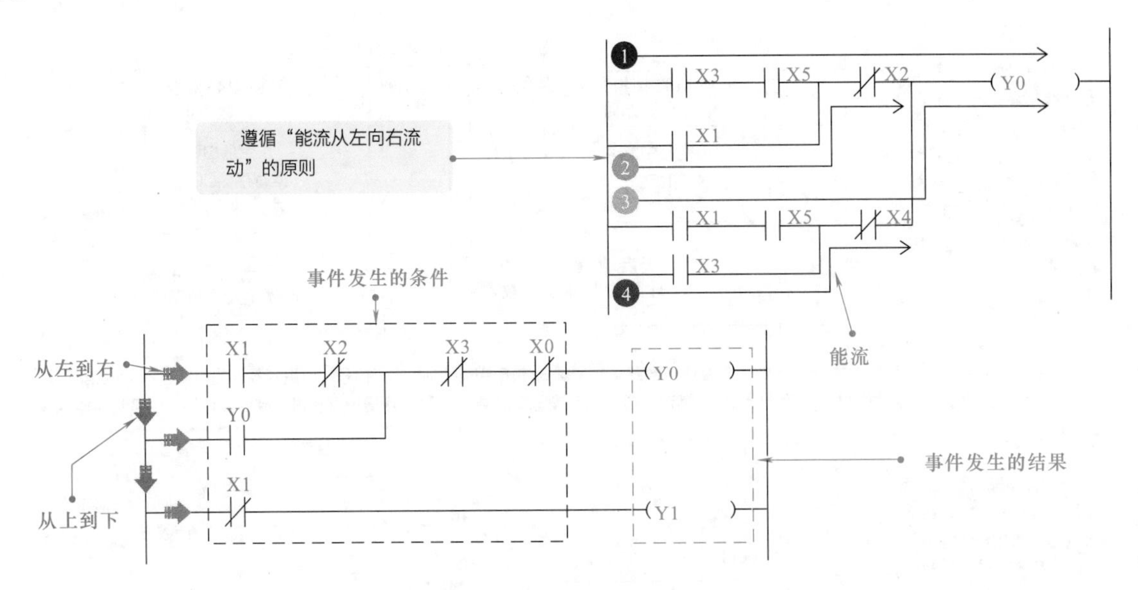

图 12-14 三菱 FX_{2N} 系列 PLC 梯形图编程顺序的规定

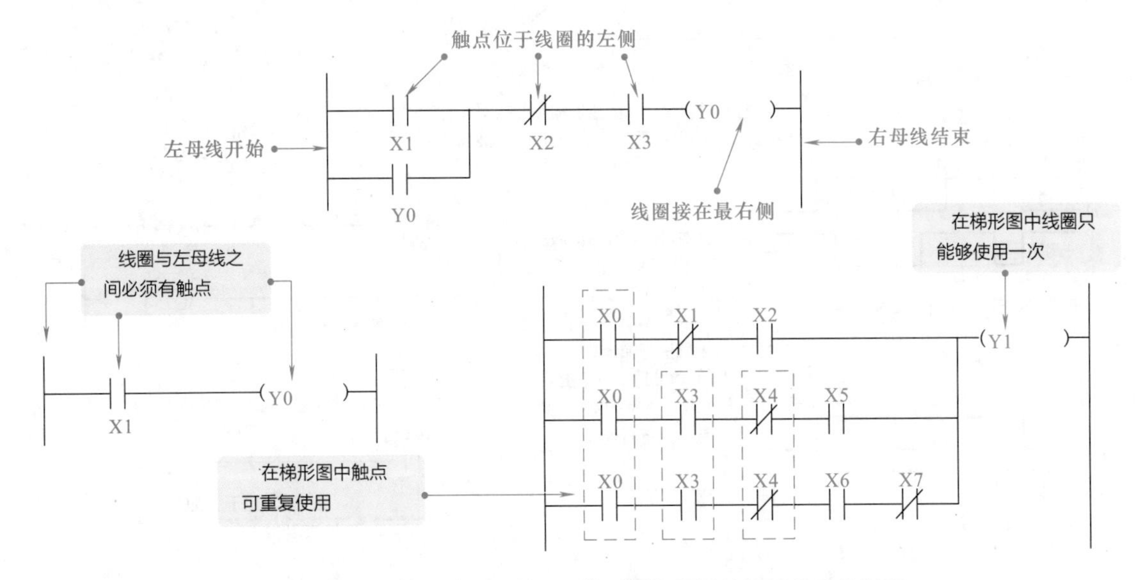

图 12-15 三菱 FX_{2N} 系列 PLC 梯形图编程元件位置关系的规定

提示说明

线圈与左母线位置关系的编写规定：线圈输出作为逻辑结果必要条件，体现在梯形图中时，线圈与左母线之间必须有触点。

线圈与触点的使用要求：输入继电器、输出继电器、辅助继电器、定时器、计数器等编程元件的触点可重复使用，输出继电器、辅助继电器、定时器、计数器等编程元件的线圈在梯形图中一般只能使用一次。

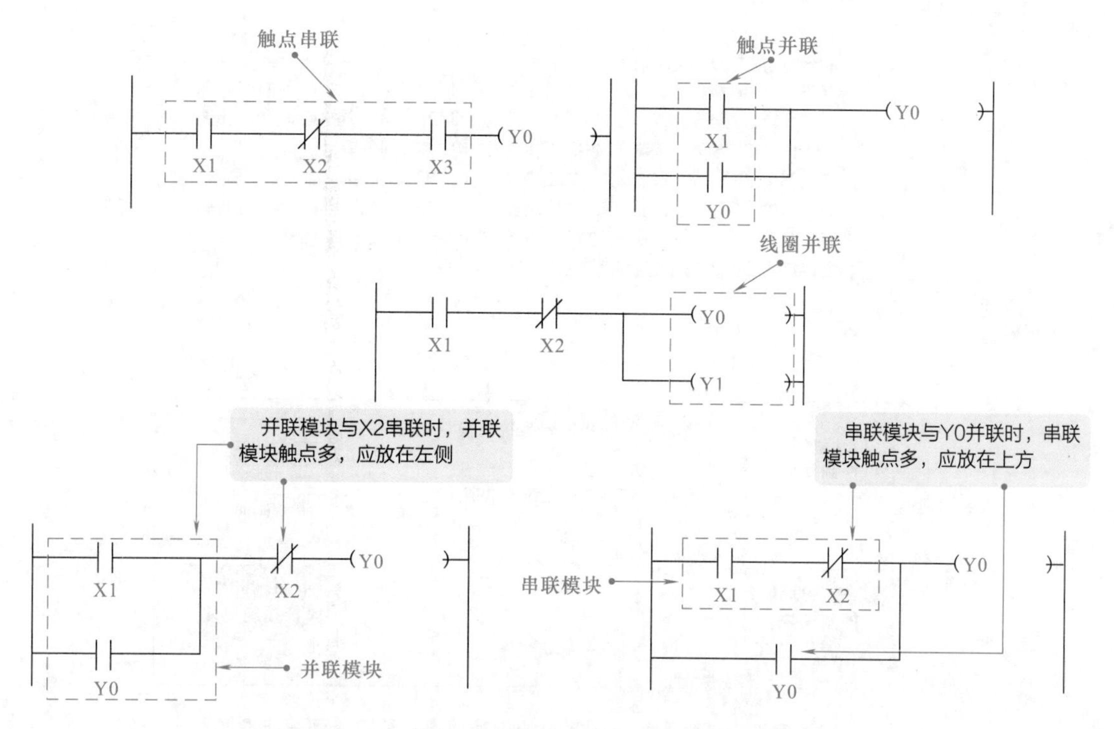

图 12-16　三菱 FX_{2N} 系列 PLC 梯形图中母线分支的规定

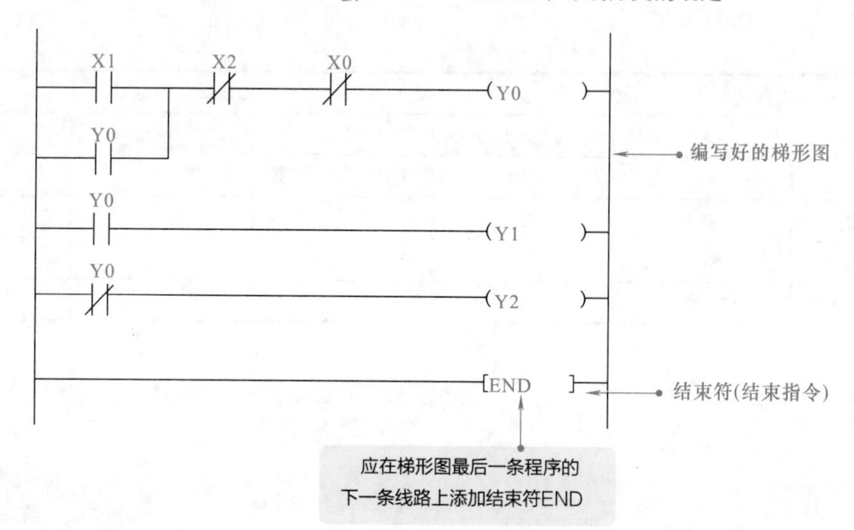

图 12-17　三菱 FX_{2N} 系列 PLC 梯形图结束方式的规定

① 电动机正转控制模块梯形图的编写　根据控制要求，编写电动机正转控制模块梯形图如图 12-19 所示。

② 电动机反转控制模块梯形图的编写　根据控制要求，编写电动机反转控制模块梯形图如图 12-20 所示。

③ 电动机正反转互锁模块梯形图的编写　将控制要求中的控制部件及控制关系在梯形图中体现，当输出继电器 Y0 的线圈得电时，其常闭触点 Y0 断开，输出继电器 Y1 的线圈不得电；当输出继电器 Y1 的线圈得电时，其常闭触点 Y1 断开，输出继电器 Y0 的线圈不得电，如图 12-21 所示。

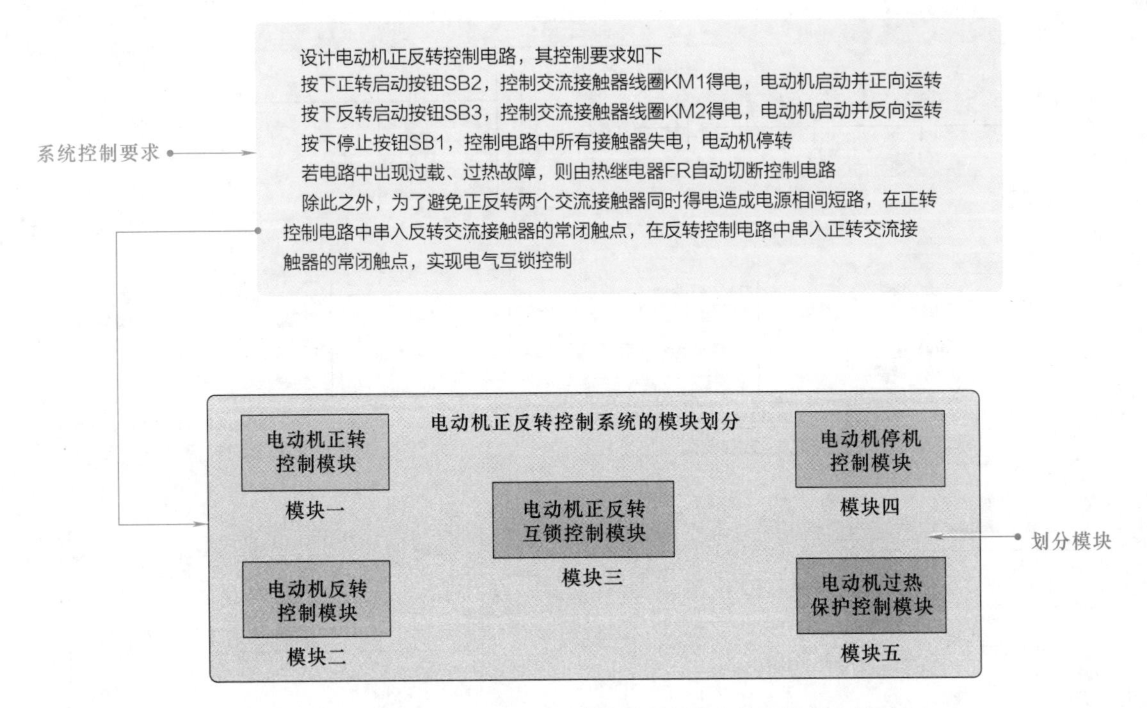

图 12-18　电动机连续运转控制系统的编写要求和编程前的分析准备

表 12-1　I/O 分配表

输入设备及地址编号			输出设备及地址编号		
名称	代号	输入点地址编号	名称	代号	输出点地址编号
热继电器	FR	X0	正转交流接触器	KM	Y0
停止按钮	SB1	X1	反转交流接触器	KM2	Y1
正转启动按钮	SB2	X2			
反转启动按钮	SB3	X3			

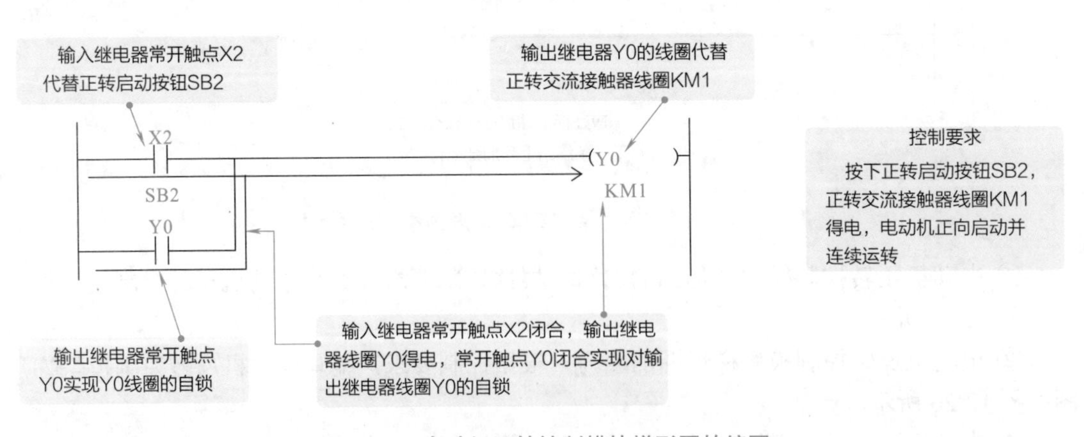

图 12-19　电动机正转控制模块梯形图的编写

④ 电动机停机控制模块梯形图的编写　将控制要求中的控制部件及控制关系在梯形图中体现，如图 12-22 所示。

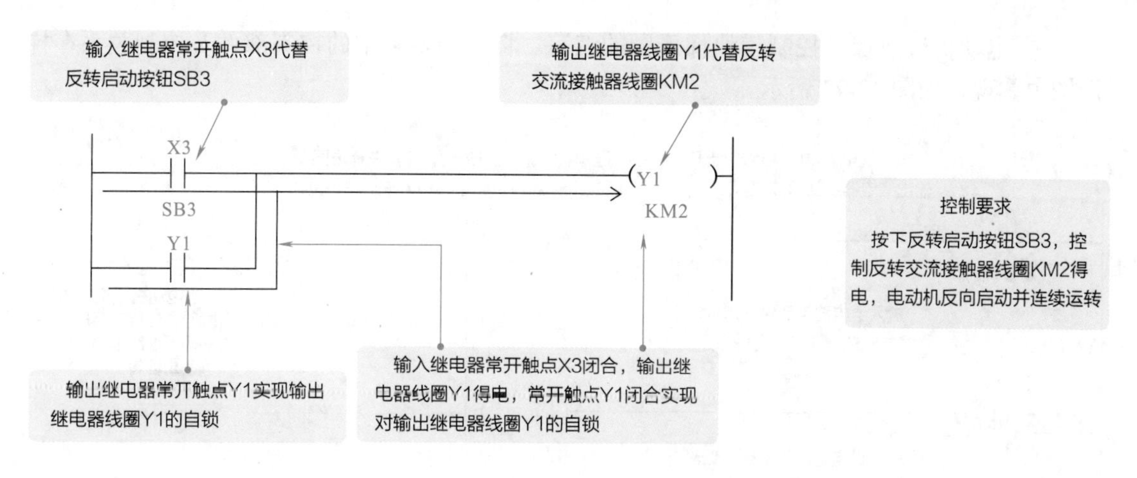

图 12-20　电动机反转控制模块梯形图的编写

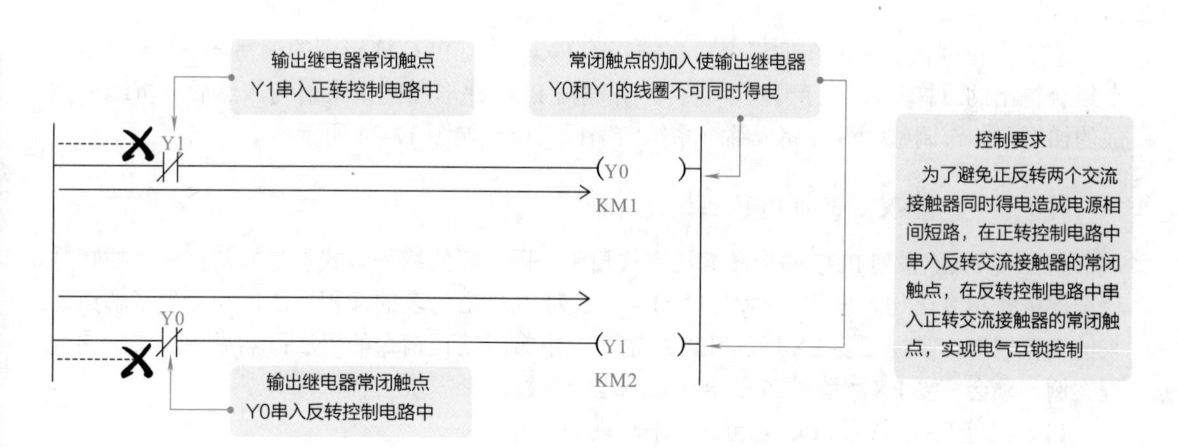

图 12-21　电动机正反转互锁模块梯形图的编写

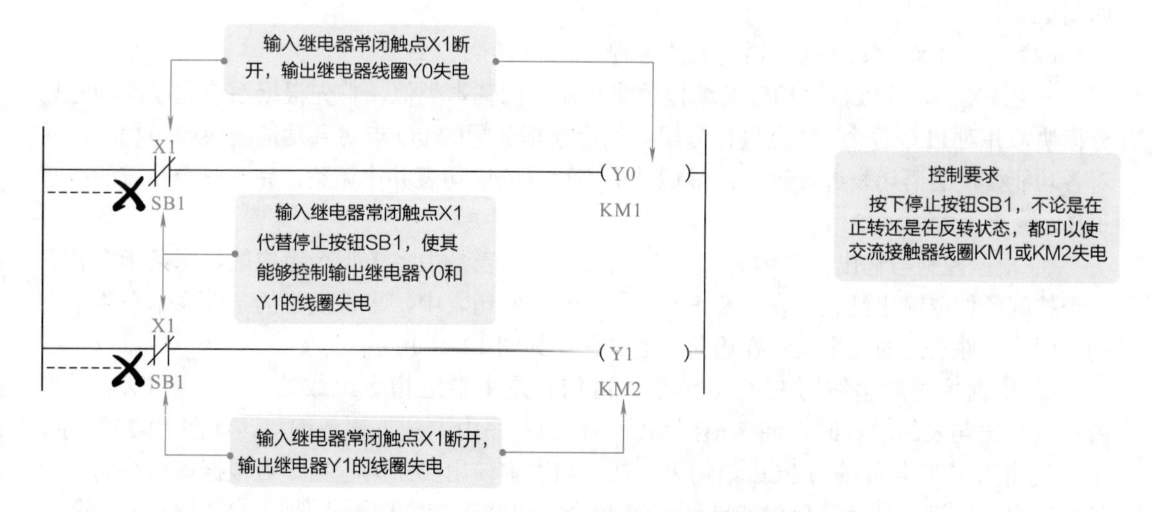

图 12-22　电动机停机控制模块梯形图的编写

⑤ 电动机过热保护控制模块梯形图的编写　将控制要求中的控制部件及控制关系在梯形图中体现，如图 12-23 所示。

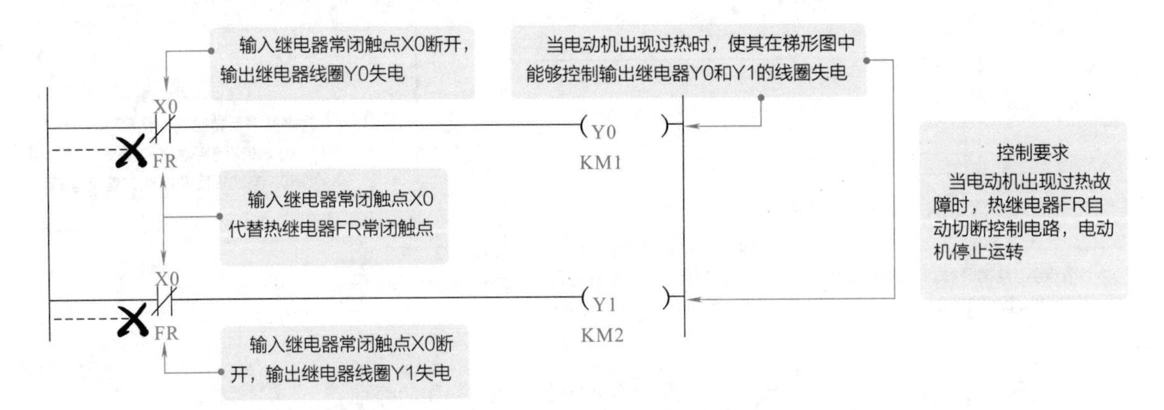

图 12-23　电动机过热保护控制模块梯形图的编写

⑥ 5 个控制模块梯形图的组合　根据三菱 FX_{2N} 系列 PLC 梯形图的编写要求，对上述 5 个组合得出的总梯形图进行整理、合并，并编写 PLC 梯形图的结束语句，然后分析编写完成的梯形图并作调整，最终完成整个系统的编程工作，如图 12-24 所示。

12.2.2　三菱 FX_{2N} 系列 PLC 语句表编程

与三菱 FX_{2N} 系列 PLC 梯形图编程方式相比，语句表的编程方式不是非常直观，控制过程全部依托指令语句表表达。学习三菱 FX_{2N} 系列 PLC 语句表的编程方法，需要先了解语句表的编程规则，掌握三菱 FX_{2N} 系列 PLC 语句表中常用编程指令的用法；然后通过实际的编程案例，领会三菱 FX_{2N} 系列 PLC 语句表编程的要领。

（1）三菱 FX_{2N} 系列 PLC 语句表的编写规则

三菱 FX_{2N} 系列 PLC 语句表的程序编写要求指令语句顺次排列，每一条语句中操作码写在左侧，操作数写在操作码的右侧，并确保操作码和操作数之间有间隔（不能连在一起），如图 12-25 所示。

（2）三菱 FX_{2N} 系列 PLC 语句表的编程方式

三菱 FX_{2N} 系列 PLC 语句表的编程思路与梯形图基本类似，首先根据系统完成的功能划分模块，并对 PLC 各个 I/O 点进行分配；然后根据分配的 I/O 点对各功能模块编写程序，并对各功能模块的语句表进行组合；最后分析编写好的语句表并作调整，完成整个系统的编写工作。

① 根据控制与输出关系编写 PLC 语句表　语句表是由多条指令组成的，每条指令表示一个控制条件或输出结果。在三菱 FX_{2N} 系列 PLC 语句表中，事件发生的条件表示在语句表的上面，事件发生的结果表示在语句表的下面，如图 12-26 所示。

② 根据控制顺序编写 PLC 语句表　语句表是由多组指令组成的。在三菱 FX_{2N} 系列 PLC 进行语句表的编程时，通常根据系统的控制顺序由上到下逐条编写，如图 12-27 所示。

③ 根据控制条件编写 PLC 语句表　在语句表中使用哪条编程指令可根据该指令的控制条件选用，如运算开始常闭触点选用 LDI 指令、串联连接常闭触点选用 ANI 指令、并联连接常开触点选用 OR 指令、线圈驱动选用 OUT 指令，如图 12-28 所示。

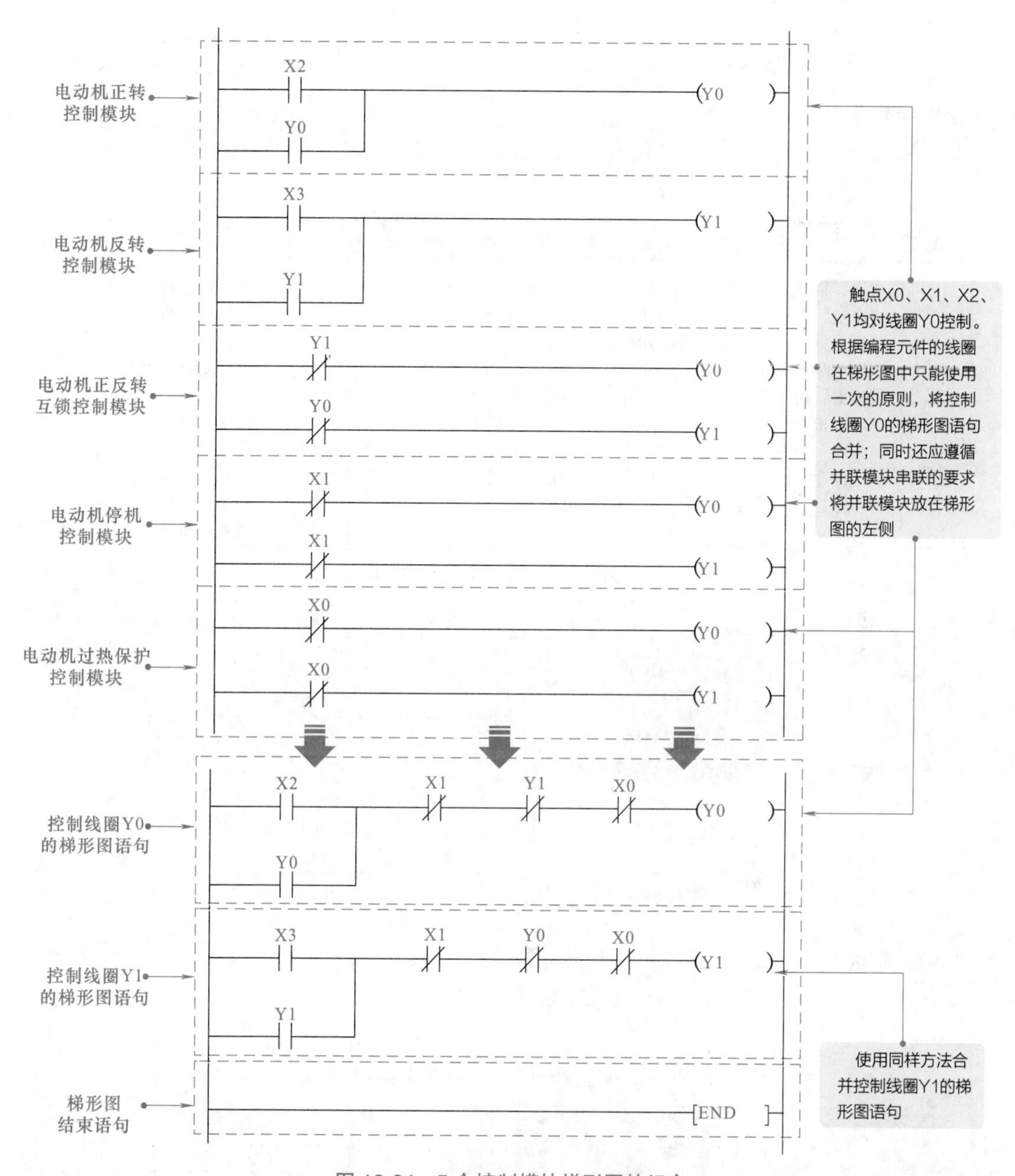

图 12-24　5 个控制模块梯形图的组合

提示说明

首先根据控制要求进行模块划分，并针对每个模块编写梯形图，“聚零为整”进行组合；然后在初步组合而成的总梯形图基础上，根据 PLC 梯形图编写要求和规则进行相关编程元件的合并，并添加程序结束指令，得到完整的梯形图。

在实际编程过程中除了可按照上述的逐步分析、逐步编写方法外，在一些传统工业设备的电路改造中，还可以将现成的电气控制电路作为依据，将原有的电气控制系统输入信号及输出信号作为 PLC 的 I/O 点，将原来由继电器 - 接触器硬件完成的控制电路由 PLC 梯形图程序直接替代。

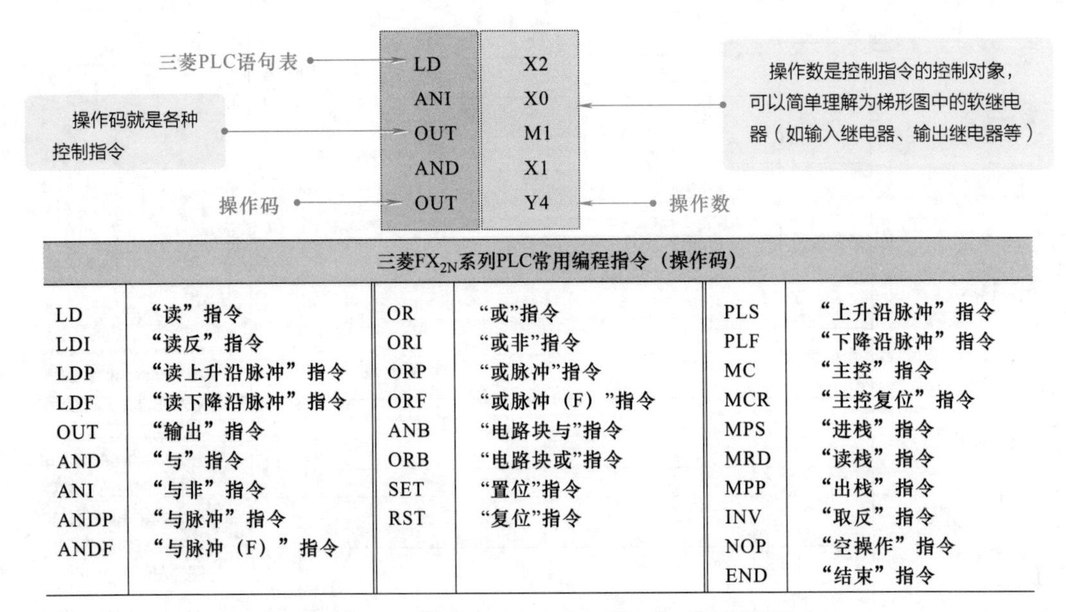

三菱FX_{2N}系列PLC常用编程指令（操作码）					
LD	“读”指令	OR	“或”指令	PLS	“上升沿脉冲”指令
LDI	“读反”指令	ORI	“或非”指令	PLF	“下降沿脉冲”指令
LDP	“读上升沿脉冲”指令	ORP	“或脉冲”指令	MC	“主控”指令
LDF	“读下降沿脉冲”指令	ORF	“或脉冲（F）”指令	MCR	“主控复位”指令
OUT	“输出”指令	ANB	“电路块与”指令	MPS	“进栈”指令
AND	“与”指令	ORB	“电路块或”指令	MRD	“读栈”指令
ANI	“与非”指令	SET	“置位”指令	MPP	“出栈”指令
ANDP	“与脉冲”指令	RST	“复位”指令	INV	“取反”指令
ANDF	“与脉冲（F）”指令			NOP	“空操作”指令
				END	“结束”指令

图 12-25　三菱 FX_{2N} 系列 PLC 语句表的编写规则

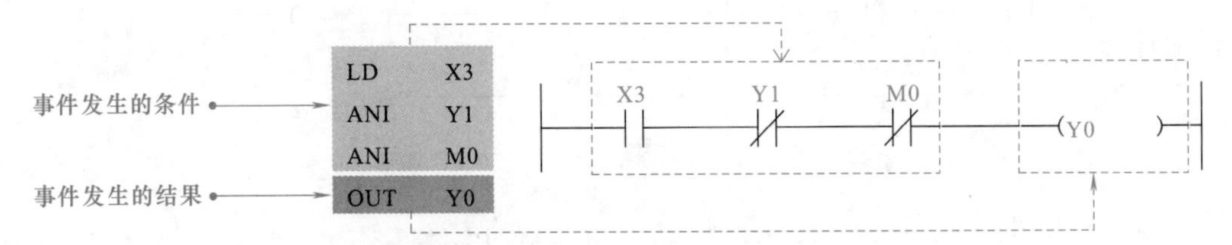

图 12-26　根据控制与输出关系编写 PLC 语句表

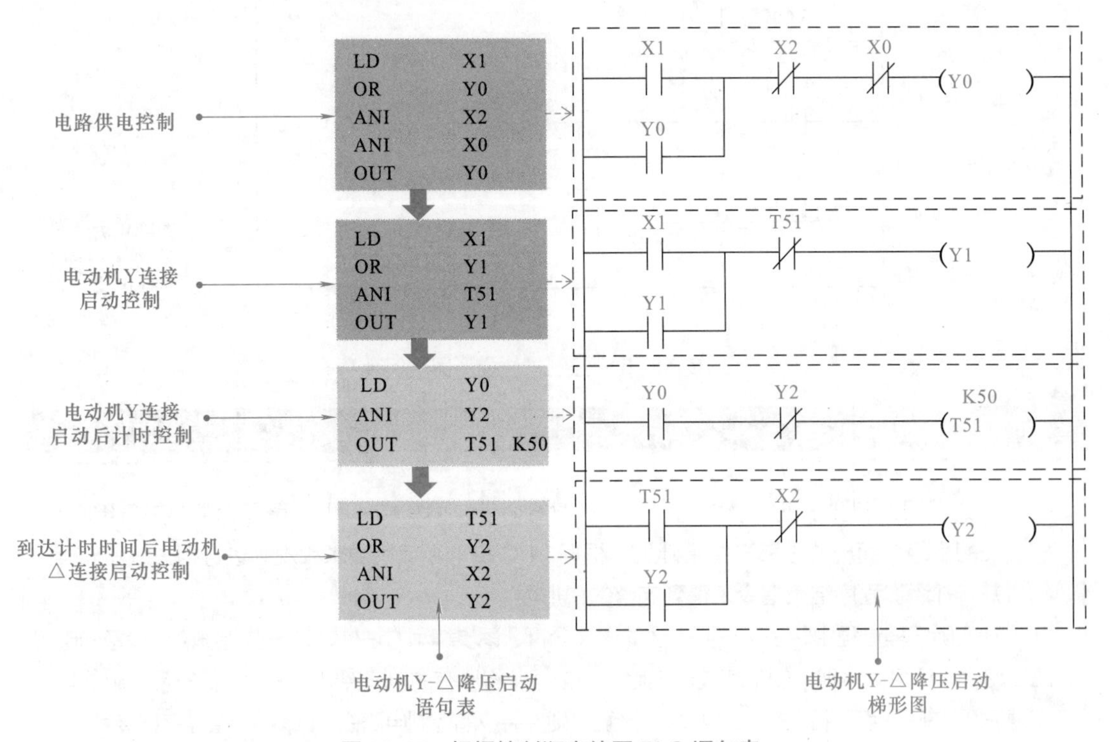

图 12-27　根据控制顺序编写 PLC 语句表

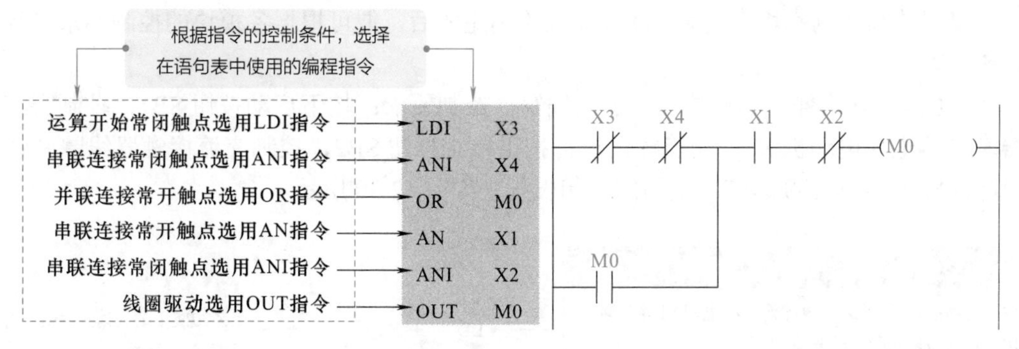

图 12-28　根据控制条件编写 PLC 语句表

提示说明

事件发生的结果表示在语句表的下面。三菱 FX_{2N} 系列 PLC 语句表程序编写完成后，应在最后一条程序的下一条加上 END 编程指令，代表程序结束。

（3）三菱 FX_{2N} 系列 PLC 语句表的编程方法

图 12-29 为电动机连续控制系统的编写要求和编程前的分析准备，即根据电动机连续控制的要求，将功能模块划分为电动机 M 启 / 停控制模块、运行指示灯 RL 控制模块、停机指示灯 GL 控制模块。

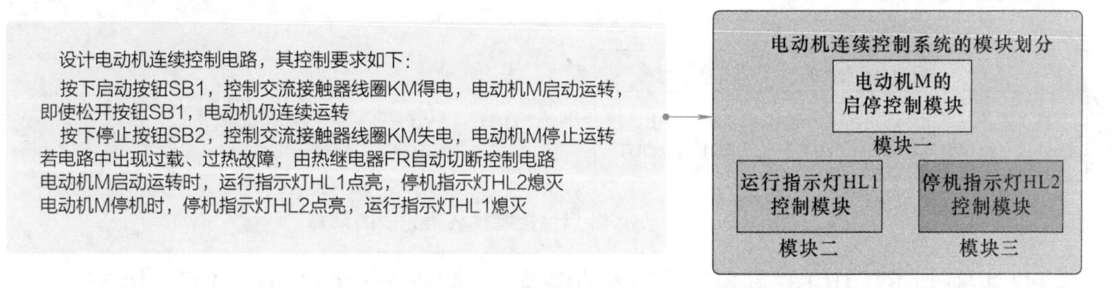

图 12-29　电动机连续控制系统的编写要求和编程前的分析准备

将输入设备、输出设备的元件编号与语句表中的操作数对应。输入设备主要包括启动按钮 SB1、停止按钮 SB2、热继电器常闭触点 FR，因此应有 3 个输入信号；输出设备主要包括交流接触器 KM（控制电动机 M）、指示灯 HL1/HL2，因此应有 3 个输出信号，如表 12-2 所示。

表 12-2　I/O 分配

输入设备及地址编号			输出设备及地址编号		
名称	代号	输入点地址编号	名称	代号	输入点地址编号
热继电器	FR	X0	交流接触器	KM	Y0
启动按钮	SB1	X1	运行指示灯	HL1	Y1
停止按钮	SB2	X2	停机指示灯	HL2	Y2

电动机连续控制模块划分和 I/O 分配表绘制完成后，便可根据各模块的控制要求进行语句表的编写。

① 电动机 M 启停控制模块语句表的编写　控制要求：按下启动按钮 SB1，控制交流接触器 KM 得电，电动机 M 启动连续运转；按下停止按钮 SB2，控制交流接触器线圈 KM 失电，电动机 M 停止连续运转。编写的语句表程序如图 12-30 所示。

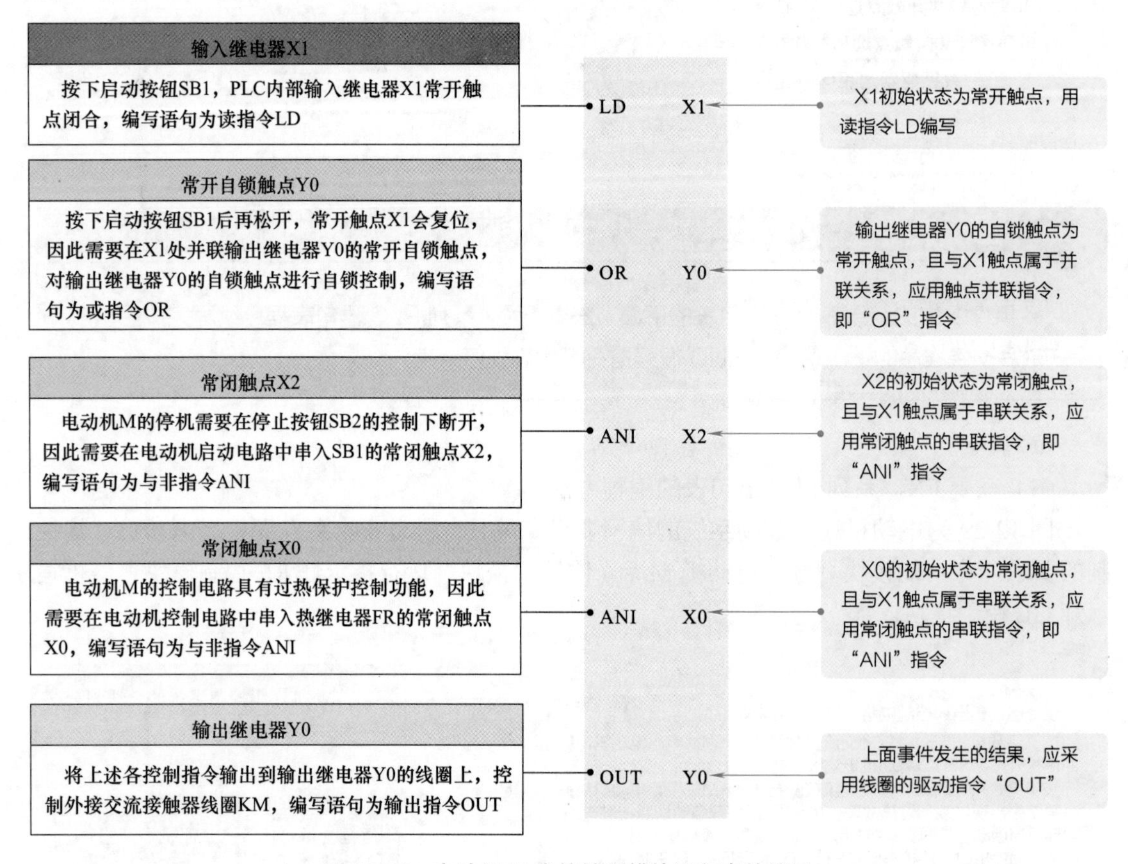

图 12-30　电动机 M 启停控制模块语句表的编写

② 运行指示灯 HL1 控制模块语句表的编写　控制要求：当电动机 M 启动运转时，运行指示灯 HL1 点亮；当电动机 M 停转时，HL1 熄灭。编写的语句表程序如图 12-31 所示。

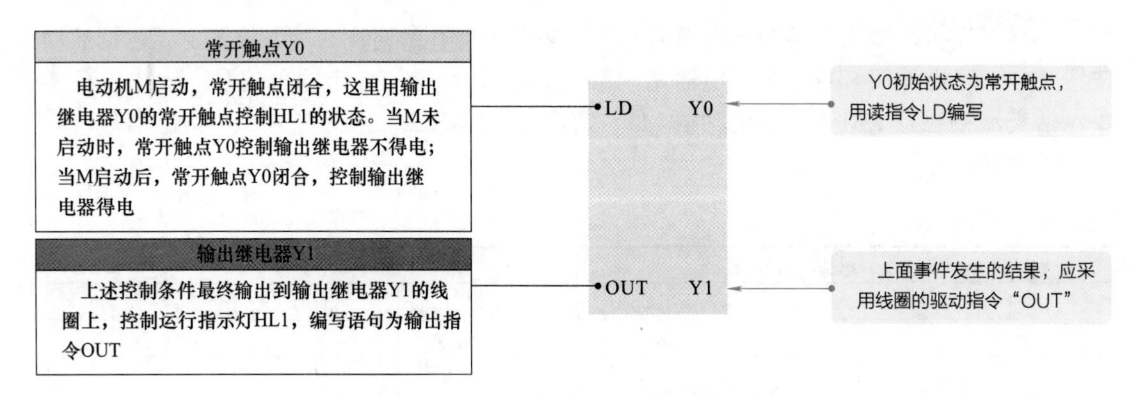

图 12-31　运行指示灯 HL1 控制模块语句表的编写

③ 停机指示灯 HL2 控制模块语句表的编写　控制要求：当电动机 M 停转时，停机指示灯 HL2 点亮；当电动机 M 启动后，HL2 熄灭。编写的语句表程序如图 12-32 所示。

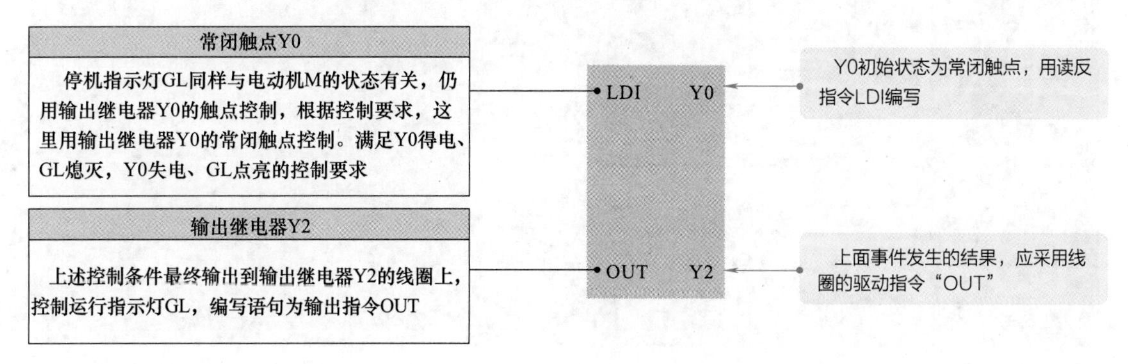

图 12-32　停机指示灯 HL2 控制模块语句表的编写

根据各模块的先后顺序，将上述 3 个控制模块所得的语句表组合，得出总的语句表程序。图 12-33 为组合完成的电动机连续控制语句表程序。将上述 3 个控制模块组合完成后，添加 PLC 语句表的结束指令。最后分析编写完成的语句表并作调整，完成整个系统的编程工作。

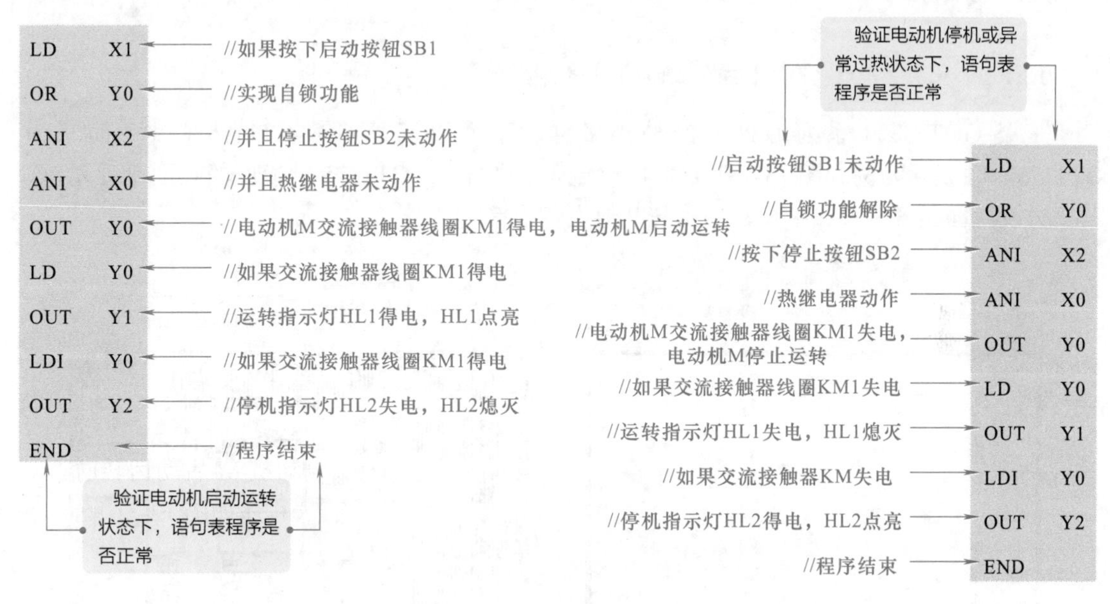

图 12-33　组合后的语句表程序

第13章 三菱PLC触摸屏的使用操作

13.1 三菱GOT-GT11系列触摸屏使用操作

13.1.1 三菱GOT-GT11系列触摸屏的结构

三菱GOT-GT11系列触摸屏的种类多样，下面以三菱GOT-GT1175（以下简写为GT1175）触摸屏为例。图13-1为GT1175触摸屏的结构。GT1175触摸屏的正面是显示屏，其下方及背面是各种连接端口，用以与其他设备连接。

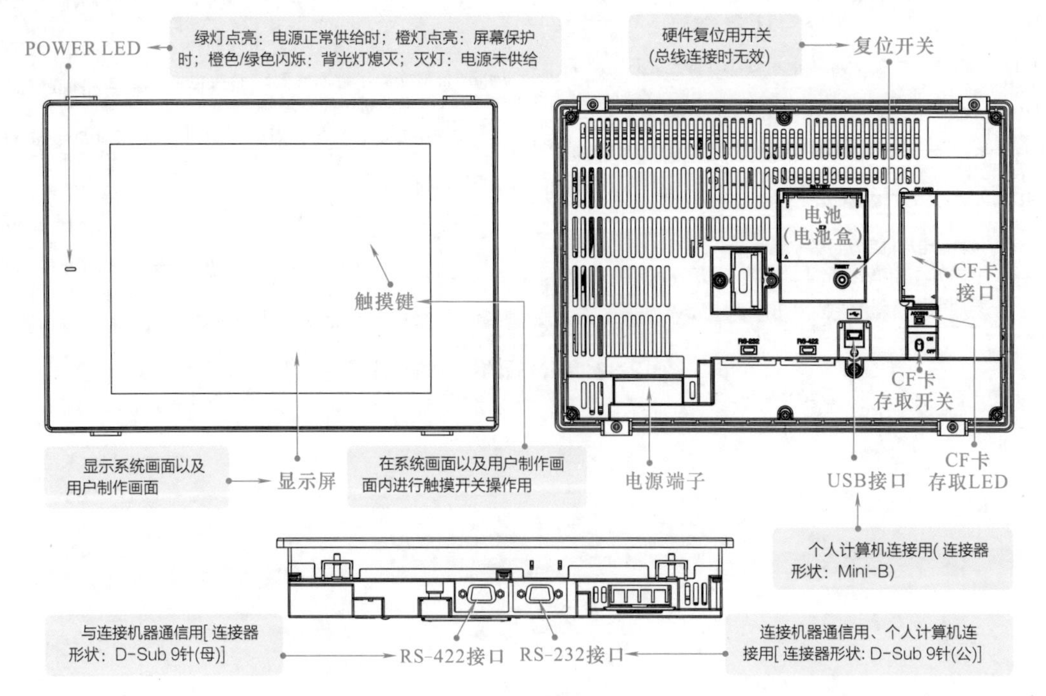

图13-1 GT1175触摸屏的结构

提示说明

在三菱 GOT 触摸屏中，GT11 系列触摸屏的型号含义如图 13-2 所示。

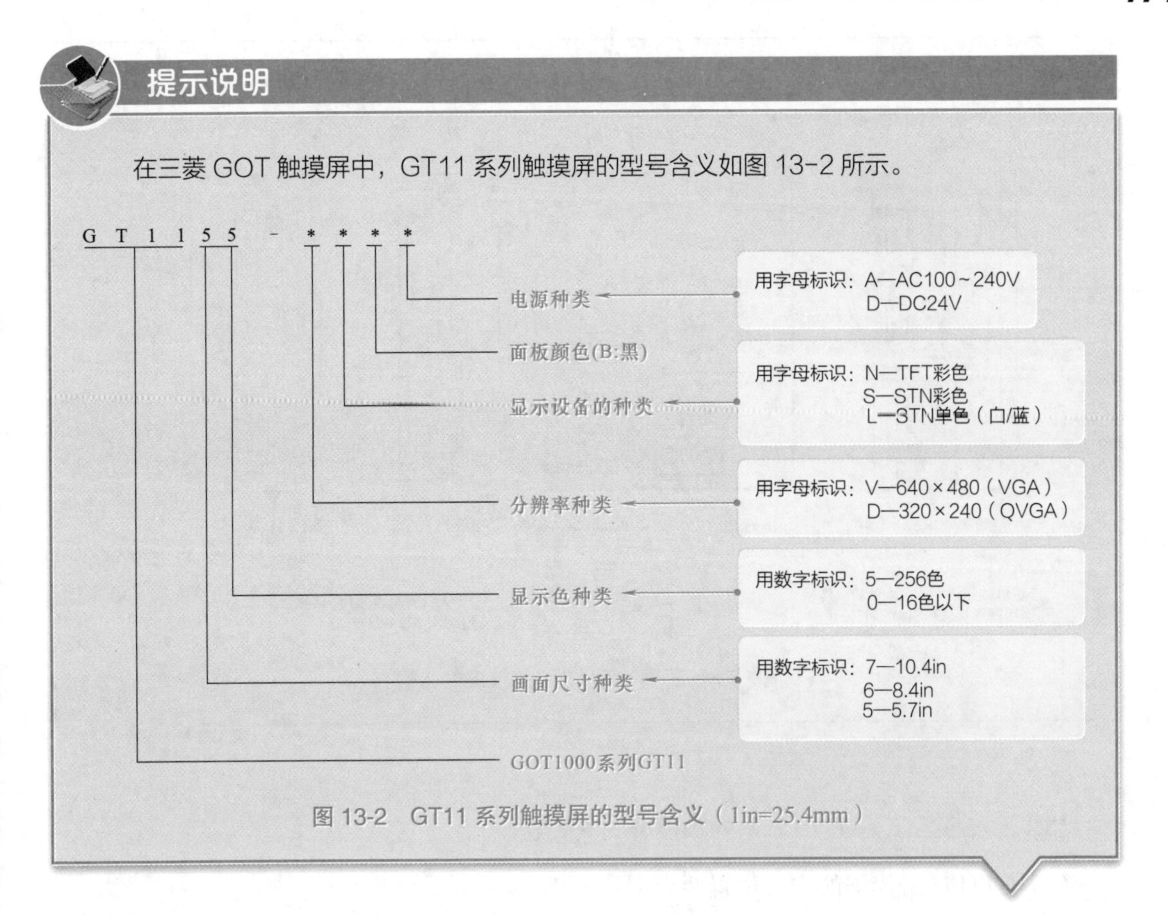

图 13-2　GT11 系列触摸屏的型号含义（1in=25.4mm）

资料扩展

图 13-3 为三菱 GT115×（常见的有 GT1150、GT1155）触摸屏的结构。其键钮分布及端口的类型、数量和位置与 GT1175 有所不同。

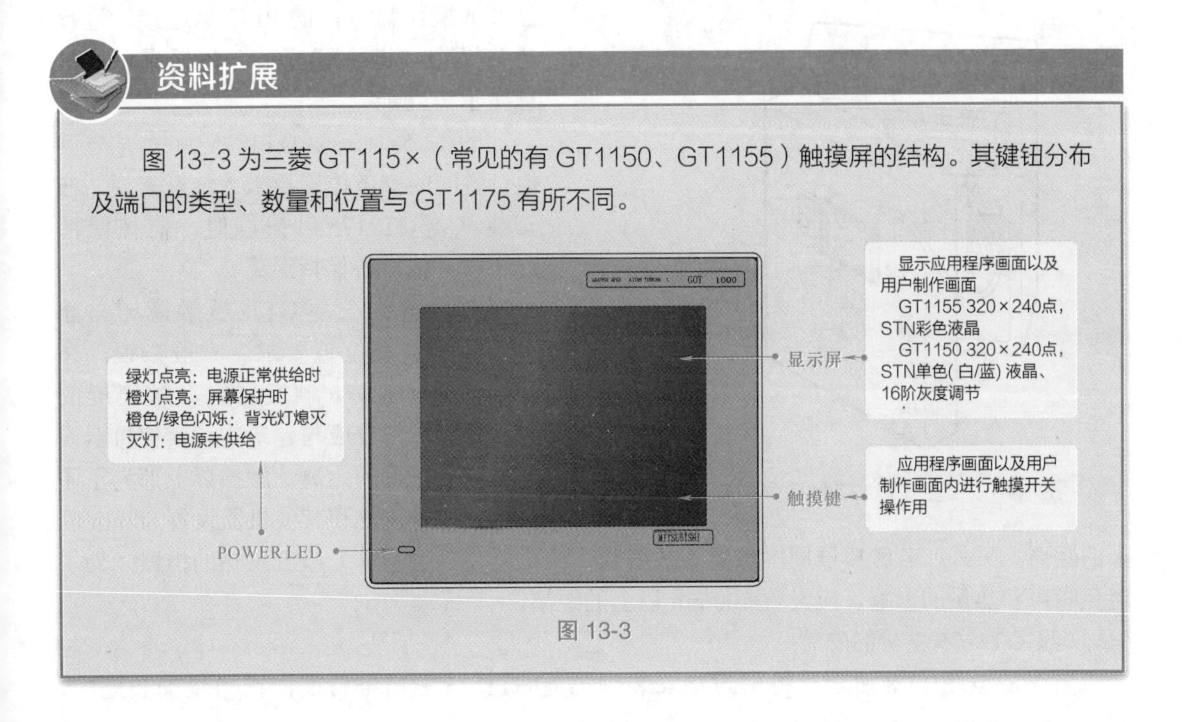

图 13-3

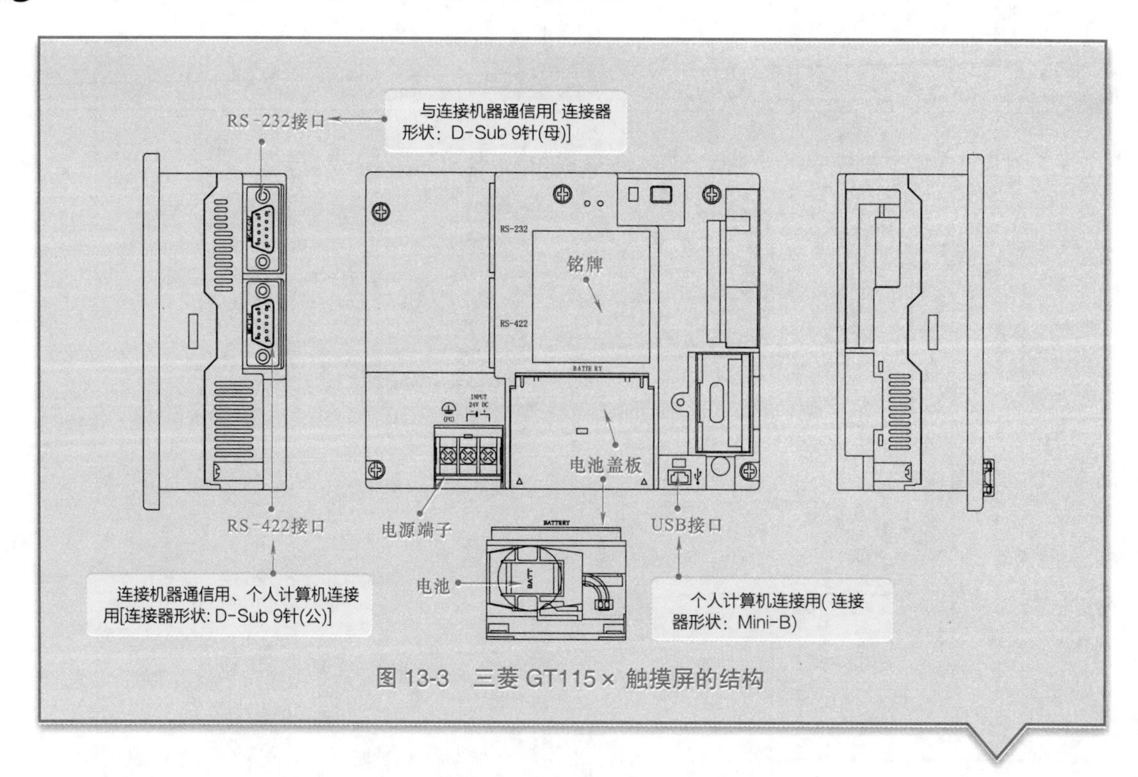

图13-3 三菱GT115×触摸屏的结构

13.1.2 三菱GOT-GT11系列触摸屏的安装连接

（1）GT1175触摸屏的安装位置要求

如图13-4所示，三菱GT1175触摸屏通常安装于控制盘或操作盘的面板上，与控制盘（或操作盘）内的PLC等连接，进行开关操作、指示灯显示、数据显示、信息显示等功能。

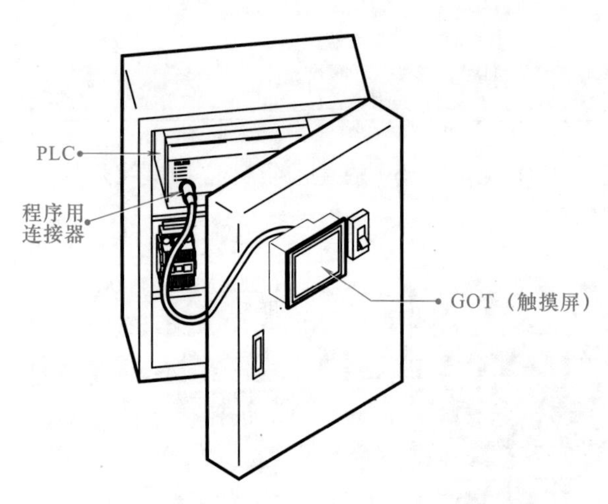

图13-4 三菱GT1175触摸屏的安装位置

图13-5为三菱GT1175触摸屏与其他设备间的安装位置要求。一般来说，在安装三菱GT1175触摸屏时，需按照图13-4与其他设备保持距离。

图13-6为三菱GT1175触摸屏与建筑物间的安装位置要求。一般来说，在安装三菱GT1175触摸屏时，触摸屏的左、右、下部分应与建筑物和其他机器设置50mm以上的距离。触摸屏上部为了通气，应与建筑物和其他机器设置80mm以上的距离。另外，若触摸屏周围放置了放射噪声的机器（接触器等）或者发热的机器，为了避免噪声和热量的影响，应设置100mm以上的距离。

（2）GT1175主机的安装

首先，按图13-8所示，将密封垫安装到三菱GT1175触摸屏背面的密封垫安装槽中。安装时将细的一方压入安装槽。

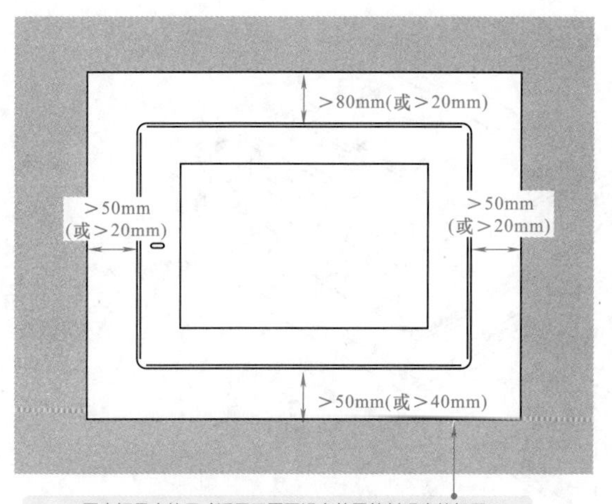

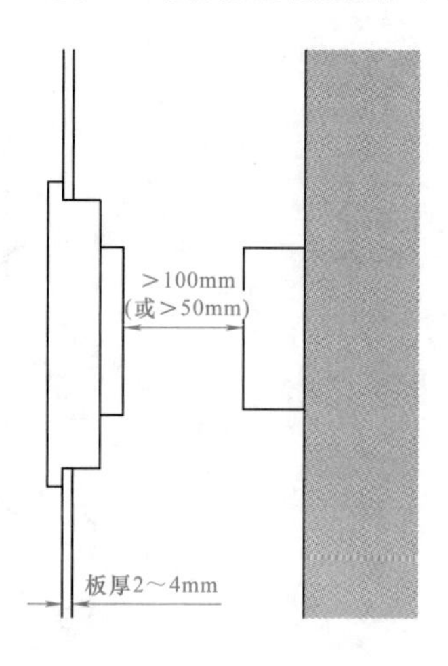

图 13-5 三菱 GT1175 触摸屏与其他设备间的安装位置要求

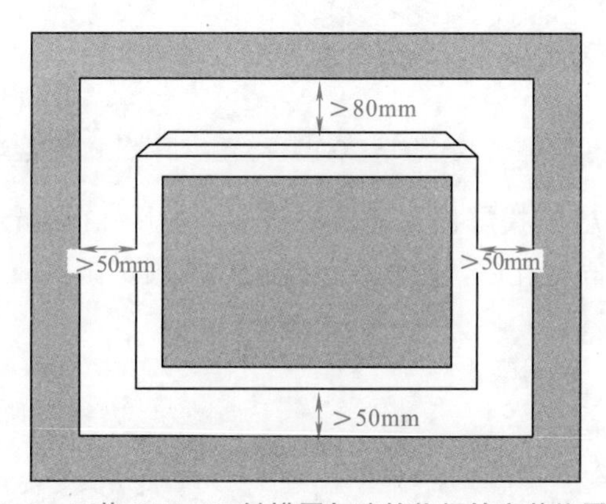

图 13-6 三菱 GT1175 触摸屏与建筑物间的安装位置要求

提示说明

如果在控制盘内安装，三菱 GT1175 触摸屏的安装角度如图 13-7 所示。控制盘内的温度应控制在 4 ~ 55℃，安装角度为 60° ~ 105°。

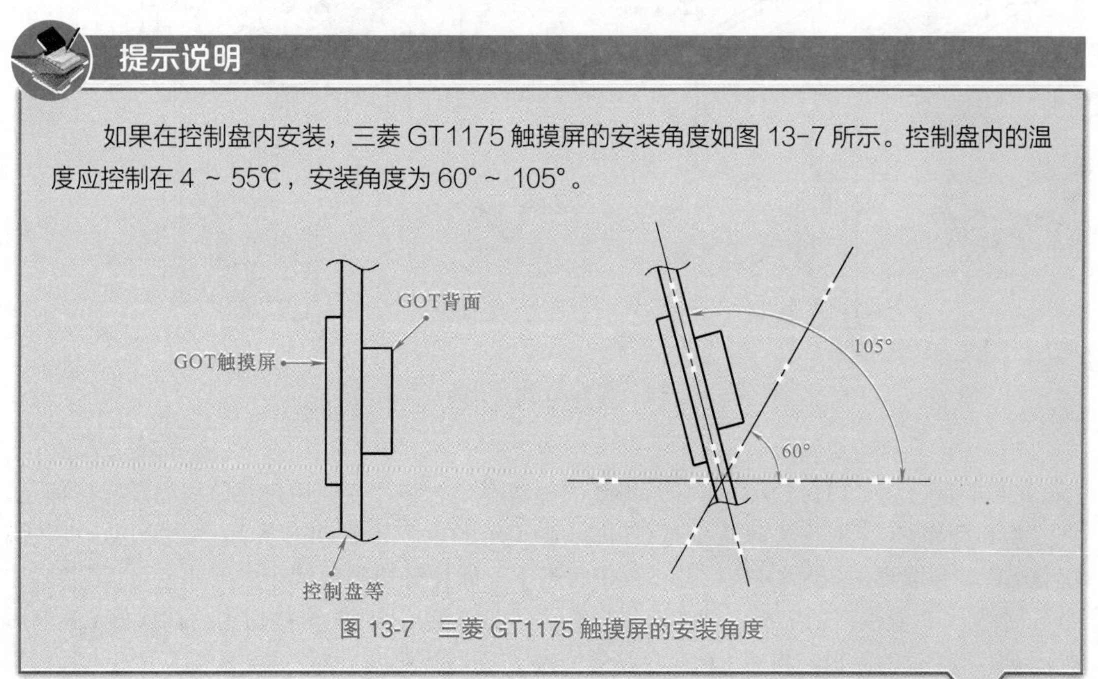

图 13-7 三菱 GT1175 触摸屏的安装角度

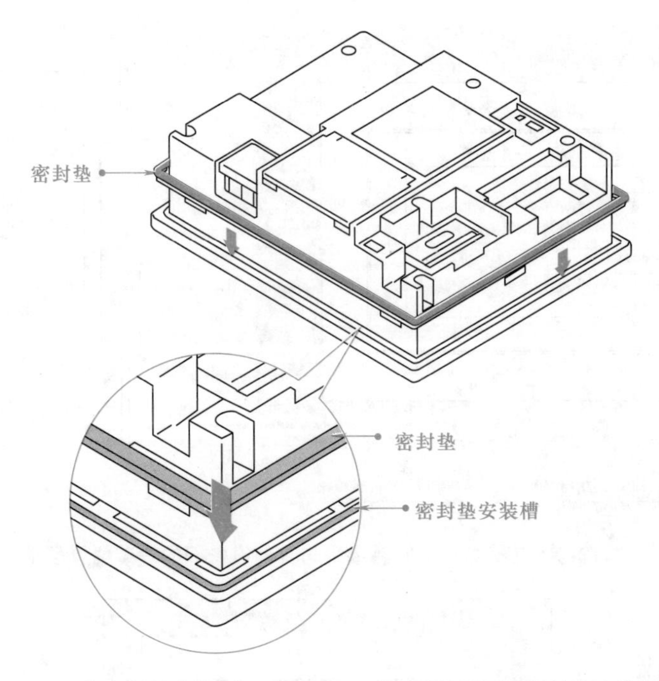

图 13-8　将密封垫安装到三菱 GT1175 触摸屏背面的密封垫安装槽中

然后，将三菱 GT1175 触摸屏插入面板的正面，如图 13-9 所示。将安装配件的挂钩挂入三菱 GT1175 触摸屏的固定孔内，并用安装螺栓拧紧固定。

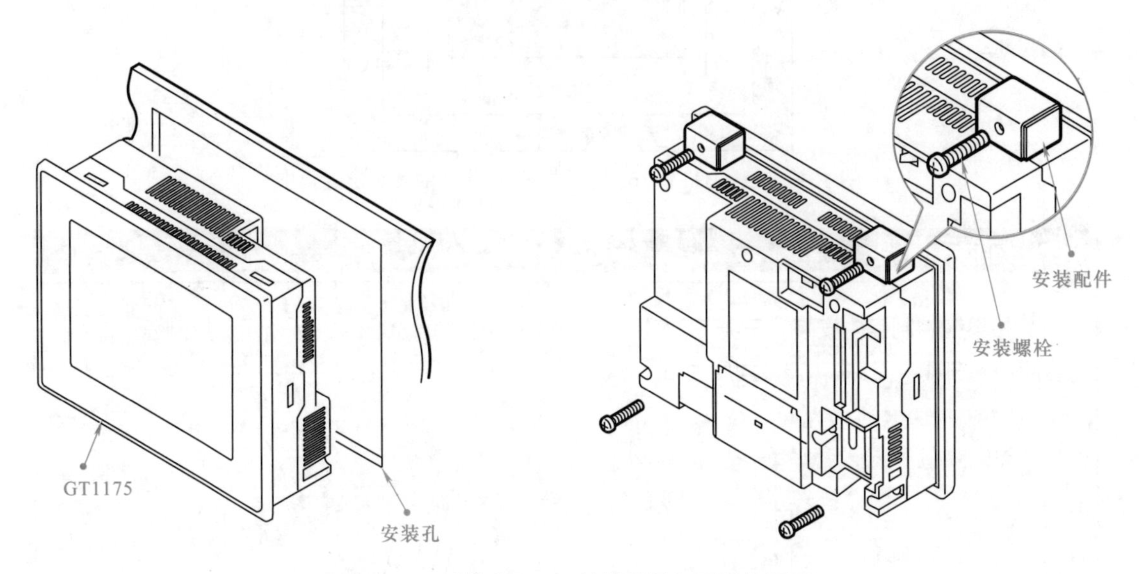

图 13-9　三菱 GT1175 触摸屏插入面板的正面

（3）CF 卡的装卸方法

CF 卡是三菱 GT1175 触摸屏非常重要的外部存储设备，主要用来存储程序及数据信息。在安装和拆卸 CF 卡时应先确认三菱 GT1175 触摸屏的电源处于 OFF 状态。如图 13-10 所示，确认 CF 卡存取开关置于 OFF 状态（在该状态下，即使触摸屏电源未关闭，也可以装卸 CF 卡），打开 CF 卡接口的盖板，将 CF 卡的表面朝向外侧压入 CF 卡接口中。插入好 CF 卡后关闭 CF 卡接口的盖板，再将 CF 卡存取开关置于 ON 状态。

提示说明

安装 GT1175 主机应注意，将 GT1175 触摸屏从控制盘中取出时，必须先切断系统中正在使用的所有外部电源，否则可能导致设备故障或者运行错误。

将选项功能板在 GT1175 触摸屏上安装或者卸下时，也必须先切断系统中正在使用的所有外部电源，否则可能导致设备故障或者运行错误。

安装 GT1175 触摸屏时，应在规定的扭矩范围内拧紧安装螺栓。若安装螺栓拧得太松，可能导致脱落、短路、运行错误；若安装螺栓拧得太紧，可能导致安装螺栓及设备的损坏而引起脱落、短路、运行错误。

另外，安装和使用 GT1175 触摸屏必须在基本操作环境要求下进行，避免因操作不当引起触电、火灾、误动作而损坏产品或使产品性能变差。

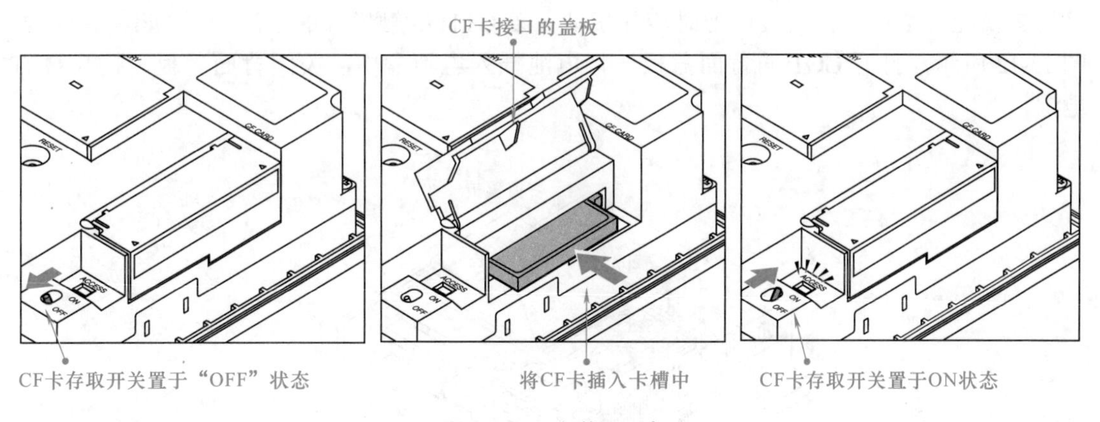

图 13-10　安装 CF 卡

当取出 CF 卡时，首先将 CF 卡存取开关置于 OFF 状态，并确认 CF 卡存取 LED 灯熄灭；然后打开 CF 卡接口的盖板，将 CF 卡弹出按钮竖起，向内按下 CF 卡弹出按钮，CF 卡便会自动从存取卡仓中弹出。具体操作如图 13-11 所示。

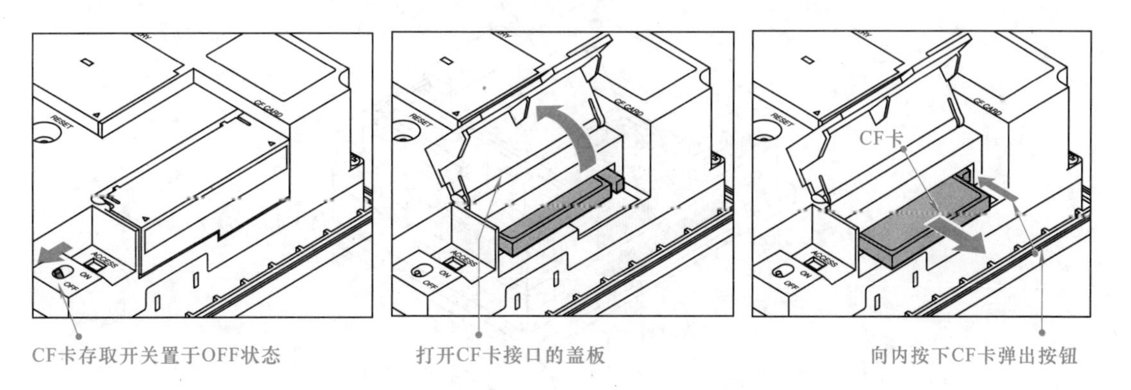

图 13-11　取出 CF 卡

提示说明

在 GT1175 触摸屏中安装或拆卸 CF 卡时，应将 CF 卡存取开关置于 OFF 状态之后（CF 卡存取 LED 灯熄灭）进行，否则可能导致 CF 卡内的数据损坏或运行错误。

在 GT1175 触摸屏中安装 CF 卡时，插入 GT1175 安装口，并压下 CF 卡直到弹出按钮被推出。如果接触不良，可能导致运行错误。

在取出 CF 卡时，由于 CF 卡有可能弹出，因此需用手将其扶住，否则有可能掉落而导致 CF 卡破损或故障。

另外，在使用 RS-232 通信下载监视数据等的过程中，不要装卸 CF 卡。否则可能发生 GT Designer2 通信错误，无法正常下载。

（4）GT1175 电池的安装

电池是三菱 GT1175 触摸屏的电能供给设备，用于保持或备份触摸屏中的时钟数据、报警历史及配方数据。在安装电池时应先确认三菱 GT1175 触摸屏的电源处于 OFF 状态。如图 13-12 所示，打开 GOT 的背面盖板，将电池插入电池盒中，关闭背面盖板，打开 GOT 电源。

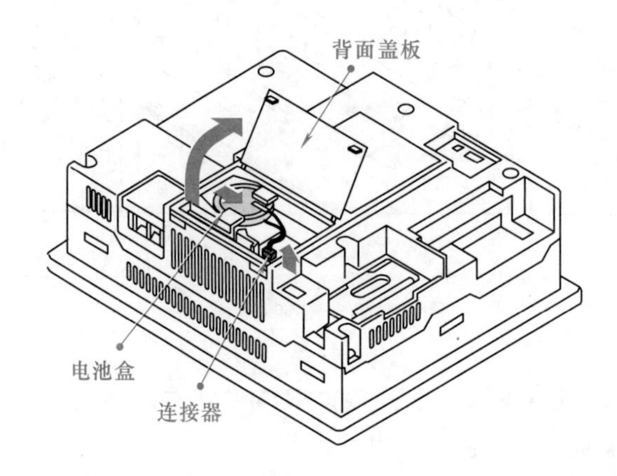

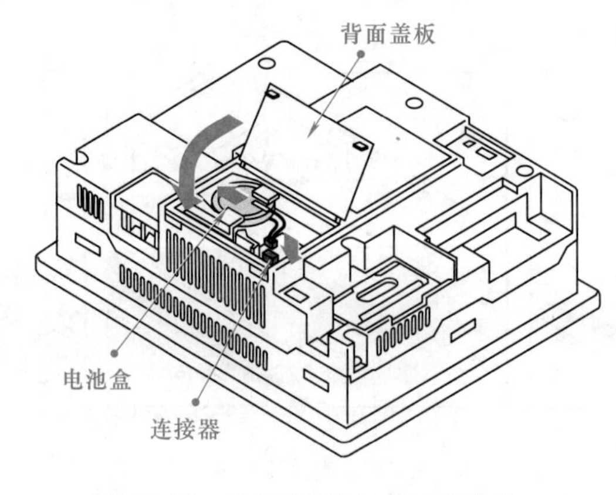

图 13-12　GT1175 电池的安装方法

提示说明

在环境温度下（25℃）电池的寿命为 5 年，在使用过程中应注意检查电池电量是否充足。一般情况下，电池的更换期限为 4~5 年。由于电池存在自然放电现象，具体更换周期可以根据实际使用情况确定。一般可以在 GT1175 触摸屏的应用程序画面中确认电池的状态。

（5）GT1175 电源接线

图 13-13 为 GT1175 电源接线的配线示意图。为避免干扰，在电路中可连接绝缘变压器。

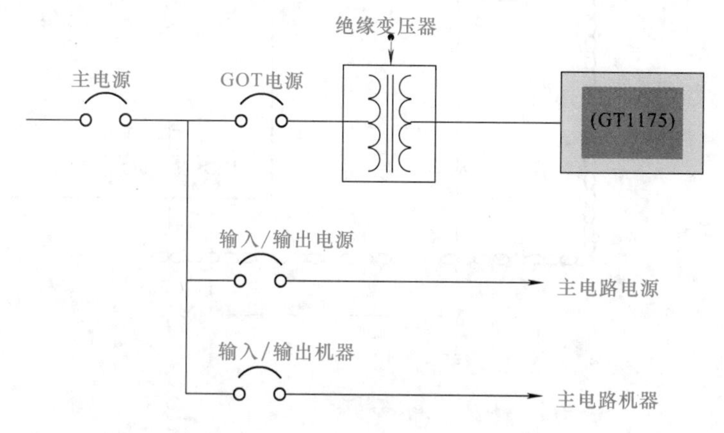

图 13-13　GT1175 电源接线的配线示意图

图 13-14 为 GT1175 背部电源端子电源线、接地线的配线连接图。配线连接时，AC100V/200V 线、DC24V 线应使用 0.75 ～ $2mm^2$ 的粗线。将线缆拧成麻花状，以最短距离连接设备。并且不要将 AC100V/200V 线、DC24V 线与主电路（高电压、大电流）线、输入 / 输出信号线捆扎在一起，且保持间隔在 100mm 以上。

提示说明

GT1175 背部的电源端子电源线、接地线配线时，若连接了 LG 端子和 FG 端子，必须接地。若不接地，抗噪声性能将变弱。由于 LG 端子的电压为输入电压的 1/2，触摸端子部分可能会造成触电。

连接电源前，必须明确所连接电源应与 GT1175 设备额定电压相匹配，并确保配线正确，否则可能导致火灾、故障。

在配线作业前，必须切断系统所使用的所有外部供给电源，否则可能会引起触电、损坏产品、导致运行错误。

在配线作业时，必须在规定的扭矩范围内拧紧固定安装螺栓和端子螺栓。若安装螺栓和端子螺栓太松，可能导致短路、运行错误；若安装螺栓和端子螺栓太紧，可能导致螺栓及设备的损坏而引起脱落、短路及运行错误。

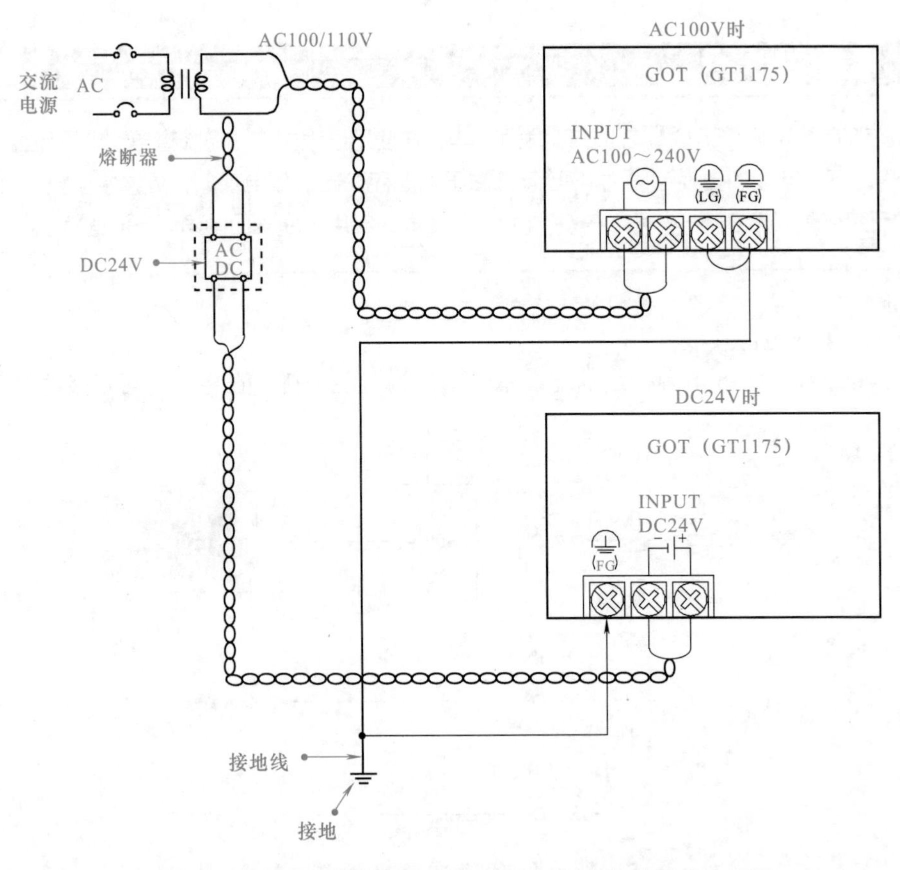

图 13-14　GT1175背部电源端子电源线、接地线的配线连接图

资料扩展

图13-15为防雷涌对策的连接方案。可将雷涌吸收器接入系统。注意雷涌吸收器的接地（E1）和GOT的接地（E2）应分开。另外，选用的雷涌吸收器的最大允许电路电压应大于最大电源电压。

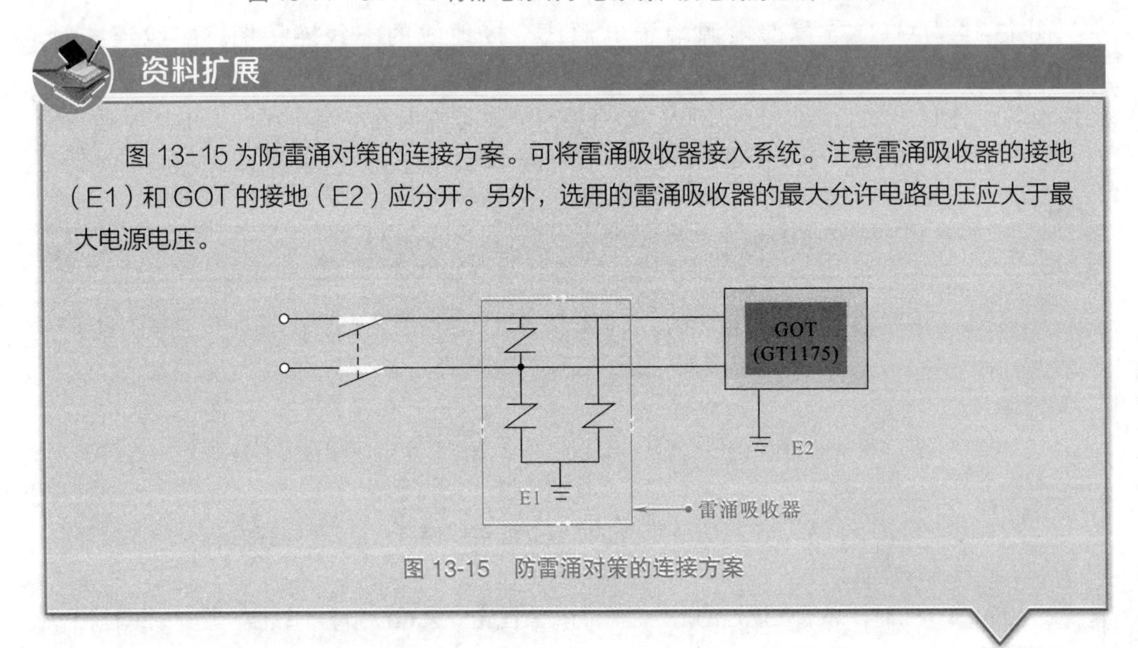

图 13-15　防雷涌对策的连接方案

（6）GT1175触摸屏的接地

图13-16为GT1175触摸屏的接地示意图。接地操作尽可能使用专用接地方式。无法进行专用接地时，可采用共用接地方案，但是不可采用公共接地方案。

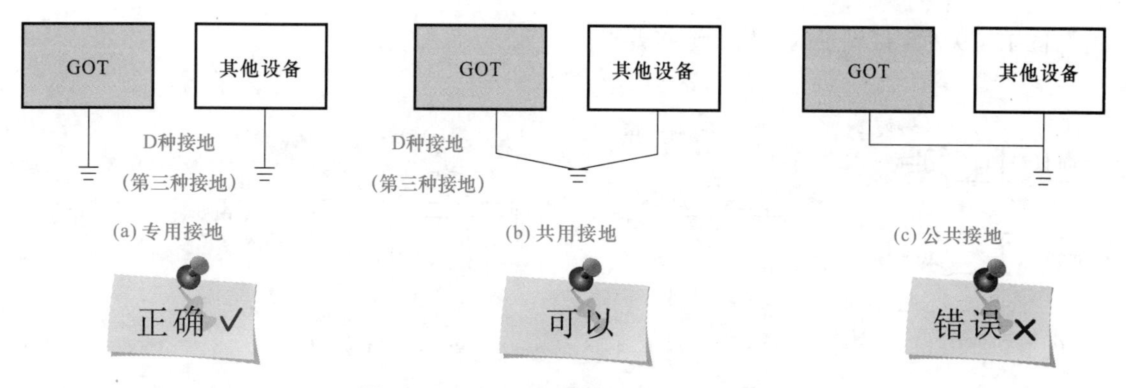

图 13-16　GT1175 触摸屏的接地示意图

图 13-17 和图 13-18 分别为专用接地和共用接地的连接方式。接地所用电线的截面积应在 $2mm^2$ 以上，并尽可能使接地点靠近 GOT 触摸屏，从而最大限度地缩短接地线的长度。

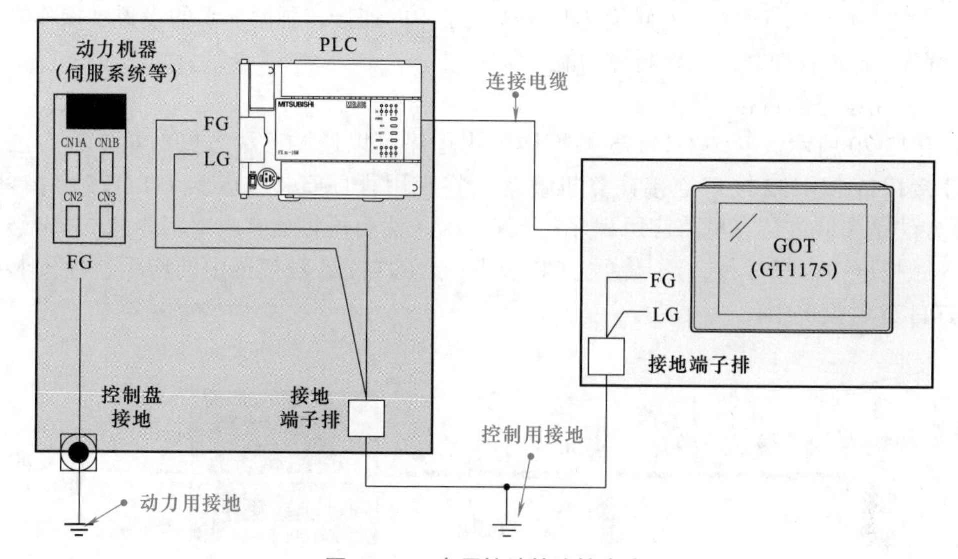

图 13-17　专用接地的连接方式

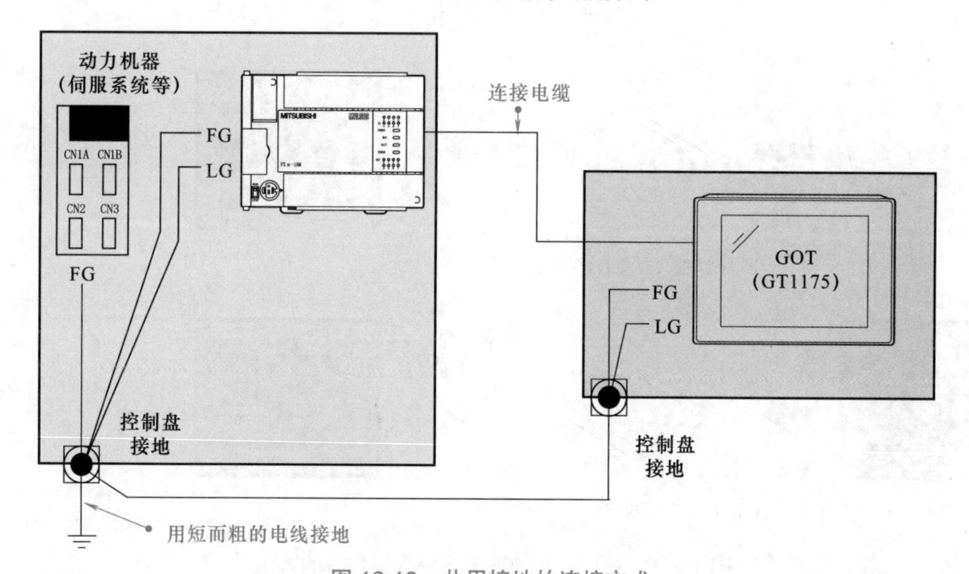

图 13-18　共用接地的连接方式

图 13-19 为连接端子的规格及连接要求。

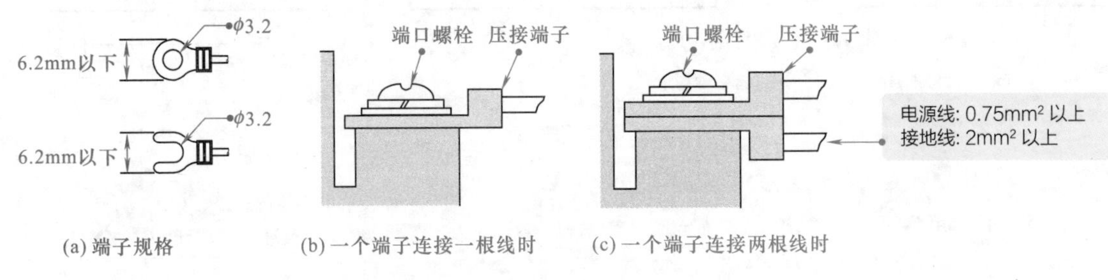

图 13-19 连接端子的规格及连接要求

13.1.3 三菱 GOT-GT11 系列触摸屏应用程序的执行

应用程序用来执行 GT1175 触摸屏与连接设备间的连接、画面显示的设置、操作方法的设置、程序 / 数据管理、自我诊断等功能。

（1）应用程序的执行

如图 13-20 所示，安装 GT1175 触摸屏应用程序可以通过三种方式：第 1 种方法是通过 USB 接口或 RS-232 接口连接计算机设备，将应用程序直接安装到 GT1175 触摸屏中；第 2 种方法是先通过计算机将应用程序装入 CF 卡，然后再将装有应用程序的 CF 卡装入到 GT1175 触摸屏中；第 3 种方法是通过 CF 卡将一台 GT1175 触摸屏中的应用程序安装到另一台 GT1175 触摸屏中。

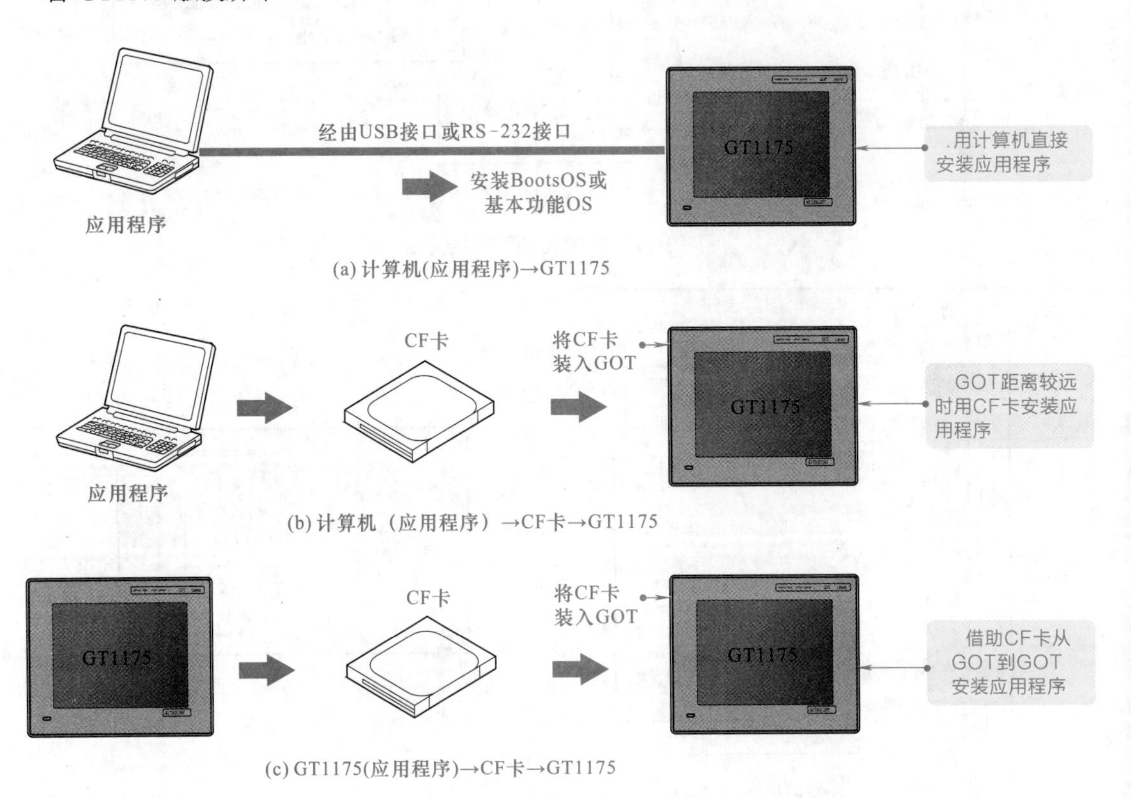

图 13-20 GT1175 触摸屏安装应用程序的方法

（2）应用程序主菜单的显示

为了显示各种应用程序功能的界面，需要事先显示应用程序主菜单。通常，应用程序主菜单有三种显示方式。

图 13-21 为在未下载工程数据时应用程序主菜单的显示方法。在该状态下，GT1175 触摸屏的电源一旦开启，通知工程数据不存在的对话框就会显示。显示后触摸按钮就会显示主菜单。

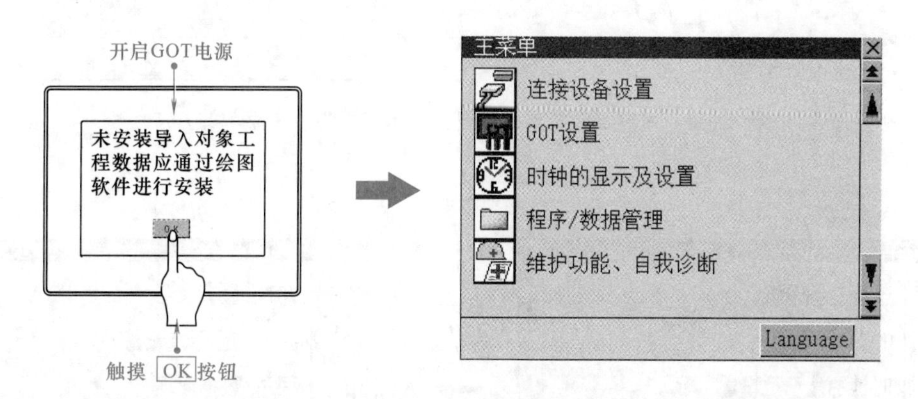

图 13-21　在未下载工程数据时应用程序主菜单的显示方法

图 13-22 为通过应用程序调用键显示应用程序主菜单的方法。显示用户创建画面时，触摸应用程序调用键后显示主菜单，通过 GOT 应用程序画面或 GT Designer2 可以设置应用程序调用键（出厂时，设置为同时按下 GOT 应用程序画面的左右上方两点）。

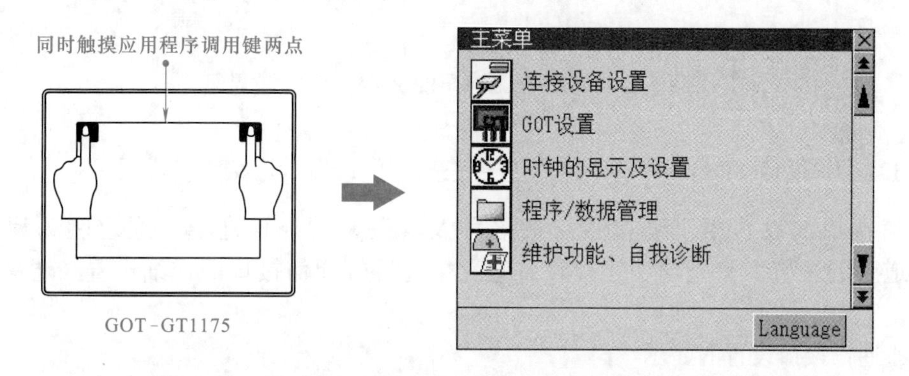

图 13-22　通过应用程序调用键显示应用程序主菜单的方法

图 13-23 为通过触摸扩展功能开关显示应用程序主菜单的方法。显示用户创建画面时，触摸扩展功能开关（应用程序）后显示主菜单。可以通过 GT Designer2 将扩展功能开关（应用程序）设置为用户创建画面中显示的触摸开关。

（3）应用程序的基本构成

图 13-24 为 GT1175 触摸屏的应用程序主菜单界面。通过右侧的上下箭头（滚动条）可以显示主菜单界面未显示的其他菜单项。

主菜单显示应用程序中可以设置的菜单项。触摸各菜单项目后，就会显示出该设置画面或者下一个选择项目画面。

主菜单界面右下角的“Language”按钮用以切换选择不同的语言模式。

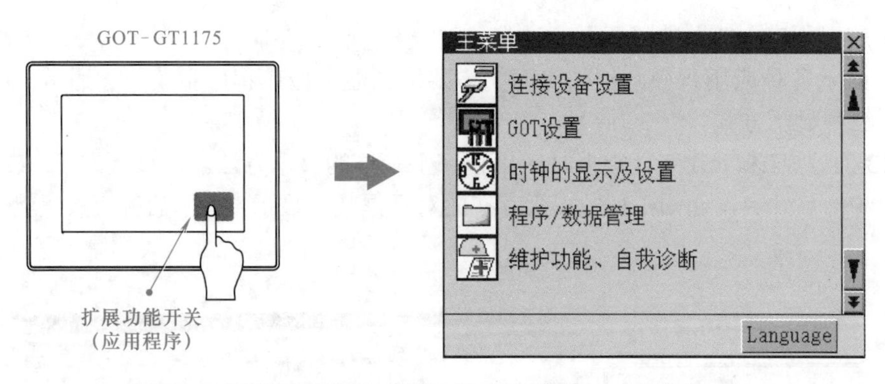

图 13-23　通过触摸扩展功能开关显示应用程序主菜单的方法

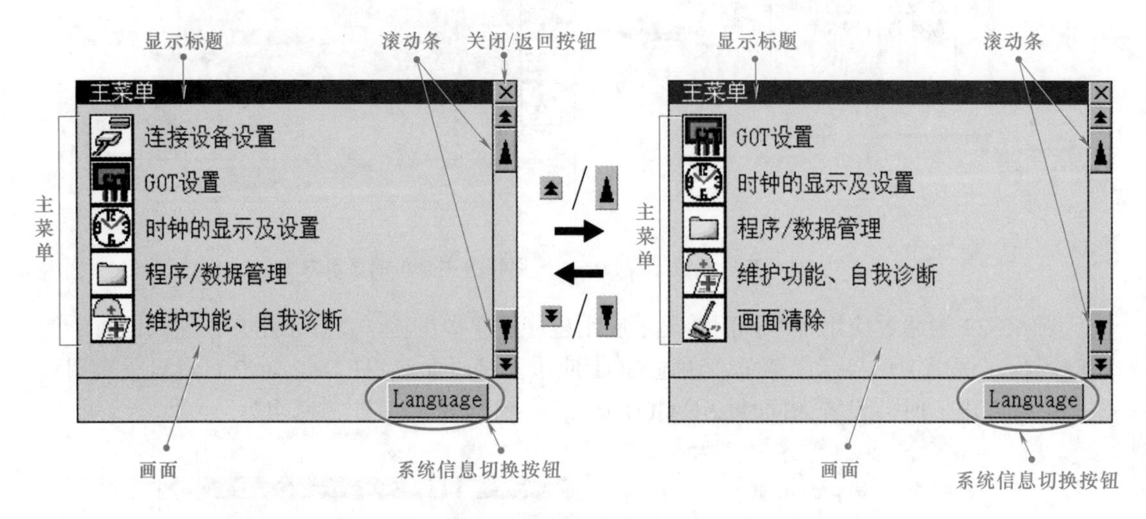

图 13-24　GT1175 触摸屏的应用程序主菜单界面

13.1.4　三菱 GOT-GT11 系列触摸屏通信接口的设置（连接设备设置）

通信接口的设置用于通信接口的名称及其关联的通信通道、通道驱动程序的显示、通道号的设置。另外，在连接设备设置中进行各通信接口的详细设置（通信参数的设置）。

（1）通信接口设置的显示

按图 13-25 所示，在应用程序主菜单界面中触摸选择“连接设备设置”选项，即会弹出“连接设备设置”子菜单界面。

图 13-25 中显示了三种接口类型，分别是 RS232、RS422 和 USB。如需对连接设备通道号进行分配或变更设置，可触摸“通道驱动程序分配”按钮进入“通道驱动程序分配”界面进行设置。

（2）通道驱动程序分配操作

按图 13-26 所示，在“连接设备设置”子菜单界面中触摸“通道驱动程序分配”按钮，即可进入“通道驱动程序分配”子界面。

如图 13-27 所示，在“通道驱动程序分配”子界面中按下位于右上方的“分配变更”按钮，即可进入“分配变更”子界面。

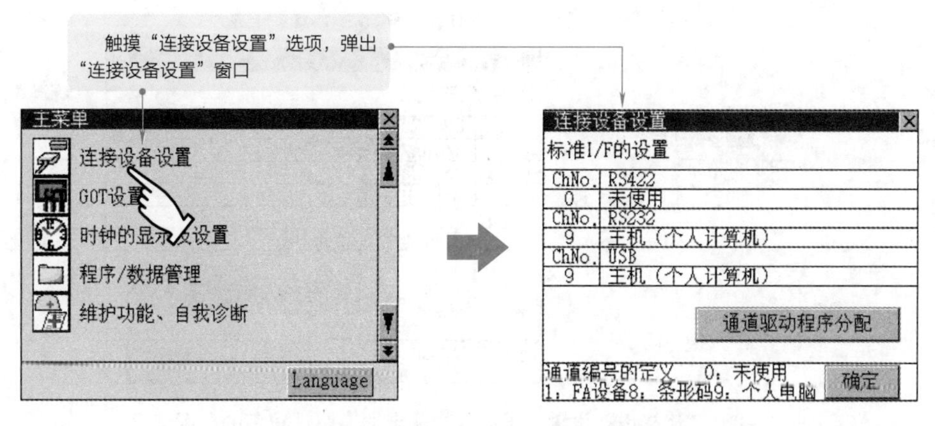

图 13-25　进入“连接设备设置”子菜单界面

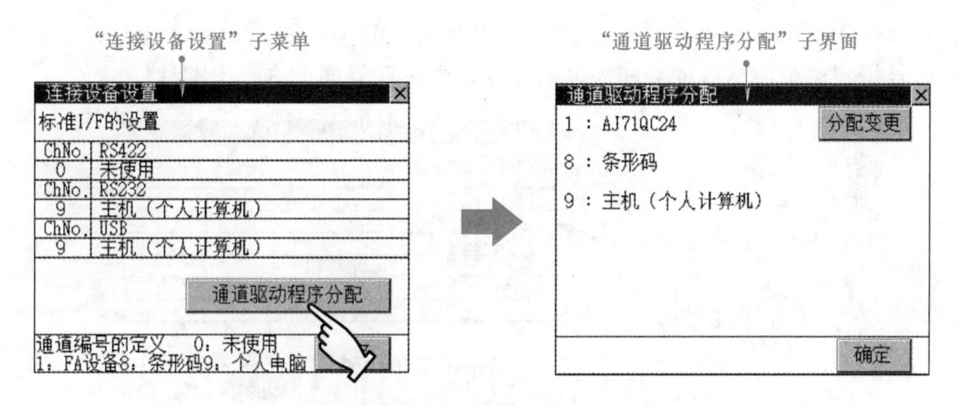

图 13-26　进入“通道驱动程序分配”子界面

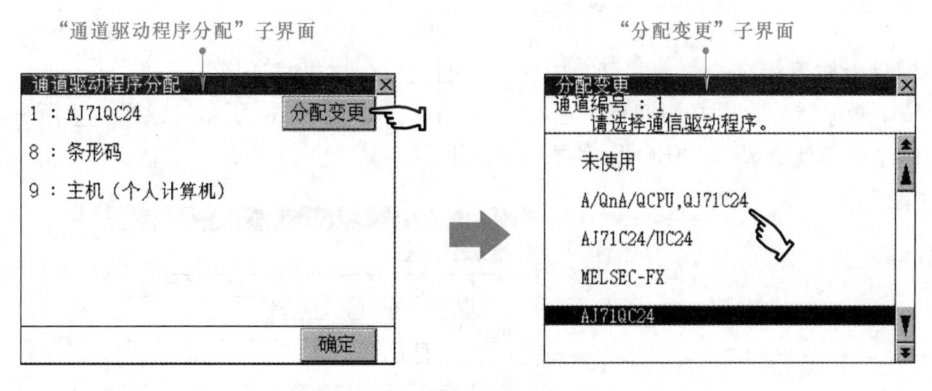

图 13-27　“分配变更”子界面

这时，可根据设置需要选择触摸安装在 GT1175 触摸屏中的通信驱动程序（这里选择“A/QnA/QCPU，QJ71C24”），程序即会返回到上一级“通道驱动程序分配”子界面。触摸位于右下方的“确定”按钮即完成设置。

如图 13-28 所示，在返回的“连接设备设置”子界面中，所选择的通信驱动程序已被分配。

按下“确定”按钮便完成“通道驱动程序”的分配设置。

返回的“连接设备设置”子界面
连接设备设置
标准I/F的设置
ChNo. RS422
1 A/QnA/QCPU,QJ71C24
ChNo. RS232
0 未使用
ChNo. USB
9 主机（个人计算机）
通道驱动程序分配
通道编号的定义 0：未使用
1：FA设备8：条形码9：个人计算机
确定
所选通道驱动程序的分配情况

图 13-28 “连接设备设置”子界面中所选通道驱动程序的分配情况

（3）通道号设置操作

按图 13-29 所示，在“连接设备设置”界面中，触摸需要设置的通道号指定菜单对话框，通道号指定菜单对话框便会相应显示光标，同时在界面下方弹出键盘。

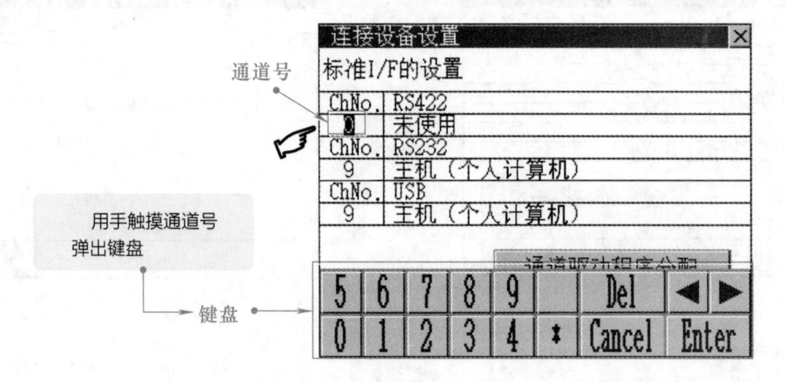

图 13-29 “连接设备设置”界面中修改通道号的设置

在键盘上按下相应的数字即可完成通道号的设置。这里将通道号设置为 1，所以直接在键盘上按下数字“1”，并按键盘的“Enter”键确认。如图 13-30 所示，通道 1 里所分配的通道驱动程序名称就会显示在驱动程序显示对话框中。

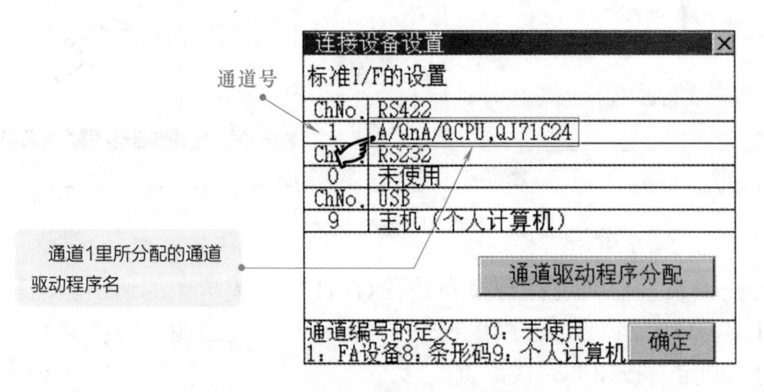

图 13-30 显示当前通道所分配的驱动程序

（4）连接设备详细设置的切换操作

按图 13-31 所示，在“连接设备设置”界面中，触摸需要设置的驱动程序显示对话框，程序便会切换到“连接设备详细设置”界面。用户便可根据实际情况完成连接设备驱动程序的详细设置。

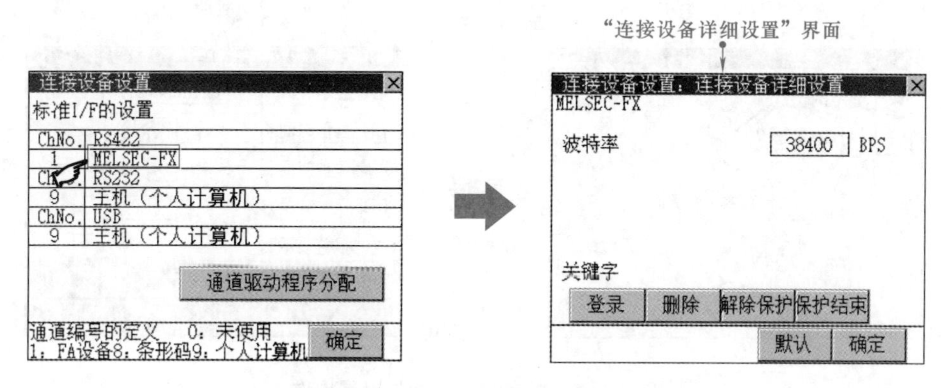

图 13-31　连接设备详细设置的操作

13.1.5　三菱 GOT-GT11 系列触摸屏的属性设置

如图 13-32 所示，在应用程序主菜单界面中触摸选择“GOT 设置”选项，即会弹出“GOT 设置”选项面板。从图中可以看到，对“GOT 设置”主要包括“显示的设置”和“操作的设置”。

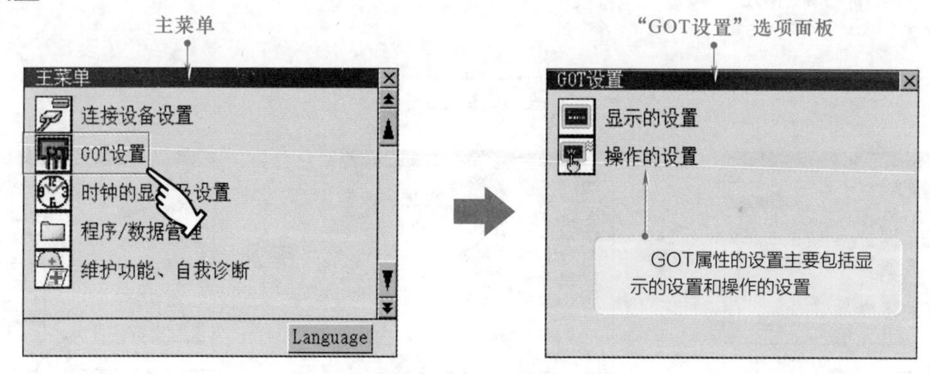

图 13-32　进入“GOT 设置”选项面板

（1）显示的设置

显示的设置主要包括标题显示时间的设置、屏幕保护时间的设置、屏幕保护背光灯的设置、信息显示的设置和亮度、对比度的设置。

① 标题显示时间的设置　标题显示时间的设置就是可以设置 GT1175 触摸屏启动时的标题显示时间，其范围为 0~60s。设置时只需触摸“标题显示时间”后面的设置项目对话框（图 13-33），在随即弹出的键盘上输入相应的数字后按“Enter”键确认即可。

② 屏幕保护时间的设置　屏幕保护时间的设置就是可以设置从用户不操作触摸面板开始到屏幕保护功能启动位置的时间，其范围是 0~60min（注意，若设置为 0，则表明该功能无效）。屏幕保护时间的设置方法与标题显示时间类似。

③ 屏幕保护背光灯的设置　屏幕保护背光灯的设置就是可以指定屏幕保护功能启动时背光灯为 OFF（关闭）状态还是 ON（打开）状态。

④ 信息显示的设置　信息显示的设置就是可以选择切换 GOT 触摸屏中应用程序和对话

框中所显示的语言。

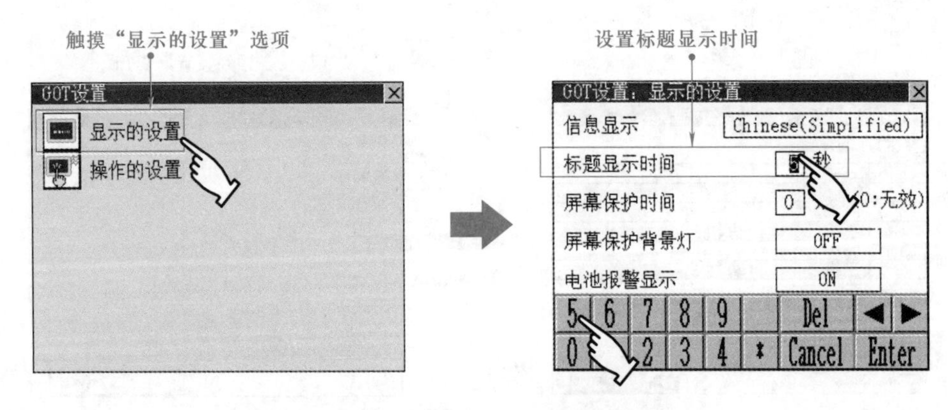

图 13-33 标题显示时间的设置操作

⑤ 亮度、对比度的设置 亮度、对比度的设置主要用以完成对触摸屏亮度和对比度的调节。当触摸“亮度、对比度调节”后面的设置项目对话框时，便会切换到“亮度 / 对比度调节”界面。

其中，亮度调节共有 4 个阶段。如图 13-34 所示，通过触摸“亮度调节”两端的“+”“-”键即可调节亮度。

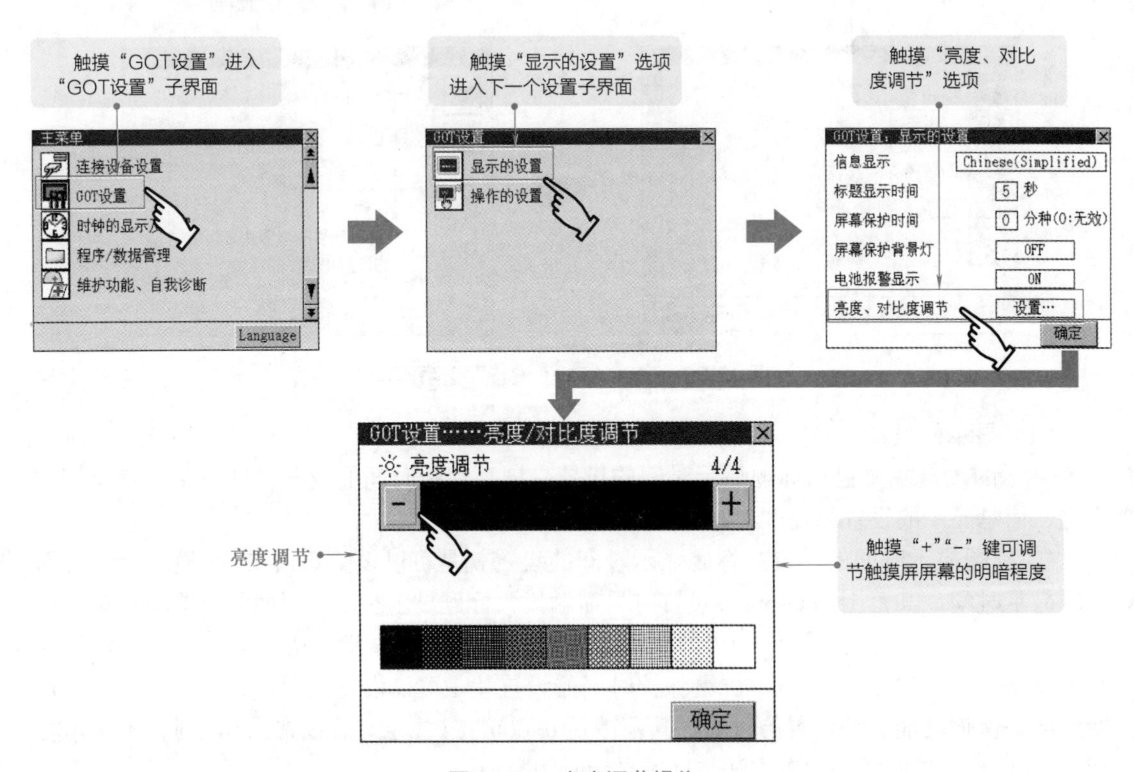

图 13-34 亮度调节操作

对比度调节共有 16 个阶段。如图 13-35 所示，通过触摸“对比度调节”两端的“+”“-”键即可调节对比度。

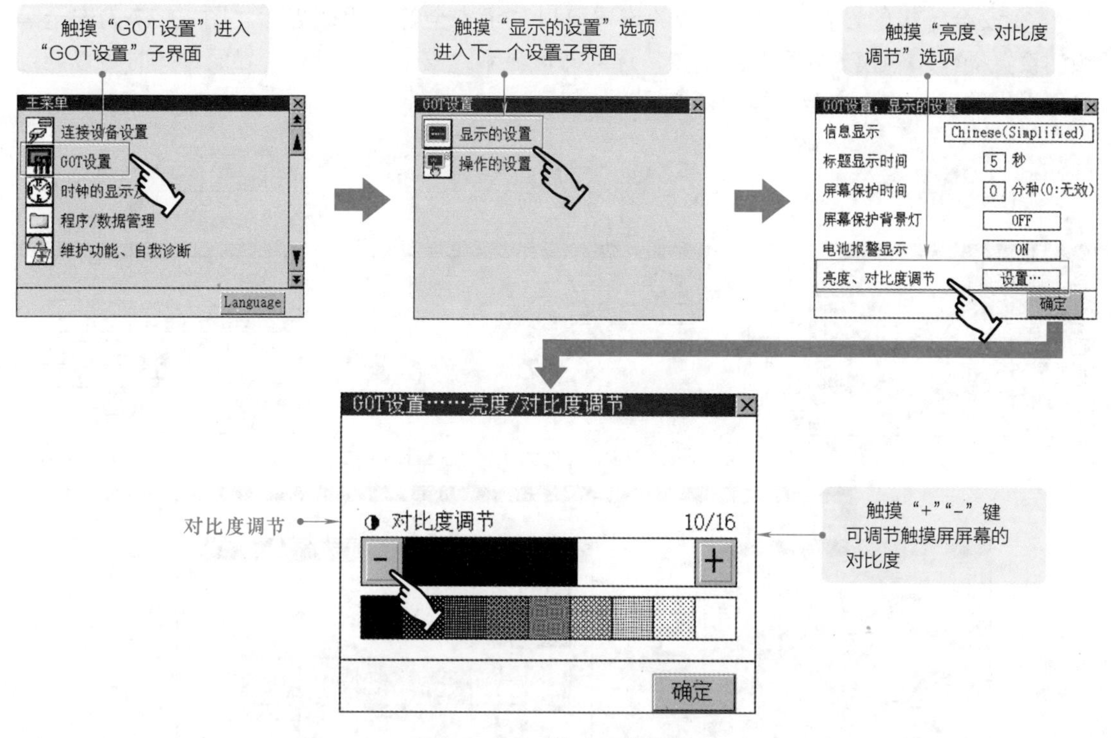

图 13-35　对比度调节操作

（2）操作的设置

如图 13-36 所示，在“GOT 设置”的菜单界面选择“操作的设置”选项，便可进入“操作的设置”子菜单界面。对于触摸屏操作的设置主要包括蜂鸣音的设置、窗口移动时蜂鸣音的设置、安全等级的设置、应用程序调用键的设置和键灵敏度 / 键反应速度的设置。

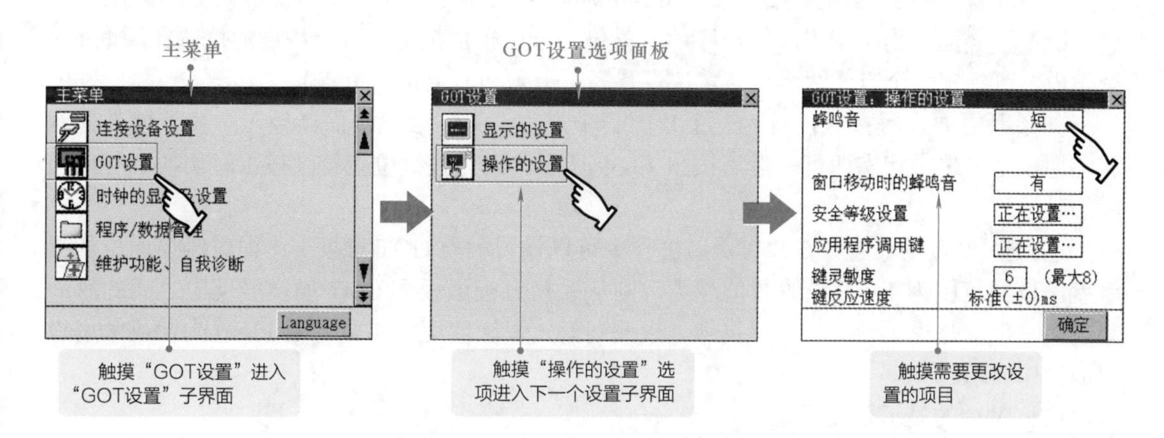

图 13-36　“操作的设置”子菜单界面

① 蜂鸣音的设置　蜂鸣音的设置就是可以改变蜂鸣器声音的设置。应用程序提供有“短”“长”“无”三种声音模式，可通过触摸后面的对话框实现功能的切换。

② 窗口移动时蜂鸣音的设置　窗口移动时蜂鸣音的设置就是可以选择窗口移动时是否发出蜂鸣音。应用程序提供“有”和“无”两种方式，可通过触摸后面的对话框实现功能的切换。

③ 安全等级的设置　安全等级的设置可以显示安全等级更改界面。图 13-37 为安全等级的设置操作。触摸“安全等级设置”选项即可显示“安全等级变更”界面。此时可以通过界面提供的键盘输入安全等级的口令。

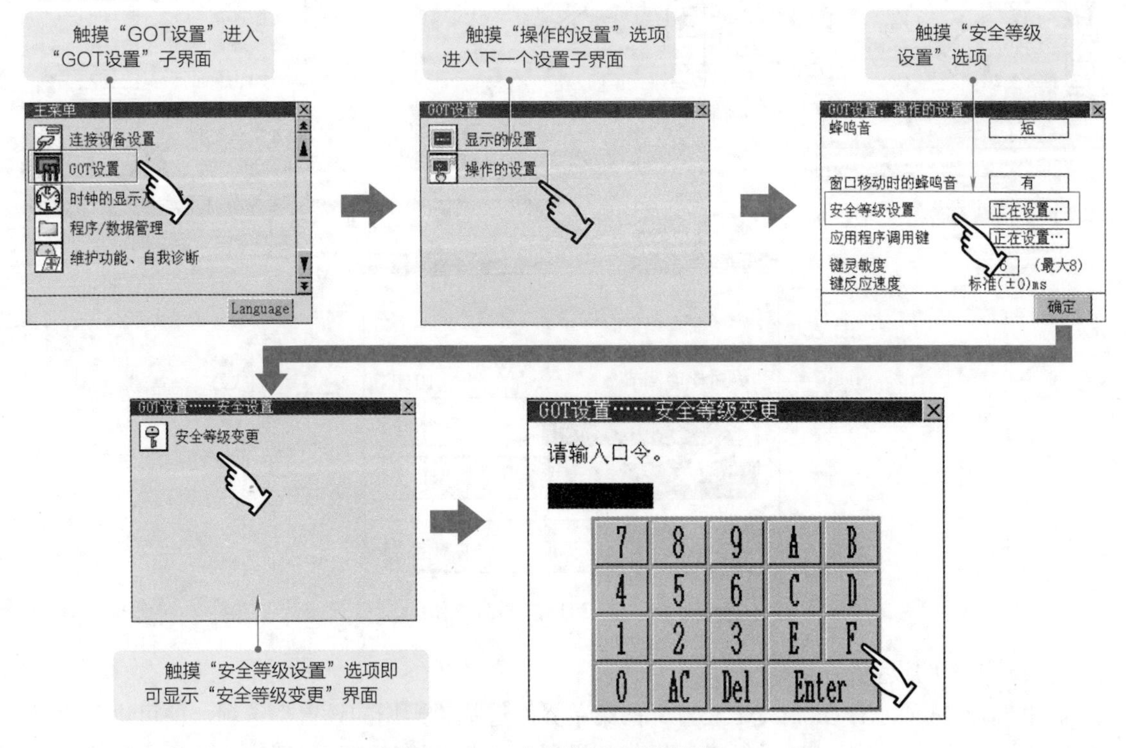

图 13-37　安全等级的设置操作

④ 应用程序调用键的设置　如图 13-38 所示，触摸应用程序调用键可以显示应用程序调用键设置界面。为了调用应用程序的主菜单，可以指定按键位置。按键的位置在画面的 4 个角内，可指定一个点或两个点（默认设置为左上角和右上角两个点）。

如果只需要设置按键位置为左上角的一个点时，只需触摸画面其他三个角，使其显示状态切换至未选中状态即可。然后按图 13-39 所示，设置按键位置持续按压时切换到应用程序的时间。

⑤ 键灵敏度的设置　在“键灵敏度”中可以设置触摸 GOT 触摸屏画面时触摸面板的灵敏度。设置范围为 1~8，设置数值越大，则从触摸触摸面板到 GOT 触摸屏反应之间的时间就越短。也就是说，设置为 1 最灵敏，以此向后，灵敏度逐级递减。图 13-40 为键灵敏度设置的操作演示。

（3）时钟的显示及设置

时钟显示及设置功能主要可以显示时钟的相关设置和 GOT 触摸屏内置电池的状态。

如图 13-41 所示，在应用程序主菜单界面触摸“时钟的显示及设置”选项，便会进入“时钟的显示及设置”子菜单界面。

其中，“时钟管理”用以完成时间调整功能，用于实现 GOT 的时钟数据与所连接机器之间时钟数据的设置与调整。

位于界面中部的“时钟显示”对话框中显示出当前的时间。触摸对话框后，即会弹出键盘，同时时钟停止更新，用户可以通过键盘完成对时钟的重新设置操作，如图 13-42 所示。

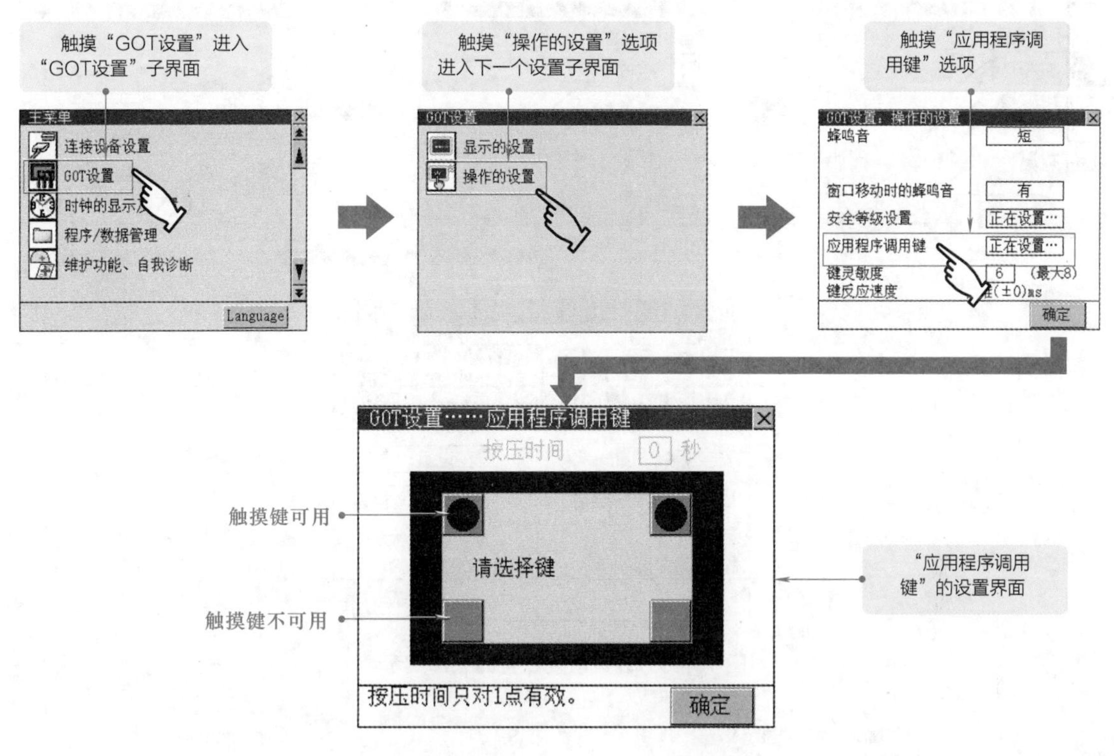

图 13-38　“应用程序调用键”的设置界面

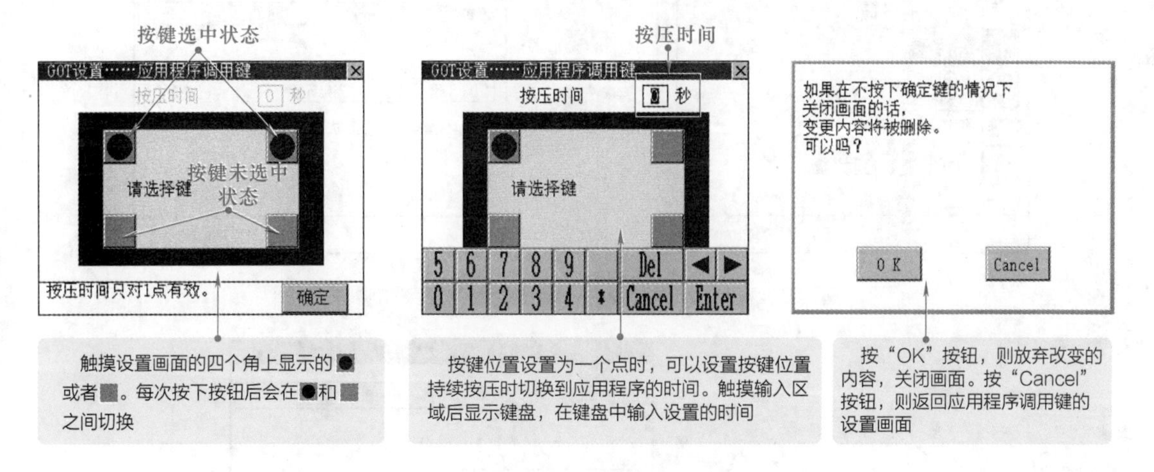

图 13-39　设置应用程序调用键及按压时间

另外，在界面下方会显示出当前内置电池的电压状态。如果显示过低 / 无，说明内置电池电压过低，应尽快更换电池。

（4）程序 / 数据管理

程序 / 数据管理功能可以实现应用程序、工程数据、报警数据的显示、传输及保存，另外也可对 CF 卡进行格式化。

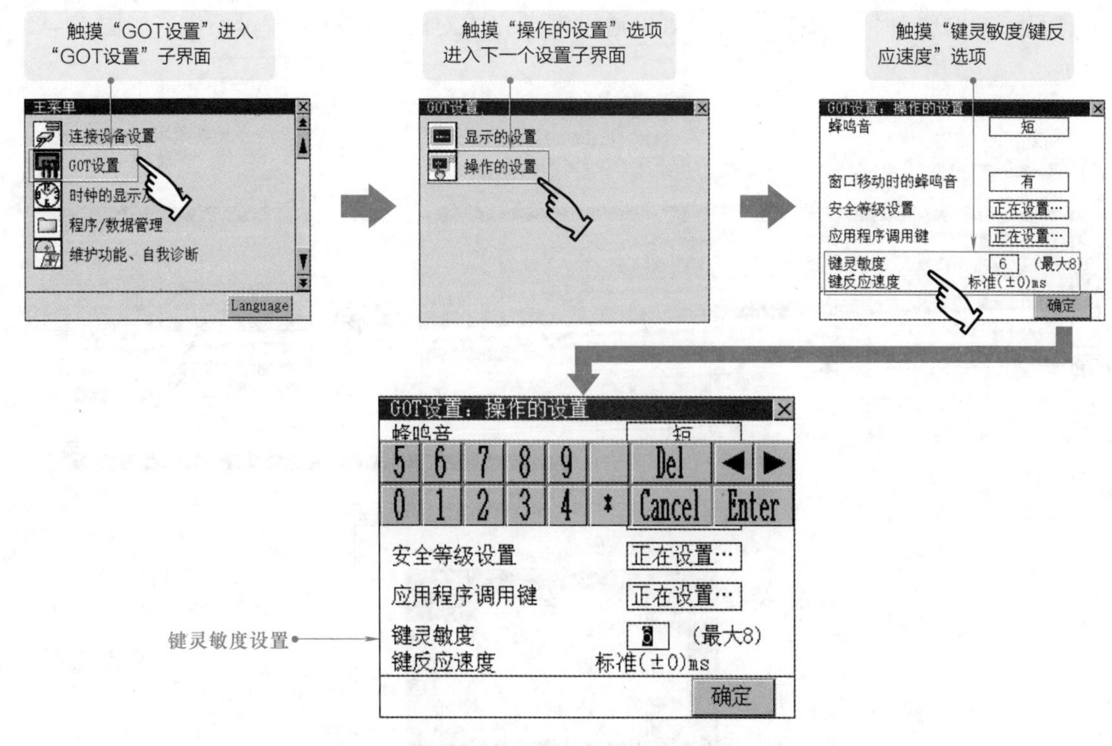

图 13-40　键灵敏度设置的操作演示

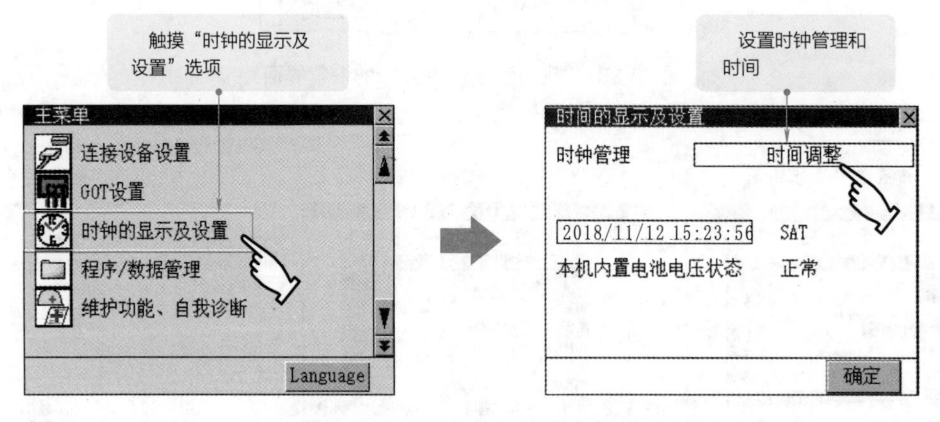

图 13-41　进入“时钟的显示及设置”子菜单界面

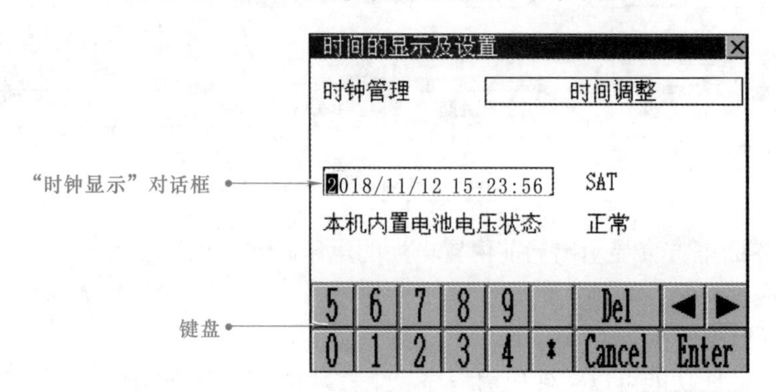

图 13-42　重新设定时钟

图 13-43 为系统启动时各种数据类型中数据保存目标和传输路径。

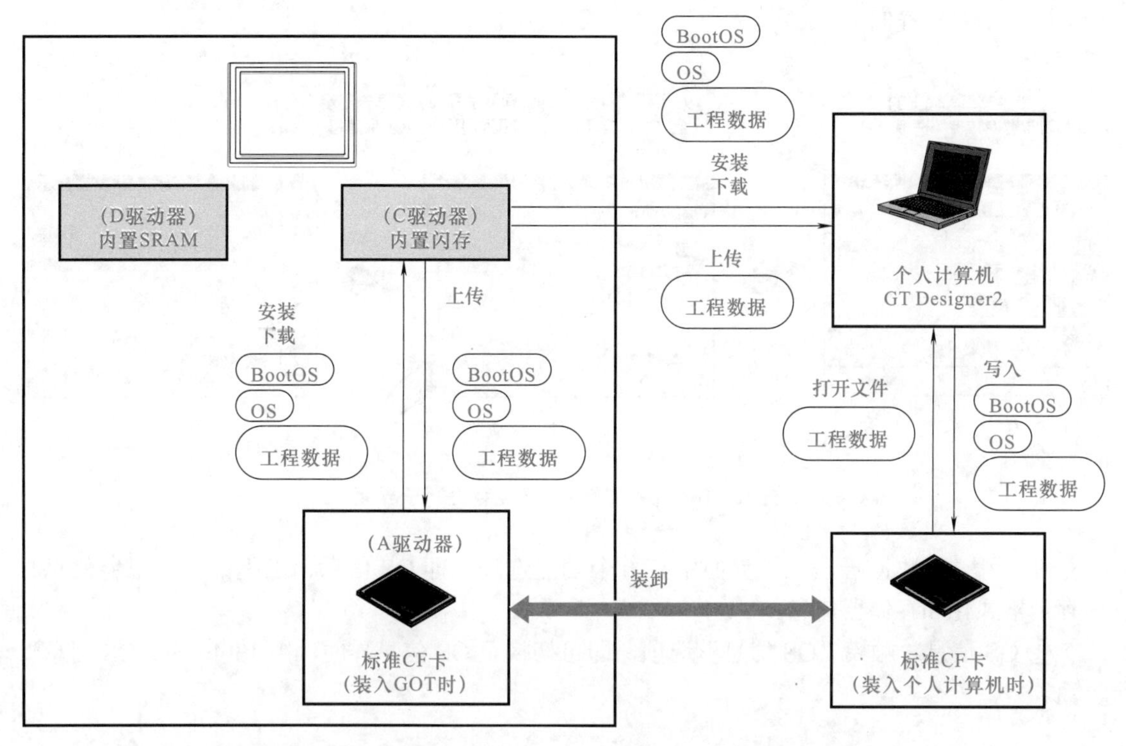

图 13-43　系统启动时各种数据类型中数据保存目标和传输路径

图 13-44 为系统维护时各种数据类型中数据保存目标和传输路径。

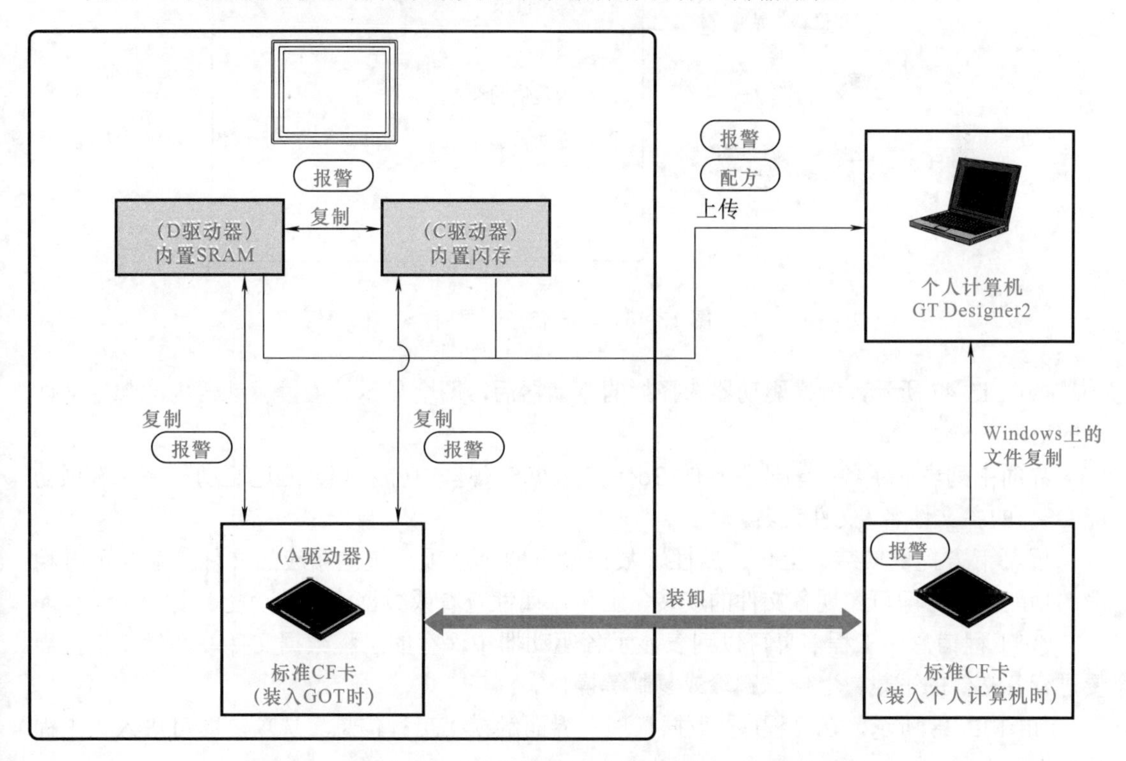

图 13-44　系统维护时各种数据类型中数据保存目标和传输路径

如图 13-45 所示，触摸主菜单界面上的“程序 / 数据管理”选项，即可进入“程序 / 数据管理”子菜单界面。

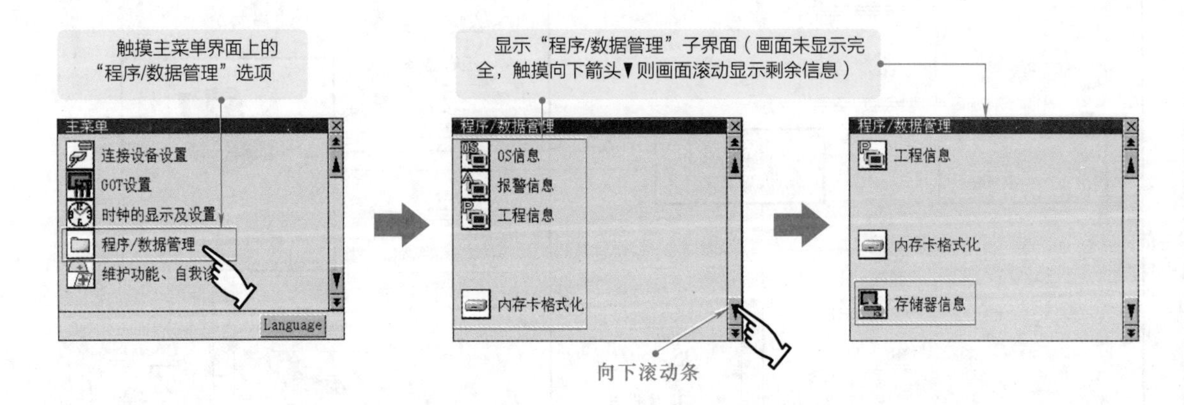

图 13-45 进入“程序 / 数据管理”子界面

在“程序 / 数据管理”子界面中有五个功能选项，即 OS 信息、工程信息、报警信息、内存卡格式化和存储器信息。

① OS 信息　触摸“OS 信息”选项，即可切换至 OS 信息界面。图 13-46 为“OS 信息”界面。

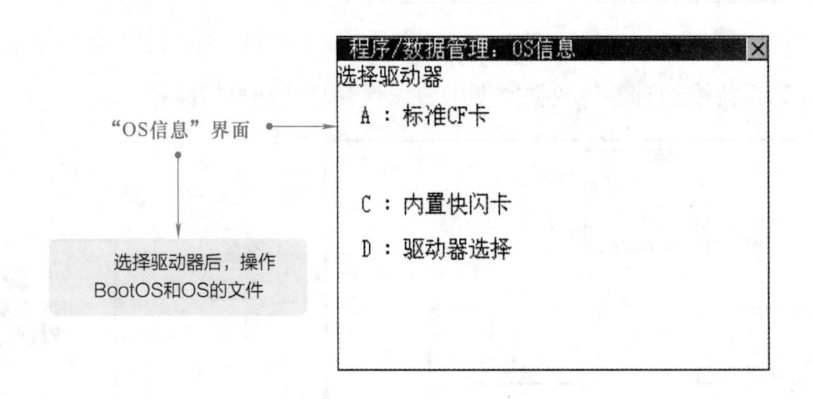

图 13-46 “OS 信息”界面

如图 13-47 所示，触摸驱动器选择栏的驱动器后，即会显示被触摸驱动器内的起始文件夹的信息。

界面中列表显示各驱动器保存的 BootOS 及 OS（基本功能 OS、通道驱动程序、选项功能 OS）的各文件名 / 文件夹名。

屏幕下方提供安装、上传、属性、数据检查四个选项。选定相应的文件，触摸下方相应的功能按钮，即可实现各文件的安装、上传、属性查看或数据检查的功能。

② 工程信息　工程信息可以列表显示各驱动器中保存的工程数据文件。然后，根据需要进行各文件的下载、上传、删除或复制等操作。

如图 13-48 所示，在“程序 / 数据管理”界面触摸“工程信息”选项，即可进入“工程信息”界面。

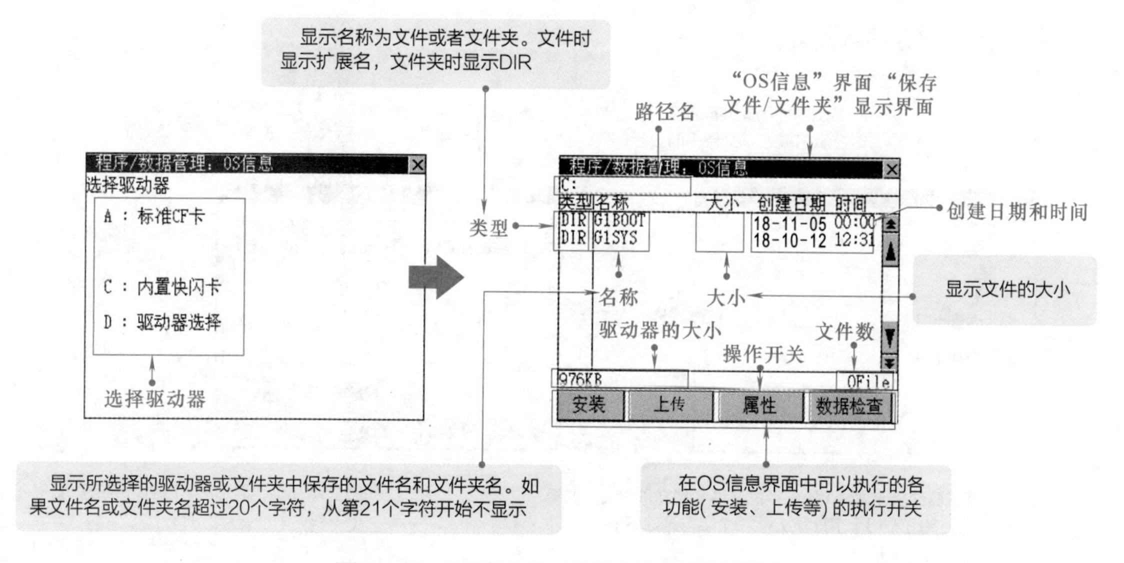

图 13-47 "保存文件 / 文件夹"的显示界面

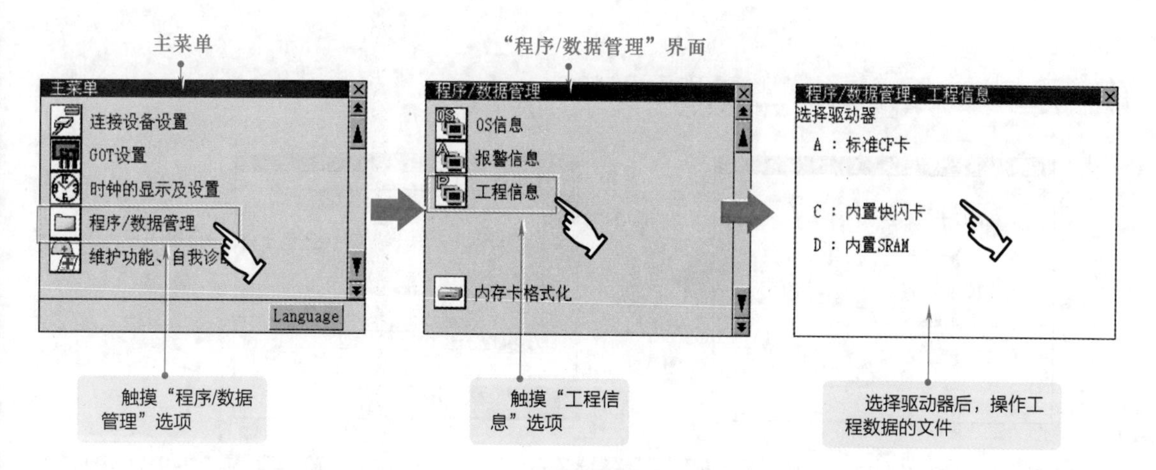

图 13-48 进入"工程信息"界面

然后，选择相应的驱动器，即可切换到相应驱动器的保存文件 / 文件夹显示界面。如图 13-49 所示，界面的下方提供了"下载""上传""删除""复制""属性"和"数据检查"六个功能按钮。选中相应的文件或文件夹后触摸相应的功能按钮，即可执行相应的功能操作。

③ 报警信息　该功能可以对驱动器内的报警日志文件进行删除或复制操作。如图 13-50 所示，进入"报警信息"界面后选择相应的驱动器，便会在"保存文件 / 文件夹"显示界面中显示报警日志文件。然后用户便可通过下方的"删除"或"复制"按钮完成对报警日志文件的删除或复制操作。

④ 内存卡格式化　内存卡格式化功能可以实现对 CF 卡机内置 SRAM 的格式化操作。如图 13-51 所示，触摸"内存卡格式化"选项，即可进入"存储卡格式化"界面。选择相应的驱动器后，触摸"格式化"按钮，就可以实现对相应驱动器的格式化。

⑤ 存储器信息　存储器信息功能主要用以方便用户查看各驱动器剩余存储容量和引导目标剩余容量。如图 13-52 所示，触摸"存储器信息"选项，即可进入"存储器信息"界面

查看各存储器的存储容量。

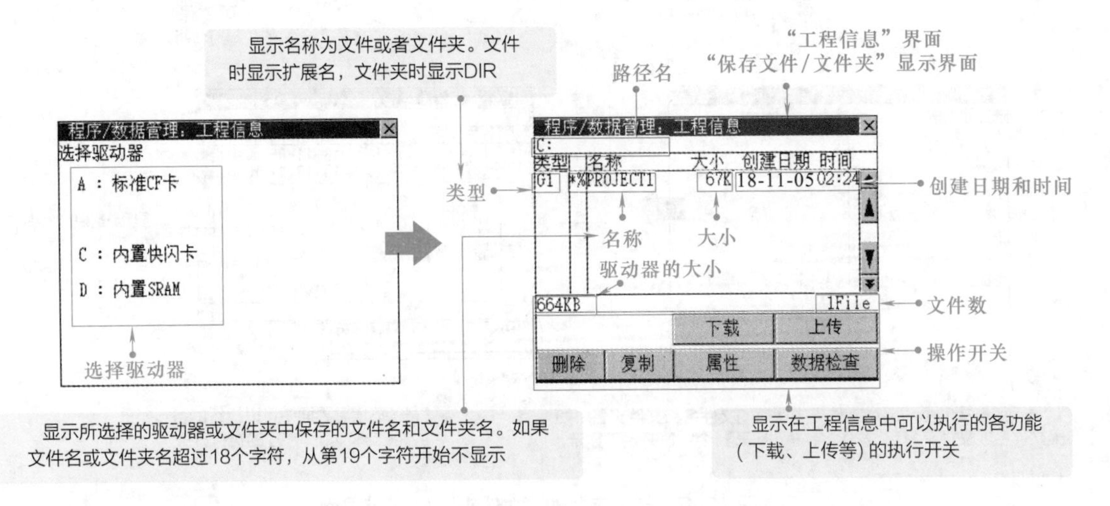

图 13-49 "保存文件/文件夹显示"界面

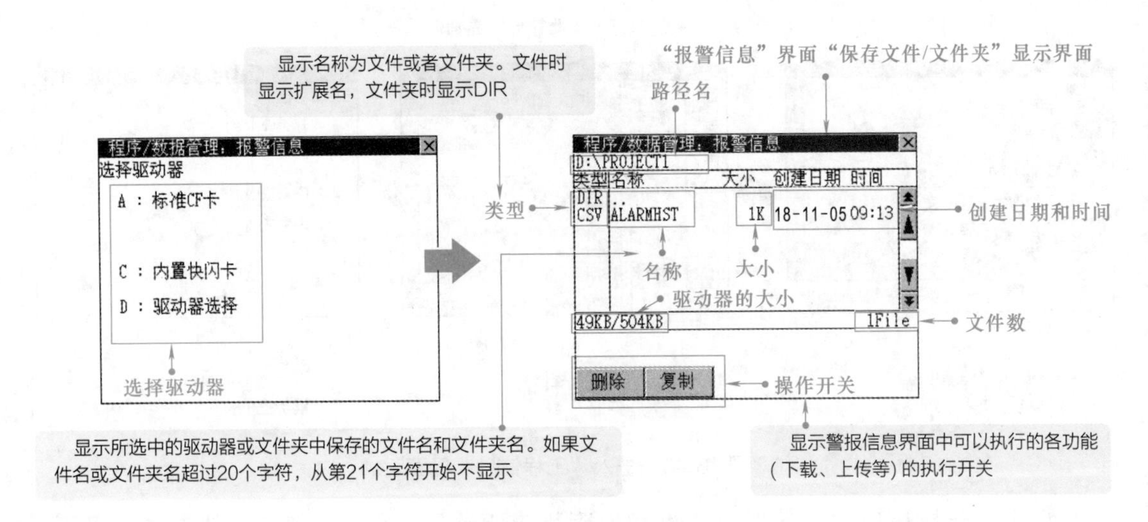

图 13-50 报警日志文件的删除或复制

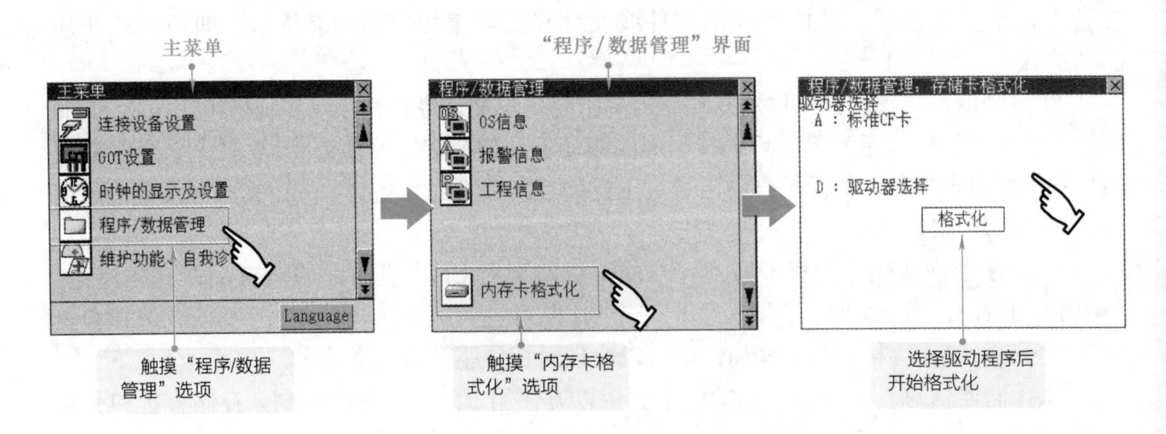

图 13-51 "内存卡格式化"界面

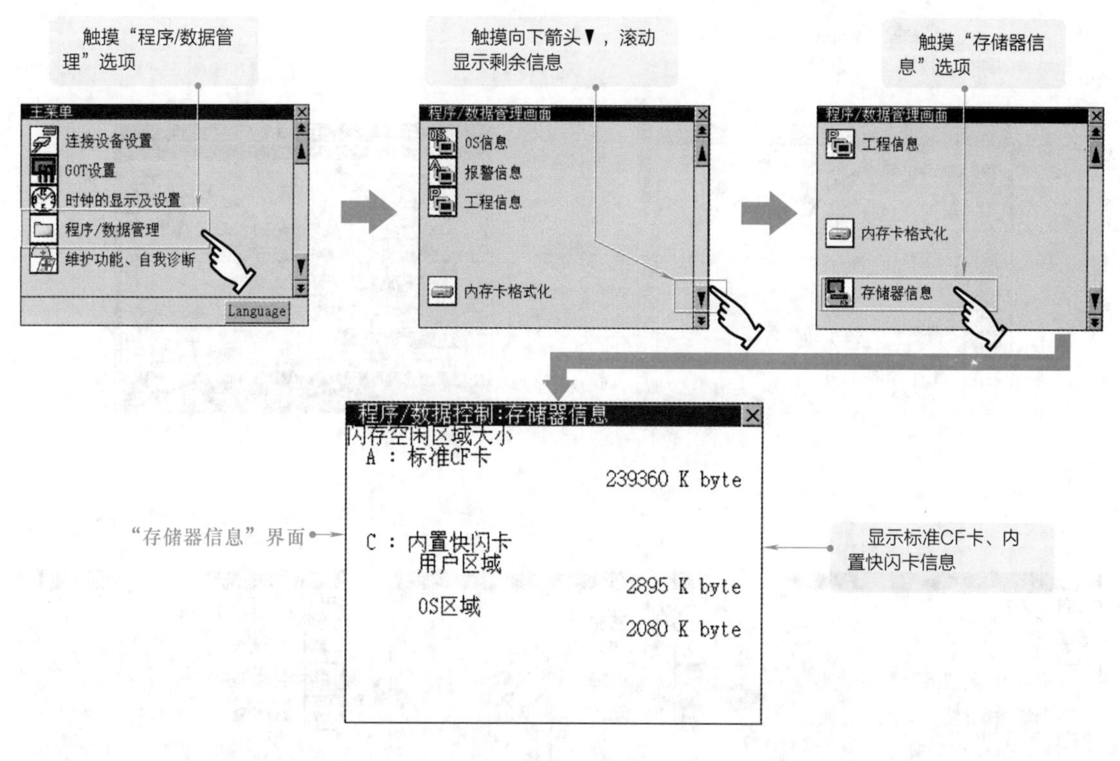

图 13-52　“存储器信息”界面

13.1.6　三菱 GOT-GT11 系列触摸屏的诊断检查

（1）触摸屏的监视功能

在应用程序主菜单界面触摸“维护功能、自我诊断”选项，即可进入“维护功能、自我诊断”子菜单界面。如图 13-53 所示，触摸选择“维护功能”选项后，程序切换到“维护功能”界面。

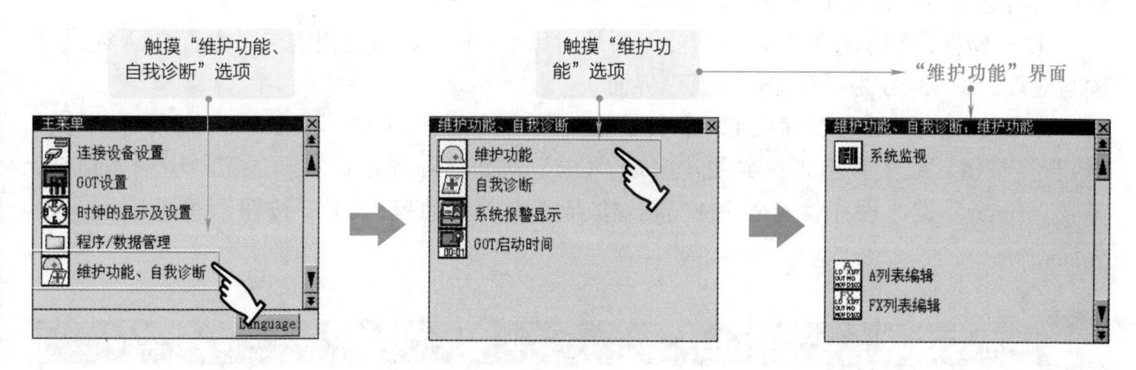

图 13-53　进入“维护功能”界面

如图 13-54 所示，触摸“系统监视”选项，程序进入“系统监视”界面。

（2）触摸屏的自我诊断功能

如图 13-55 所示，在“维护功能、自我诊断”界面中触摸“自我诊断”选项后，程序切换到“自我诊断”界面。

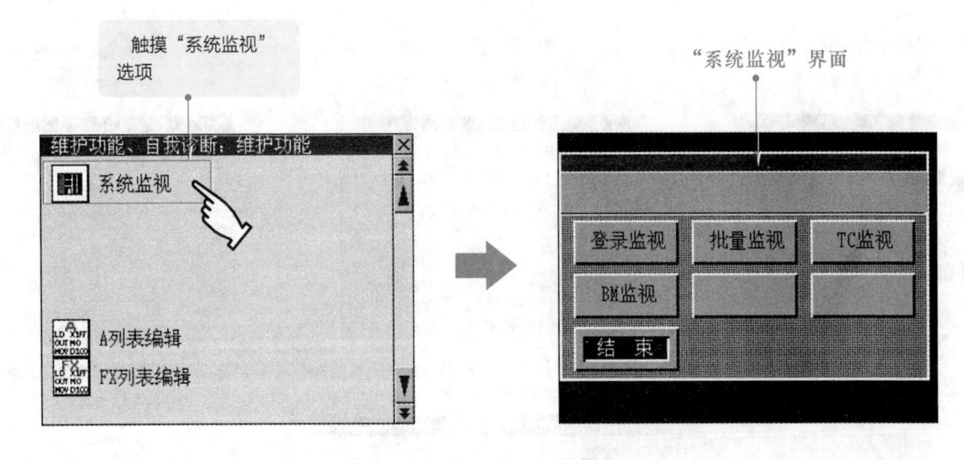

图 13-54 “系统监视”界面

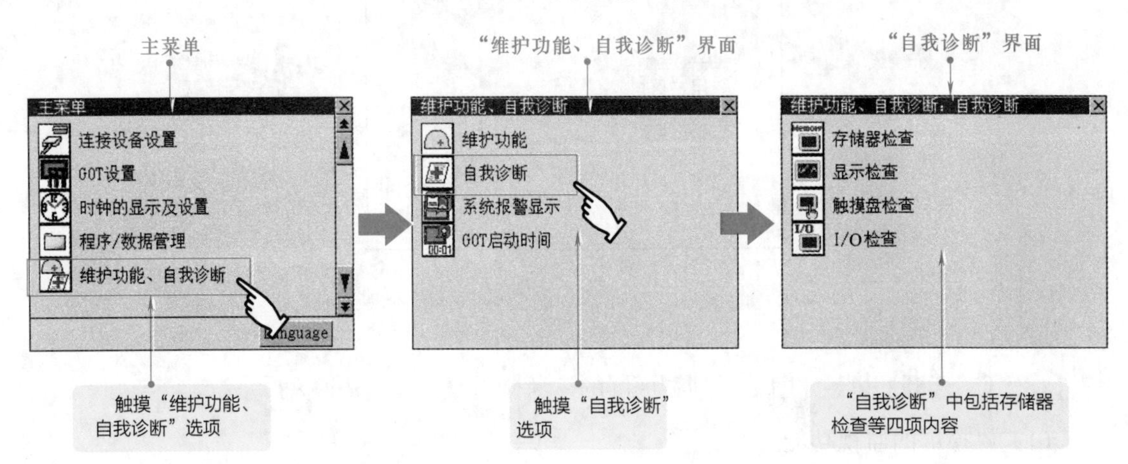

图 13-55 进入“自我诊断”界面

程序提供的自我诊断功能包括存储器检查、显示检查、触摸盘检查和 I/O 检查。触摸选择相应的选项即可完成相应的检查功能。

① 存储器检查 存储器检查功能主要是对标准 CF 卡、内置快闪卡、内置 SRAM 进行读写检查。图 13-56 为“存储器检查”界面。

如图 13-57 所示，以标准 CF 卡的检查为例。选择“A：标准 CF 卡”选项后，触摸“检查”按钮。系统弹出确认界面，触摸“OK”按钮后在显示数字输入窗口中输入口令，触摸“Enter”键，程序执行读写检查。检查完成后，触摸“OK”按钮即可返回上一级界面。

提示说明

“A：标准 CF 卡”用以检查 A 驱动器的存储器（标准 CF 卡）是否可以正常读写。

“C：内置快闪卡”用以检查 C 驱动器的存储器（内置快闪卡）是否可以正常读写。

“D：驱动器选择”用以检查 D 驱动器的存储器（内置 SRAM）是否可以正常读写。

② 显示检查　在“维护功能、自我诊断”界面中触摸“显示检查”选项后，程序切换到“显示检查”界面。如图 13-59 所示，“显示检查”界面包含绘图检查和字体检查。

绘图检查功能包括位欠缺检查、颜色检查、基本图形显示检查、屏幕间移动检查等检查功能。

字体检查功能是对触摸屏中装载的字体信息的确认检查。如果字体可以正常显示，说明字体正常；如果字体没有正常显示，说明字体不正常，需要重新安装基本功能 OS。

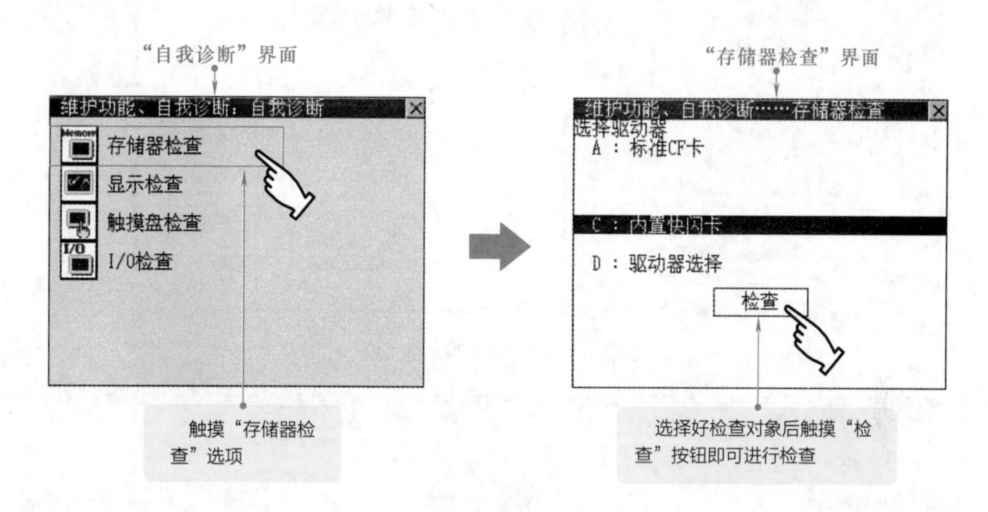

图 13-56 “存储器检查”界面

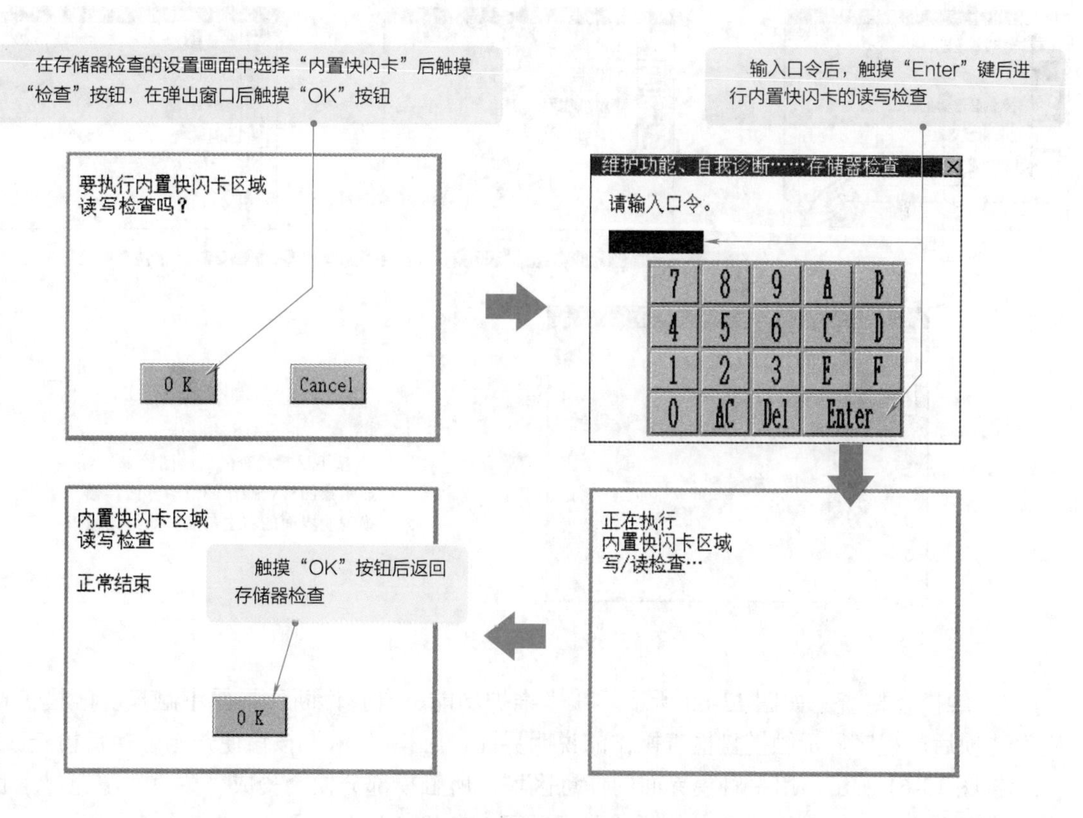

图 13-57 存储器检查的操作

资料扩展

如图 13-58 所示，如果所检查的存储器发现异常，检查界面会显示发生异常的提示信息。此时，需要重新格式化相应的存储器。

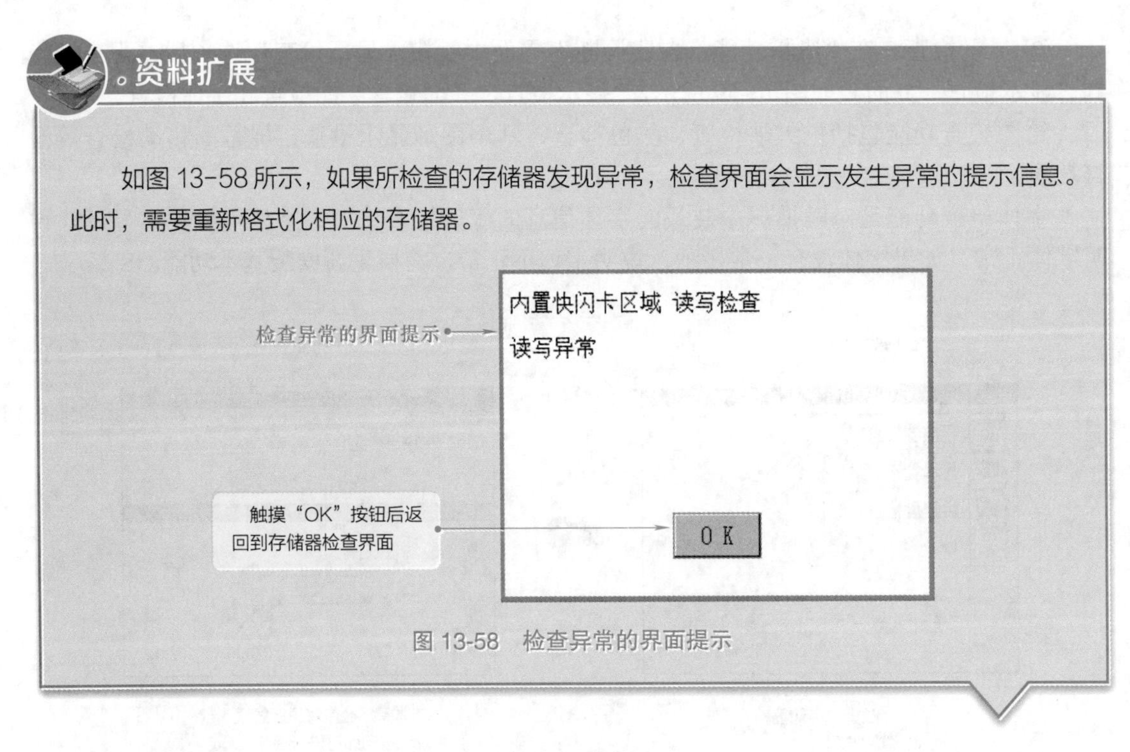

图 13-58 检查异常的界面提示

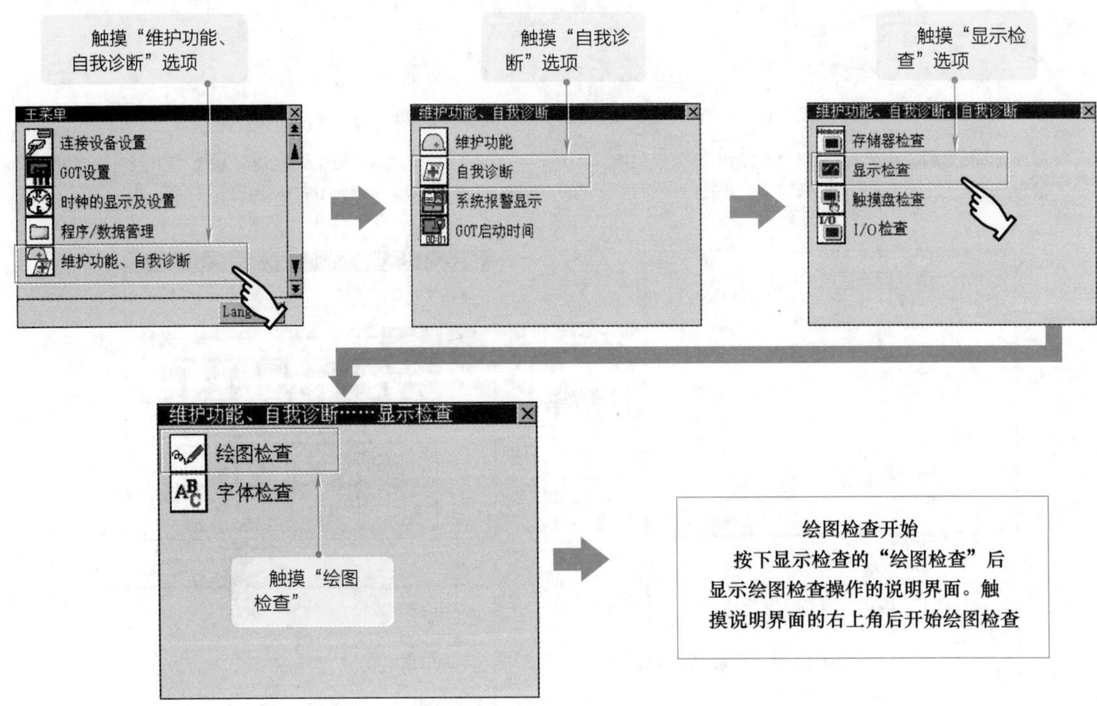

图 13-59 “显示检查”界面

③ 触摸盘检查　如图 13-60 所示，在“维护功能、自我诊断”界面中触摸“触摸盘检查”选项后，程序显示触摸盘检查操作的说明界面，触摸“OK”按钮便开始触摸盘检查。

按图 13-61 所示，用手触摸界面的任意区域，所触摸部分便会变成“黄色”填充显示状态。检查完成后，触摸界面左上角区域即可返回“自我诊断”界面。

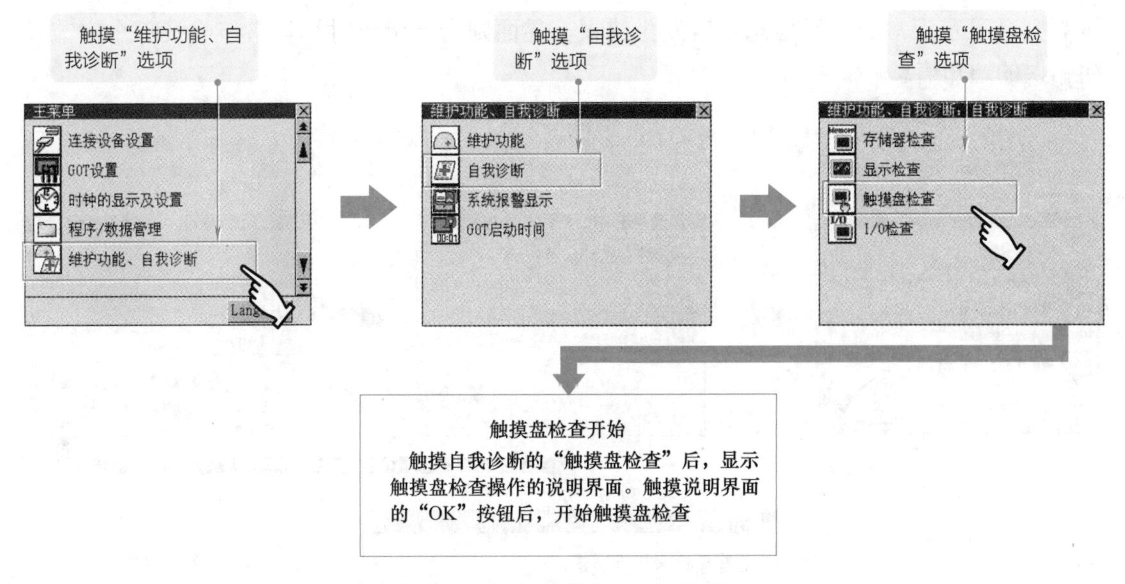

图 13-60　进入触摸盘检查操作界面

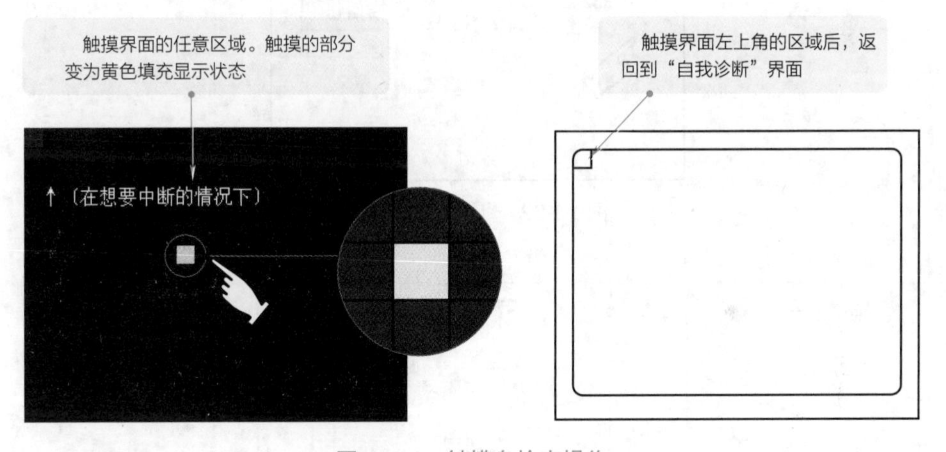

图 13-61　触摸盘检查操作

提示说明

若触摸区域未变为“黄色”填充显示状态，可能是显示部分故障或触摸盘故障。

④ I/O 检查　I/O 检查是检查触摸屏和 PLC 之间通信功能是否正常的功能选项。图 13-62 为“I/O 检查”界面。

如果检查正常结束，则表明通信接口、连接线缆正常。在确认设备连接正常及通信启动程序安装正确的情况下，触摸“对方”按钮，进行对方目标确认通信检查。当对方目标确认通信结束后，程序将检查结果显示在对话框中，如图 13-63 所示。

触摸“回送”按钮，程序通过自回送连接端口，进行发送数据和接收数据的校验。如图 13-64 所示，如果不能正常接收数据，界面则显示连接异常的提示信息；如果检查正常，屏幕则会显示正常的提示信息；若发生错误，界面则会显示该时刻异常接收及哪个字节发生错误的通知信息。

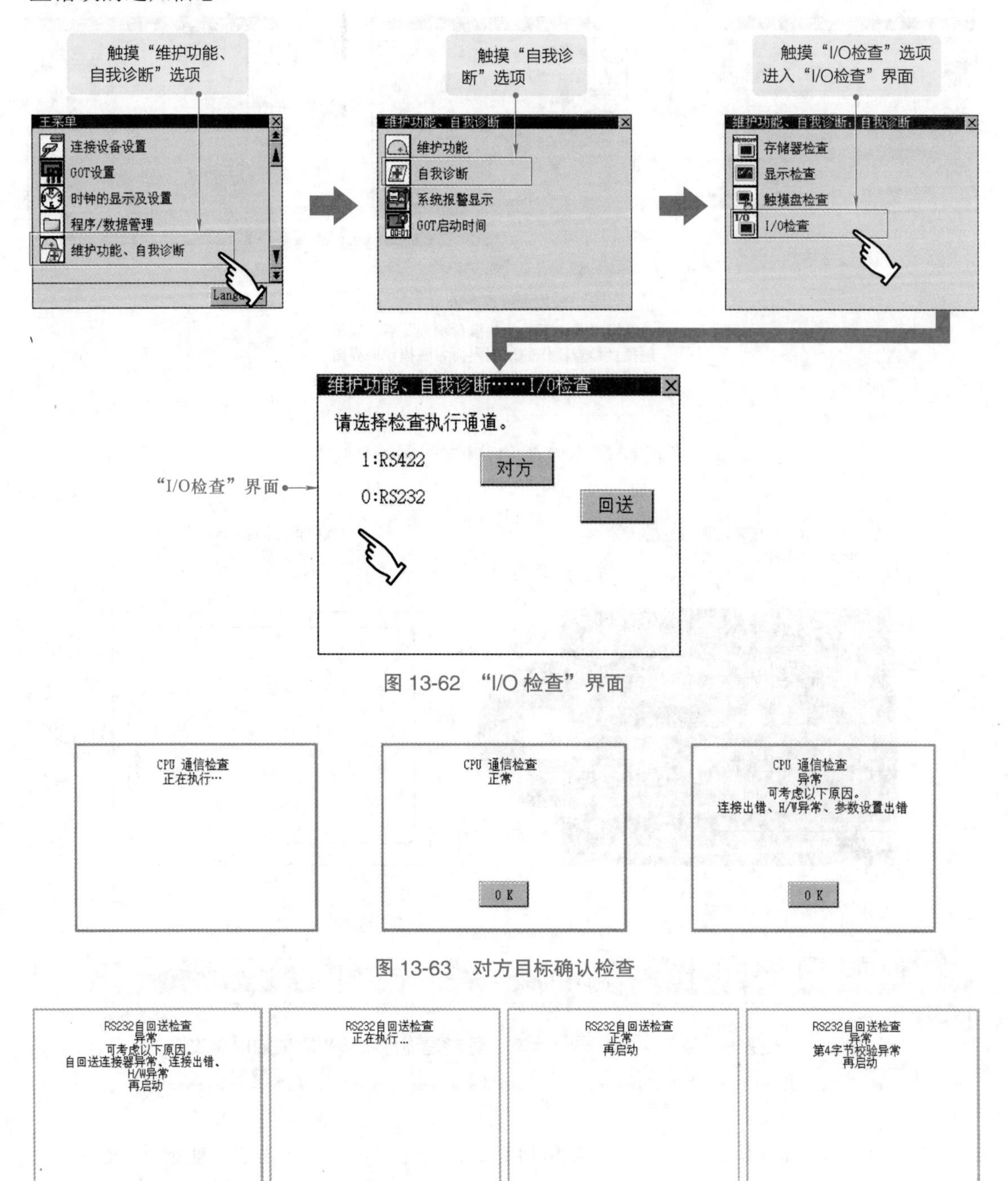

图 13-62 “I/O 检查”界面

图 13-63 对方目标确认检查

图 13-64 “自回送”检查

13.1.7 三菱 GOT-GT11 系列触摸屏的维护

（1）触摸屏的日常巡检

触摸屏的日常巡检主要包括触摸屏安装状态的检查、触摸屏连接状态的检查以及触摸屏外观的检查。触摸屏的日常巡检项目如表 13-1 所示。

表 13-1　触摸屏的日常巡检项目

检查项目		检查方法	判定标准	处理方法
GOT 触摸屏的安装状态		确认安装螺栓的松紧	安装牢固	拧紧安装螺栓
GOT 触摸屏的连接状态	端子螺栓的松紧	拧动端子螺栓	无松动	拧紧端子螺栓
	压接端子的间距	观察检测	间距适中	调整间距
	连接器的松紧	观察检测	无松动	拧紧连接器固定螺栓
GOT 触摸屏的使用状态	保护膜的脏污	观察检测	无明显脏污	更换
	异物的附着	观察检测	应无异物	清洁异物

（2）触摸屏的定期点检

除日常巡检外，建议每隔一段时间进行触摸屏定期点检。点检内容包括周围环境的检查、电源电压的检查、安装及连接状态的检查等。触摸屏的定期点检项目如表 13-2 所示。

表 13-2　触摸屏的定期点检项目

定期点检项目		点检方法	判定标准	处理方法
周围环境（包括温度、湿度等）检查		用温度计、湿度计测定温度和湿度情况 测定有无腐蚀性气体	环境温度应为 0 ～ 55℃ 湿度：10% ～ 90% 无腐蚀性气体	在盘内使用时，以盘内温度作为周围环境温度
电源电压检查		检测 AC100 ～ 240V 端子间的电压	AC85 ～ 242V	变更供电电源
		检测 DC24V 端子间的电压	DC20.4 ～ 26.4V	变更供电电源
安装状态检查		轻轻摇动设备，检查有无松动	安装牢固无松动	拧紧螺栓
		观察 GOT 有无附着物	没有附着物	去除、清洁附着物
连接状态检查	检查端子螺栓的松紧程度	用螺钉旋具拧紧	应无松动	拧紧端子螺栓
	检查压接端子的间距	观察检测	符合规定的间距	调整间距
	检查连接器的松紧程度	观察检测	无松动	拧紧连接器固定螺栓
电池检查		利用“报警信息”界面，确认系统报警（错误代码：500）的通知	预防维护	即使没有显示电池电压过低，超过规定寿命也应更换

提示说明

在触摸屏使用与维护过程中应注意以下事项。

◆ 通电时不要触摸连接端子，否则可能引发触电。

◆ 清扫或者拧紧端子螺栓时，必须先从外部切断电源，否则可能导致设备故障或运行错误。

◆ 检查螺栓紧固状态应符合要求。螺栓安装太松，可能导致短路、运行错误；螺栓安装太紧，可能导致螺栓或设备损坏，从而引起短路、运行错误。

◆ 不要拆开或改造设备，否则可能导致设备故障、运行错误以及发生人员伤害、火灾。

◆ 不要直接触碰设备的导电部分或电子部件，否则可能导致设备的错误运行、故障。

◆ 连接设备的电缆必须放入导管或用夹具进行固定处理。若连接电缆不放入导管并进行固定处理，由于电缆的晃动和移动、拉拽等可能导致设备或电缆损坏、电缆接触不良，从而引起运行错误。

◆ 拆除连接设备的电缆时，不要拉扯电缆线部分，否则可能造成设备或电缆损坏、电缆接触不良，从而引起运行错误。

◆ 拆装连接电缆前应先关闭电源，否则可能导致故障或误动作。

◆ 在触碰设备前，必须先与接地的金属物接触，释放人体自带的静电。不释放静电，可能导致设备故障或者运行错误。

500 GOT内置电池的电压过低

图 13-65　电池不良的系统报警显示

（3）电池的检测与更换

通常，电池的寿命期限为 5 年，但根据环境使用情况以及电池存在自放电等因素，电池寿命期限也不尽相同。可通过触摸屏应用程序确认电池状态。

如图 13-65 所示，当电池电压过低时，GOT 触摸屏会显示电池电压过低的提示信息。此时，需按要求及时更换电池。

提示说明

检查出电池电压过低后，可继续保存数据大约 1 个月。如果超过此时间，数据将无法保存。

如果从检查出电池电压过低到更换电池超过了 1 个月，时钟数据、D 驱动器（内置 SRAM）的数据有可能变为不确定值。此时应重新设置时钟，对 D 驱动器（内置 SRAM）进行格式化。

另外，在电池使用中应注意以下事项。

◆ 应正确连接电池。不要对电池进行充电、分解、加热、投入火中、撞击、焊接等。不正当使用电池，可能造成发热、破裂、燃烧，进而引发人员伤害及火灾等。

◆ 不要让安装在设备中的电池掉落或受到撞击。掉落、撞击有可能导致电池破损、电池内部发生漏液。对于掉落或受到撞击的电池，应废弃而不再使用。

（4）背光灯的检测与更换

GOT 触摸屏内置了液晶显示用背光灯。当 GOT 触摸屏检测出背光灯熄灭时 POWER LED 将以橙色 / 绿色交替闪烁。另外，背光灯会随着使用时间的增加亮度会逐渐下降。如果背光灯熄灭或很暗时，应及时更换背光灯。

更换背光灯之前，最好进行数据备份。更换时，首先关闭 GOT 触摸屏电源。然后卸下电源线及通信电缆。若安装有 CF 卡，需将 CF 卡取出。

将 GOT 触摸屏从控制盘上卸下，用螺钉螺具拆卸 GOT 触摸屏背面的固定螺钉；然后，将背光灯的电线连接器从 GOT 触摸屏的连接器上卸下，如图 13-66 所示；最后，用手指压下背光灯的固定爪，即可将背光灯从右侧拉出。

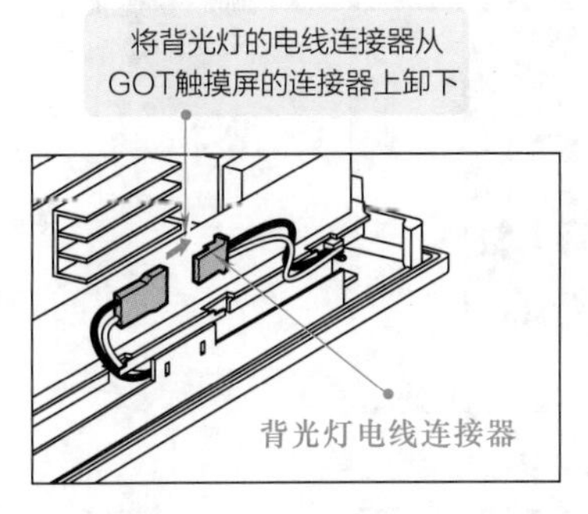

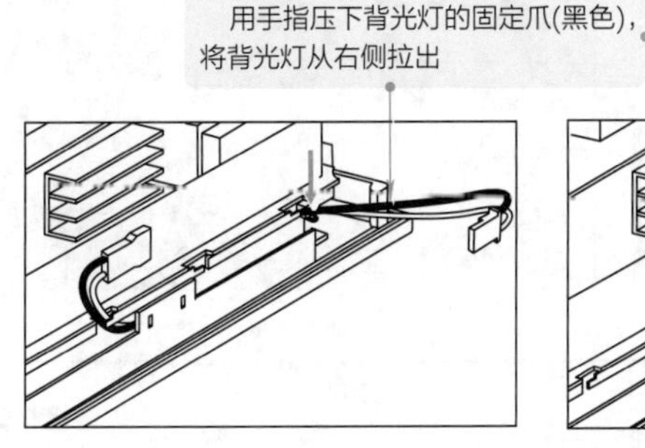

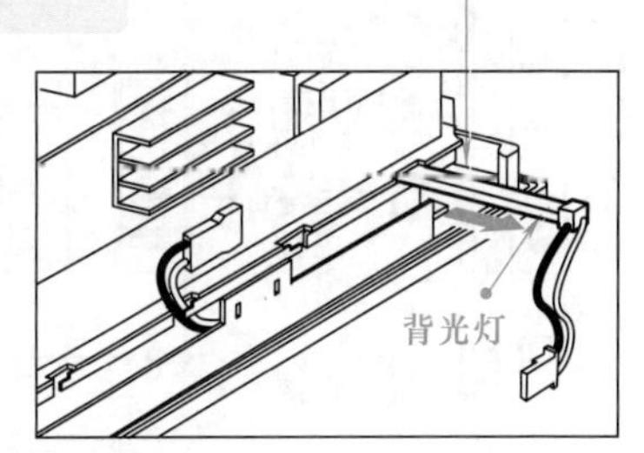

图 13-66　拆卸背光灯

接下来，按与拆卸相反的步骤重新安装新背光灯即可。

提示说明

◆ 更换背光灯作业时应戴手套，否则有可能受伤。

◆ 背光灯更换应在 GOT 触摸屏的电源被断开 5min 以上后进行，否则有可能被背光灯烫伤。

◆ 在更换背光灯时，必须将 GOT 触摸屏的电源从外部全相切断（GOT 触摸屏总线连接时，必须将 PLC CPU 的电源也从外部全相切断），并且将 GOT 触摸屏从控制盘中卸下后进行操作。如果未全相切断，有触电的危险；如果不从控制盘中卸下而直接更换，有摔落受伤的危险。

13.2　三菱 GOT-GT16 系列触摸屏使用操作

13.2.1　三菱 GOT-GT16 系列触摸屏的结构

三菱 GOT-GT16 系列触摸屏产品规格较多，下面以 GOT-GT1695（以下简写为 GT1695）为例进行介绍。图 13-67 为 GT1695 触摸屏的结构及键钮和接口的分布。

13.2.2　三菱 GOT-GT16 系列触摸屏的安装连接

（1）GT1695 触摸屏的安装位置要求

如图 13-68 所示，在安装 GT1695 触摸屏时要遵守安装规范，确保 GT1695 触摸屏与其他设备之间保持一定距离。

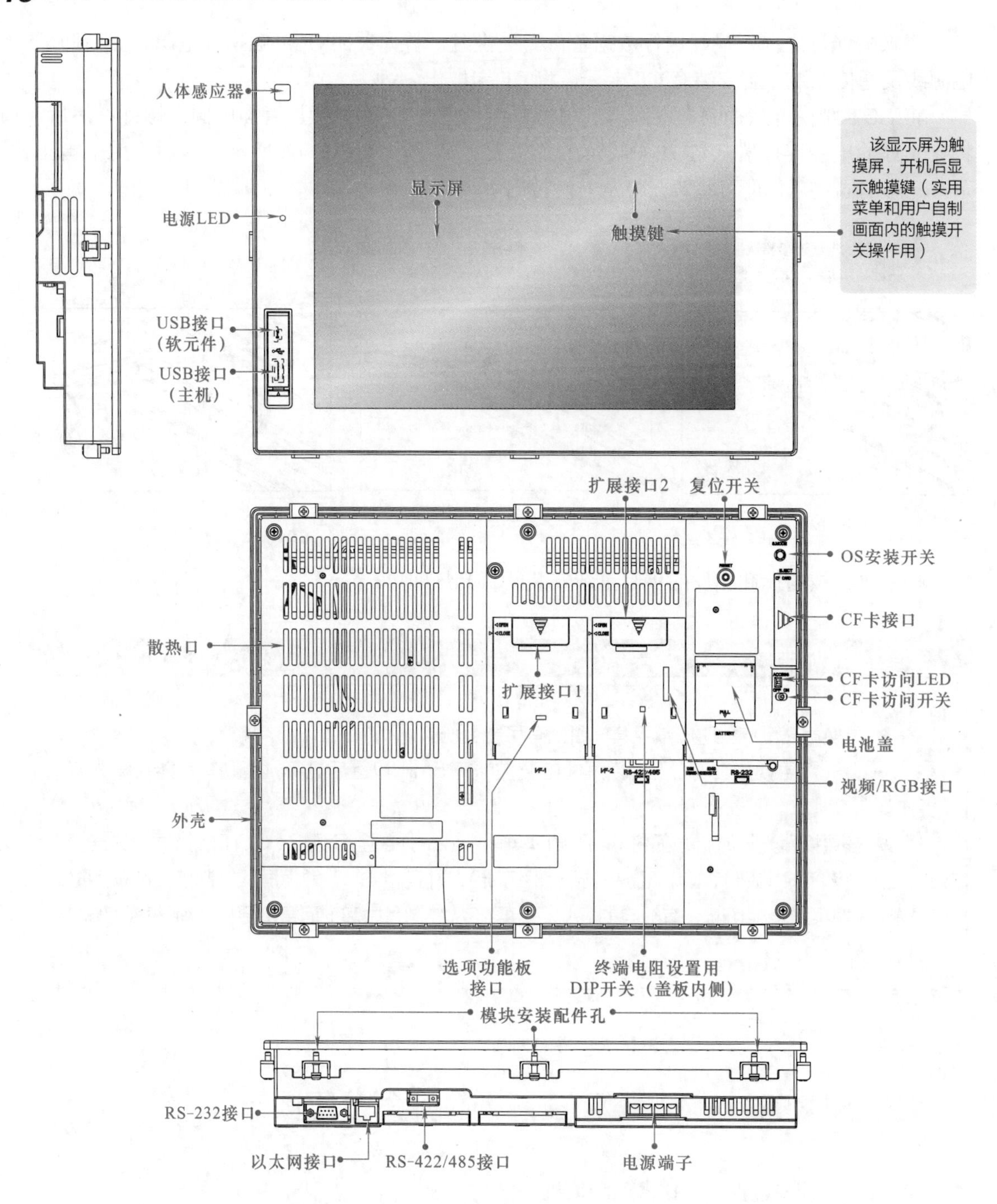

图 13-67　GT1695 触摸屏的结构及键钮和接口的分布

（2）GT1695 主机的安装

在将 GT1695 安装至面板前，先将 GT1695 主机的电池安装到电池托架上。如图 13-69 所示，打开电池盖，拆卸电池托架，将电池安装到位。

在确认电池置于电池托架中之后，按图 13-70 将电池接口插入 GOT 接口中。

安装好之后，将三菱 GT1695 触摸屏插入面板的正面，如图 13-71 所示。将安装配件的挂钩挂入三菱 GT1695 触摸屏的固定孔内，用安装螺栓拧紧固定。

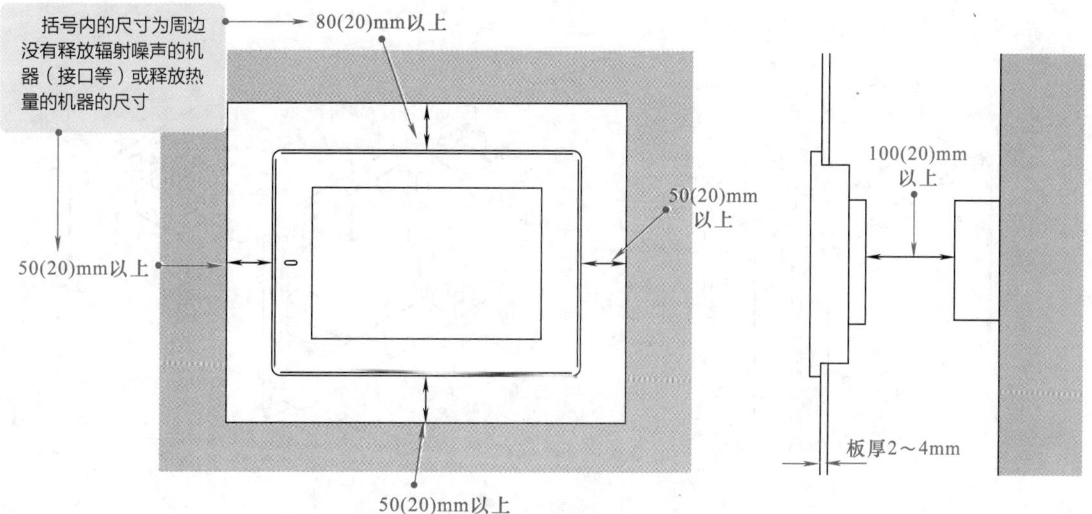

图 13-68　GT1695 触摸屏的安装位置规范

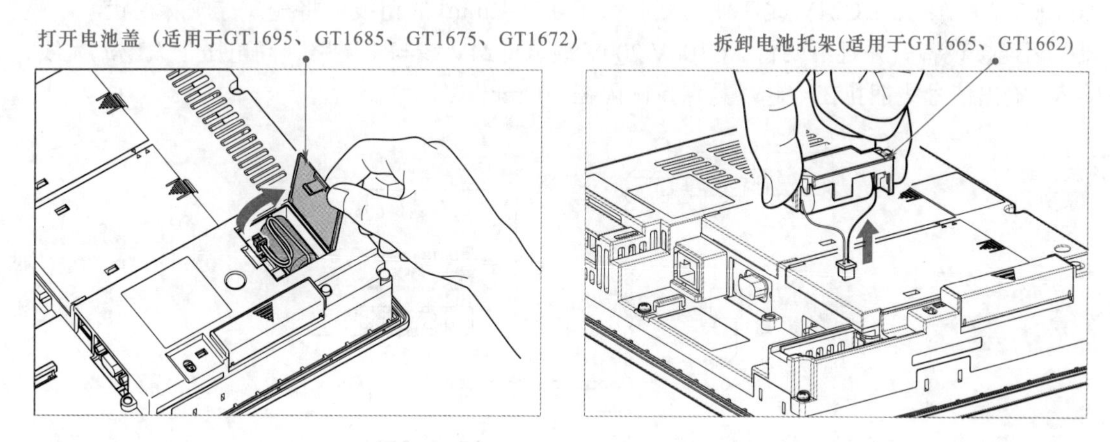

图 13-69　安装 GT1695 主机的电池

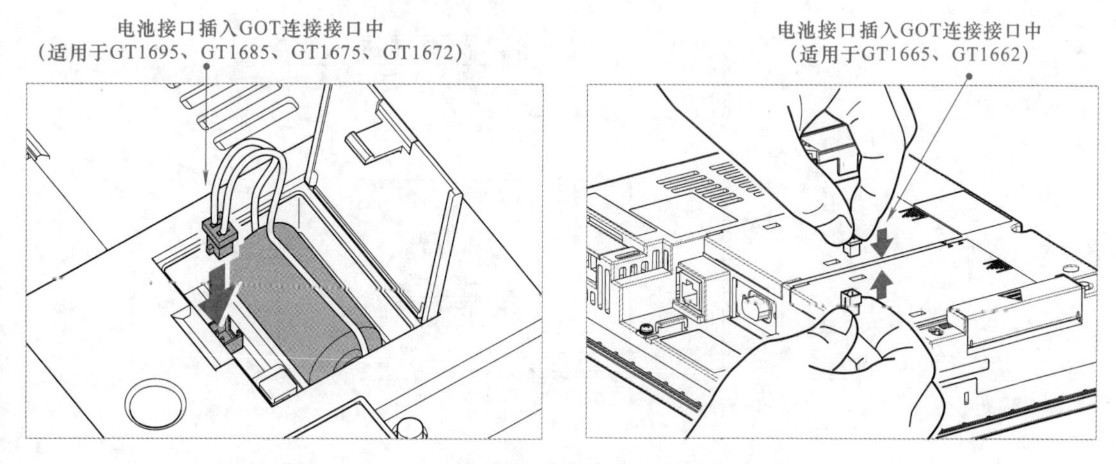

图 13-70　将电池接口插入 GOT 接口中

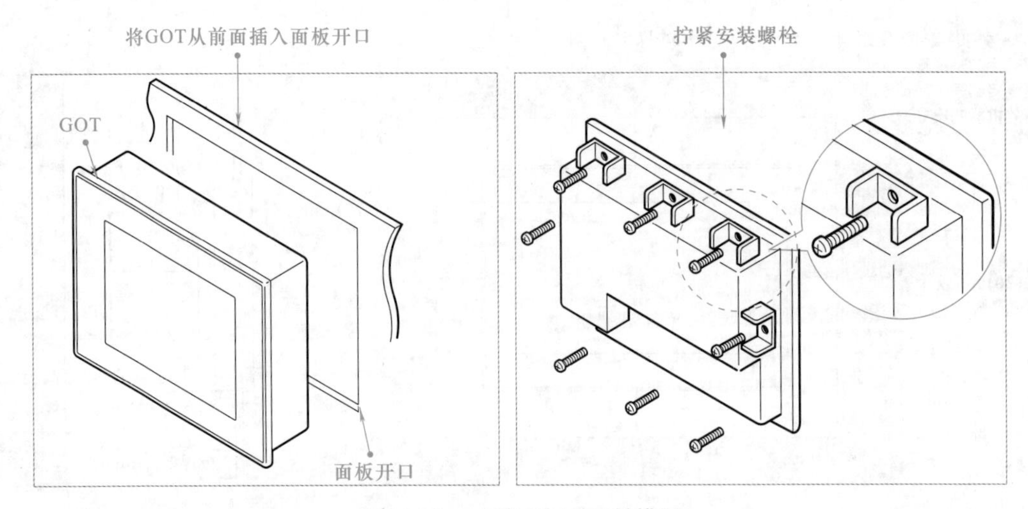

图 13-71 安装 GT1695 触摸屏

（3）GT1695 电源接线

图 13-72 为 GT1695 触摸屏背部电源端子电源线、接地线的配线连接图。配线连接时，AC100V/200V 线、DC24V 线应使用截面积在 0.75~2mm^2 的粗线。将线缆拧成麻花状，以最短距离连接设备。并且不要将 AC100V/200V 线、DC24V 线与主电路（高电压、大电流）线、输入 / 输出信号线捆扎在一起，且保持间隔在 100mm 以上。

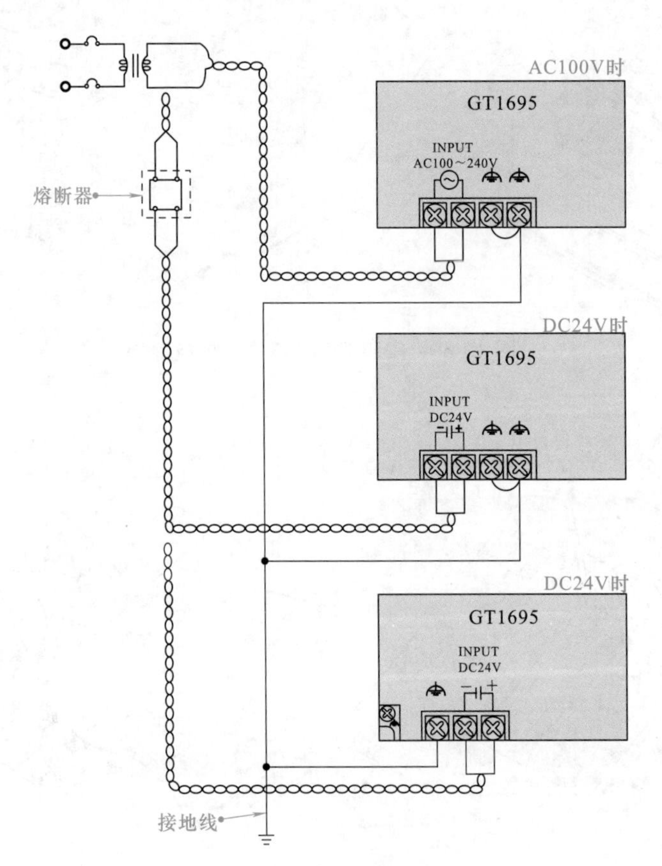

图 13-72 GT1695 触摸屏背部电源端子电源线、接地线的配线连接

（4）GT1695 接地

三菱 GT1695 触摸屏的接地尽可能采用专用接地方式。图 13-73 为 GT1695 触摸屏专用接地的连接方式。

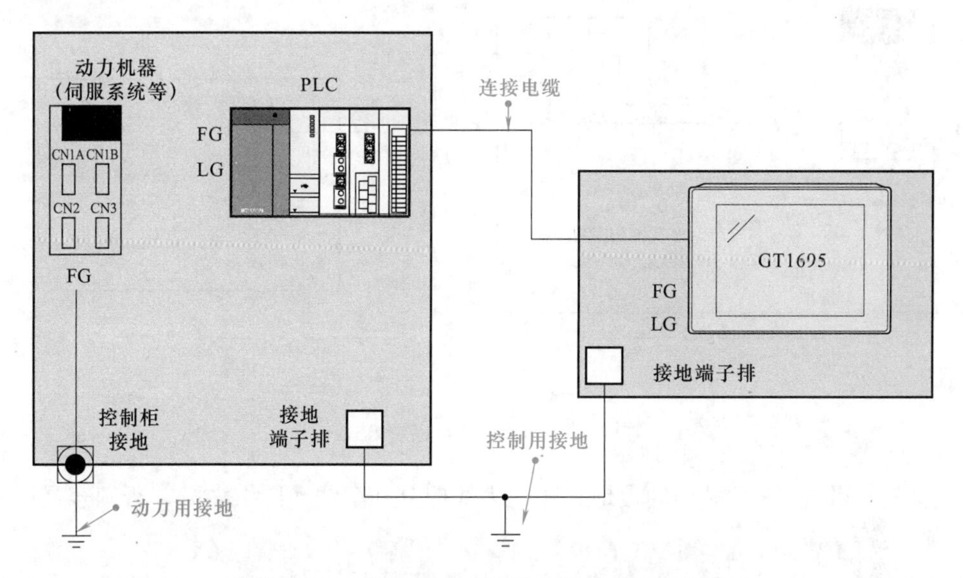

图 13-73　GT1695 触摸屏专用接地的连接方式

若无法对 GT1695 触摸屏实施专用接地方案，也可采用并联单点接地的方案。图 13-74 为 GT1695 并联单点接地方式。

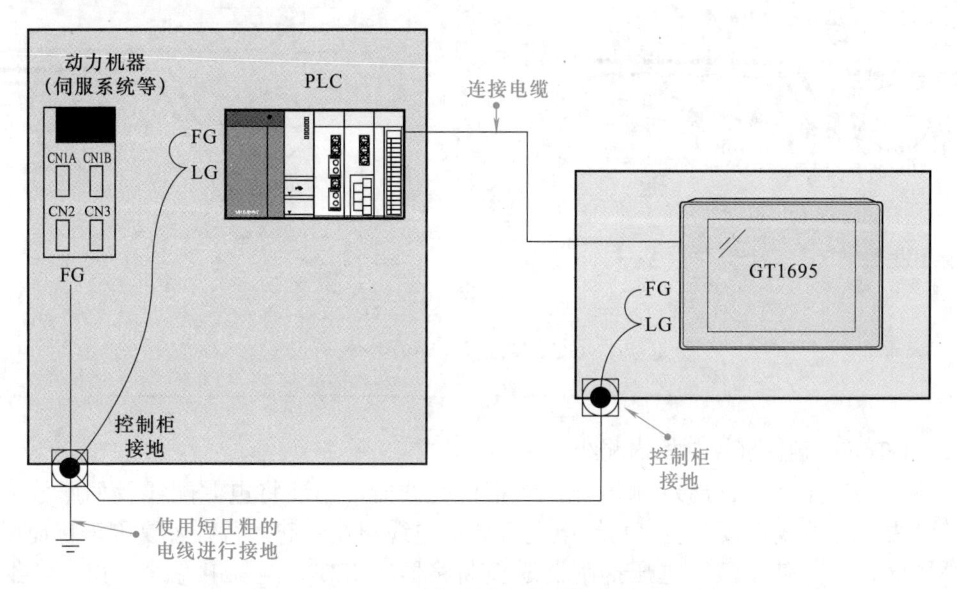

图 13-74　GT1695 触摸屏并联单点接地方式

提示说明

如图 13-75 所示，在 GT1695 触摸屏接地时，不可采用串联单点接地方式。

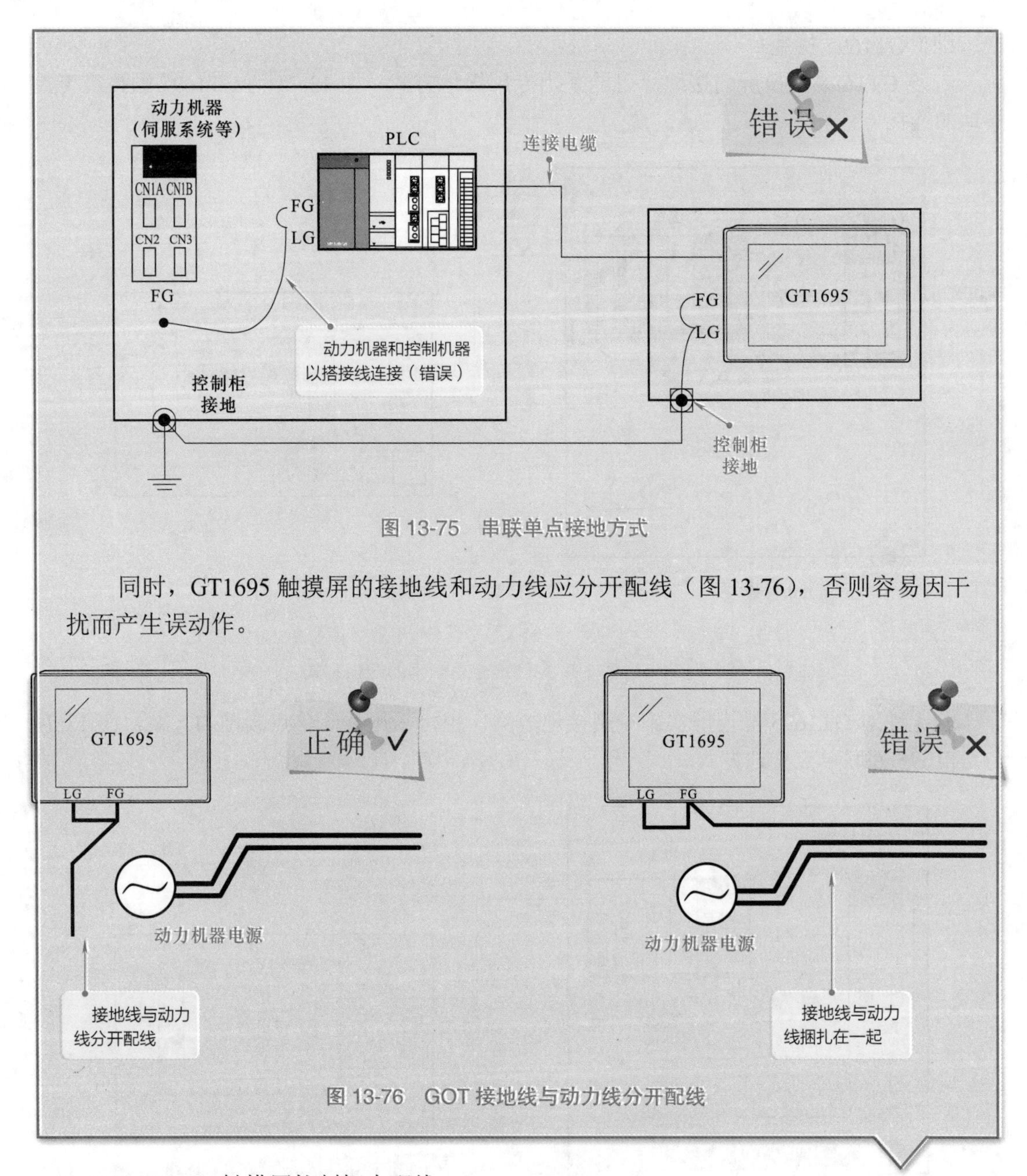

图 13-75 串联单点接地方式

同时，GT1695 触摸屏的接地线和动力线应分开配线（图 13-76），否则容易因干扰而产生误动作。

图 13-76 GOT 接地线与动力线分开配线

（5）GT1695 触摸屏控制柜内配线

如图 13-77 所示，GT1695 触摸屏控制柜内配线时，不要将电源配线及伺服放大器驱动线等动力线和总线连接电缆、网络电缆等通信电缆混在一起，否则容易因干扰而引发误动作。同时，最好使用浪涌电压抑制器避免断路器（NFB）、电磁接触器（MC）、继电器（RA）、电磁阀、感应电动机等部件产生的浪涌噪声干扰。

（6）GT1695 触摸屏控制柜外配线

如图 13-78 所示，将动力线和通信电缆引出至控制柜外部时，应远离一定的距离分开打孔引线。

如图 13-79 所示，在敷设时，动力线导管与通信电缆导管之间应保持 100mm 以上的距离。若因配线关系不得不接近敷设，两种线缆导管之间应加设金属制隔离物，以最大限度地降低干扰。

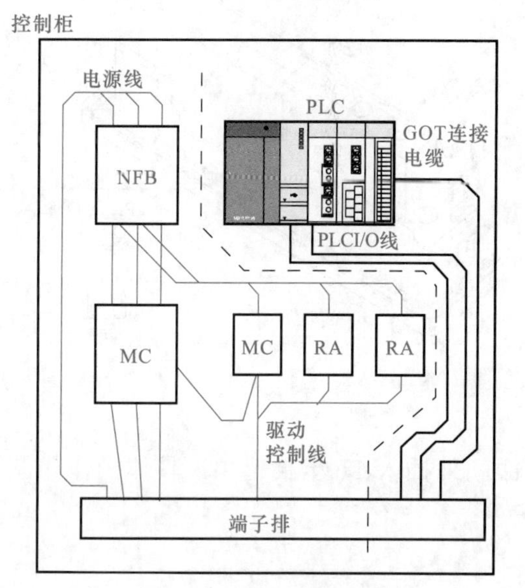

动力线与通信电缆分离

控制柜
电源线
PLC
GOT连接
电缆
NFB
PLC
I/O线
MC
MC
RA
RA
驱动
控制线
端子排

动力线与通信电缆混合

图 13-77　GT1695 触摸屏控制柜内的配线

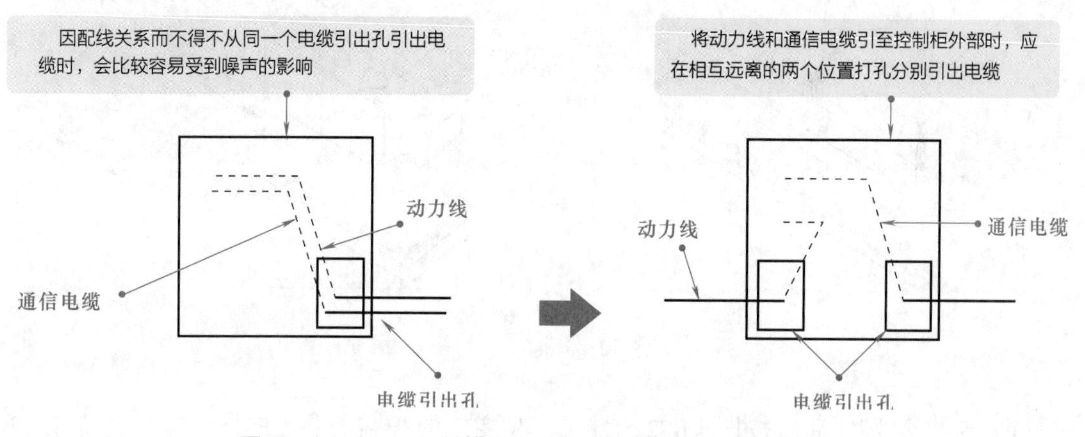

图 13-78　GT1695 触摸屏控制柜外配线的打孔引线示意图

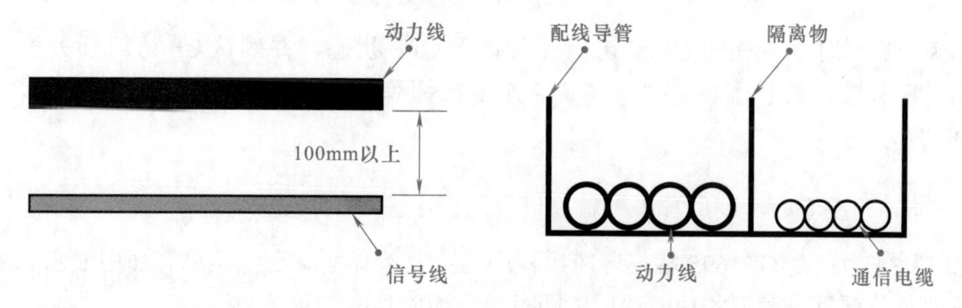

图 13-79　GT1695 外线敷设时的要求

（7）CF 卡的装卸方法

安装 CF 卡时，首先按图 13-80 将 CF 卡访问开关置于 OFF 状态。

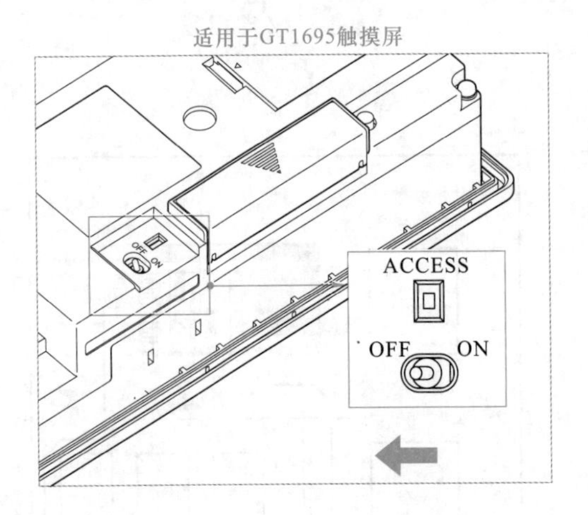

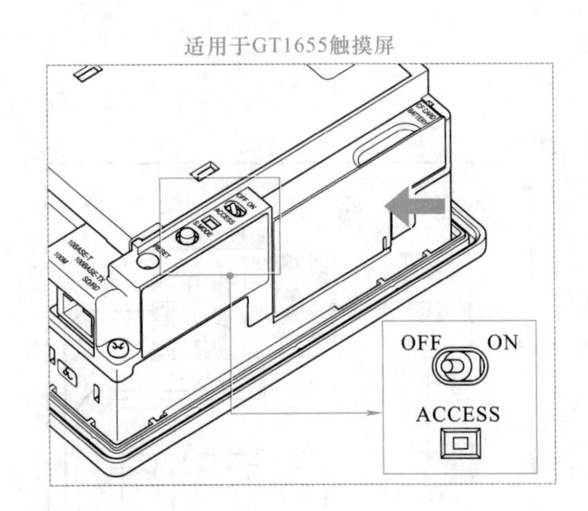

图 13-80　设置 CF 卡访问开关为 OFF 状态

然后，打开 CF 卡接口的护盖，将 CF 卡正面朝外插入 CF 卡插槽中。具体操作如图 13-81 所示。

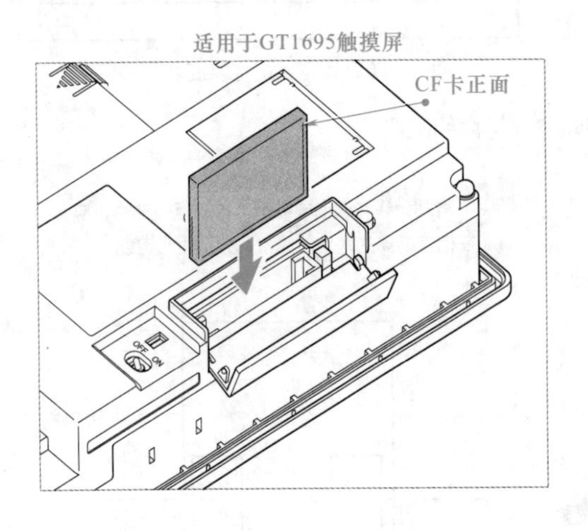

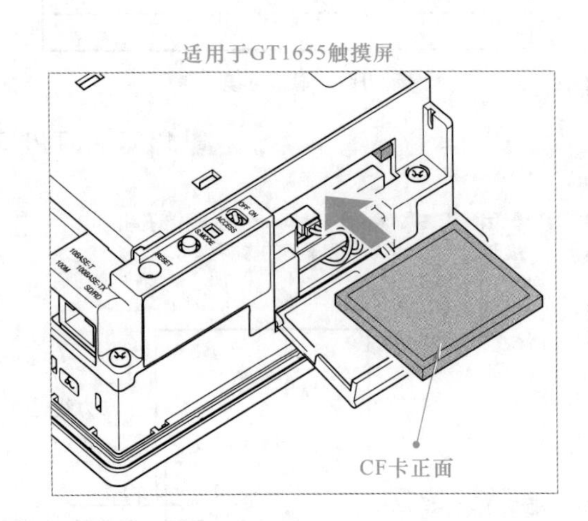

图 13-81　插入 CF 卡

CF 卡插入到位后，按图 13-82 合上 CF 卡接口的护盖，将 CF 卡访问开关置于 ON 状态。

拆卸 CF 卡时，首先将 CF 卡访问开关置于 OFF 状态，并确认 CF 访问开关熄灭；然后打开 CF 卡接口的护盖，并按下 CF 卡弹出按钮弹出 CF 卡；最后拔出 CF 卡即可，如图 13-83 所示。

13.2.3　三菱 GOT-GT16 系列触摸屏应用程序主菜单的显示

图 13-84 为三菱 GT1695 触摸屏应用程序的主菜单界面。在主菜单界面中显示应用程序可设置的菜单项目。触摸各功能选项，即可显示相应功能的菜单界面。

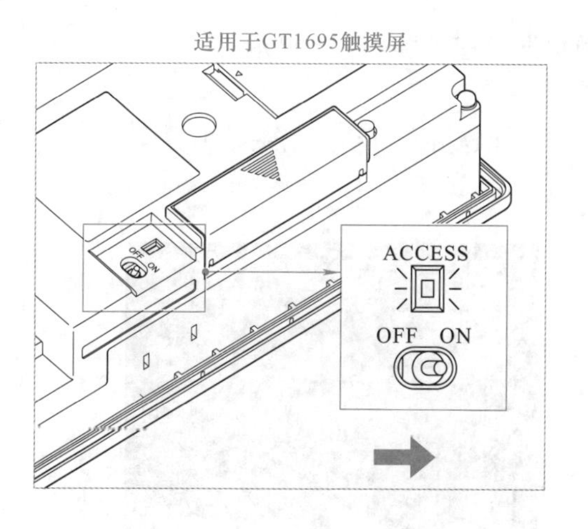

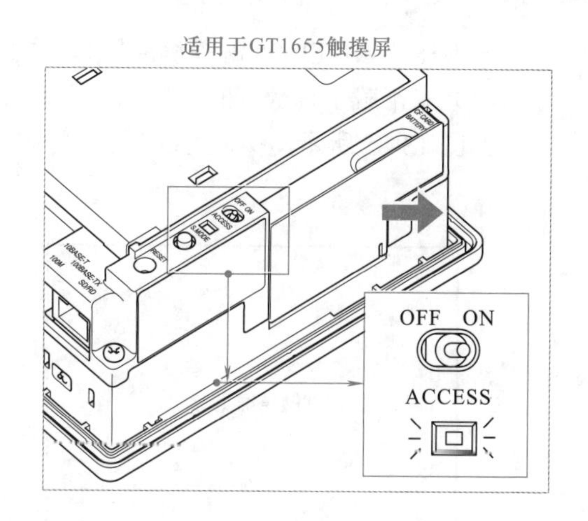

图 13-82　设置 CF 卡访问开关为 ON 状态

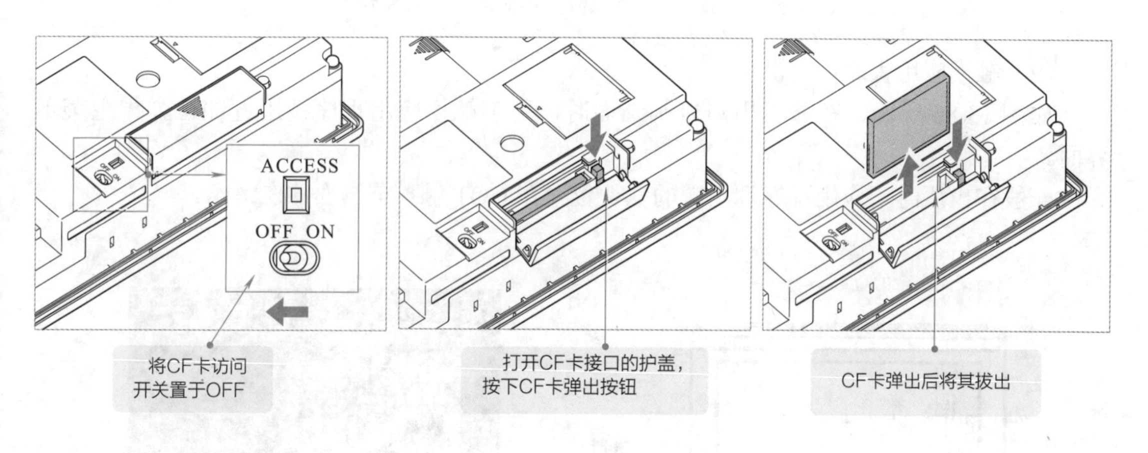

图 13-83　拆卸 CF 卡

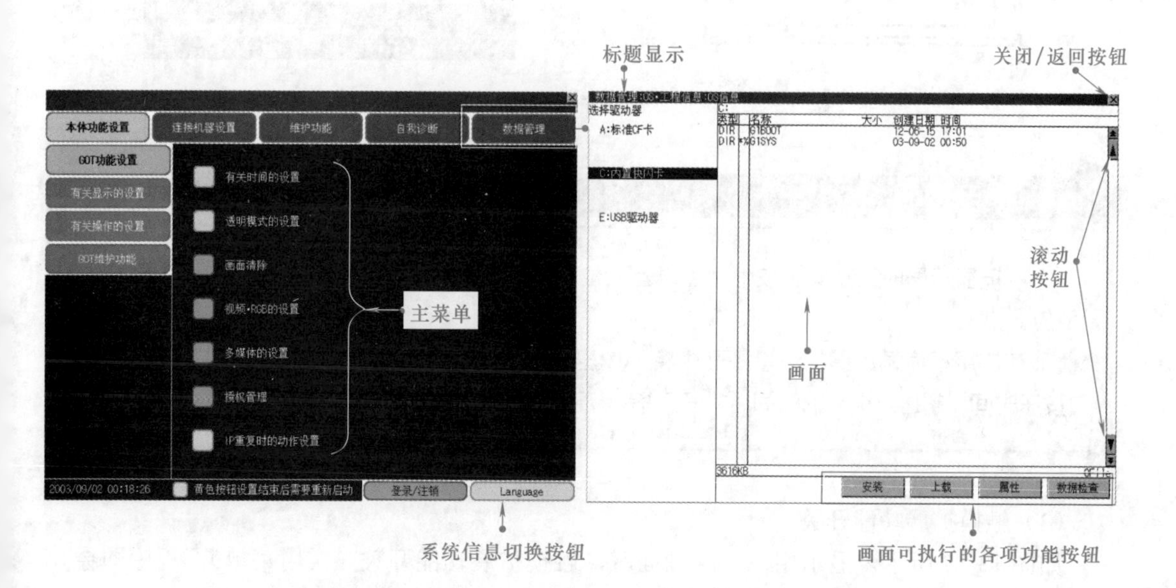

图 13-84　三菱 GT1695 触摸屏应用程序的主菜单界面

一般来说，GT1695 触摸屏应用程序的主菜单可通过三种操作进行显示。

（1）未下载工程数据时

如图 13-85 所示，接通 GOT 触摸屏电源，在显示标题后会自动弹出主菜单界面。

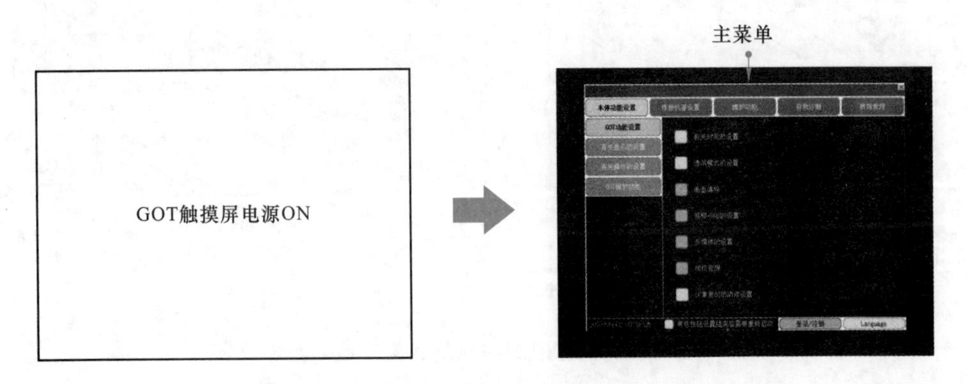

图 13-85　未下载工程数据时的主菜单显示

（2）触摸应用程序调用键

如图 13-86 所示，在显示用户自制画面时，用手触摸应用程序调用键即可弹出主菜单界面。

一般在出厂时，应用程序调用键的默认位置在 GOT 触摸屏画面的左上角。

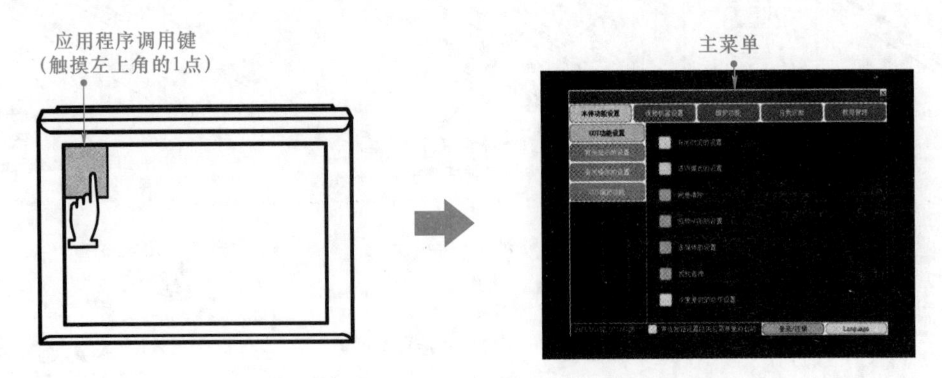

图 13-86　触摸应用程序调用键弹出主菜单界面

提示说明

触摸显示屏时禁止同时按下两点以上的位置。如果同时触摸，可能未触摸的部位会发生反应。

在应用程序调用键的设置画面中将“按压时间”设置为 0s 以上时，按压触摸面板上的“按压时间”超过所设定的时间后松开手指。

（3）触摸扩展功能开关

如图 13-87 所示，显示用户自制画面时，触摸扩展功能开关（实用菜单），程序即会弹出主菜单界面。

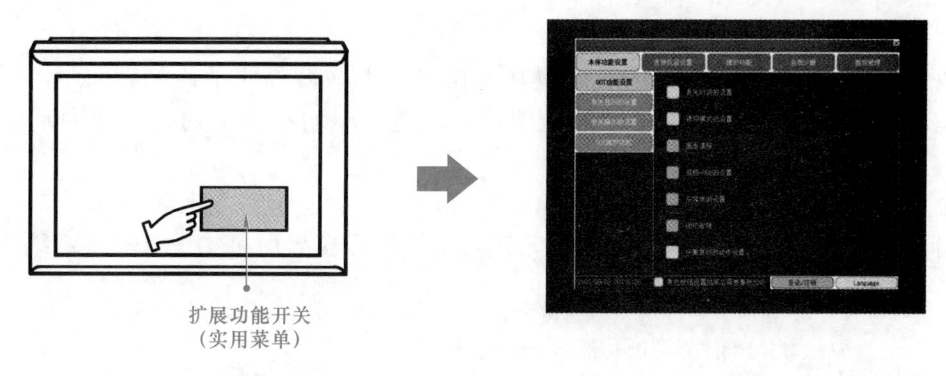

图 13-87　触摸扩展功能开关（实用菜单）弹出主菜单界面

13.2.4　三菱 GOT-GT16 系列触摸屏通信接口的设置（连接机器设置）

通信接口的设置用于通信接口的名称及其关联的通信通道、通道驱动程序的显示、通道号的设置。另外，在连接设备详细设置中进行各通信接口的详细设置（通信参数的设置）。

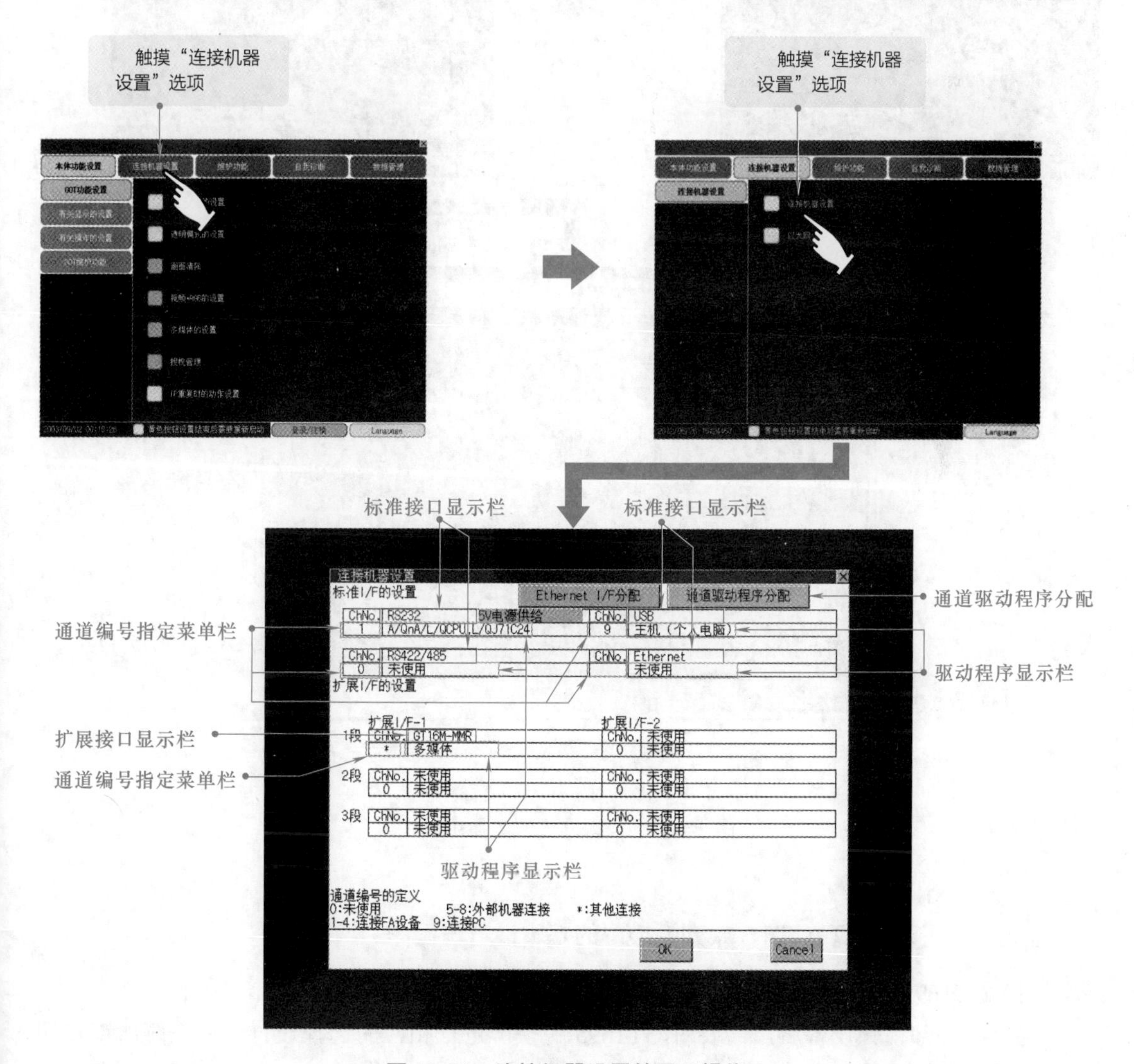

图 13-88　连接机器设置的显示操作

（1）连接机器设置的显示操作

图13-88为连接机器设置的显示操作。在连接机器设置的子菜单界面中，可以实现通信接口的名称及与之相关联的通信通道、通信驱动程序名的显示和通道编号的设置。

（2）以太网设置

图13-89为以太网设置的显示操作，通过以太网设置界面可实现对网络系统的设置连接。

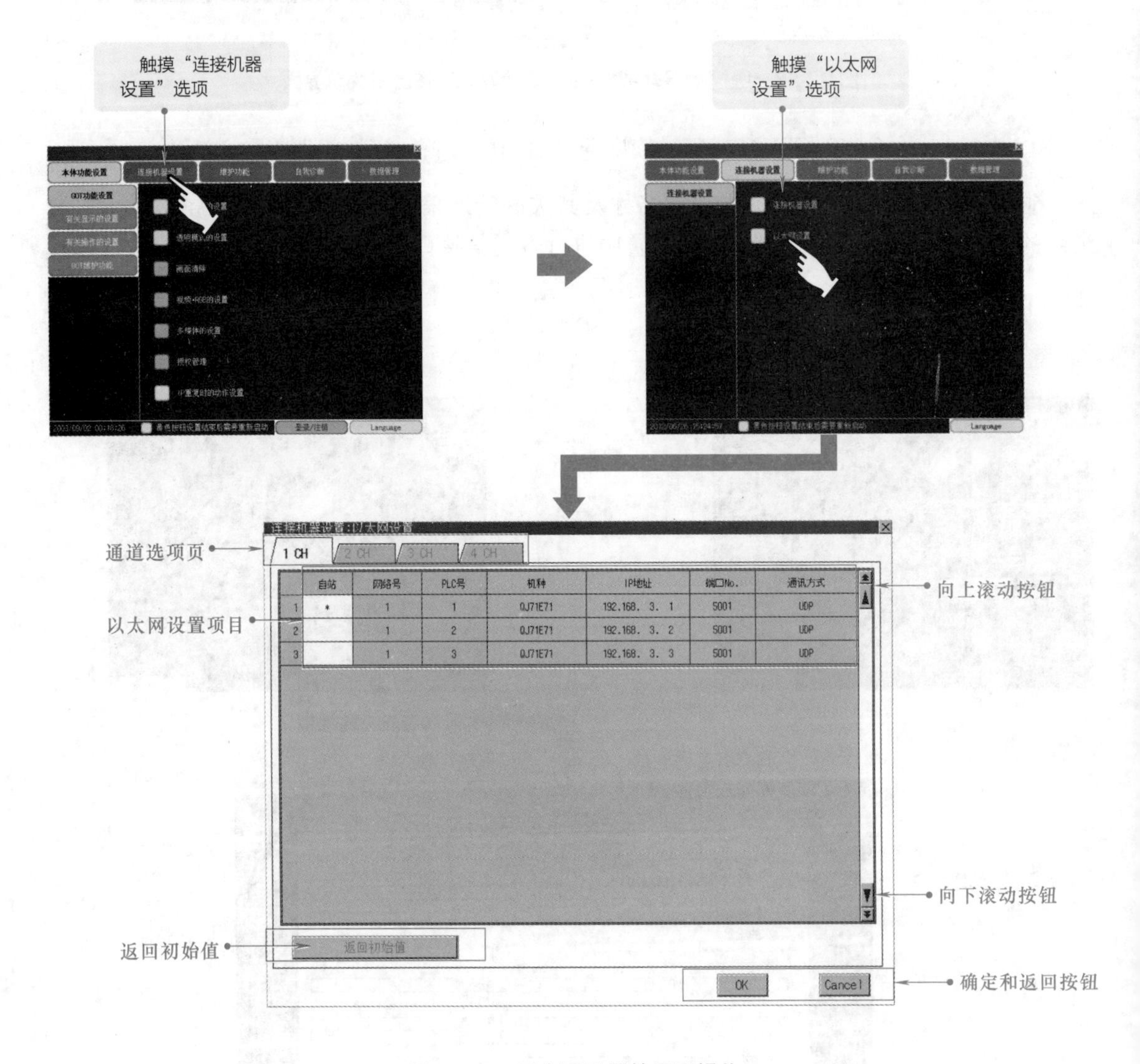

图13-89 以太网设置的显示操作

13.2.5 三菱GOT-GT16系列触摸屏的基本设置与操作

（1）GT1695触摸屏与视频设备的连接

连接好外部视频设备后，需要对GT1695触摸屏进行相应的选择设置，使系统所连接的视频设备可正常显示。图13-90为视频连接设备设置的显示操作。

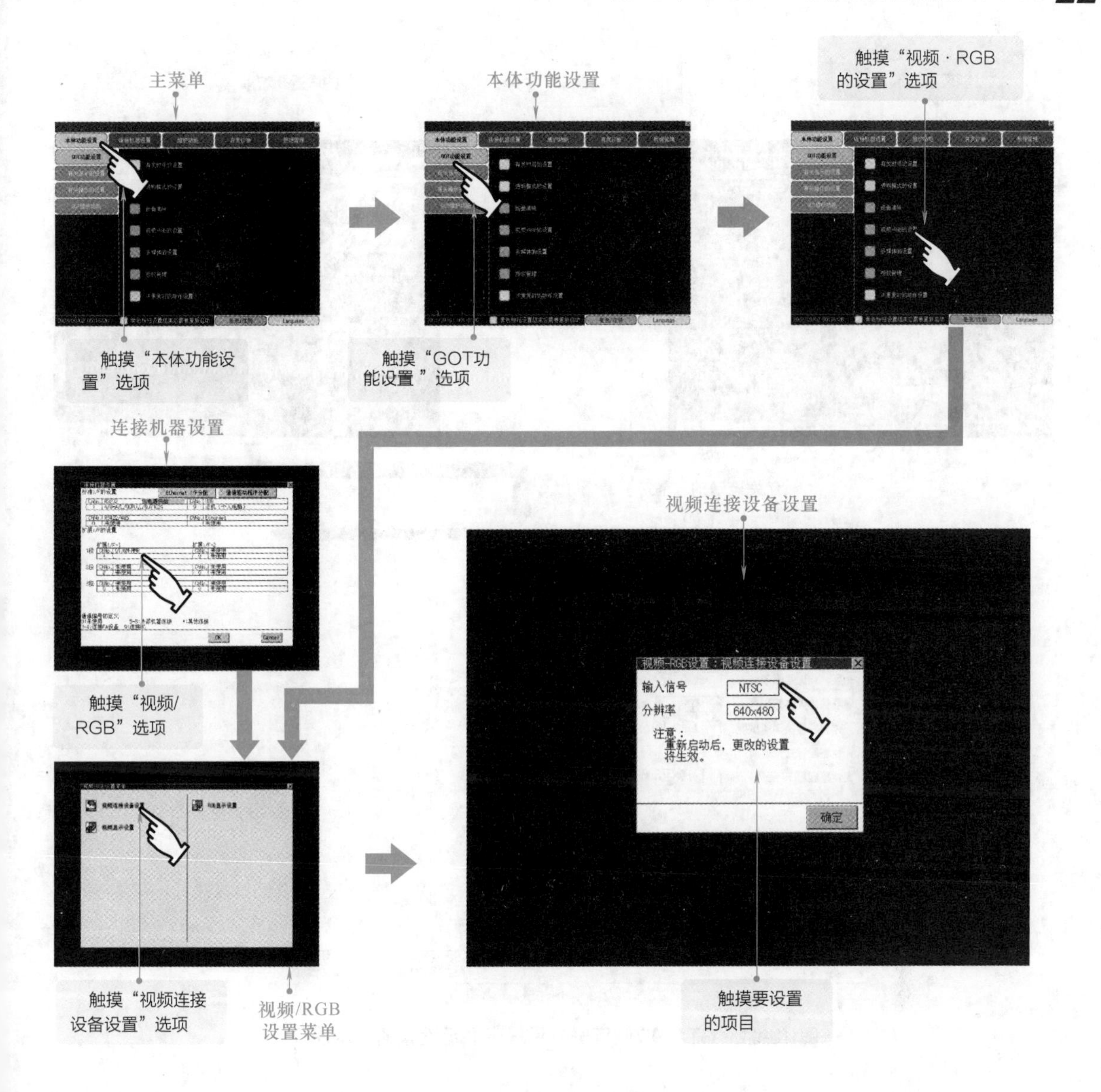

图 13-90　视频连接设备设置的显示操作

（2）GT1695 触摸屏的显示设置

图 13-91 为 GT1695 触摸屏应用程序显示设置的显示操作。显示的设置主要包括信息显示的设置、标题显示时间的设置、屏幕保护时间的设置、屏幕保护背光灯的设置、电池报警显示的设置、亮度 / 对比度调节的设置、屏幕保护人体感应器的设置、人体感应器检测灵敏度的设置和人体感应器 OFF 延迟的设置等。

（3）GT1695 触摸屏亮度、对比度的调整设置

图 13-92 为 GT1695 触摸屏应用程序亮度、对比度调整的显示操作。亮度、对比度的设置主要用以完成对触摸屏亮度和对比度的调节。当触摸"亮度、对比度调节"旁的"设置"项目方框，便会切换到"亮度、对比度调节"界面，用户可根据需要自行调整。

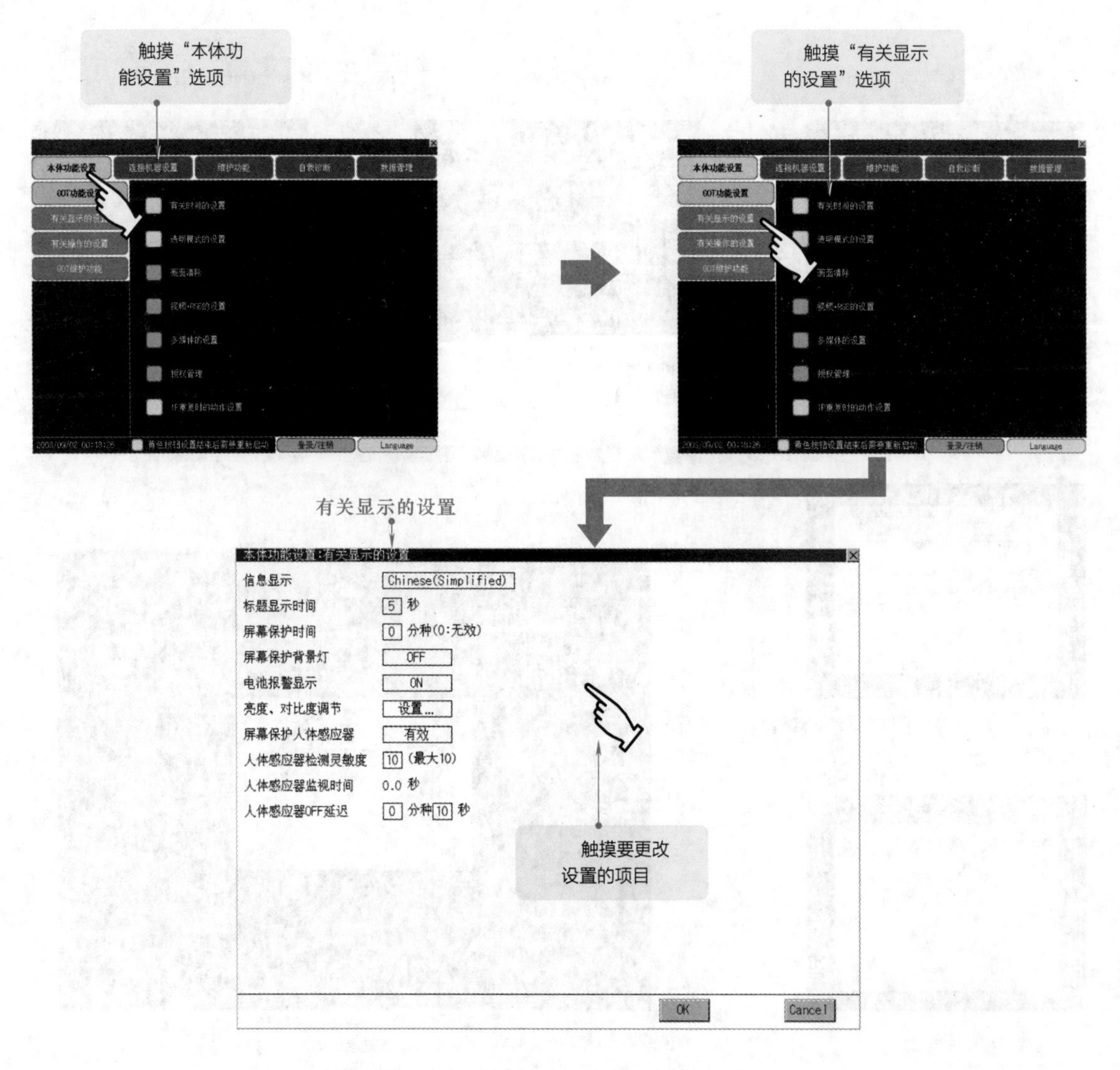

图 13-91　GT1695 触摸屏应用程序显示设置的显示操作

13.2.6　三菱 GOT-GT16 系列触摸屏监视功能的设置

在各种监视功能中，GT1695 触摸屏应用程序提供有用于确认 PLC 软元件状态及提高 PLC 发生故障时应对效率的功能。图 13-93 为 GT1695 触摸屏各种监视功能的显示操作。GT1695 触摸屏所支持的各种监视功能如表 13-3 所示。

13.2.7　三菱 GOT-GT16 系列触摸屏的安全与数据管理

（1）GT1695 触摸屏数据的备份和恢复

图 13-94 为数据备份 / 恢复设置的显示操作。在 GT1695 触摸屏“备份 / 恢复”功能界面可实现备份功能（机器→ GOT）、恢复功能（GOT →机器）、GOT 数据统一取得功能、备份数据删除的设置操作。

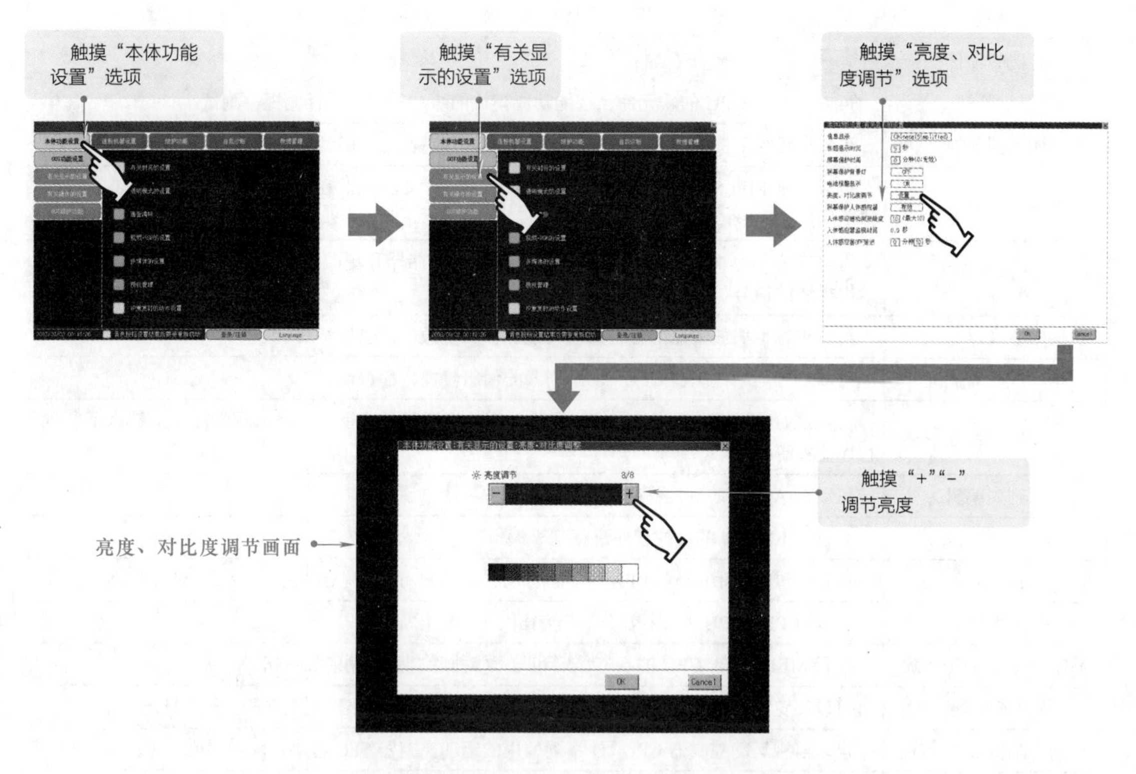

图 13-92　GT1695 触摸屏应用程序亮度、对比度调整的显示操作

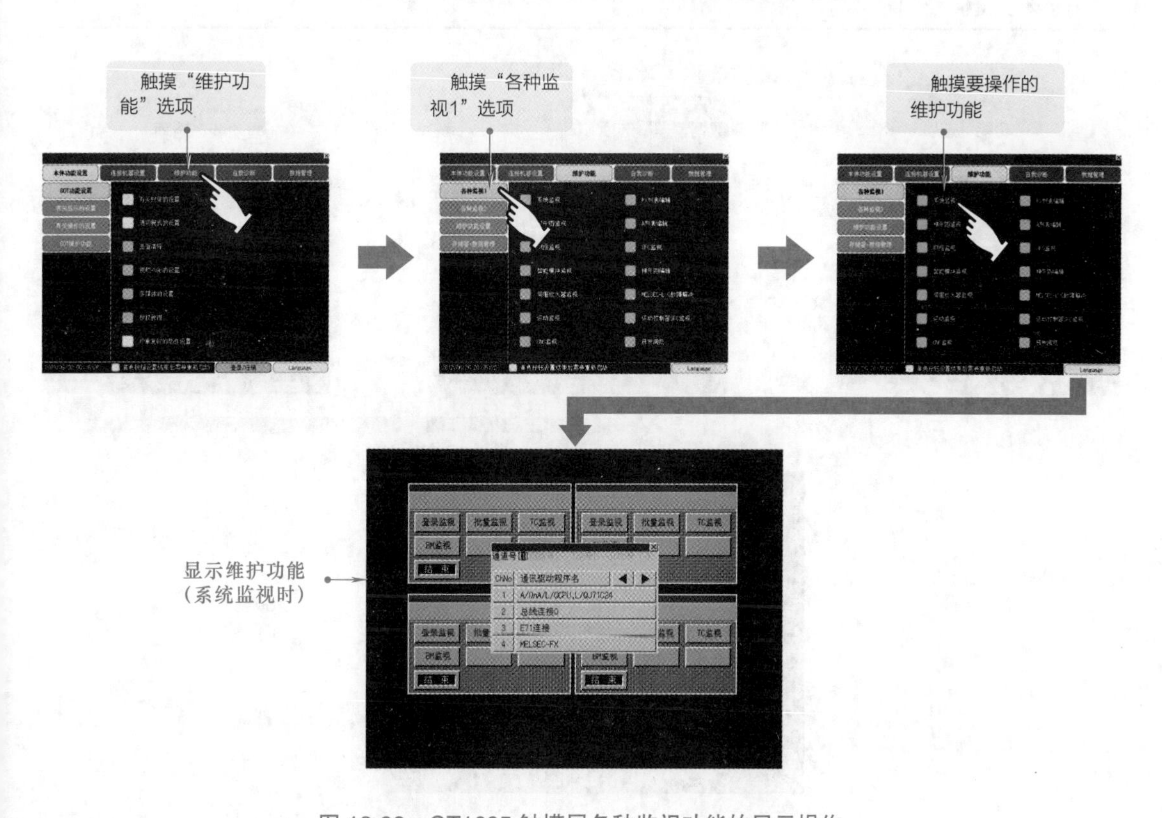

图 13-93　GT1695 触摸屏各种监视功能的显示操作

表 13-3 GT1695 触摸屏支持的各种监视功能

监视的项目	内容
系统监视	可以对 PLC CPU 的软元件、智能功能模块的缓冲存储器进行监视、测试
梯形图监视	可以通过梯形图方式对 PLC CPU 的程序进行监视
网络监视	可以监视 MELSECNET/H、MELSECNET（II）、CC-Link IE 控制网络、CC-Link IE 现场网络的网络状态
智能模块监视	可以在专用画面中监视智能功能模块的缓冲存储器和更改数据。此外，还可以监视输入/输出模块的信号状态
伺服放大器监视	可以进行伺服放大器的各种监视功能、参数更改、测试运行等
运动控制器监视	可以进行运动控制器 CPU（Q 系列）的伺服监视、参数设置
CNC 监视	可以进行与 MELDAS 专用显示器相对应的位置显示监视、报警诊断监视、工具修正参数、程序监视等
A 列表编辑	可以对 ACPU 的顺控程序进行列表编辑
FX 列表编辑	可以对 FXCPU 的顺控程序进行列表编辑
SFC 监视	可以通过 SFC 图方式对 PLC CPU 的 SFC 程序进行监视 (MELSAP3 格式、MELSAP-L 格式）
梯形图编辑	可以对 PLC CPU 的顺控程序进行编辑
MELSEC-L 故障排除	显示 MELSEC-L CPU 的状态显示和与故障排除有关的功能的按钮
日志阅览	可以阅览通过高速数据记录模块、LCPU 获取的日志数据，经由 GOT 获取日志数据
运动控制器 SFC 监视	可以监视运动控制器 CPU（Q 系列）内的运动控制器 SFC 程序、软元件值
运动控制器程序（SV43）编辑	对应运动控制器的特殊本体 OS（SV43）的功能

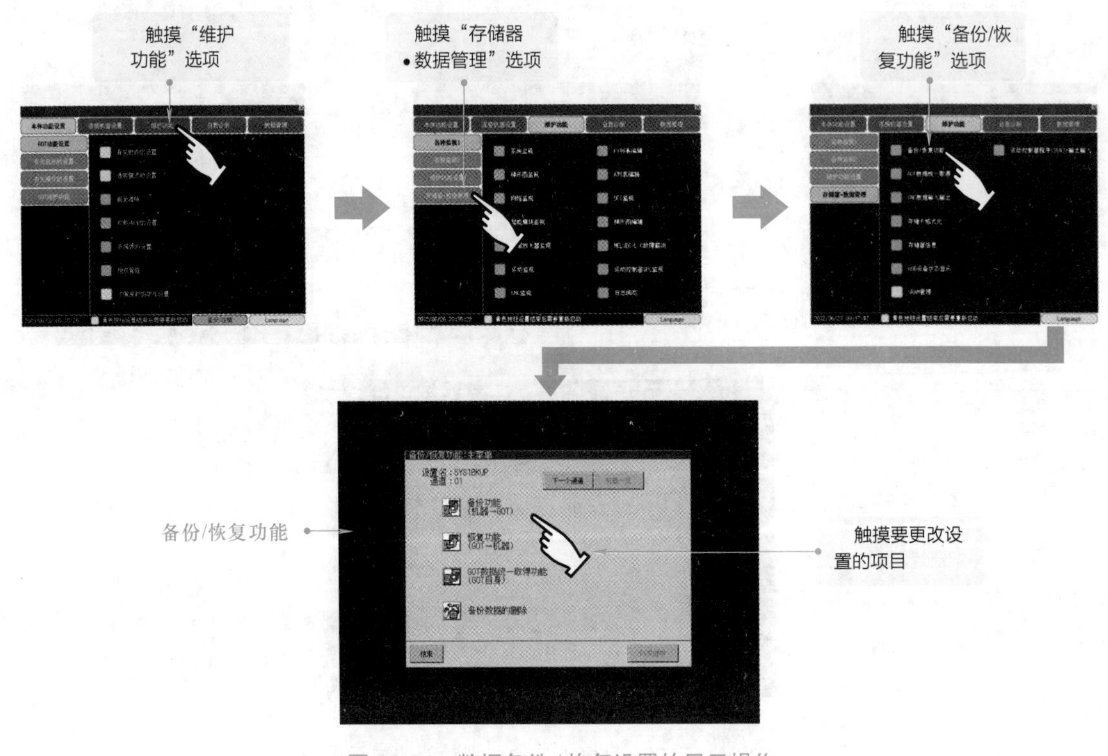

图 13-94 数据备份 / 恢复设置的显示操作

（2）存储器和数据管理

GT1695 触摸屏可通过存储器、数据管理功能对所使用的 CF 卡或 USB 存储器进行数据的备份、恢复及格式化操作。

图 13-95 为存储器、数据管理的显示及格式化操作。

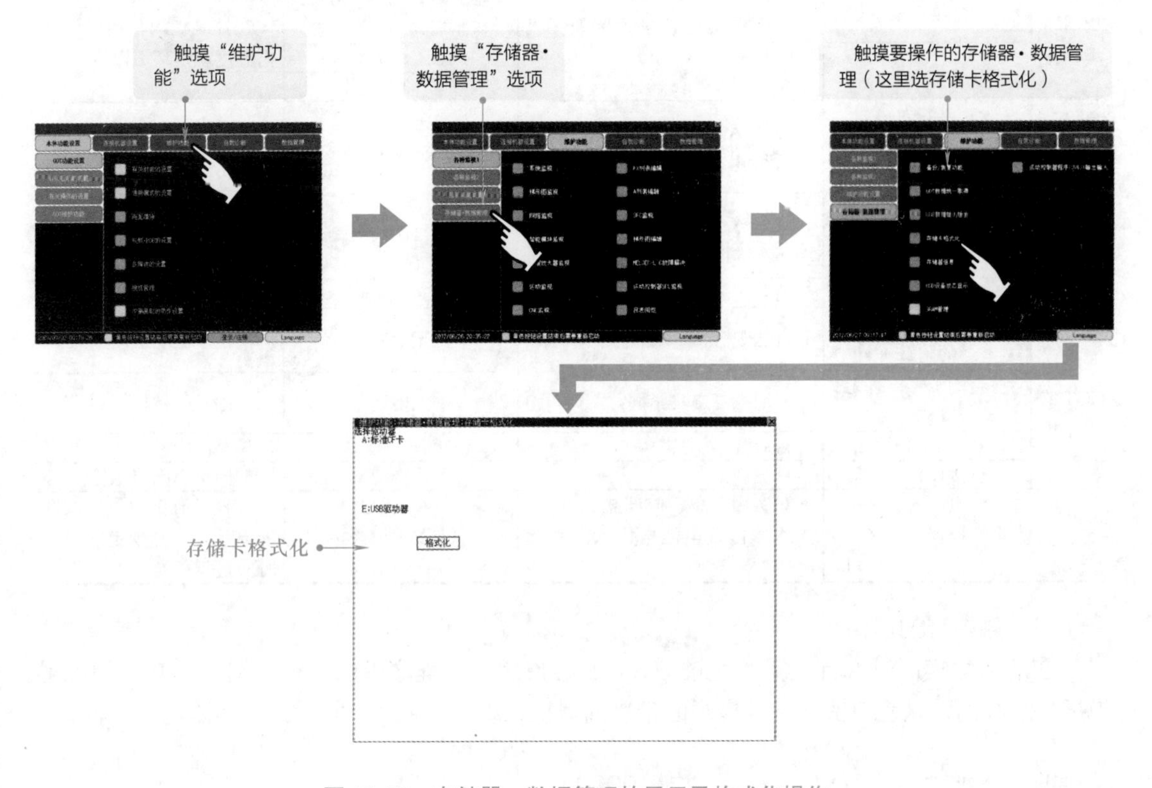

图 13-95　存储器、数据管理的显示及格式化操作

13.2.8　三菱 GOT-GT16 系列触摸屏的保养维护

（1）触摸屏的日常检查

触摸屏的日常检查主要包括对触摸屏安装状态的检查、触摸屏连接状态的检查以及使用状态的检查。具体日常检查项目如表 13-4 所示。

表 13-4　触摸屏的日常检查项目

检查项目		检查方法	判断标准	处理方法
GOT 的安装状态		确认安装螺栓有无松动	安装牢固	以规定的扭矩加固安装螺栓
GOT 的连接状态	端子螺栓的松动	使用螺钉旋具紧固	无松动	加固端子螺栓
	压接端子的靠近	目测观察	间隔适当	调整间距
	接口的松动	目测观察	无松动	加固接口固定螺栓
GOT 的使用状态	保护膜的污损	目测观察	污损不严重	更换保护膜
	灰尘、异物的附着	目测观察	无附着	清洁、去除

（2）触摸屏的定期检查

除日常检查外，建议每隔一段时间对触摸屏进行定期检查。定期检查内容包括周围环境的检查、电源电压的检查、安装及连接状态的检查等。触摸屏定期检查项目如表 13-5 所示。

表 13-5 触摸屏的定期检查

检查项目		检查方法	判断标准	处理方法
周围环境检查	环境温度	使用温湿度计进行腐蚀性气体的测量	显示部分：0 ～ 40℃ 其他部分：0 ～ 55℃	在控制柜内使用时，柜内温度就是环境温度
	环境湿度		10%～ 90%	
			无腐蚀性气体	
电源电压检查	电源为 AC100 ～ 240V 的 GOT	检测 AC100 ～ 240V 端子间电压测量	AC85 ～ 242V	更改供电电源
	电源为 DC24V 的 GOT	DC24V 端子间电压测量（检查输入极性）	左：－ 右：＋	更改配线
GOT 的安装状态检查	检查有无松动、晃动	适当用力摇动一下模块	安装牢固	加固螺栓
	检查有无灰尘、异物的附着	目测观察	无附着	清洁、去除
GOT 的连接状态	检查端子螺栓有无松动	使用螺钉旋具紧固	无松动	加固端子螺栓
	检查压接端子间距	目测观察	间隔适当	调整间距
	检查接口有无松动	目测观察	无松动	加固接口固定螺栓
电池检查		对实用菜单“时间相关设置”的本体内置电池电压状态进行确认	未发生报警	即使没有电池电压过低的显示，达到规定的寿命时应进行更换

（3）触摸屏的清洁

在清洁触摸屏时，首先需要通过 GT1695 触摸屏应用程序中的“画面清除”功能清除触摸屏显示画面，以避免擦拭时触摸画面带来的误操作影响。图 13-96 为画面清除的显示操作。

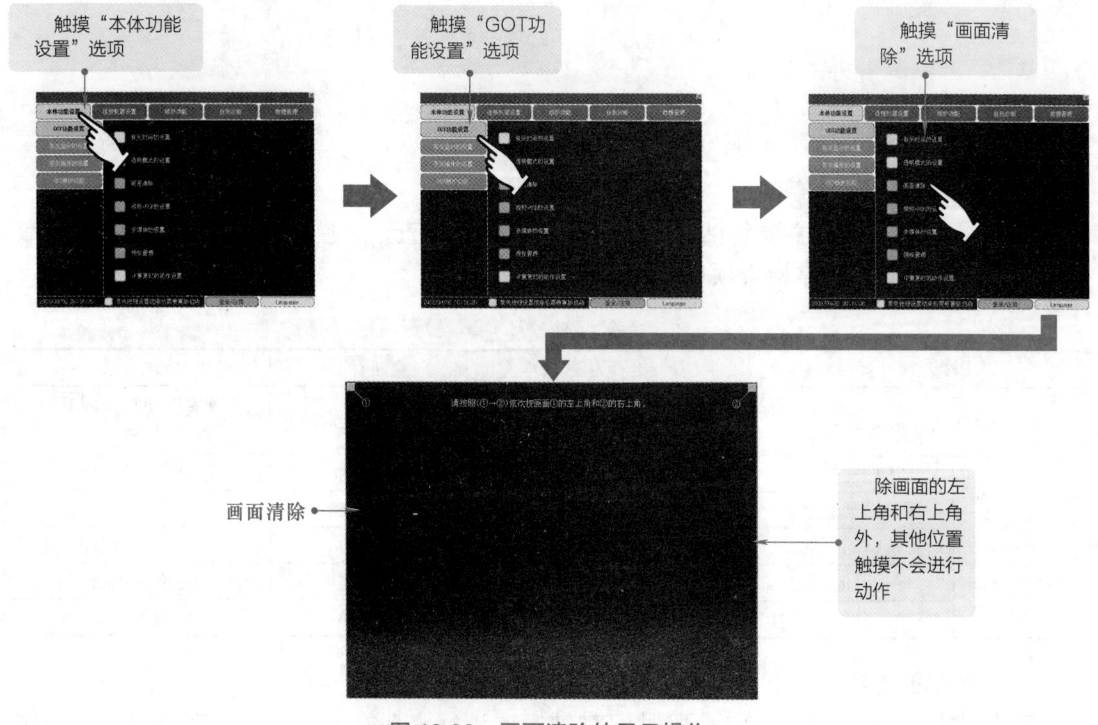

图 13-96 画面清除的显示操作

设置好后，即可使用蘸有中性洗涤剂或乙醇的软布轻轻擦拭污浊部分。

（4）触摸屏背光灯的更换

若触摸屏背光灯老化或故障，应予以及时更换。更换前首先切断 GOT 触摸屏电源，拆卸电源供电线及通信电缆，并将 GOT 触摸屏从控制柜中卸下。

接着按图 13-97 取下 GOT 触摸屏右侧扩展模块护盖，并拆卸 GOT 触摸屏背部固定螺钉。

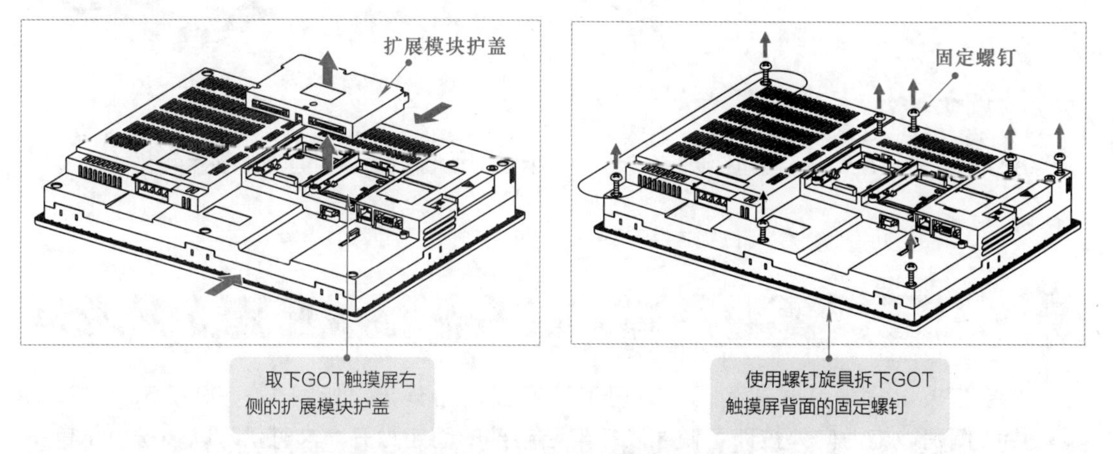

图 13-97　取下 GOT 扩展模块护盖并拆卸固定螺钉

然后确认新背光灯型号与故障背光灯型号一致。其中背光灯型号旁标记 H01 和 H02 字样，H01 为上侧背光灯编号，H02 为下侧背光灯编号。按图 13-98 将上下侧背光灯电缆从电缆接口拔出。

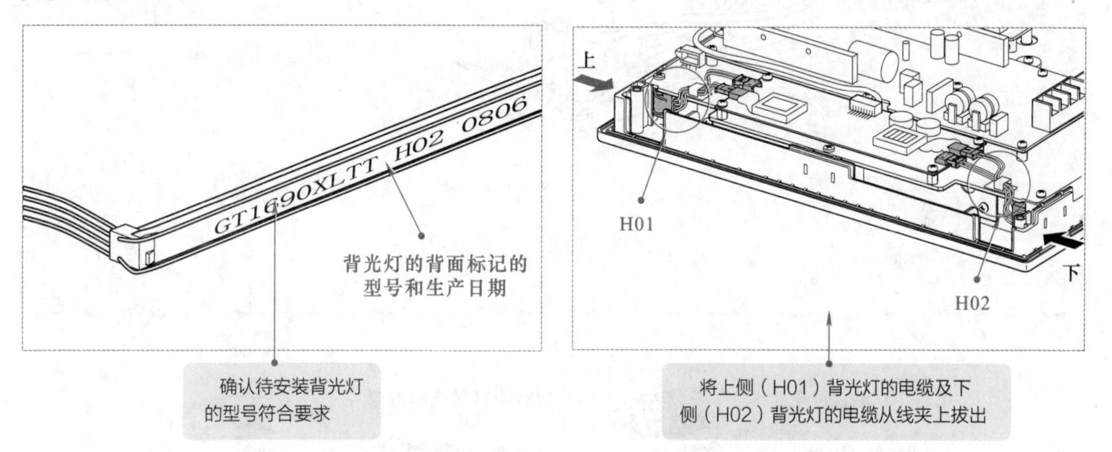

图 13-98　将上下侧背光灯电缆从电缆接口拔出

按图 13-99 所示，将 GOT 触摸屏上下侧背光灯分别从更换孔中拔出，然后将新背光灯替换安装即可。

13.2.9　三菱 GOT-GT16 系列触摸屏的故障排查

（1）三菱 GOT-GT16 系列触摸屏故障线索排查

若三菱 GOT-GT16 系列触摸屏出现故障，应首先根据具体的故障表现分析可能的故障原因，然后通过排查、替换逐步缩小故障范围，从而找到故障线索。

图 13-101 为缩小出错位置范围流程图。

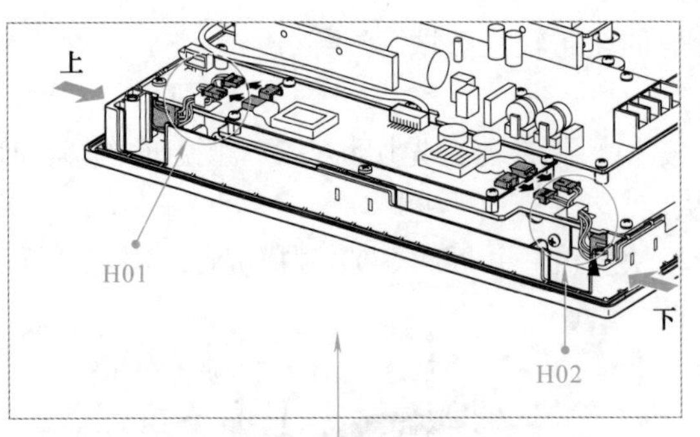

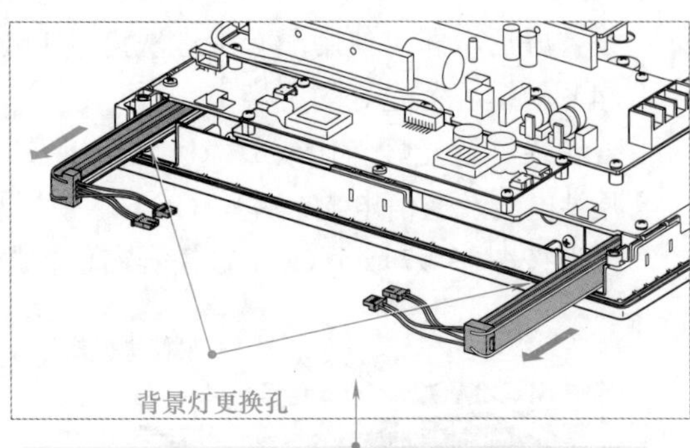

图 13-99　将GOT触摸屏上下侧背光灯分别从更换孔中拔出

提示说明

若在拔出背光灯时遇到阻力，切不可盲目用力外拔。如图13-100所示，在模块中心侧稍微施力向外拉即可使橡胶托架凸起部的固定松开，这时就可以轻松拔出背光灯。

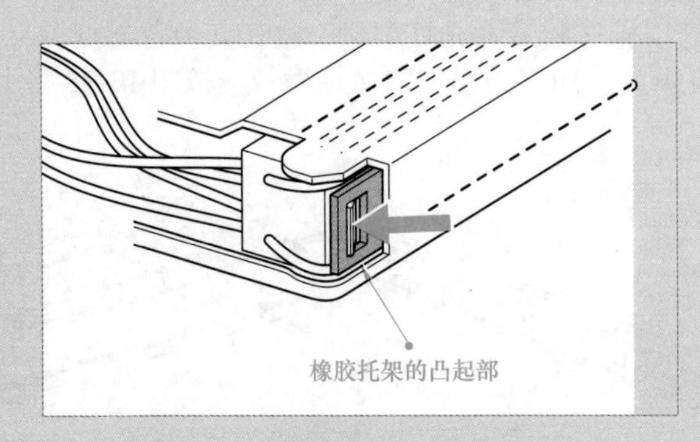

图 13-100　使橡胶托架凸起部的固定松开

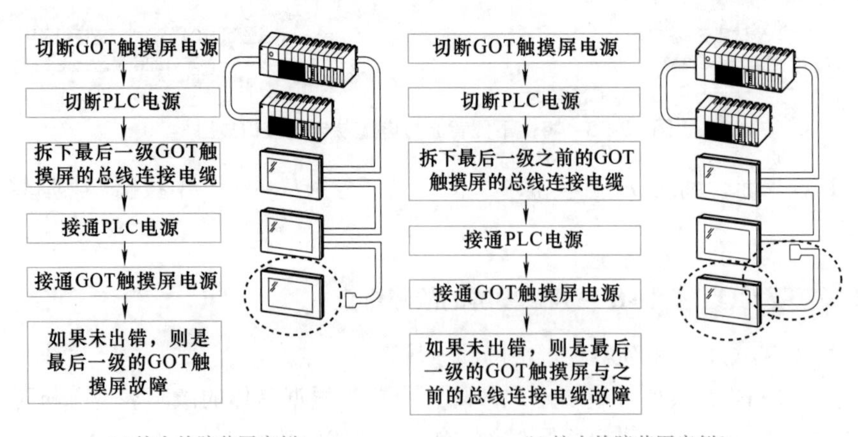

图 13-101　缩小出错位置范围流程图

例如，图 13-102 为 PLC CPU 实际出错时的故障排查流程。

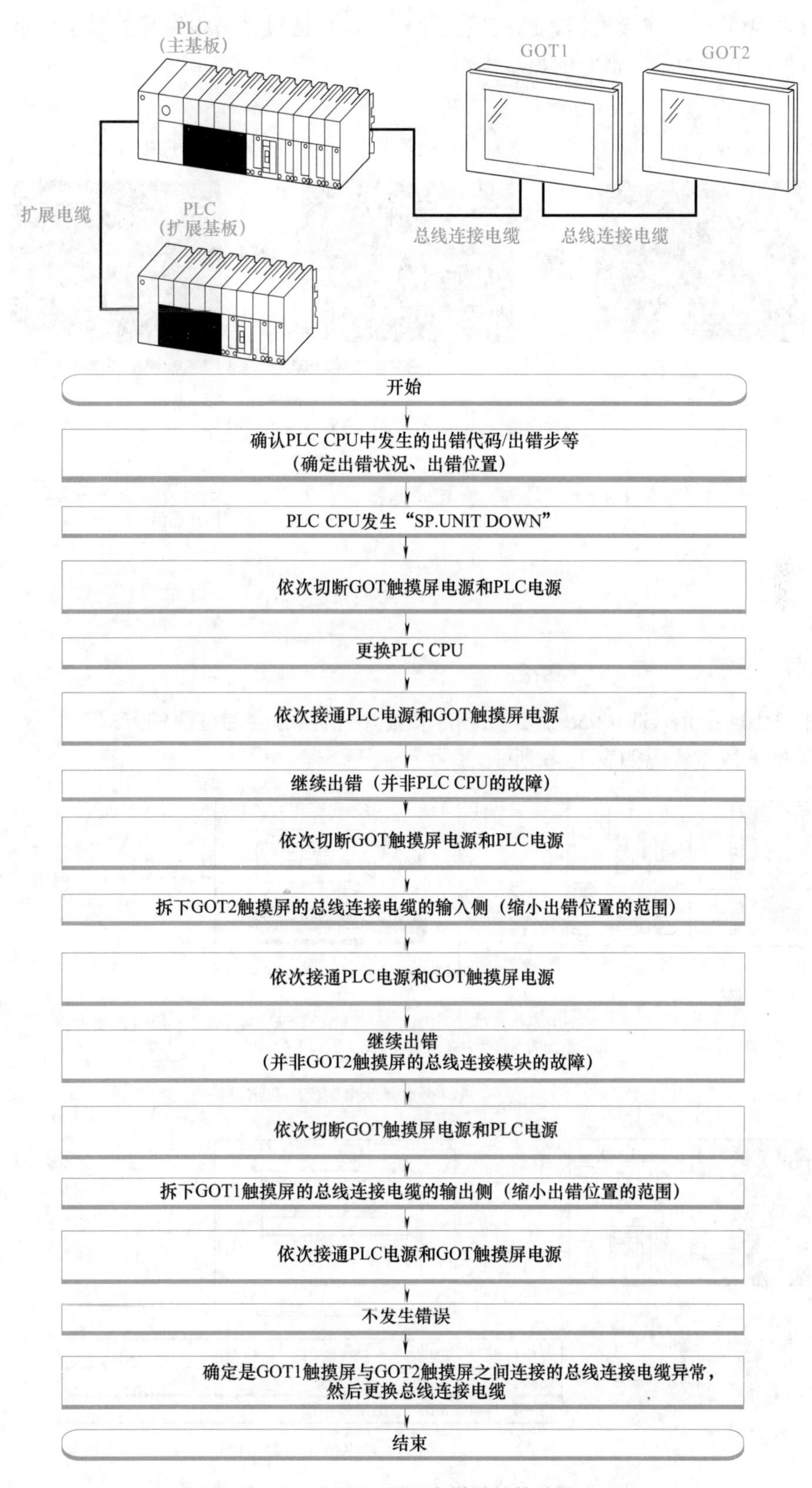

图 13-102　PLC CPU 实际出错时的故障排查流程

（2）故障自我诊断和错误代码

当 GOT 触摸屏、连接机器、网络发生错误时，可通过系统报警功能显示出错代码和出错信息。图 13-103 为系统报警的显示操作。

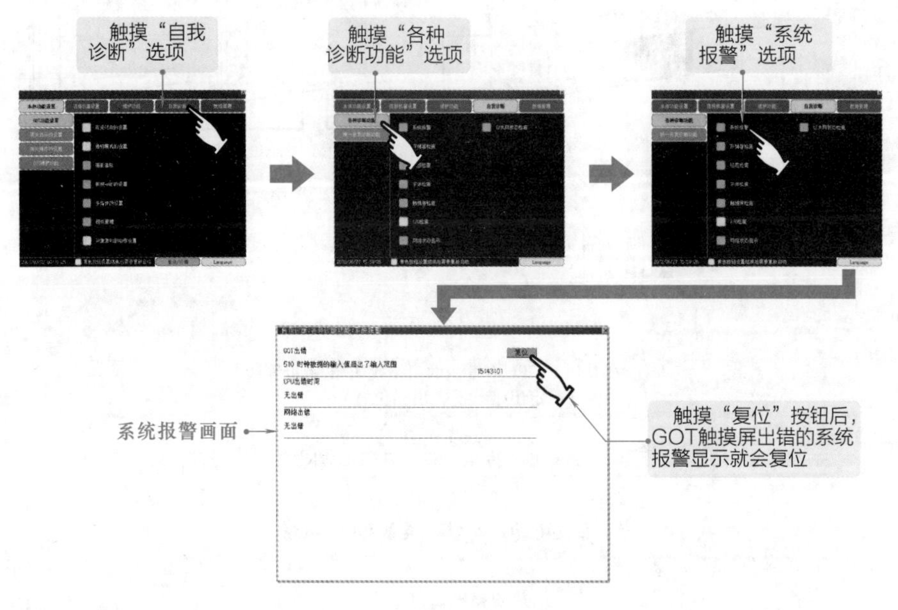

图 13-103 系统报警的显示操作

如图 13-104 所示，GT1695 触摸屏出错代码和出错信息会通过两种方式在显示屏上显示。GT1695 触摸屏故障代码如表 13-6 所示。

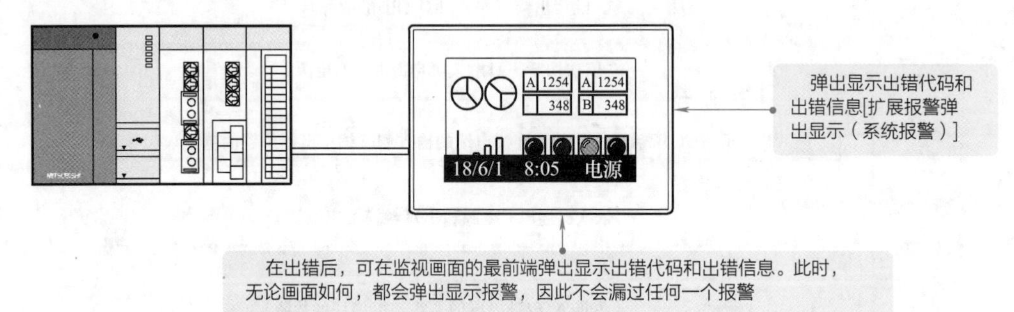

(a) 弹出显示出错代码和出错信息

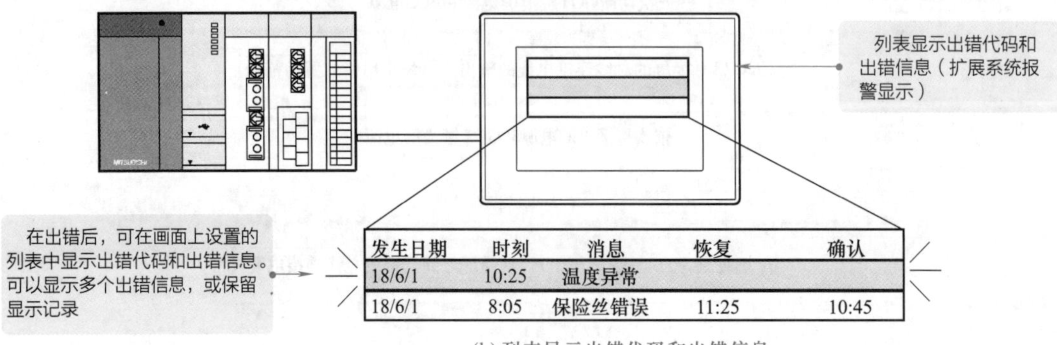

(b) 列表显示出错代码和出错信息

图 13-104 GT1695 触摸屏出错内容的显示方式

表 13-6　GT1695 触摸屏故障代码

故障代码	代码含义	处理方法
303	监视点数过多，应减少设置数量	从显示的画面上减少对象的点数
304	触发点数过多，应减少设置数量	减少对象的点数
306	无工程数据，应下载画面数据	下载工程数据或画面数据
307	未设置监视软元件	确定对象的监视软元件
308	无注释数据，应下载注释数据	创建注释文件并下载到 GOT 中
309	软元件读取出错	修改软元件
310	指定工程数据不存在或者超出指定编号范围	指定存在的基本画面 / 窗口画面
311	报警历史记录件数超出上限	将已经恢复的记录删除以减少件数
312	发散图表的采集次数超出上限	①使散点图表中设置的“清除触发”成立 ②将散点图表的“次数溢出时的动作”设置为“初始化后继续”
315	发生软元件写入错误，应对软元件进行修正	修改软元件
316	运算结果值不能显示 / 输入，应对运算公式进行修正	在注释 / 部件编号的间接指定中，数据运算结果超出软元件类型能够表达的范围。此时应修改数据运算式，以使其结果处于软元件类型的可表达范围内
317	数据采集的发生频率过高	①将各个对象的触发周期设置长一些 ②设置时注意，若对象设置了显示触发联动数据收集功能，且个数超过 257 时，这些对象的显示触发不可同时发生
320	指定部件不存在或者超出指定编号范围	创建部件文件并下载到 GOT 中
322	指定软元件 No. 超出范围，应对可使用的范围进行确认	根据所监视的 PLC CPU 以及参数设置，在可监视范围内设置软元件
330	内存卡的容量不足，应确认可用空间	应确认 CF 卡的可用空间
331	驱动器中未安装内存卡，或者访问开关处于 OFF 状态	①在指定的驱动器中安装 CF 卡 ②将访问开关置于 ON
332	内存卡未格式化或格式不正确	格式化 CF 卡
333	内存卡被写保护	解除 CF 卡的写保护
334	内存卡异常	更换 CF 卡
335	内存卡的电池电压过低	更换 CF 卡的电池
337	文件输出失败，确认输出对象	在保存目标 CF 卡 /USB 存储器中已经存在与所创建文件同名的以下任意一项：存储了数据的文件夹、禁止写入的文件。此时删除上述文件夹或文件，或者对所创建的文件重命名
338	调制解调器未正确连接，或者未打开电源	因为调制解调器未正确连接或没有接通电源，所以没有对应初始化命令的响应。此时应确认调制解调器的连接或者接通调制解调器的电源
339	调制解调器初始化失败，确认初始化命令	因初始化命令非法，导致从调制解调器返回了出错。此时应确认调制解调器的初始化命令
340	打印机出错，或者未接通打印机电源	①确认打印机 ②接通打印机电源
341	打印机异常，或者未接通打印机电源	①确认打印机 ②接通打印机电源
342	没有供给外部输入 / 输出模块的外部电源	外部输入 / 输出接口模块发生异常，如果外部电源（DC24V）未供给，应供给外部电源；如果外部电源已经供给，则更换外部输入 / 输出接口模块

续表

故障代码	代码含义	处理方法
343	外部输入 / 输出模块安装不当，确认是否脱落	正确安装外部输入 / 输出接口模块
345	BCD/BIN 转换出错，应对数据进行修正	①将显示对象的软元件数据转换为 BCD 值 ②输入 4 位整数
351	配方文件异常，应对配方文件的内容进行确认	①确认 CF 卡 /USB 存储器中的配方文件内容 ②将 CF 卡 /USB 存储器中的配方文件删除（格式化）后再重新启动 GOT
352	配方文件生成失败，应插入内存卡后启动 GOT	插入 CF 卡 /USB 存储器后再重新启动 GOT
353	对配方文件不能写入，应对内存卡进行确认	①确认 CF 卡 /USB 存储器的写保护 ②确认 CF 卡 /USB 存储器的可用空间 ③勿在配方动作中拔出 CF 卡 /USB 存储器
354	配方文件在写入过程中发生错误	勿在配方动作中拔出 CF 卡 /USB 存储器
355	配方文件在读取过程中发生错误	①勿在配方动作中拔出 CF 卡 /USB 存储器 ②确认 CF 卡 /USB 存储器中的配方文件内容（软元件值）
356	PLC 中发生文件系统错误，应对文件寄存器进行确认	①确认文件寄存器名后再重新执行配方功能 ②通过 GX Developer 将指定的 PLC 驱动器进行 PLC 存储器格式化后再重新执行配方功能
357	指定的 PLC 驱动器异常，应对 PLC 驱动器进行确认	①确认所指定的 PLC 驱动器后再重新执行配方功能 ②通过 GX Developer 将指定的 PLC 驱动器进行 PLC 存储器格式化后再重新执行配方功能
358	PLC 的文件访问失败，应对 PLC 驱动器进行确认	①确认所指定的 PLC 驱动器 / 文件寄存器名后再重新执行配方功能（如果指定了驱动器，应更改为其他驱动器后再重新执行配方功能。） ②确认 CF 卡 /USB 存储器是否被写保护，然后再重新执行配方功能
359	正在进行来自外部设备的处理，应在处理结束后执行	等其他外部设备的处理结束后再重新执行配方功能
360	发生了除数为零的除法错误，应对运算公式进行修正	修改数据运算式，使除数不为零
361	超出指定文件编号范围	确认输入的文件编号的值并输入合适的值（1 ～ 9999）
362	时间动作设置软元件值不正确	设置有效值
370	上下限的大小关系有矛盾，应对设置内容进行确认	上下限值的设置内容出现了“上限＜下限”的情况，此时应确认上下限值的设置内容，改正为“上限≥下限”
380	USB 驱动器的空间不足，应确认可用空间	USB 驱动器的容量不足，应增加可用空间
381	USB 驱动器没有安装或者处于可移除状态	①没有安装 USB 存储器时，应安装 USB 存储器 ② USB 存储器为可移除状态时，应重新安装 USB 存储器
382	USB 驱动器没有格式化或为 GOT 不适用的格式	重新格式化 USB 存储器
383	USB 驱动器处于写入保护，无法写入	解除 USB 存储器的写保护
384	USB 驱动器异常，应交换 USB 驱动器	更换 USB 存储器

续表

故障代码	代码含义	处理方法
402	通信超时，应对通信路径或者模块进行确认	①确认是否脱线、通信模块的安装状态及 PLC 的状态 ②当访问其他站点时有可能会因 PLC CPU 的负载加重而发生此类出错，此时将其他站点的数据转移到本站的 PLC CPU 中，通过本站进行监视 ③顺控程序扫描时间过长时应输入 COM 命令 ④确认通信驱动程序的版本是否为支持连接机器的版本
403	通信的 SIO 接收状态异常，应对通信路径、模块进行确认	确认是否脱线、通信模块的安装状态、PLC 的状态以及计算机链接的传送速度
406	指定站超出访问范围，应对站号进行确认	① CC-Link 连接（经由 G4）时指定了主站 / 本地站以外的站号 ②访问了非 QCPU 的 PLC CPU，此时应确认工程数据的站号
410	PLC 处于 RUN 状态，因此不能进行操作，应将 PLC 置于 STOP 状态	执行了不允许在 PLC CPU 运行中进行的操作，此时应停止 PLC CPU
411	安装在 PLC 中的存储盒处于禁止写入状态，应对存储盒进行确认	PLC 上安装的存储盒是 EPROM 或 EEPROM 且处于写保护状态。应检查 PLC 上安装的存储盒
422	CPU 与 E71 之间不能进行通信，应对 CPU 的异常进行确认	CPU 异常，CPU 无法与 PLC 侧的以太网模块通信。此时应通过 GX Developer 等确认 CPU 有无异常（确认缓冲存储器）
460	通信单元异常	①复位 GOT 触摸屏的电源 ②更换模块
482	GOT 上安装的模块超出相同模块的允许安装数量，应对允许安装数量进行确认	确认模块的数目，并将不需要的模块取下
483	GOT 触摸屏上同时安装相互排斥的不同种类的模块	确认安装的模块，并将不需要的模块取下
484	存在安装位置不正确的模块，应对安装位置进行确认	确认模块的安装位置
492	GOT 触摸屏上安装无法使用的通信模块	拆卸无法使用的通信模块
500	GOT 触摸屏内置电池的电压过低	更换 GOT 触摸屏的内置电池
502	背光灯已临近保养期	①可以在更换背景灯后执行累计值复位功能进行恢复 ②还可以手动将通知信号设为 OFF 来进行恢复，此时将设置值更改为大于累计值后再设为 OFF
503	显示器已临近保养期	①可以在更换显示部后执行累计值复位功能进行恢复 ②还可以手动将通知信号设为 OFF 来进行恢复，此时将设置值更改为大于累计值后再设为 OFF
504	触摸键已临近保养期	①可以在更换触摸键后执行累计值复位功能进行恢复 ②还可以手动将通知信号设为 OFF 来进行恢复，此时应将设置值更改为大于累计值后再设为 OFF
506	背光灯的保养期已到，应更换部件	①可以在更换背景灯后执行累计值复位功能进行恢复 ②还可以手动将通知信号设为 OFF 来进行恢复，此时应将设置值更改为大于累计值后再设为 OFF
511	检测出背光灯关闭或背光灯点亮的状态不稳定	如检测出重复性的出错，可能为硬件故障
520	内置快闪卡的容量不足	确认指定的缓冲存储区的大小是否正确
521	用户内存（RAM）的容量不足	确认指定的缓冲存储区的大小是否正确

续表

故障代码	代码含义	处理方法
527	SRAM 的可使用空间不足	①查看合计数据有无超过保存容量，应予以确认设置 ②存储有未使用或不需要的数据时，应进行数据初始化，确保保存容量
528	SRAM 出现异常，数据写入失败	应是 GOT 本体的故障
536	图像文件异常，或者格式不对应	①确认 CF 卡 /USB 存储器中的图像文件是否正常 ②确认是否存储了不支持文件类型的图像文件
571	D 驱动器没有可用空间	对 D 驱动器进行存储器格式化，以确保可用空间
600	是不兼容的打印模块版本	使用最新的 GT Designer3、GT Designer2 安装扩展功能 OS（打印机）
601	打印模块异常	①确认打印机模块是否正确安装 ②如果打印机模块已经正确安装，则说明内置闪存存在故障或已经达到使用期限，此时应更换打印机模块
603	外部输入 / 输出模块异常	确认外部输入 / 输出模块是否正确安装
610	执行内存的容量不足	将不需要的文件删除，确保存储器的可用空间
850	850 开关状态设置发生错误	①确认开关设置是否有误 ②确认 SW006A 中存储的出错代码
852	本站线路状态异常	应确认电缆状态
853	发生了瞬时错误	确认 SW0094 ～ SW0097 中存储的各站点的瞬时传送出错的发生状态

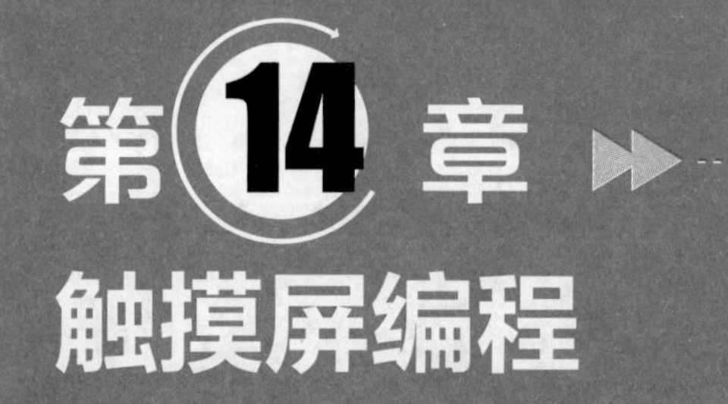

第14章 触摸屏编程

14.1 GT Designer3 触摸屏编程软件

GT Designer3 触摸屏编程软件是针对三菱触摸屏（GOT 1000 系列）进行编程的软件。

14.1.1 GT Designer3 触摸屏编程软件的安装与启动

（1）GT Designer3 触摸屏编程软件的安装

GT Designer3 是用于 GOT1000 系列触摸屏的编程软件，可在 Windows XP（32bit/64bit）、Windows Vista（32bit/64bit）、Windows 7（32bit/64bit）操作系统中运行。

提示说明

对于 GOT900 触摸屏，应选用 GT Designer2 Classic 触摸屏编程软件。

安装 GT Designer3 触摸屏编程软件时，首先需要在三菱机电官方网站中下载软件程序，并将下载的压缩包文件解压缩，如图 14-1 所示。

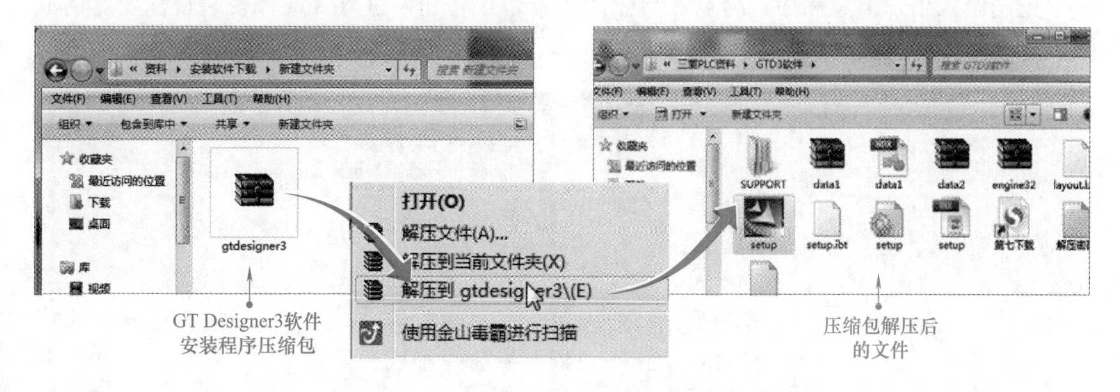

图 14-1　下载并解压 GT Designer3 触摸屏编程软件的安装程序压缩包文件

确认安装前的准备工作完成后，找到解压后文件夹中的“setup”文件，双击“setup”图标，开始安装程序，如图 14-2 所示。

图 14-2　GT Designer3 触摸屏编程软件主程序安装

在出现“欢迎”对话框中，单击“下一步”按钮即可，如图 14-3 所示。

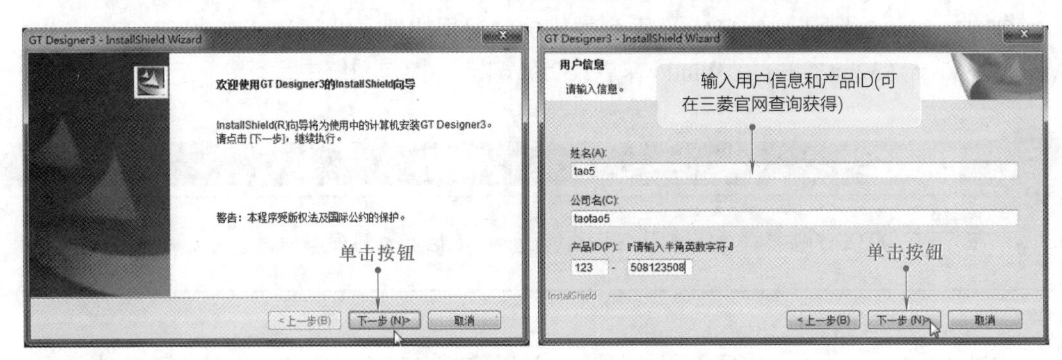

图 14-3　GT Designer3 触摸屏编程软件主程序的安装过程

正确填入用户信息和序列号后，单击“下一步”按钮，进入“选择安装目标”对话框，如图 14-4 所示。这里选择默认路径后，单击“下一步”按钮即可。

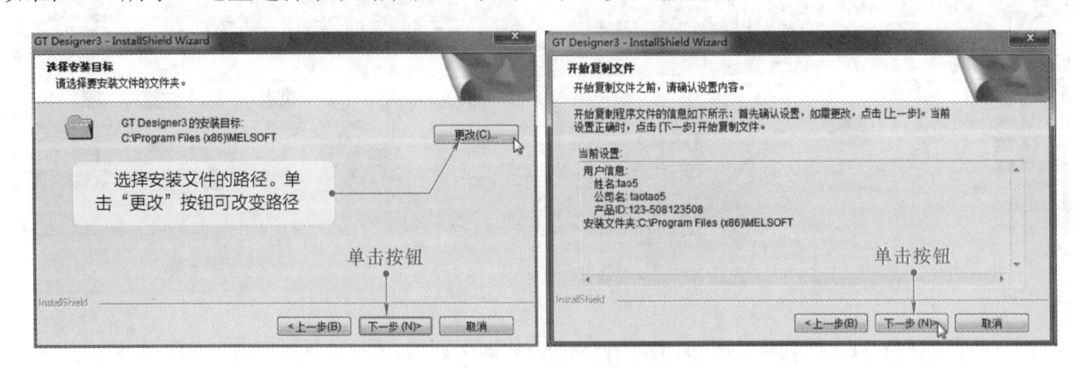

图 14-4　软件安装过程中的设置

根据安装向导，单击“下一个”按钮即可开始安装程序，直至安装完成，如图 14-5 所示。

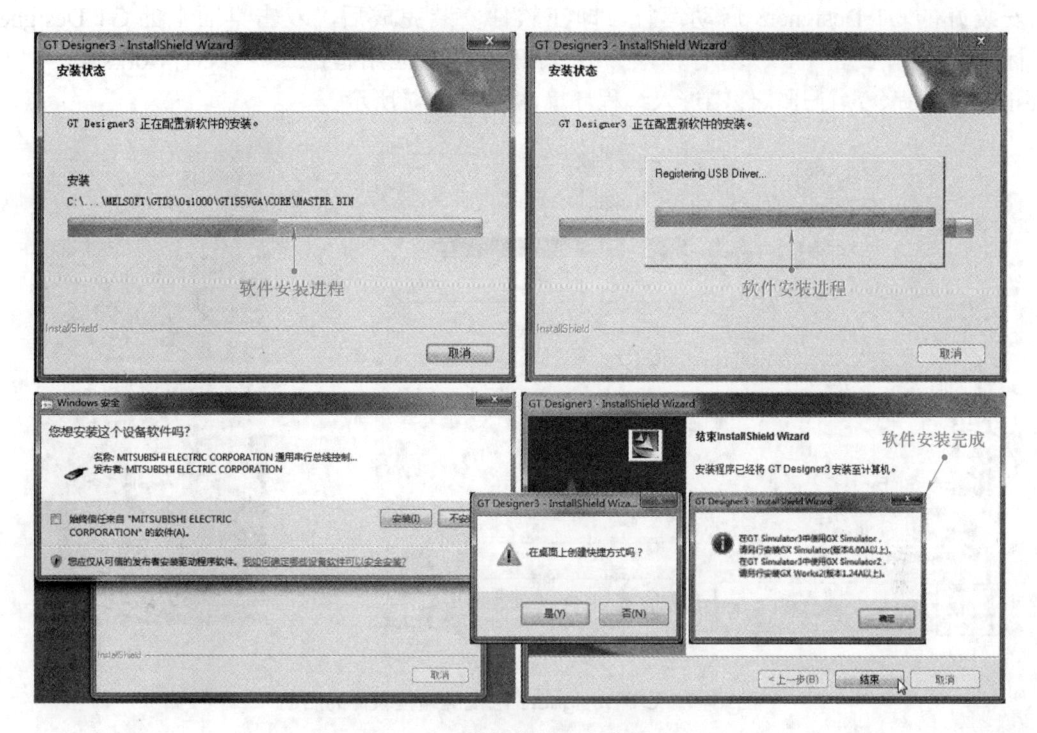

图 14-5　软件安装及安装完成

软件安装完成后，在计算机桌面上可看到 GT Designer3 触摸屏编程软件图标。由于软件包含有 GT Simulator3 仿真软件部分，在计算机桌面上同时出现 GT Simulator3 仿真软件图标，如图 14-6 所示。

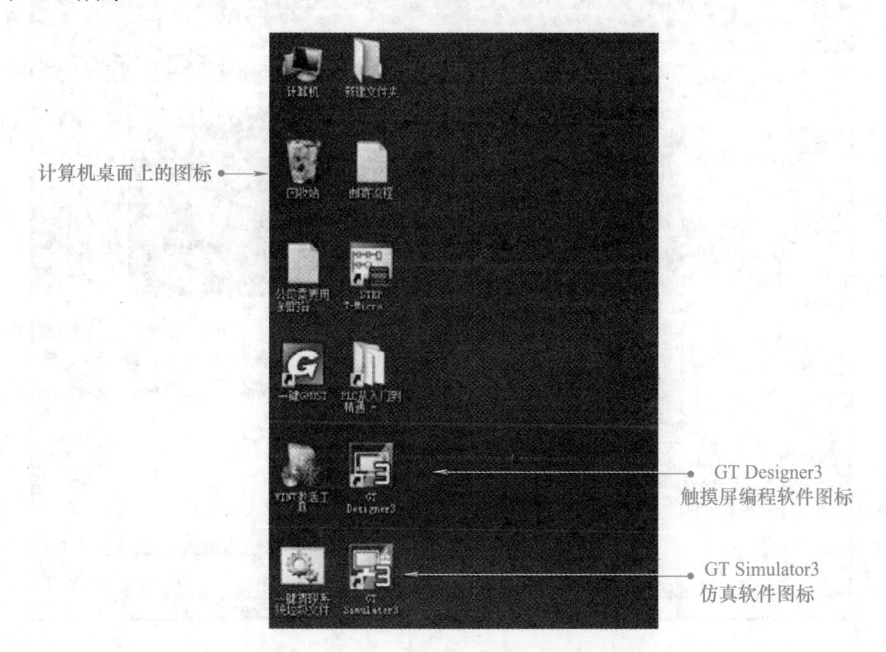

图 14-6　GT Designer3 触摸屏编程软件安装完成

（2）GT Designer3 触摸屏编程软件的启动

GT Designer3 触摸屏编程软件用于设计三菱触摸屏画面和控制功能。使用时需要先将已安装好的 GT Designer3 启动运行。即在软件安装完成后，双击桌面上的 GT Designer3 图标或执行“开始”→“所有程序”→“MELSOFT 应用程序”→“GT Works3”→“GT Designer3”命令，打开软件，进入编程环境，如图 14-7 所示。

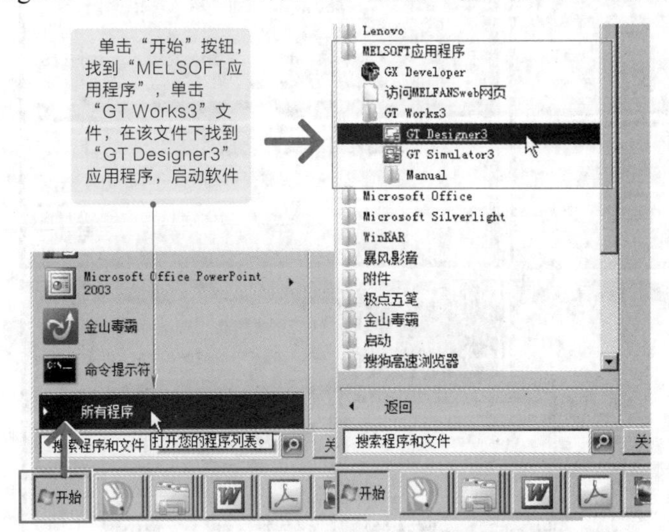

(a) 方法一

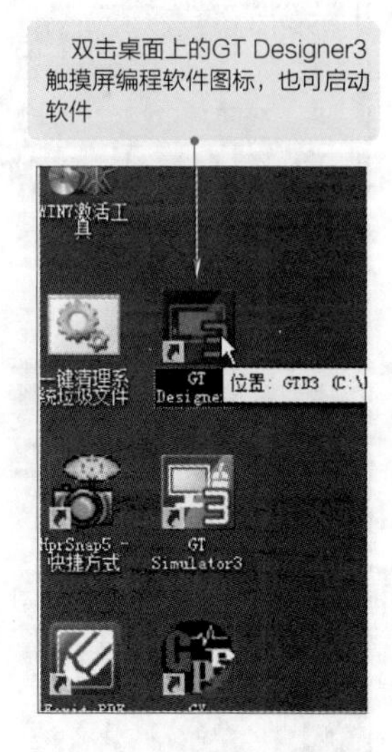

(b) 方法二

图 14-7 GT Designer3 触摸屏编程软件的启动

14.1.2 GT Designer3 触摸屏编程软件的特点

图 14-8 为 GT Designer3 触摸屏编程软件的画面结构。

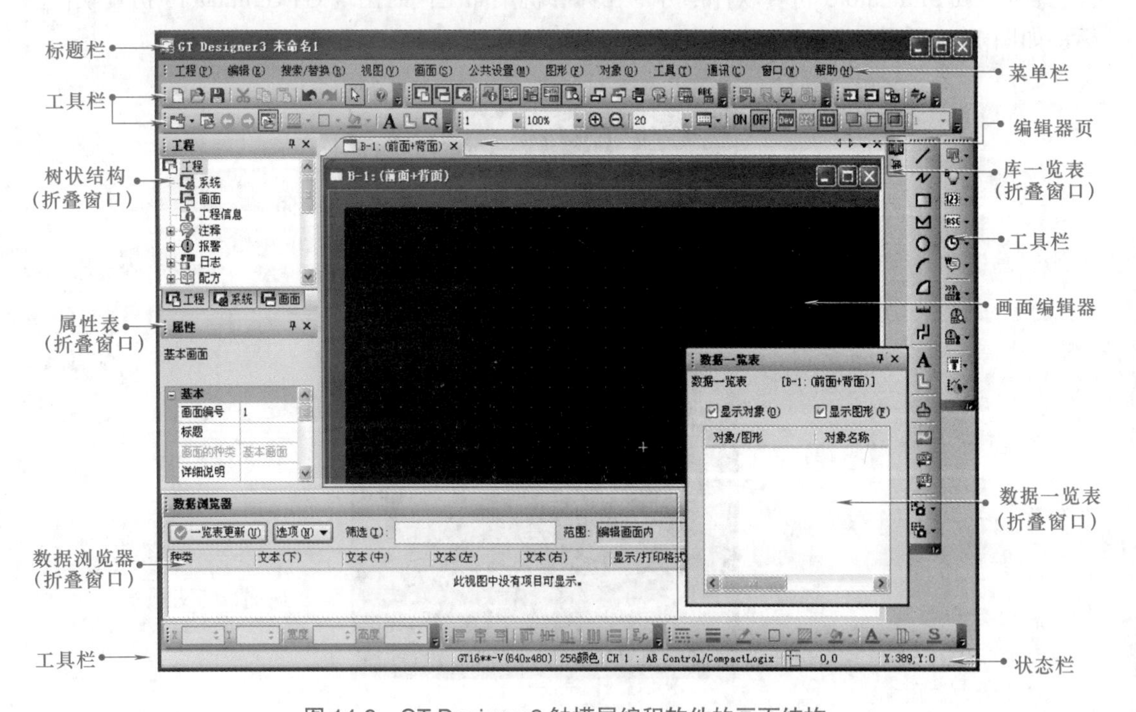

图 14-8 GT Designer3 触摸屏编程软件的画面结构

• 标题栏：显示软件名、工程名 / 工程文件名。

• 菜单栏：可以通过下拉菜单操作 GT Designer3。

• 工具栏：可以通过选择图标操作 GT Designer3。

• 编辑器页：显示打开着的画面编辑器或“连接机器的设置”对话框、“环境设置”对话框的页。

• 画面编辑器：通过配置图形、对象，创建在 GOT 中显示的画面。

• 折叠窗口：折叠窗口如图 14-9 所示。

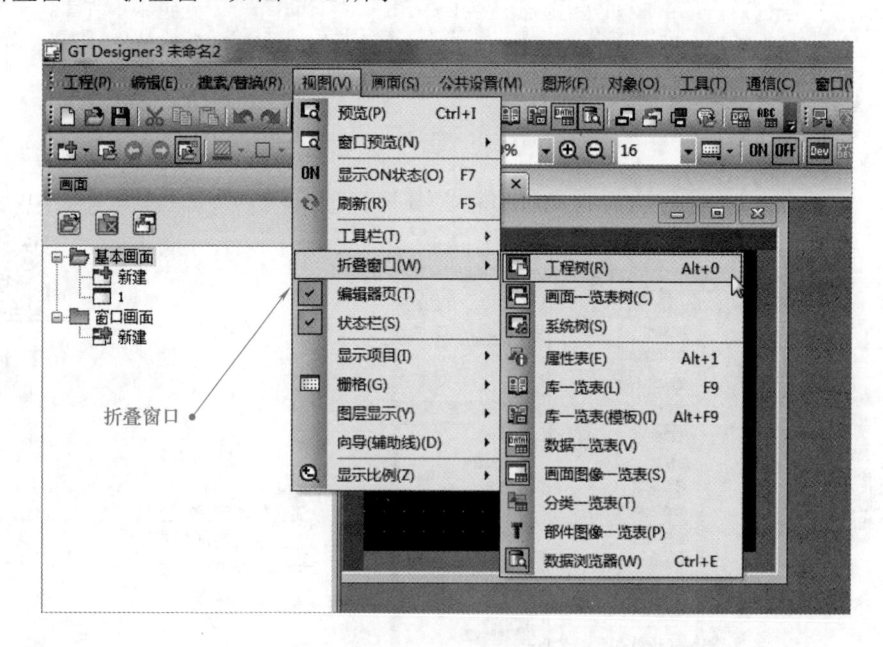

图 14-9　折叠窗口

• 树状结构：树状结构分为工程树状结构、画面一览表树状结构、系统树状结构。

• 属性表：可显示画面或图形、对象的设置一览表，并可进行编辑。

• 库一览表：可显示作为库登录的图形、对象的一览表。

• 数据一览表：可显示在画面上设置的图形、对象一览表。

• 画面图像一览表：可显示基本画面、窗口画面的缩略图，或创建、编辑画面。

• 分类一览表：可分类显示图形、对象。

• 部件图像一览表：可显示作为部件登录的图形一览表，或者登录、编辑部件。

• 数据浏览器：可显示工程中正在使用的图形 / 对象的一览表，也可对一览表中显示的图形 / 对象进行搜索和编辑。

• 状态栏：显示光标所指菜单、图标的说明或 GT Designer3 的状态。

（1）菜单的功能

图 14-10 为 GT Designer3 触摸屏编程软件菜单栏的结构，菜单栏中的具体构成根据所选 GOT 类型不同而有所不同。

（2）工具栏说明

图 14-11 为 GT Designer3 触摸屏编程软件的工具栏部分，可以通过显示菜单切换各个工具栏的显示 / 隐藏。

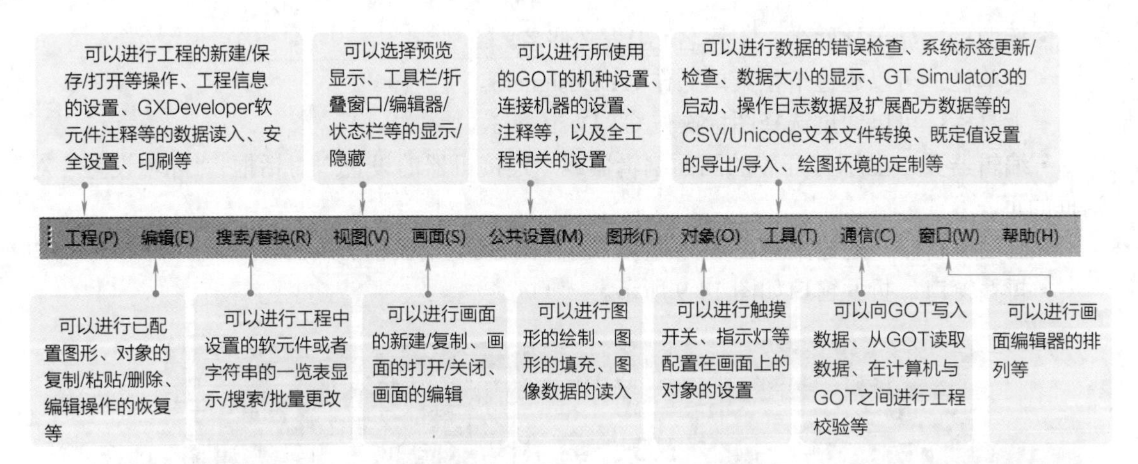

图 14-10　GT Designer3 触摸屏编程软件菜单栏的结构

GT Designer3
解摸屏编
程软件

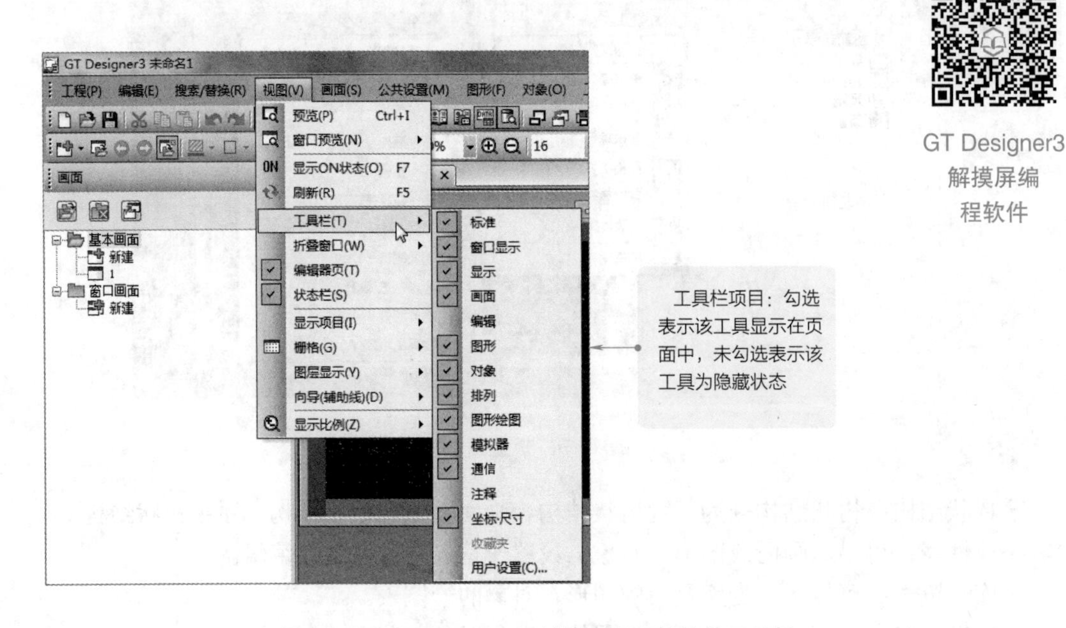

图 14-11　GT Designer3 触摸屏编程软件的工具栏

（3）编辑器页的操作

编辑器页是设计触摸屏画面内容的主要部分，位于软件画面的中间部分，一般为黑色底色，如图 14-12 所示。

打开着的画面编辑器或“环境设置”“连接机器的设置”对话框等页出现在编辑器页中。通过选择页，可选择想要编辑的画面并将其显示在最前面；关闭页，则其对应的画面关闭，如图 14-13 所示。

（4）树状结构的操作

树状结构是按照数据种类分别显示工程公共设置以及已创建画面等的树状显示，可以轻松进行全工程的数据管理以及编辑。

树状结构包括工程树状结构、画面一览表树状结构、系统树状结构，如图 14-14 所示。

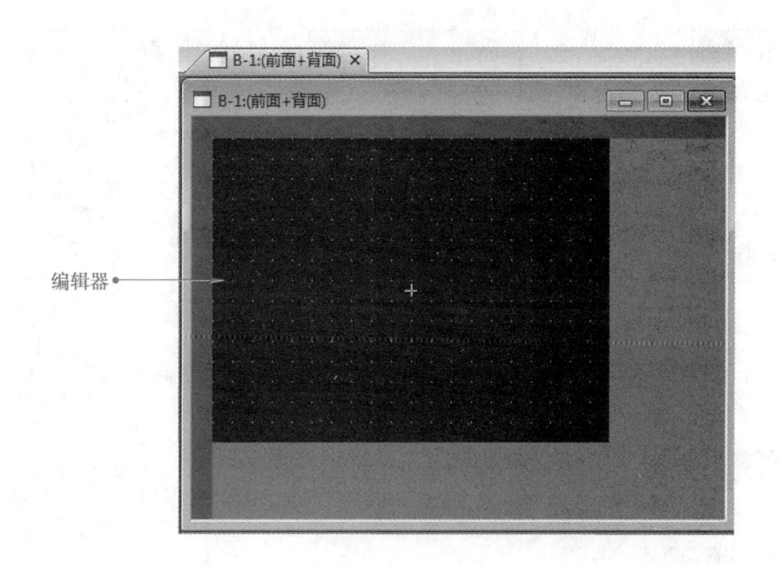

图 14-12　编辑器页

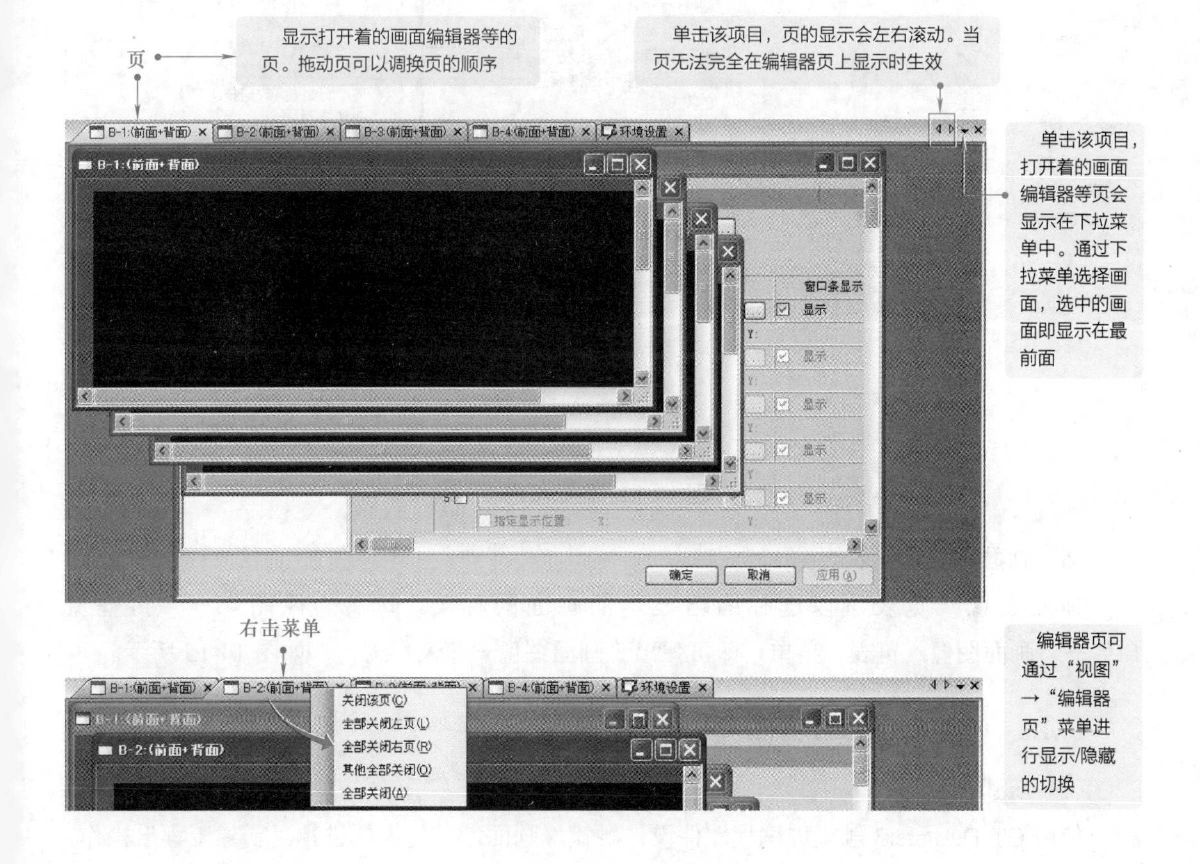

图 14-13　编辑器页的相关操作

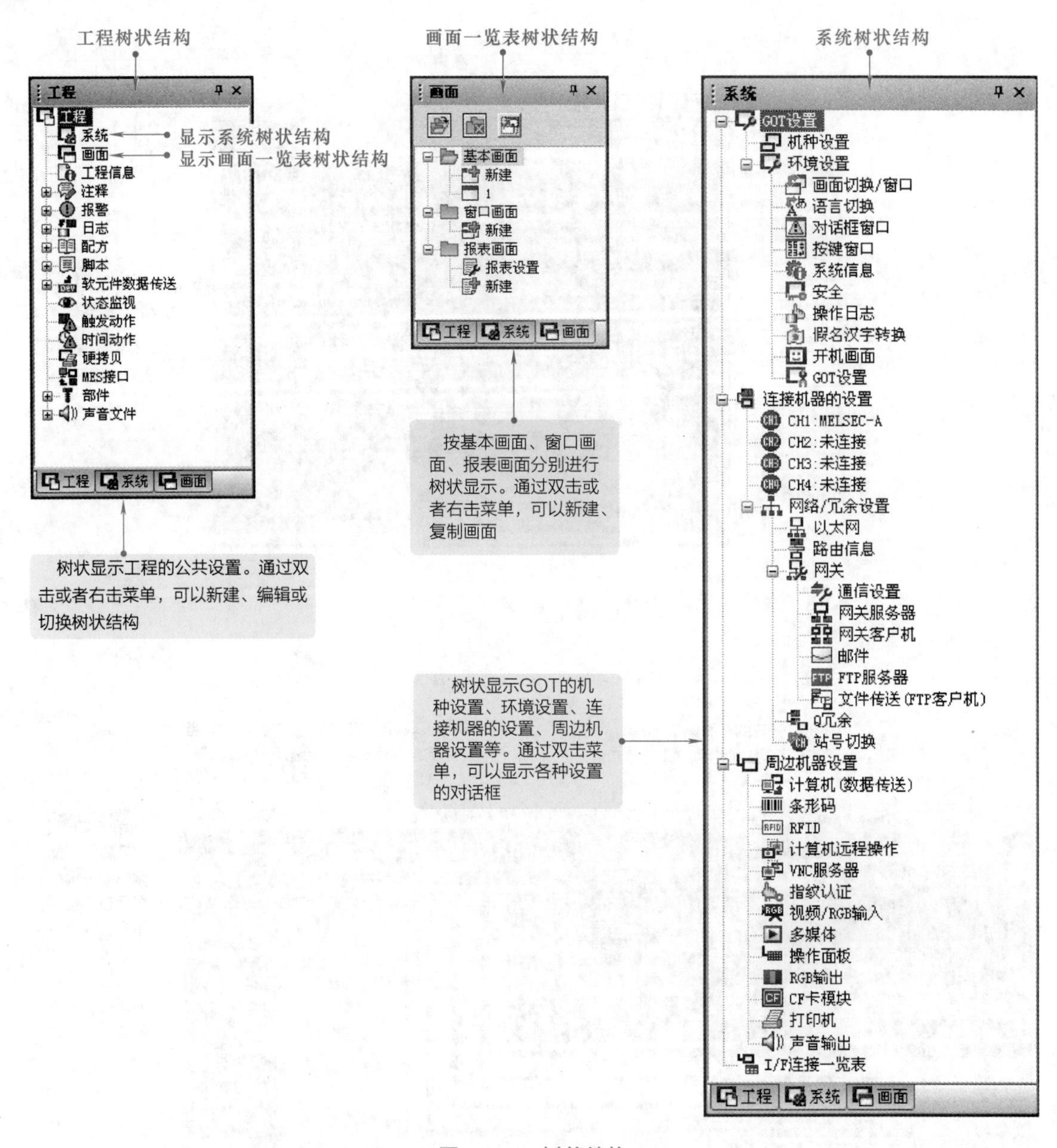

图 14-14　树状结构

（5）画面图像一览表的操作

画面图像一览表可以选择缩略显示的画面的种类。选择“视图”→“折叠窗口”→“画面图像一览表”菜单，即可弹出“画面图像一览表”窗口，如图 14-15 所示。

14.1.3　GT Designer3 触摸屏编程软件的使用方法

（1）新建工程

使用 GT Designer3 触摸屏编程软件设计触摸屏画面，首先需要进行“新建工程”操作，即新工程的创建。

① 使用新建工程向导　一般 GT Designer3 触摸屏编程软件带有新建工程向导，可根据

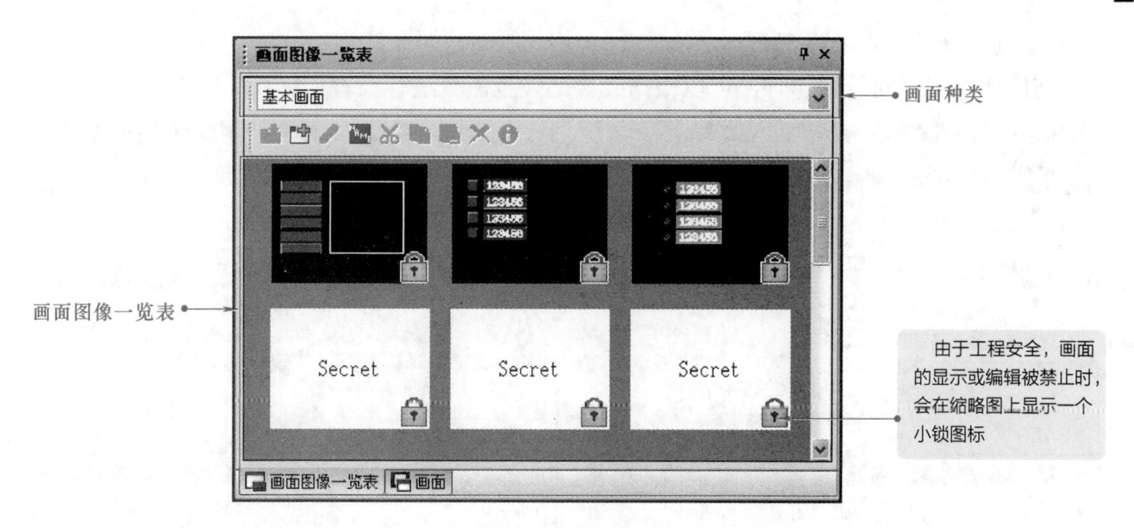

图 14-15　画面图像一览表

新建工程向导逐步创建新工程。

选择“工程”→“新建”菜单或单击“工程选择”对话框的“新建”按钮，即可弹出“新建工程向导”对话框，如图 14-16 所示。

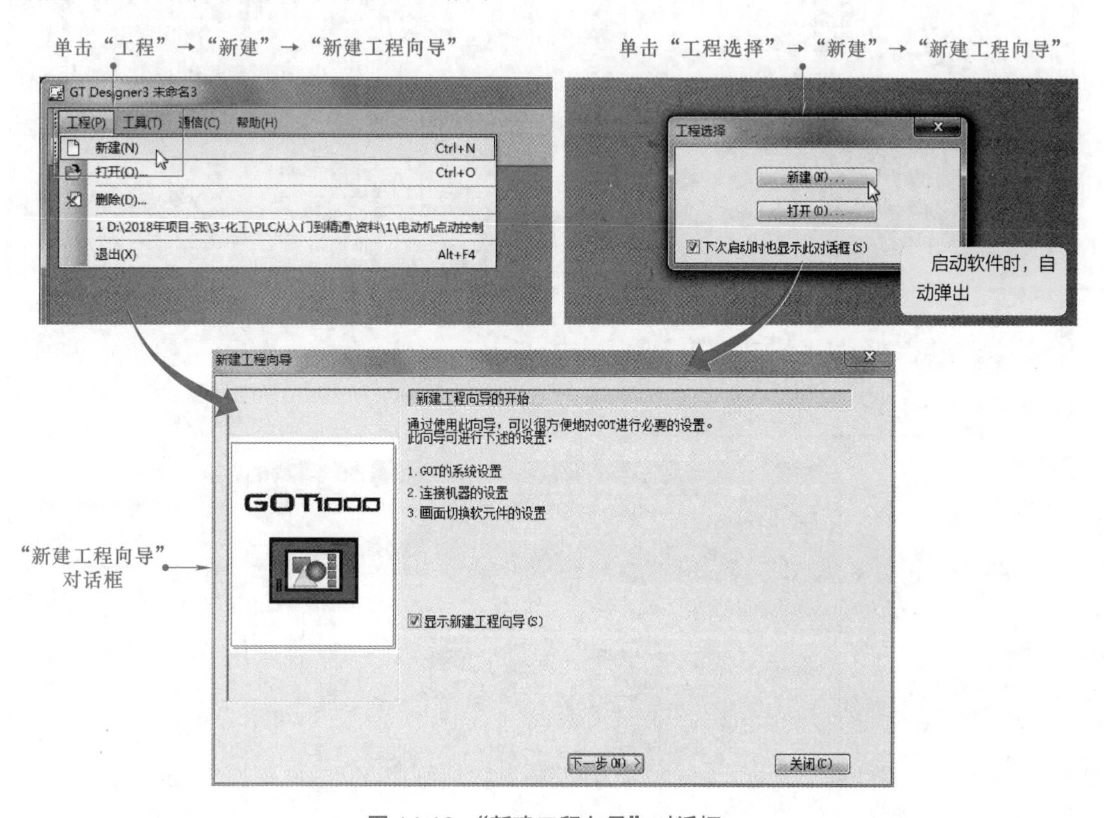

图 14-16　“新建工程向导”对话框

如图 14-16 所示，创建工程时需要进行以下的设置（工程创建后也可以更改）。

- GOT 的系统设置。
- 连接机器的设置。

• 画面切换软元件的设置。

使用新建工程向导创建时，可以根据必要的设置流程进行设置，如图 14-17 所示。

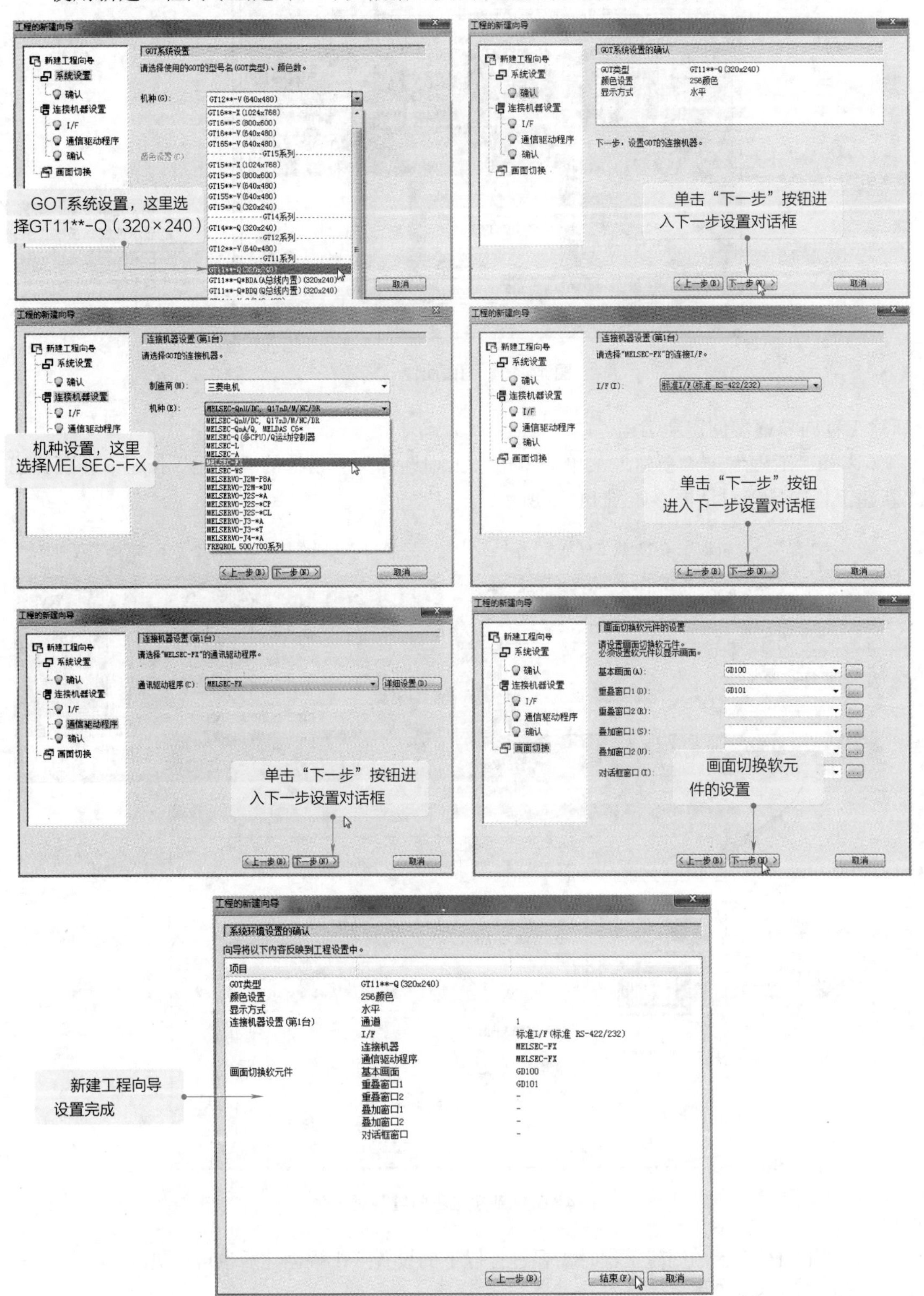

图 14-17　创建工程时的设置

② 不使用新建工程向导　不使用新建工程向导也可以新建工程。不使用新建工程向导时，单击“工具”→“选项”菜单，在弹出的“选项”对话框的“操作”页上，取消“显示新建工程向导”复选框的勾选，如图 14-18 所示。

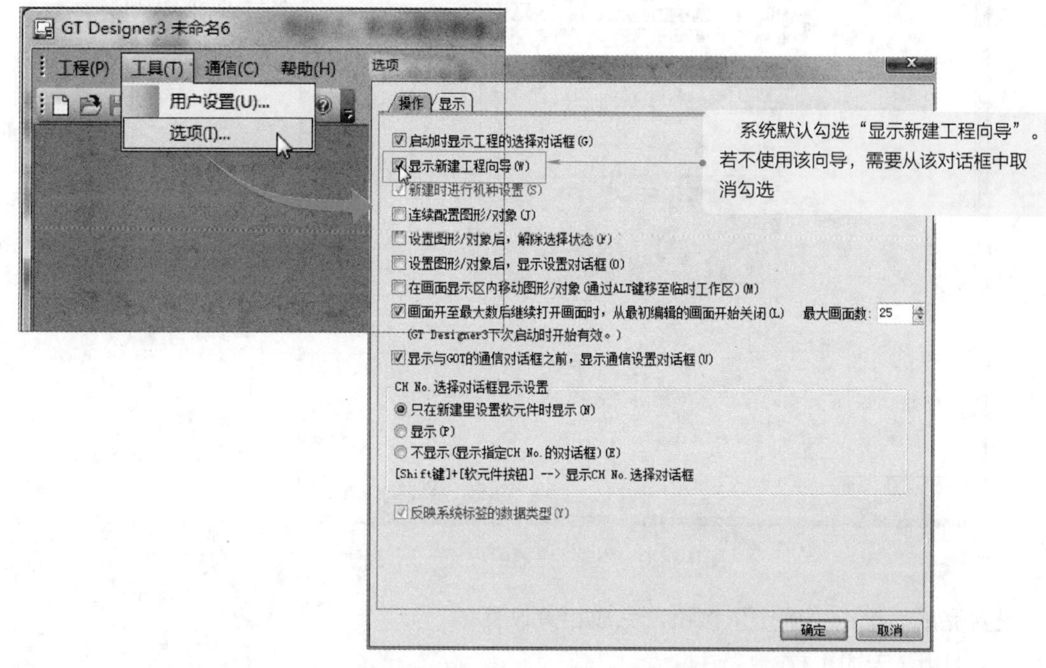

图 14-18　取消“显示新建工程向导”复选框的勾选

取消了“新建时进行机种设置”复选框的勾选时，按照前一次创建工程的设置，新建工程。单击“工程选择”对话框的“新建”按钮或者单击“工程”→“新建”菜单，新建工程，如图 14-19 所示。

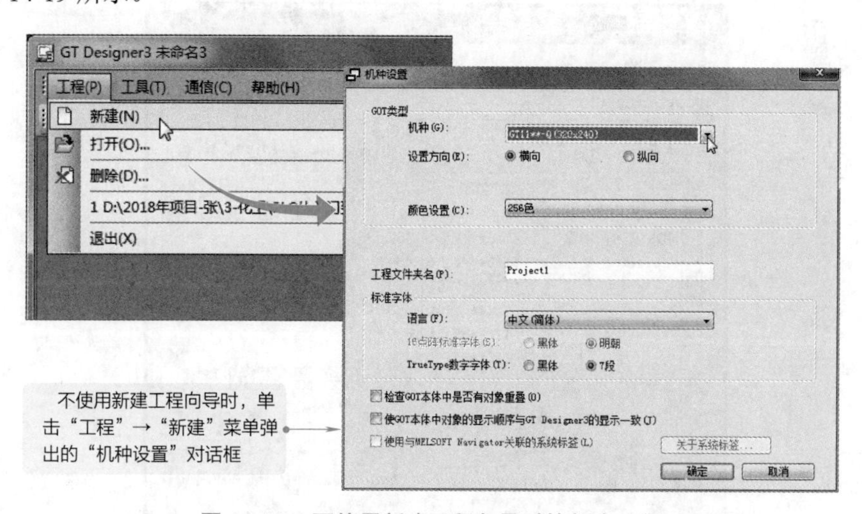

图 14-19　不使用新建工程向导时的新建工程

设置完必要的项目之后，单击“确定”按钮，工程创建完成。随后弹出“连接机器的设置”对话框，如图 14-20 所示。根据需要选择想要连接机器的制造商、机种、GOT 的接口、通信驱动程序等。

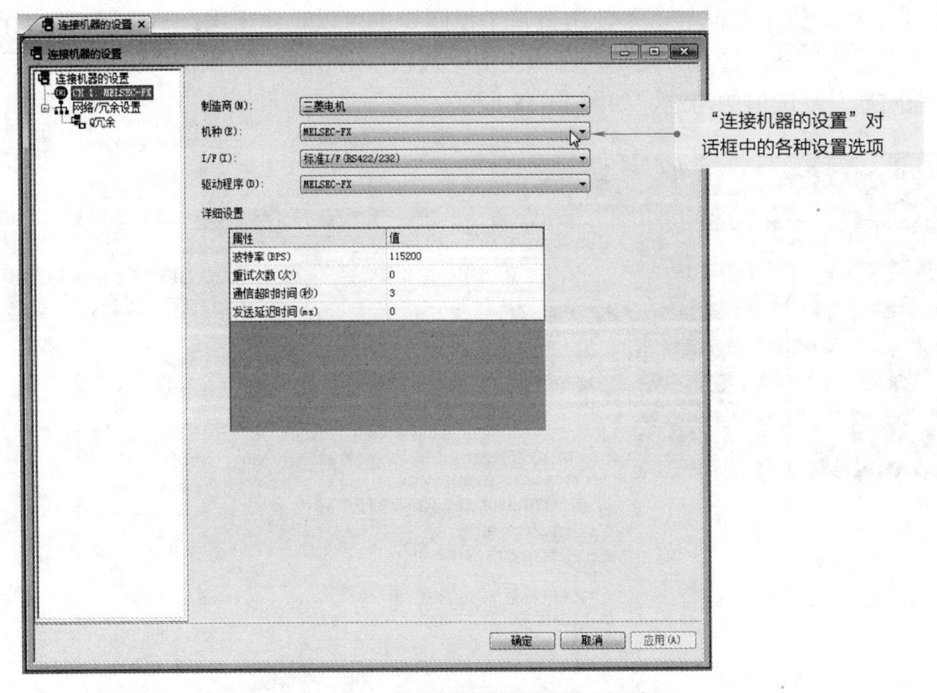

图 14-20 “连接机器的设置”对话框

设置完成后单击“确定”按钮，完成相关设置。

（2）打开 / 关闭工程

选择“工程”→“打开”菜单，即弹出“打开工程”对话框。单击“打开”按钮，即可打开所选择的 GT Designer3 工程，如图 14-21 所示。选择“工程”→“关闭”菜单，已打开的工程立即关闭。

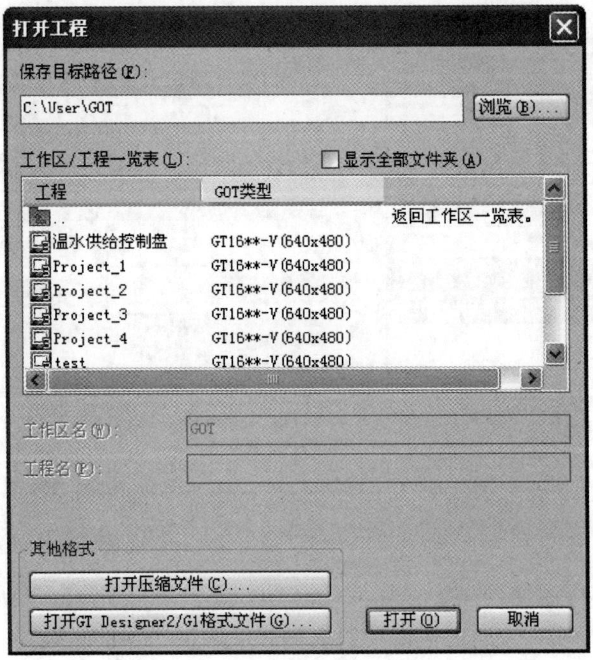

图 14-21 打开 / 关闭工程

提示说明

工程的打开方法因工程的类型而异。可用 GT Designer3 处理的工程格式如下。

◆ GT Designer3 工程：打开 GT Designer3 工程。

◆ GTW 格式（*.GTW）：读取压缩文件（GTW 格式）。

◆ GTE 格式（*.GTE）、GTD 格式（*.GTD）*1、G1 格式（*.G1）：读取 GT Designer2/G1 格式的工程。

（3）创建 / 打开 / 关闭画面

① 创建画面　画面是完成设计触摸屏控制功能的主要工作窗口，可通过单击“画面”→“新建”→“基本画面”/“窗口画面”菜单，立即弹出“画面的属性”对话框，如图 14-22 所示。

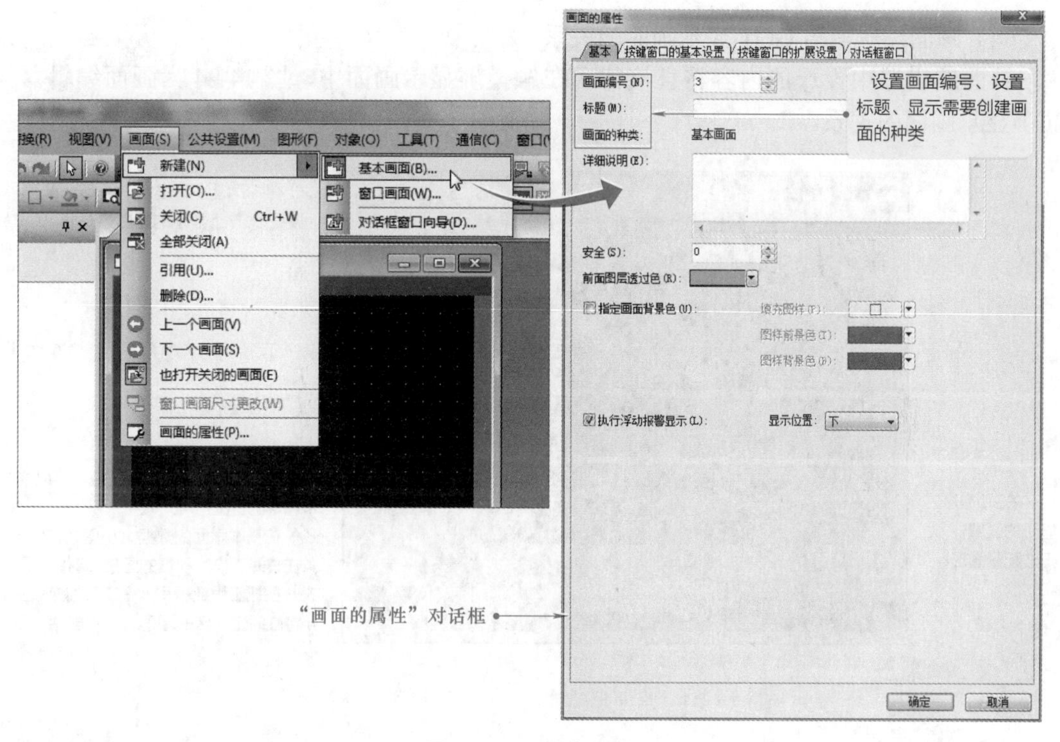

图 14-22　创建画面

② 打开和关闭画面　图 14-23 为打开和关闭画面操作。

提示说明

打开画面操作也可以从菜单打开，即选择“画面”→“打开”菜单，立即弹出“打开画面”对话框。在“打开画面”对话框中双击画面，也可以打开画面。

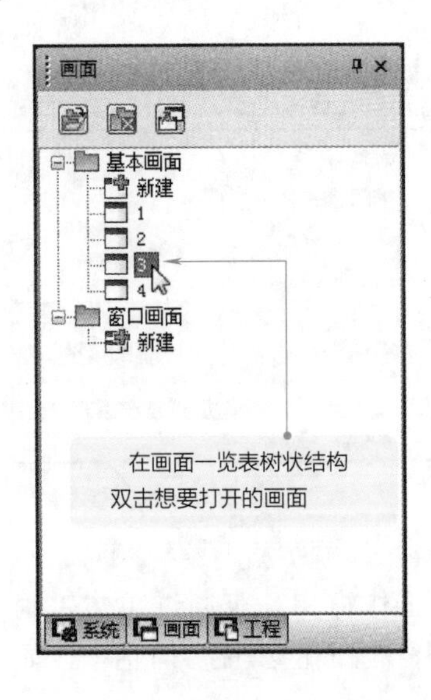

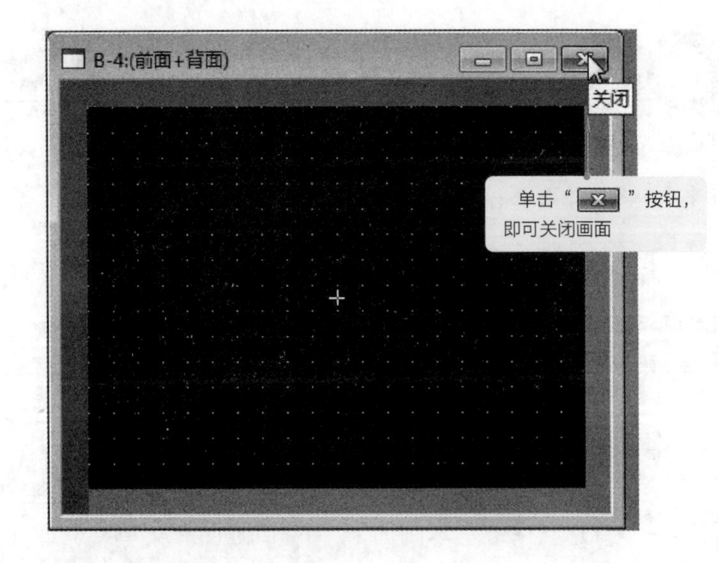

图 14-23　打开和关闭画面操作

（4）画面编辑器与 GOT 显示画面的关系

画面编辑器中设计的内容将直接体现在触摸屏显示画面中，图 14-24 为画面编辑器与 GOT 显示画面的关系。

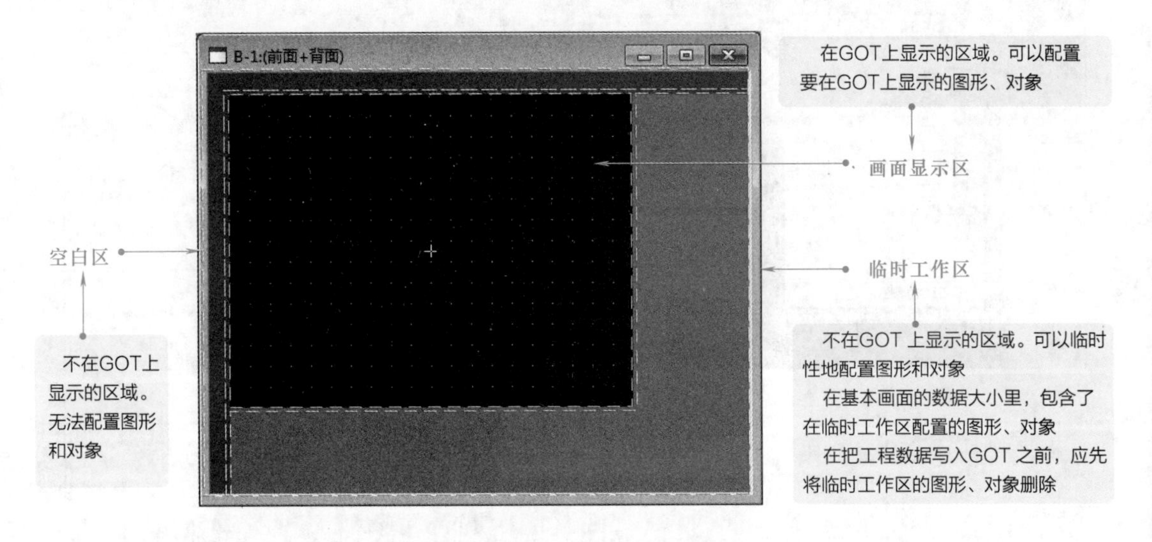

图 14-24　画面编辑器与 GOT 显示画面的关系

14.1.4　GOT 触摸屏与计算机之间的数据传输

GT Designer3 触摸屏编程软件安装在符合应用配置要求的计算机中，在计算机中已创建的工程可通过连接写入到触摸屏中进行显示，如图 14-25 所示。

（1）线缆的连接

将 GT Designer3 触摸屏编程软件中已设计的工程写入触摸屏中时，首先需要将装有 GT Designer3 软件的计算机与触摸屏之间进行连接。一般可通过 USB 电缆、RS-232 电缆、以太网电缆（网线）进行连接，如图 14-26 所示。

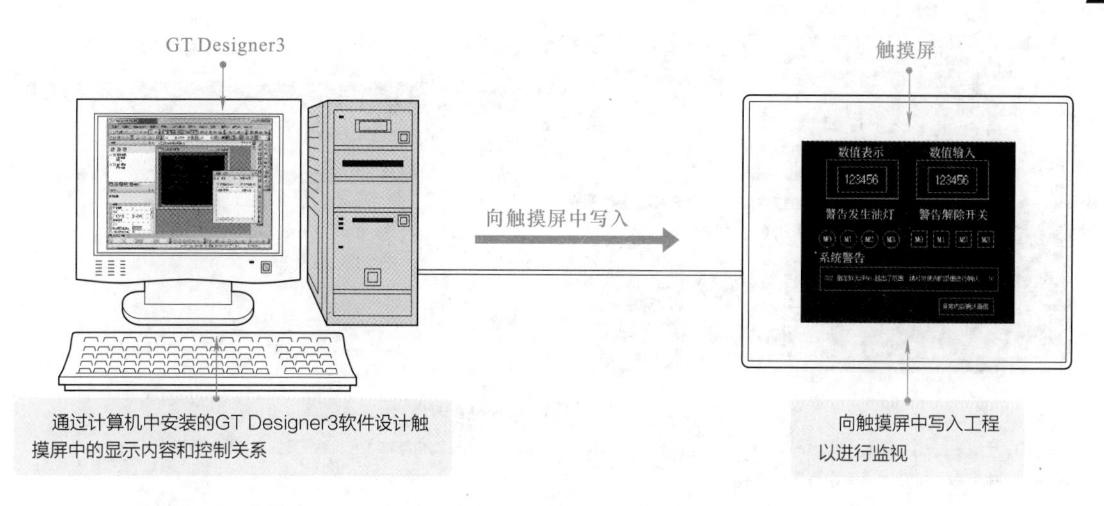

图 14-25　GT Designer3 触摸屏编程软件中已设计的工程写入触摸屏中

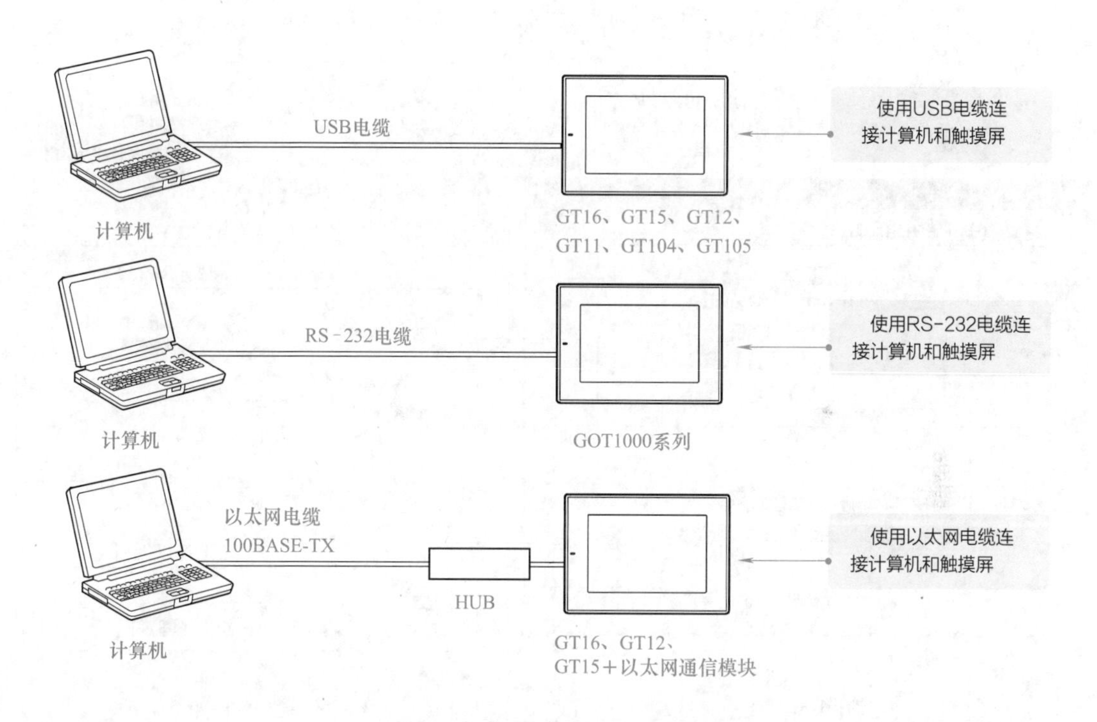

图 14-26　计算机与触摸屏之间的电缆连接

（2）通信设置

计算机与触摸屏通过电缆连接后，接下来需要进入 GT Designer3 触摸屏编程软件中进行通信设置。

选择 GT Designer3 触摸屏编程软件菜单栏中的“通信”，调出“通信设置”对话框，如图 14-27 所示。

通信设置内容需要根据实际所连接线缆的类型，选择设置的项目，包括选择 USB（USB 数据线连接时）、选择 RS-232（RS-232 电缆连接时）、选择以太网（网线连接时）、选择调制解调器，如图 14-28 所示。

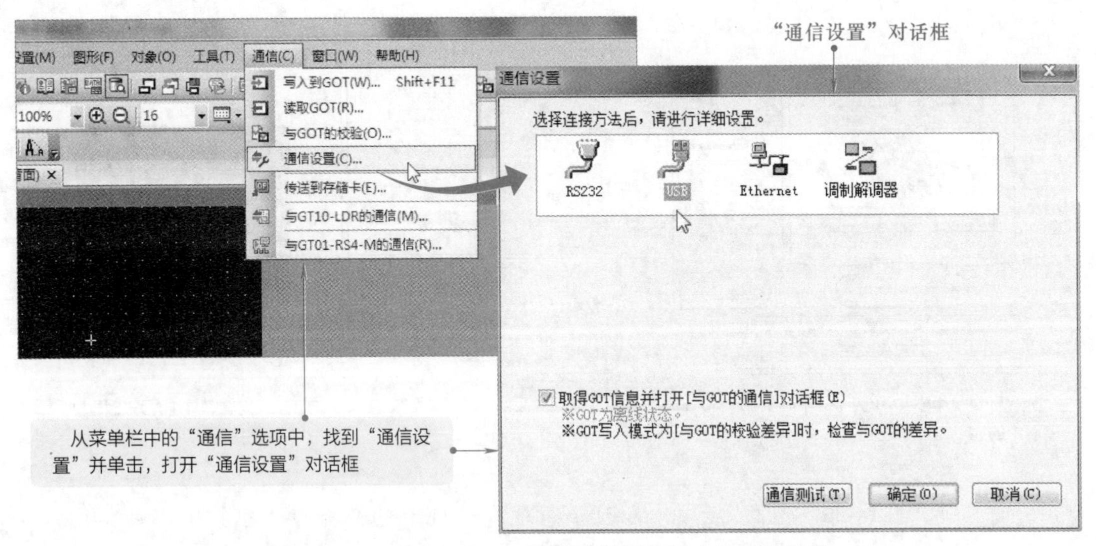

图 14-27　GT Designer3 触摸屏编程软件中的通信设置

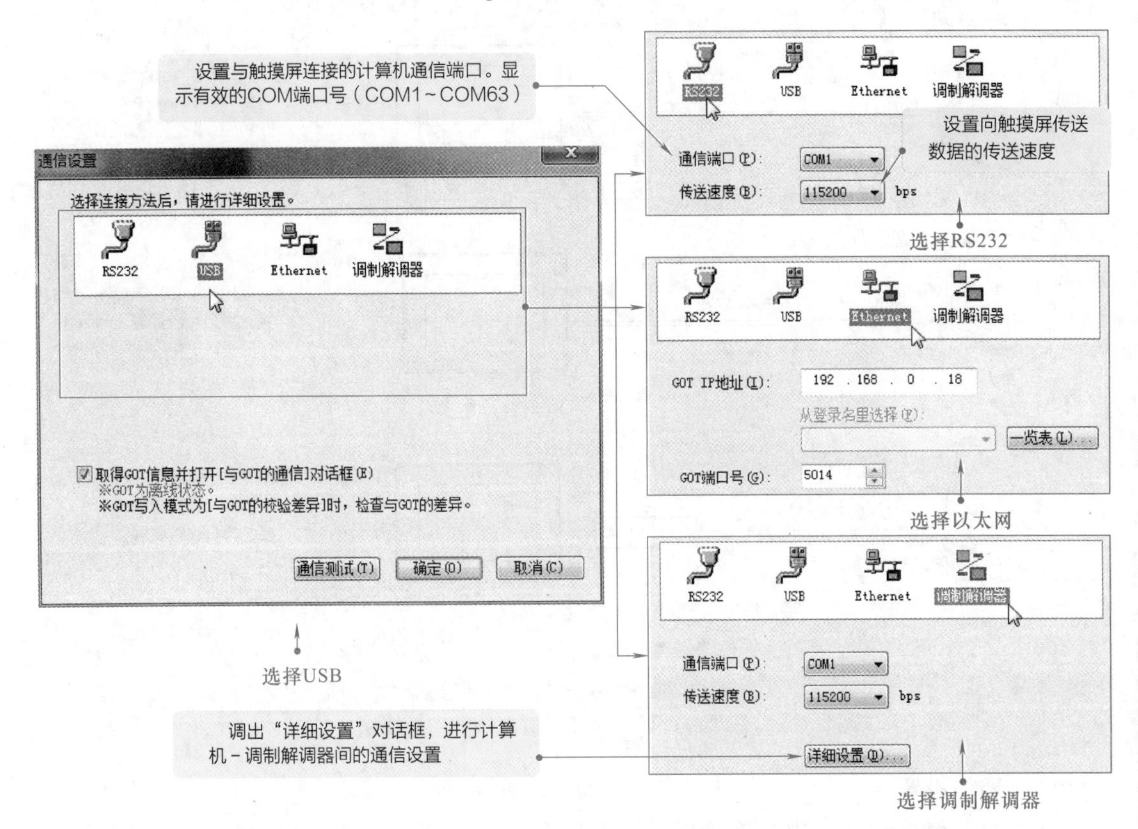

图 14-28　通信设置相关项目

（3）工程数据写入到触摸屏（计算机→ GOT）

从 GT Designer3 触摸屏编程软件向触摸屏写入工程数据和 OS（操作系统）。

如图 14-29 所示，从菜单栏执行"通信"→"通信设置"菜单，在"通信设置"对话框中进行通信设置。然后，选择"通信"→"向 GOT 写入"菜单，弹出"与 GOT 的通信"对话框的"GOT 写入"页。

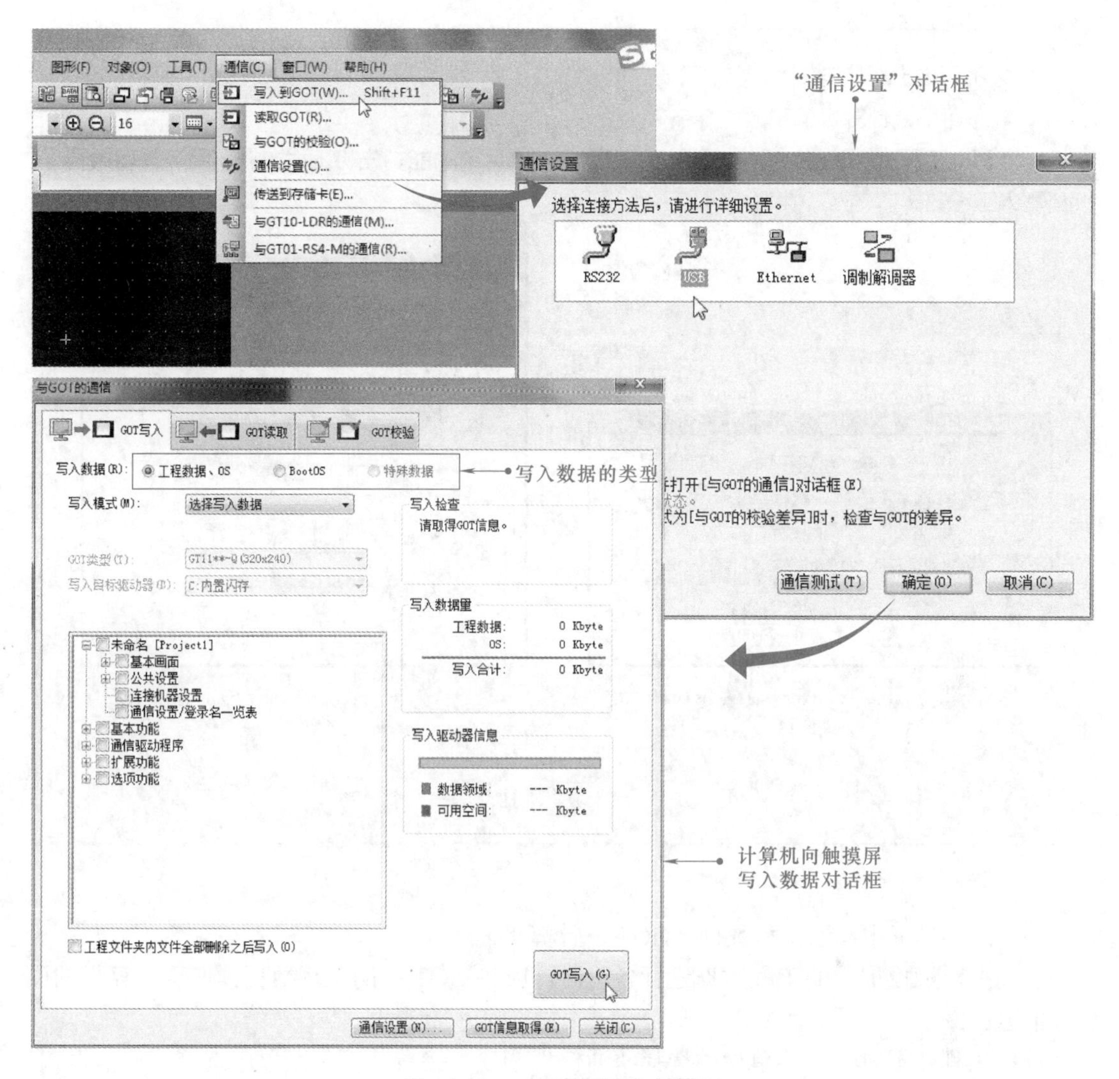

图 14-29　工程数据写入触摸屏

提示说明

若 GT Designer3 的 OS 和 GOT 触摸屏的 OS 为不同版本，在执行向 GOT 写入数据操作时，即弹出如图 14-30 所示对话框。

若GT Designer3和GOT的OS版本不同，工程数据将无法正确动作。单击“是”按钮，以写入 OS。

一旦写入 OS，将会先删除 GOT 的 OS，然后再向其中写入 GT Designer3 的 OS，因此 GOT 中的 OS 文件种类、OS 数量可能出现变化（降低 OS 版本时，尚未支持的 OS 将被删除）。中断写入时，单击“否”按钮。

另外，在工程数据写入时需要注意以下事项。

◆ 不可切断 GOT 的电源；

◆ 不可按下 GOT 的复位按钮；

◆ 不可拔出通信电缆；

◆ 不可切断计算机的电源。

若写入工程数据失败，则需要通过 GOT 的实用菜单功能，先将工程数据删除，然后再重新写入工程数据。

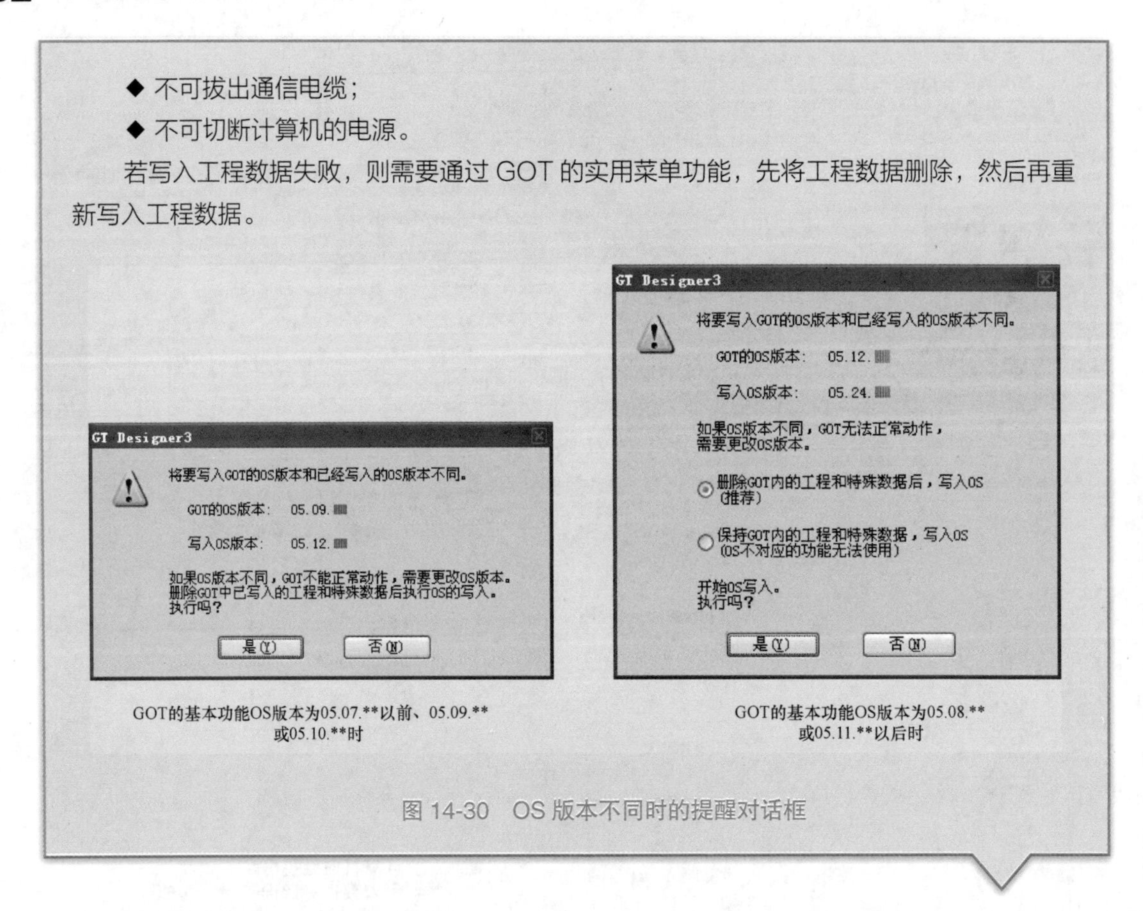

GOT的基本功能OS版本为05.07.**以前、05.09.**或05.10.**时

GOT的基本功能OS版本为05.08.**或05.11.**以后时

图 14-30　OS 版本不同时的提醒对话框

（4）从触摸屏中读取工程数据（GOT →计算机）

当需要对触摸屏中的工程数据进行备份时，应将 GOT 中的工程数据读取至计算机的硬盘等中进行保存。

读取工程数据时，从菜单栏中选择“通信”选项，接着从下拉菜单中选择“通信设置”菜单，在“通信设置”对话框中进行通信设置。然后选择“通信”→“读取 GOT”，在弹出“与 GOT 的通信”对话框中，选择“GOT 读取”选项，如图 14-31 所示。

（5）校验工程数据（GOT ←→计算机）

校验工程数据是指对 GOT 本体中的工程数据和通过 GT Designer3 打开的工程数据进行校验。具体包括检查数据内容，用以判断工程数据是否存在差异；检查数据更新时间，用以判断工程数据的更新时间是否存在差异。

如图 14-32 所示为工程数据的校验方法。即选择菜单栏中的“通信”选项，在下拉菜单中选择“通信设置”，在“通信设置”对话框中进行通信设置，然后在“通信”下拉菜单中选择“与 GOT 的校验”。

（6）启动 GT Simulator3 仿真软件

GT Simulator3 软件为触摸屏仿真软件，也称为模拟器，即用于在计算机未连接触摸屏时，作为模拟器模拟软件所设计的画面及相关操作。

如图 14-33 所示，可以从 GT Designer3 触摸屏编程软件中，直接启动 GT Simulator3 仿真软件。即选择“工具”→“模拟器”→“启动”菜单后，启动 GT Simulator3 仿真软件。

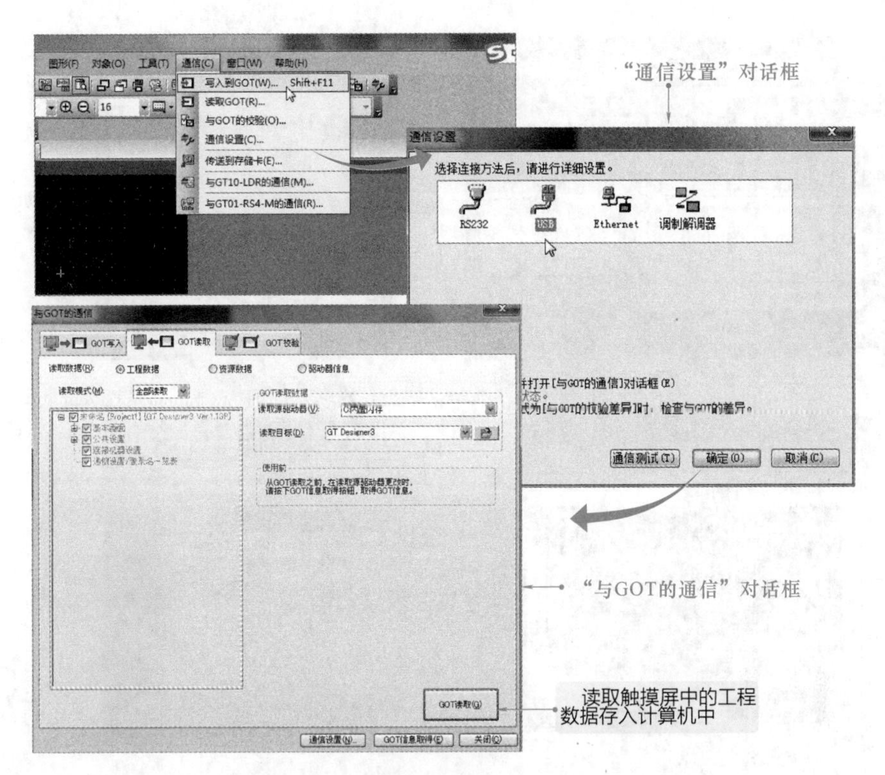

图 14-31　从触摸屏中读取工程数据操作

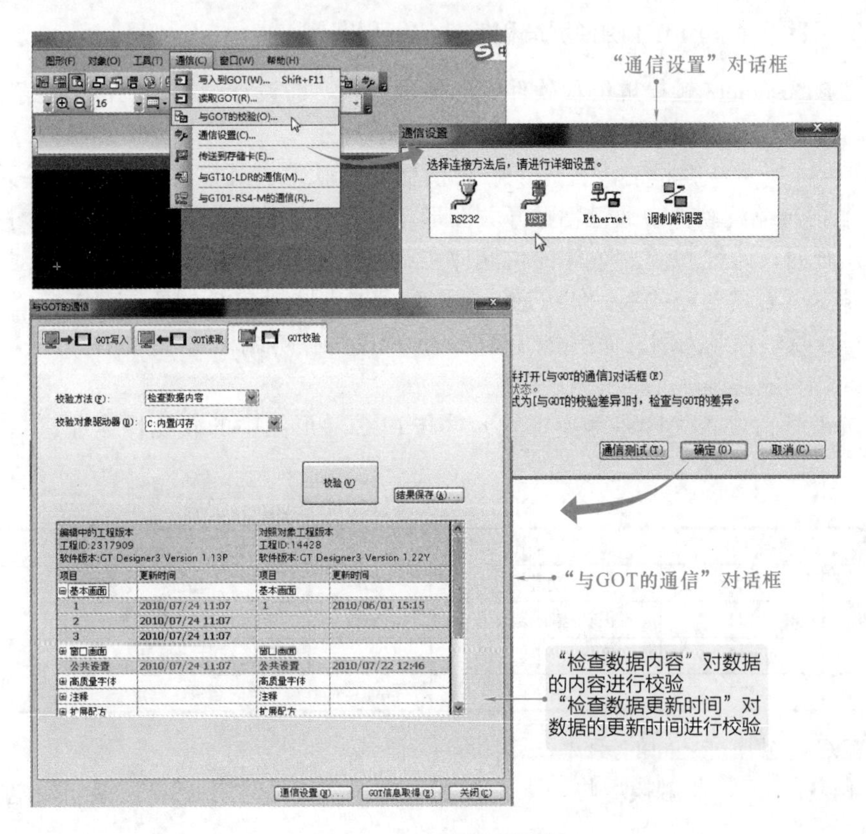

图 14-32　校验工程数据

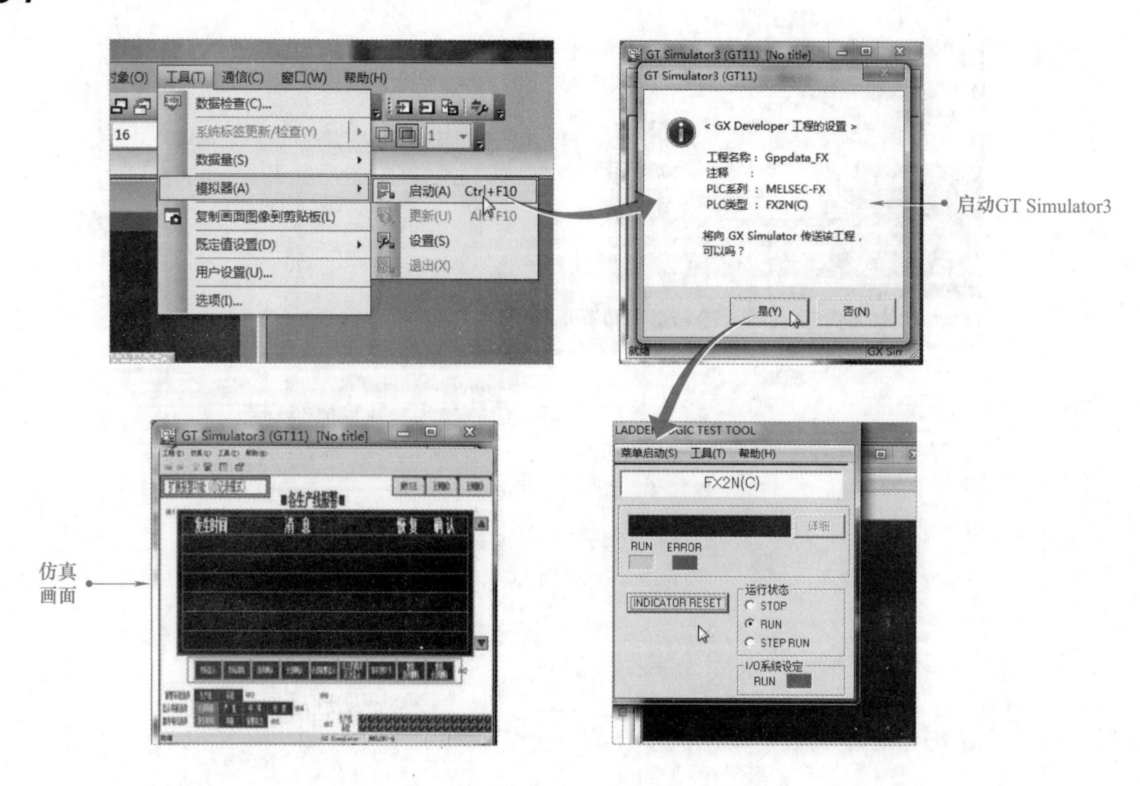

图 14-33　启动 GT Simulator3 仿真软件

14.1.5　GT Designer3 触摸屏编程软件的编程案例

借助 GT Designer3 触摸屏编程软件为触摸屏编程，即设计触摸屏画面上显示的内容和控制方式。

如图 14-34 所示，编程前，首先了解触摸屏编程软件、触摸屏和 PLC 的关系。在 GT Designer3 触摸屏编程软件中通过粘贴开关图形、指示灯图形、数值显示等称为对象的显示框图来创建画面，通过 PLC 将程序的位元件和字元件的动作功能设置到粘贴的对象中，即建立触摸屏与 PLC 的对应关系，便可通过操作触摸屏来控制 PLC 的各项动作。

以小车正反转控制为例，简单介绍 GT Designer3 触摸屏编程软件的编程方法。

（1）PLC 和触摸屏软元件的地址分配

触摸屏编程前，首先应将触摸屏软元件与 PLC 梯形图中的软元件编址建立关联，如表 14-1 所示。

表 14-1　PLC 和触摸屏软元件的地址分配表

输入地址编号		输出地址编号		其他软元件编号	
功能	编址	功能	编址	功能	编址
正转启动	M1	正转控制接触器	Y0	运行时间设定值	D1
反转启动	M2	反转控制接触器	Y1	运行时间显示值	D2
停止	M3	停止指示灯	M0	定时器 T0 设定值	D10

（2）PLC 与触摸屏之间的接线

如图 14-35 所示，将触摸屏与 PLC 之间通过电缆（这里选用 RS-232 接口及电缆）完成物理连接。

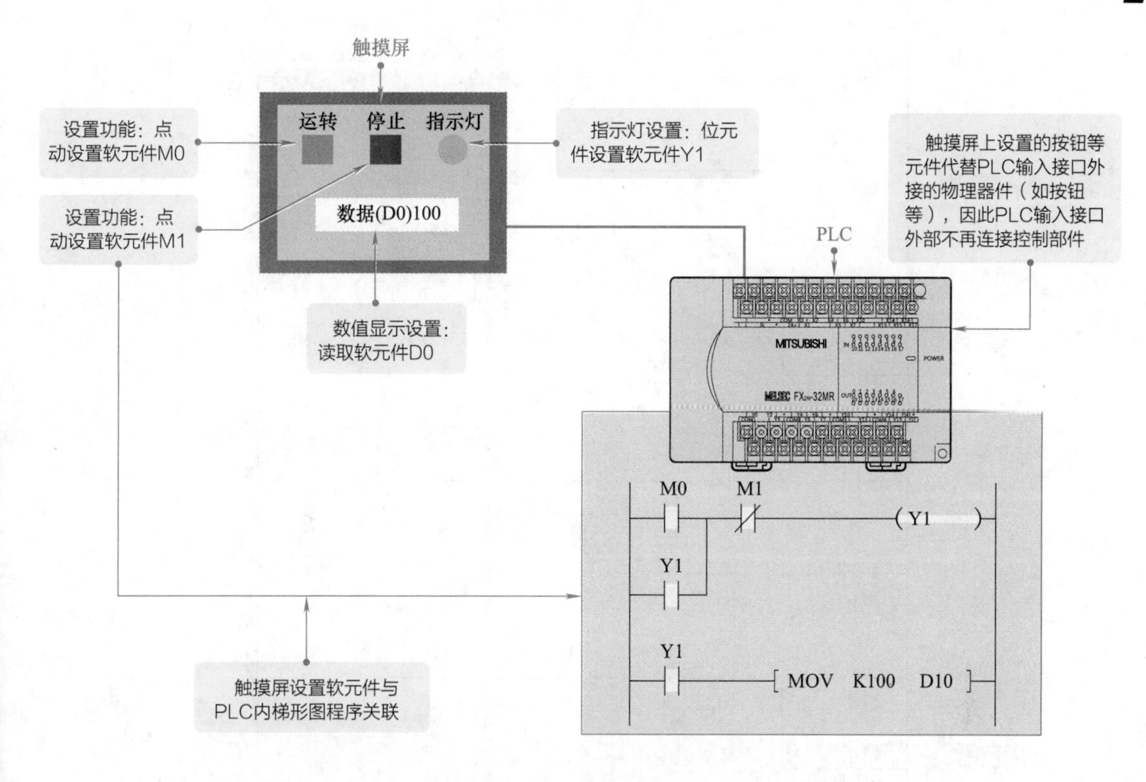

图 14-34　触摸屏与 PLC 之间通过编程软件建立关联

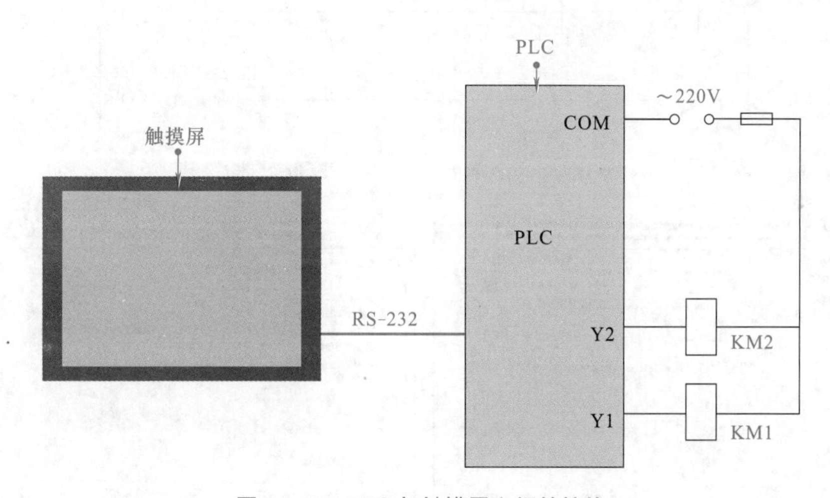

图 14-35　PLC 与触摸屏之间的接线

（3）编写 PLC 梯形图程序

本例通过 PLC 实现小车正反转控制，首先根据控制需求通过 PLC 编程软件，向 PLC 中编写控制梯形图（在 GX Developer3 编程软件中编写），如图 14-36 所示。

（4）触摸屏编程（画面设计）

在 GT Designer3 触摸屏编程软件中，根据新建工程向导，选择触摸屏型号［GT11**-Q（320×240）］、选择与之相连的 PLC 型号（MELSEC-FX）等，完成新建工程操作，如图 14-37 所示。

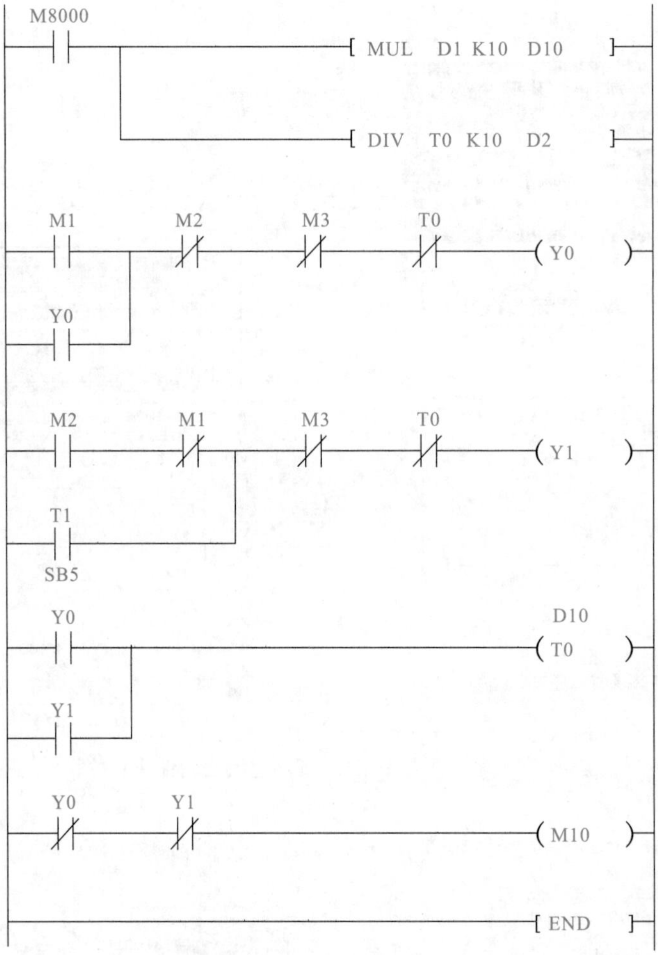

M8000
MUL D1 K10 D10
DIV T0 K10 D2
M1
M2
M3
T0
Y0
Y0
M2
M1
M3
T0
Y1
T1
SB5
Y0
D10
T0
Y1
Y0
Y1
M10
END

图 14-36　小车正反转控制 PLC 梯形图

选择机种
选择所连接PLC的型号
选择“通信驱动程序”

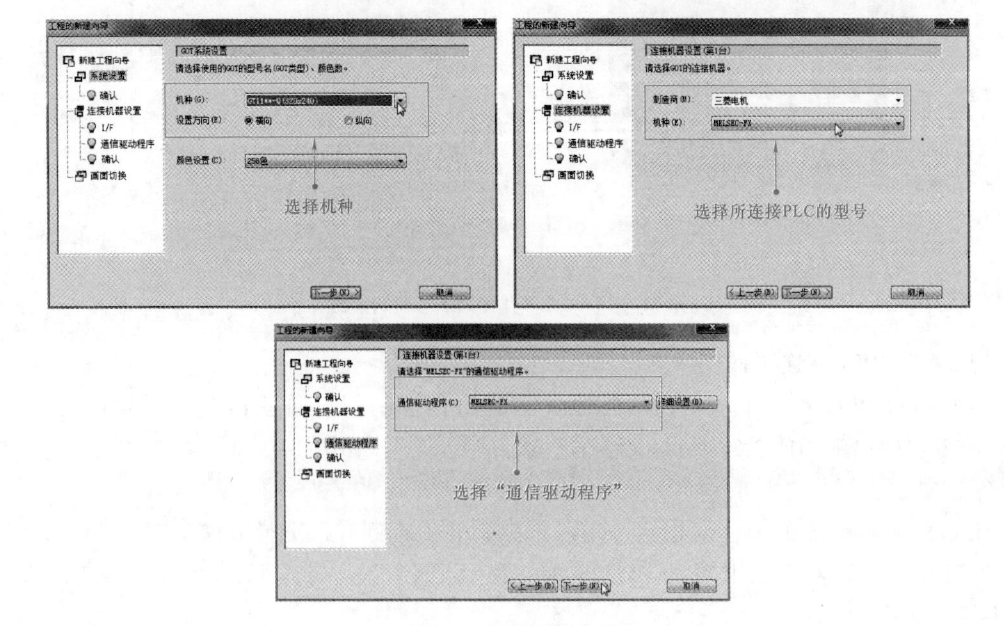

图 14-37　新建小车正反转控制触摸屏画面设计工程

建立两个窗口，分别用于设计“欢迎界面”和“操作界面”，如图 14-38 所示。

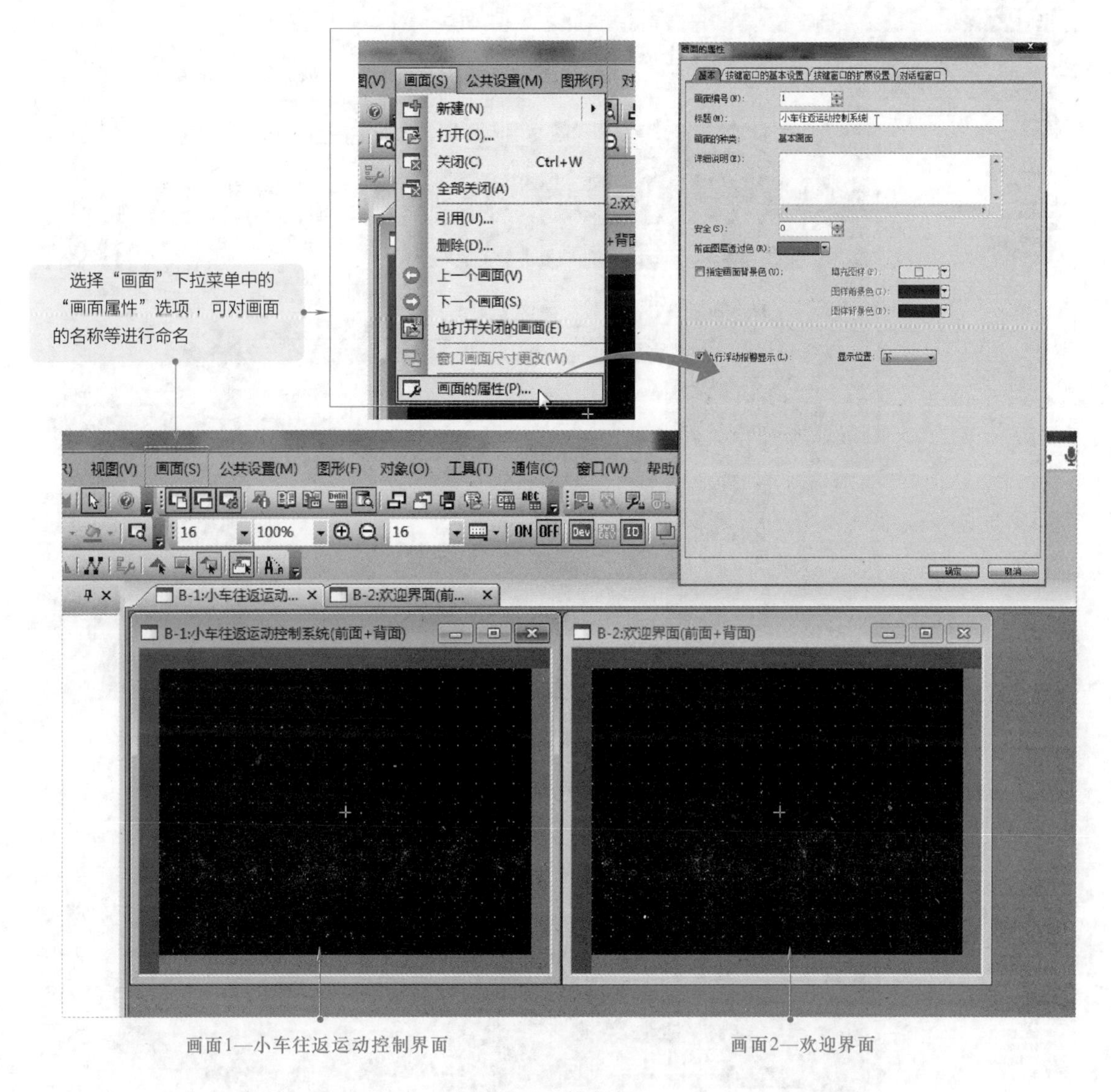

图 14-38　新建窗口

① 设计欢迎界面　在新建窗口 1 中设计欢迎界面。欢迎界面比较简单，主要为文字说明和日期、时间显示，如图 14-39、图 14-40 所示。

② 设计操作界面　设置操作界面是触摸屏控制 PLC 输入指令的核心部分。操作界面中应包括对 PLC 进行控制的所有内容，即 PLC 输入端指令内容。

首先设置“设定运行时间”和“已经运行时间”文本及“数值输入 / 显示”，并进行软元件定义，如图 14-41 所示。

接着设计“指示灯显示（位）”，并定义与 PLC 梯形图中相关的软元件，如图 14-42 所示。

然后设计“位开关”，并定义与 PLC 梯形图中相关的软元件，如图 14-43 所示。

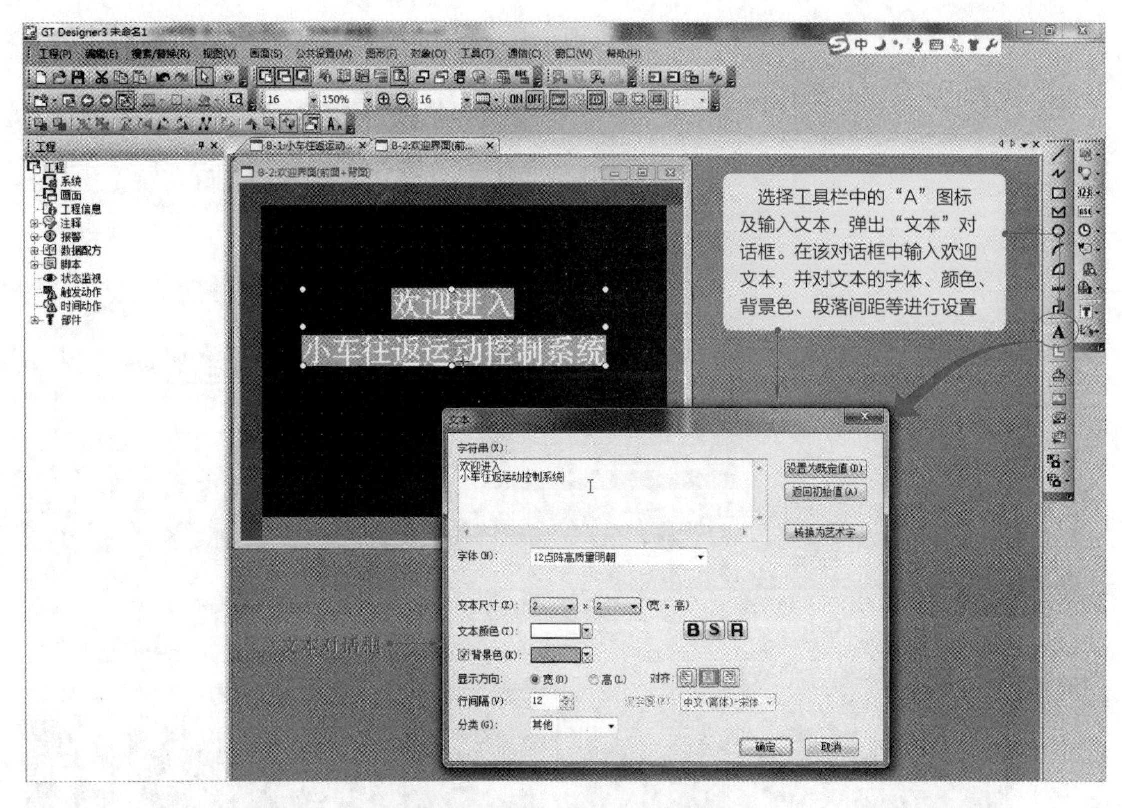

图 14-39　欢迎界面的文本设计

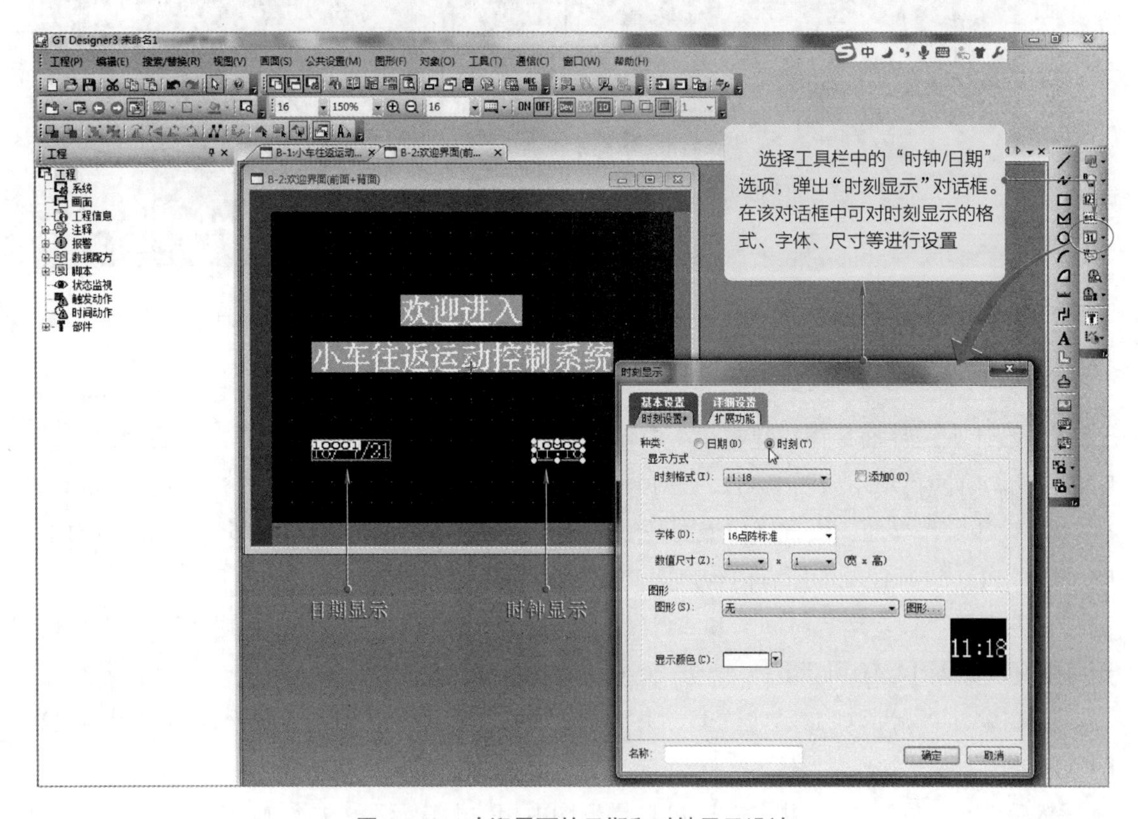

图 14-40　欢迎界面的日期和时钟显示设计

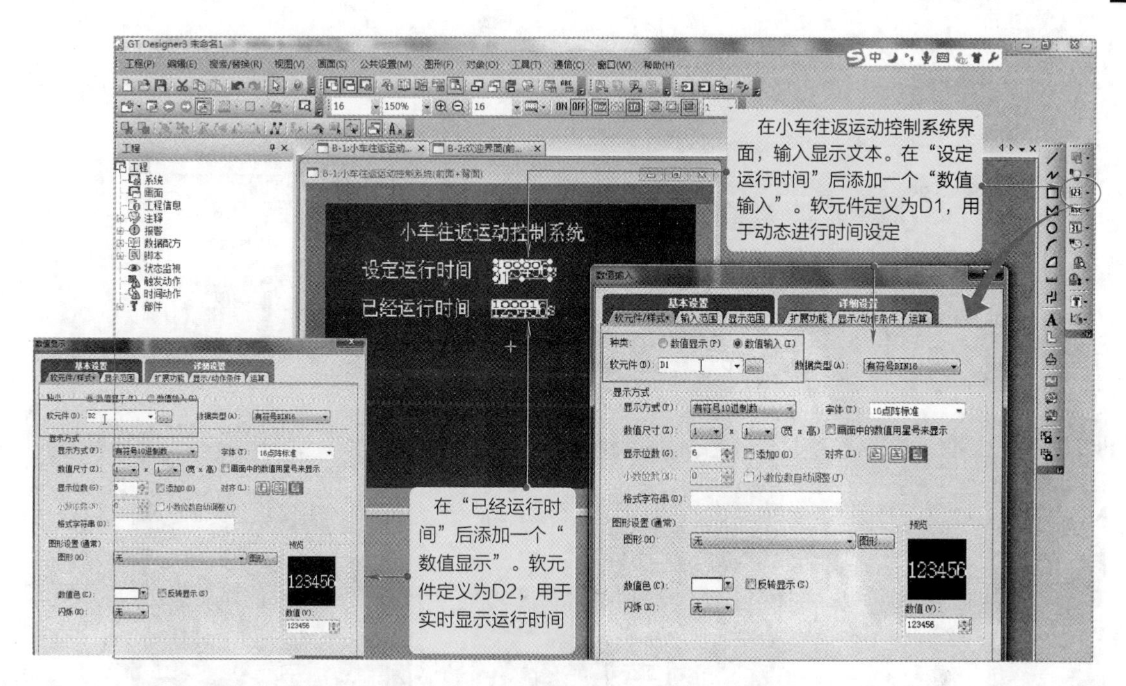

图 14-41 操作界面中“设定运行时间”和“已经运行时间”的相关设计

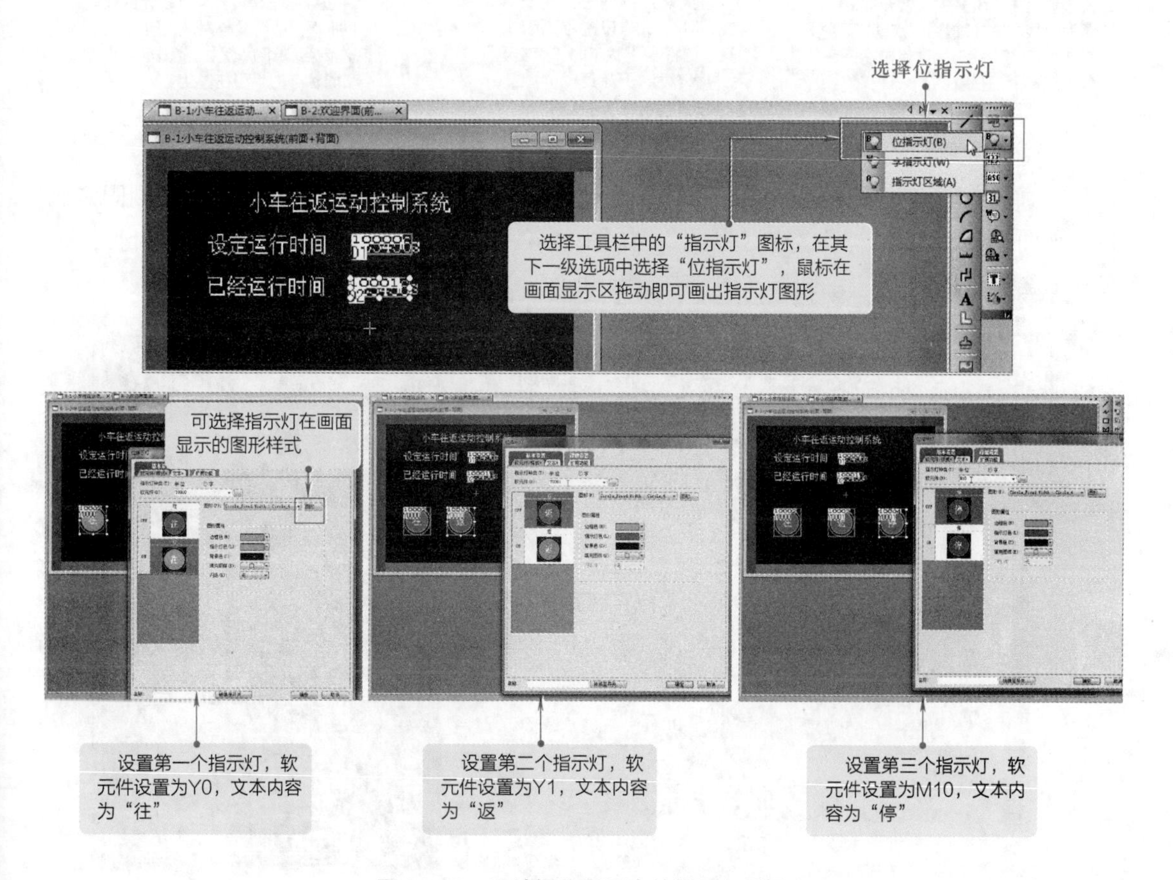

图 14-42 设计操作界面中的指示灯显示

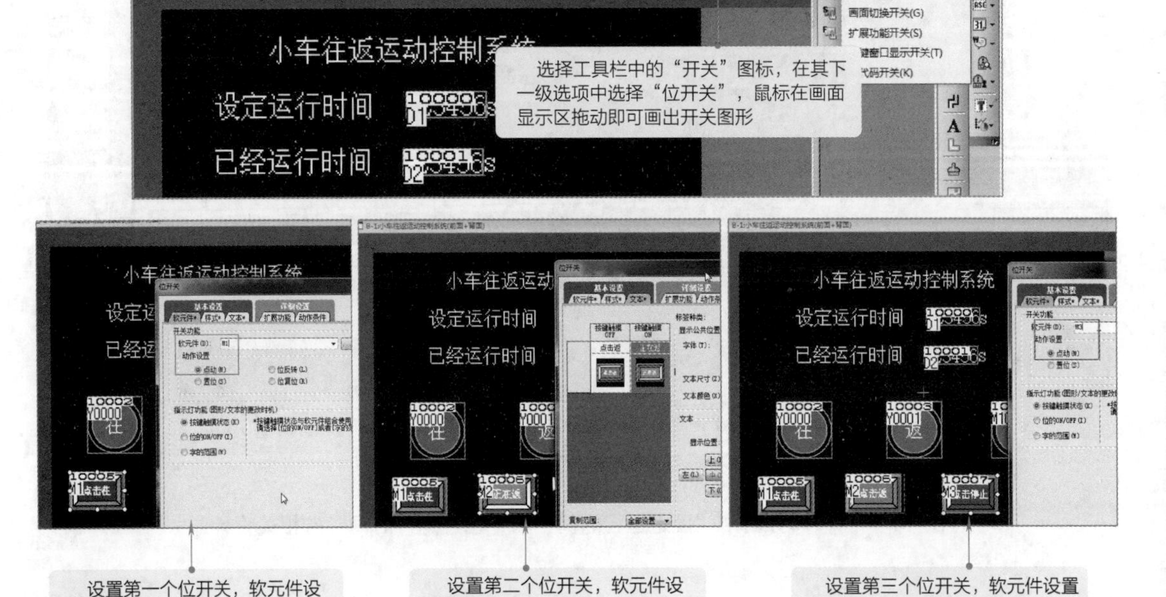

图 14-43　设计操作界面中的操作开关

在画面右下角设置返回开关，即选择工具栏中的“画面切换开关”，指定切换到固定画面，画面编号为“2”，即“欢迎界面”，如图 14-44 所示。颜色、外形可根据需要自定义，文本标签在 OFF 时为“返回”、ON 时为空即可。

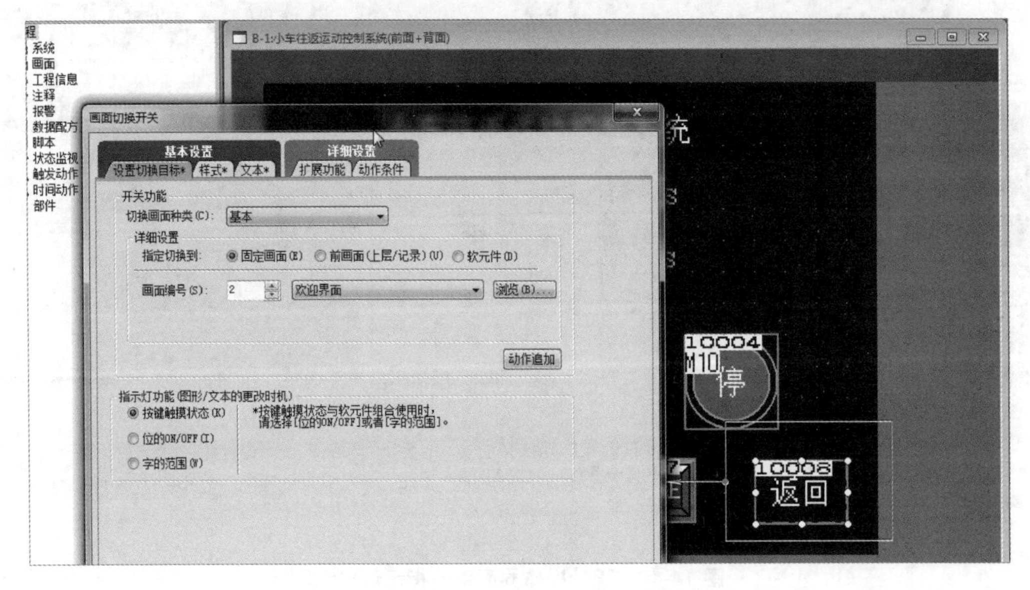

图 14-44　返回画面切换开关设计

至此，画面设计完成，如图 14-45 所示。

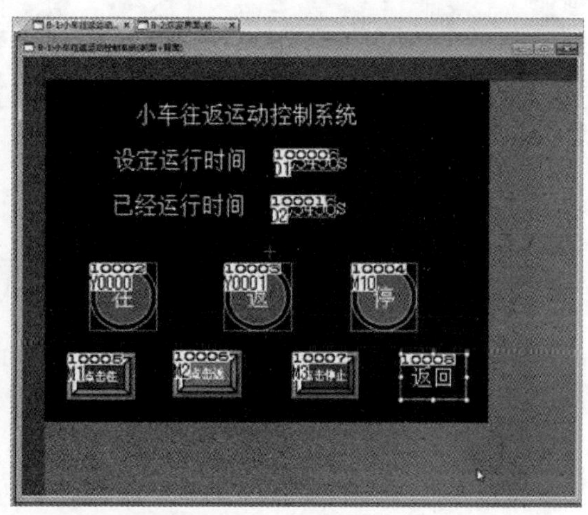

图 14-45　小车往返运动控制系统画面设计

③ 两个画面的切换动作设置　在“欢迎界面”要求能够通过设定的动作切换到“操作界面”，此时需要在“欢迎界面”进行画面切换动作设置。如图 14-46 所示，在“欢迎界面”窗口右击“画面的属性”，在弹出对话框中单击右下角的“画面切换”按钮，在随即弹出的“环境设置”对话框中进行设置。

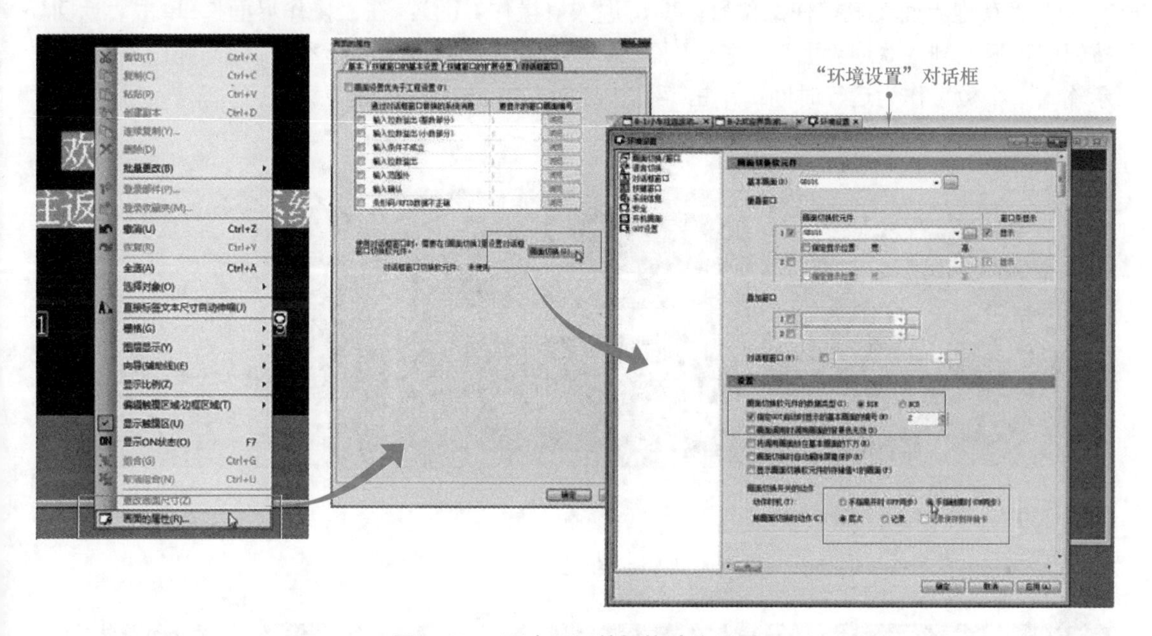

图 14-46　两个画面的切换动作设置

当画面进入“操作界面”后，单击“返回”按钮即可返回到“欢迎界面”。

（5）写入 GOT

触摸屏画面设计完成后，单击“通信”→“写入到 GOT”，弹出“与 GOT 通信”对话框，如图 14-47 所示。在对话框中选择 GOT 写入，单击“GOT 写入”按钮，开始与 GOT 通信。

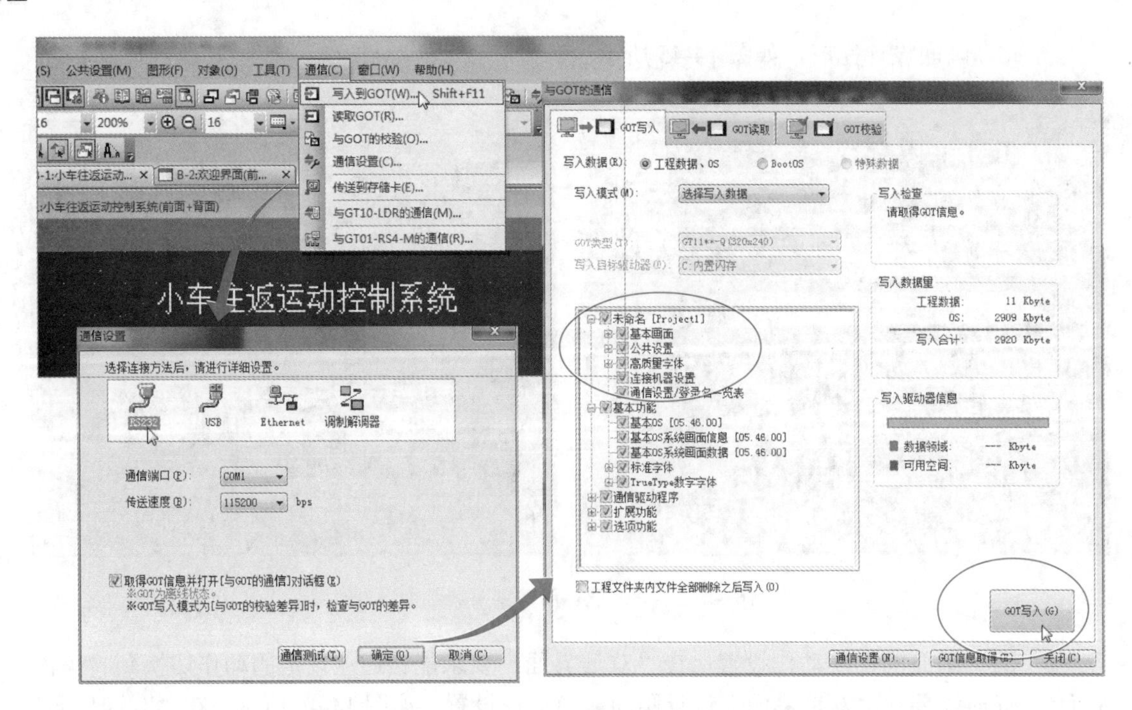

图 14-47　写入 GOT（软件与触摸屏的通信）

（6）联机运行

在“欢迎界面”触摸任意位置，即可进入“操作界面”；在“操作界面”，单击“返回”按钮即可返回到“欢迎界面”。进入“操作界面”后，单击“设定运行时间”，弹出小窗口提示输入一个数字作为运行时间；单击“操作界面”中的“往”“返”“停止”等按钮进行系统控制，如图 14-48 所示。

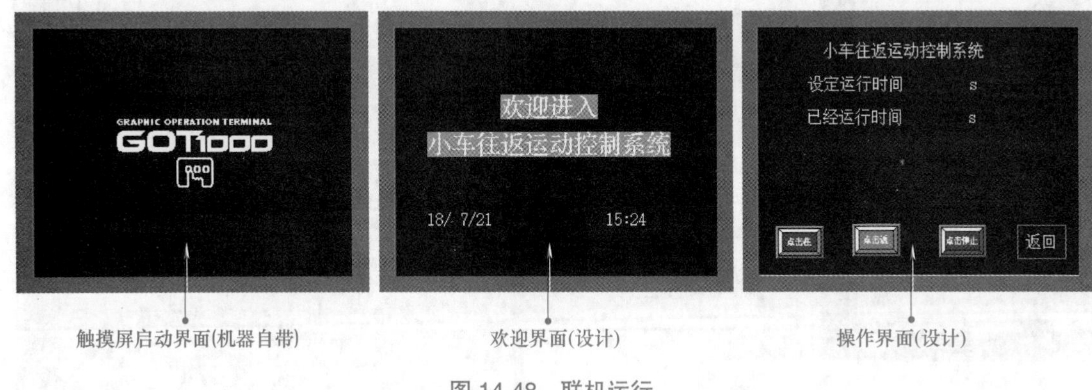

图 14-48　联机运行

提示说明

联机运行时若发现通信错误，应检查通信连接线有无松动；检查通信设置是否正确，即 PLC 及触摸屏端与计算机（安装有编程软件）用 USB 连接；触摸屏与 PLC 之间用 RS-232 通信接口连接（可根据实际连接接口设定），如图 14-49 所示。

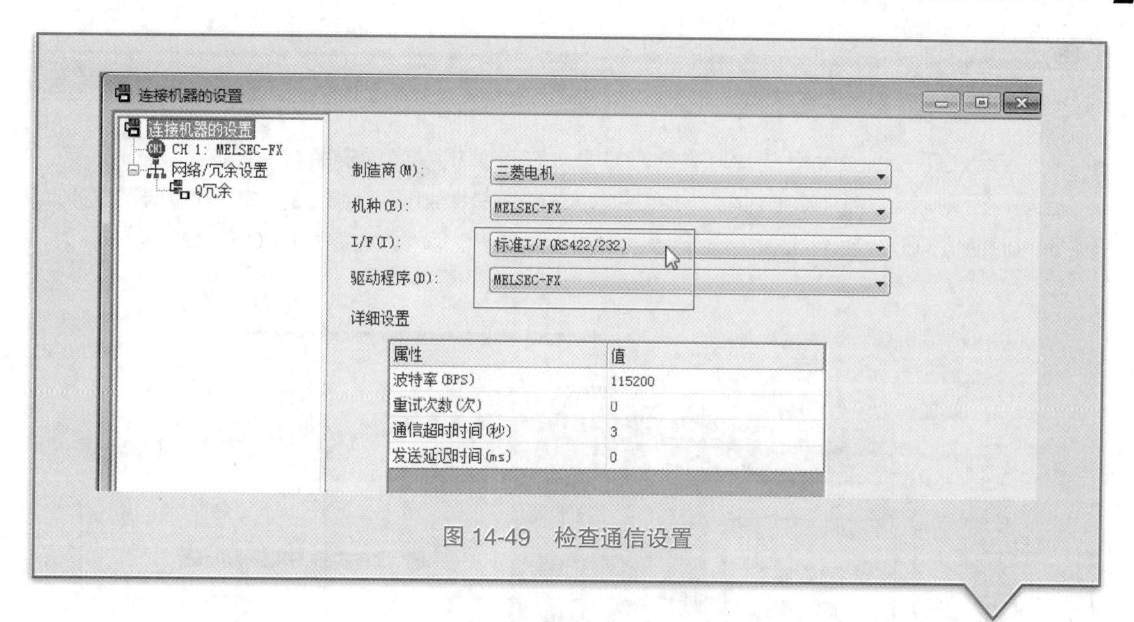

图 14-49　检查通信设置

14.2 GT Simulator3 触摸屏仿真软件

GT Simulator3 触摸屏仿真软件可以在没有三菱触摸屏实际主机的情况下，模拟触摸屏显示，因此在触摸屏编程、调试环节应用广泛。

14.2.1 GT Simulator3 触摸屏仿真软件的启动

GT Simulator3 触摸屏仿真软件可通过双击计算机桌面上的图标启动，也可通过 GT Designer3 触摸屏编程软件启动，如图 14-50 所示。

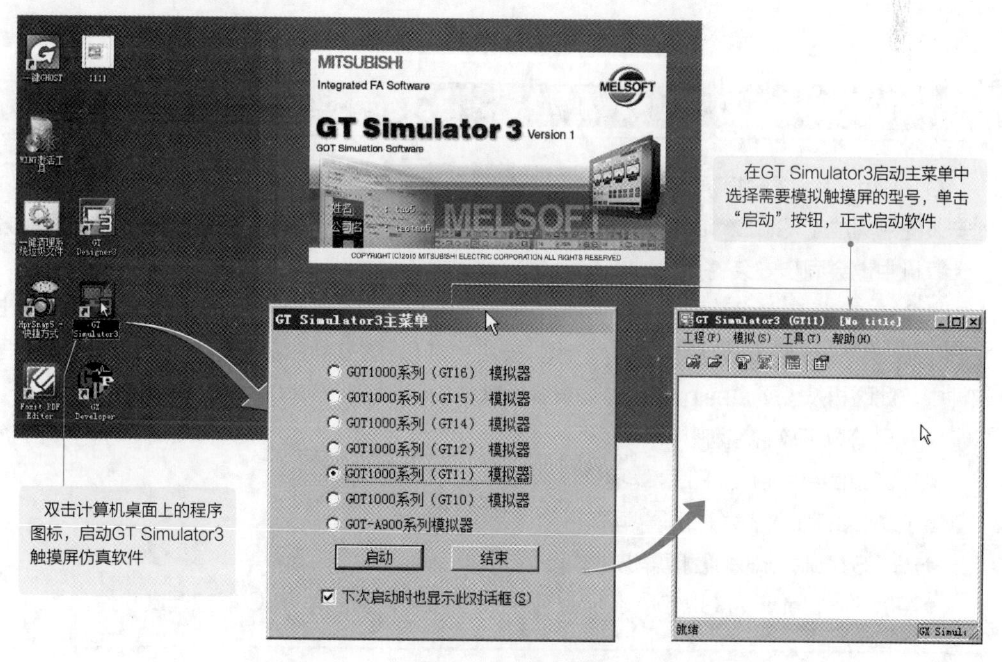

图 14-50　GT Simulator3 触摸屏仿真软件的启动

提示说明

启动 GT Simulator3 仿真软件时应注意，在计算机中必须安装有 GX Simulator 才可启动，否则启动 GT Simulator3 时会提示未安装 GX Simulator，如图 14-51 所示。GX Simulator 为 GX Developer（PLC 编程软件）中的一个插件，也称为 PLC 仿真软件。

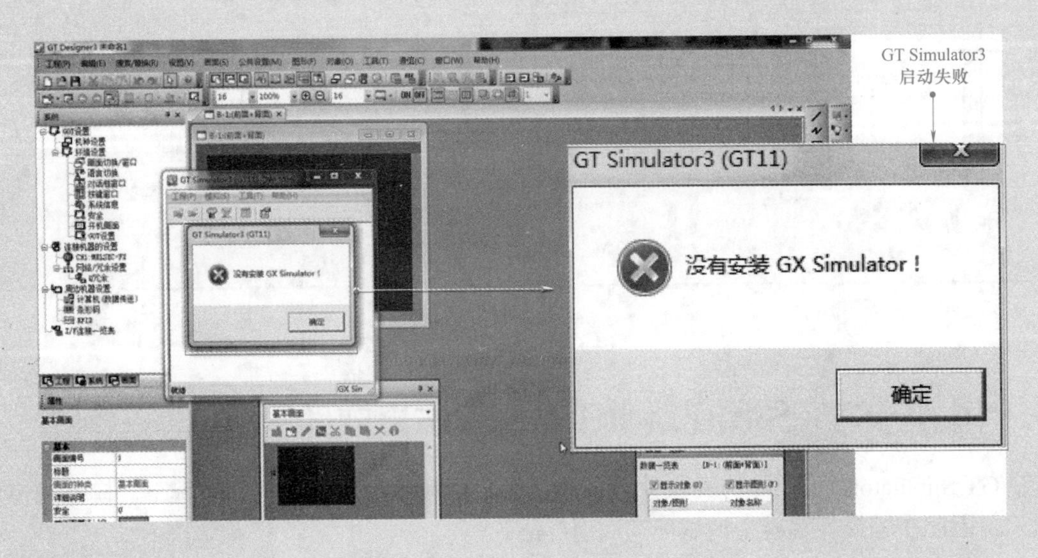

图 14-51　GT Simulator3 启动不成功

扩展资料

GT Simulator3 触摸屏仿真软件一般不需要独立安装。GT Designer3 触摸屏编程软件的安装程序集成了 GT Simulator3 触摸屏仿真软件。安装 GT Designer3 触摸屏编程软件时，在计算机中也会同步安装 GT Simulator3 触摸屏仿真软件。

此时，需要在计算机中另外安装 GX Simulator 软件（下载软件安装程序，双击“SETUP”文件安装），如图 14-52 所示。安装完成后作为插件安装到 GX Developer 编程软件中，此时再从 GT Designer3 触摸屏编程软件中启动 GT Simulator3 仿真软件即可。

注意区分以下软件名称。

◆ GX Developer 为 PLC 编程软件；

◆ GT Designer3 为触摸屏编程软件；

◆ GT Simulator3 为触摸屏仿真软件；

◆ GX Simulator 为 GX Developer 中的一个插件，也称为 PLC 模拟调试软件。

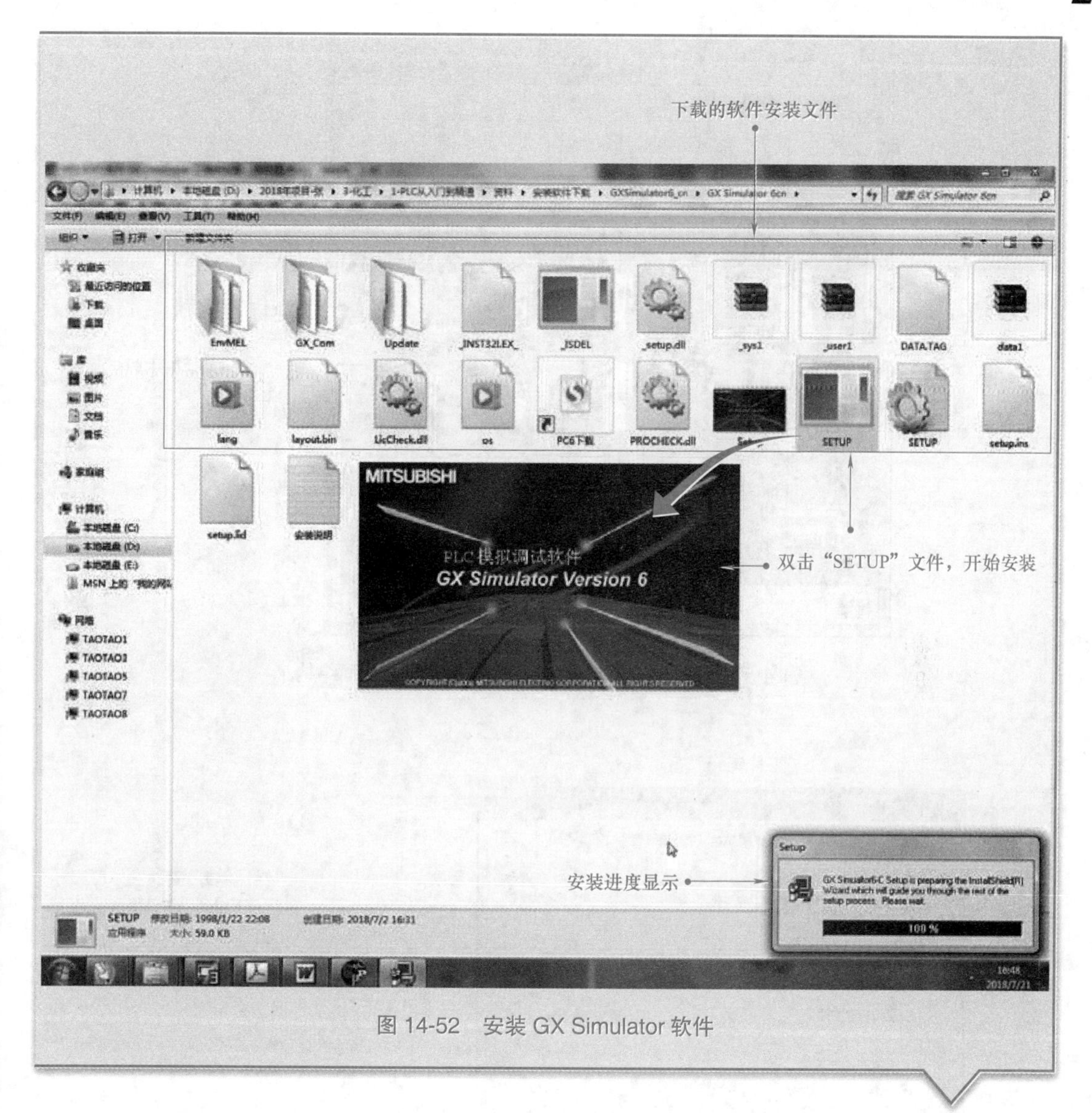

图 14-52　安装 GX Simulator 软件

14.2.2　GT Simulator3 触摸屏仿真软件的画面结构

GT Simulator3 触摸屏仿真软件支持用 GT Designer3 创建的 GOT1000 系列工程数据的模拟，也支持用 GT Designer2/ GT Designer3 Classic 创建的 GOT-A900 系列工程数据的模拟。

图 14-53 为 GT Simulator3 触摸屏仿真软件的画面结构。

从 GT Simulator3 触摸屏菜单栏的下拉菜单中，可以看到该仿真软件可实现的基本操作，如图 14-54 所示。

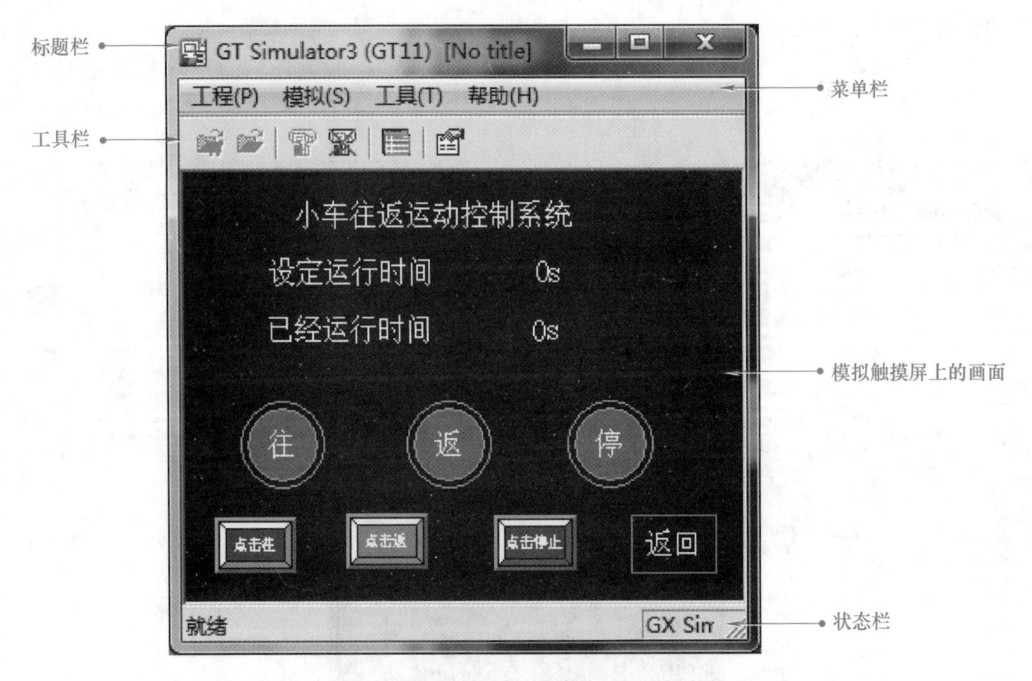

图 14-53　GT Simulator3 触摸屏仿真软件的画面结构

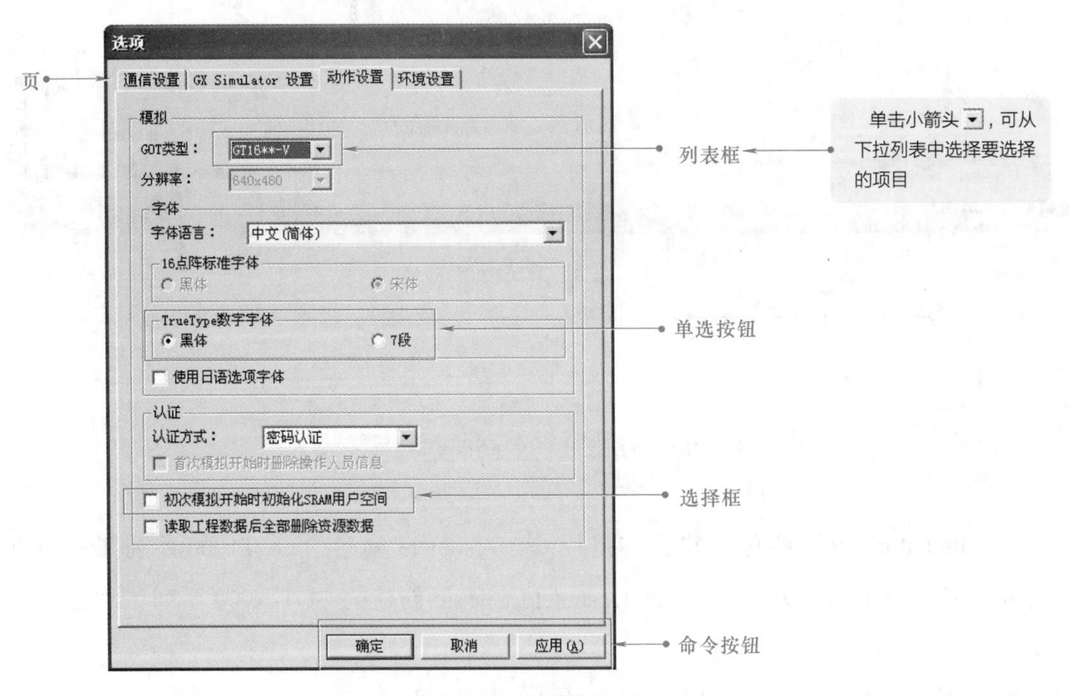

图 14-54　GT Simulator3 触摸屏仿真软件的基本操作

15.1 三菱 PLC 在电动葫芦控制系统中的应用

15.1.1 电动葫芦 PLC 控制电路的结构组成

电动葫芦是起重运输机械的一种，主要用来提升或下降、平移重物，图 15-1 为其 PLC 控制电路的结构组成。该电路主要由三菱 FX 系列 PLC、按钮开关、行程开关、交流接触器、交流电动机等构成。

整个电路主要由 PLC、与 PLC 输入接口连接的控制部件（SB1 ～ SB4、SQ1 ～ SQ4）、与 PLC 输出接口连接的执行部件（KM1 ～ KM4）等构成。

在该电路中，PLC 控制器采用的是三菱 FX_{2N}-32MR 型 PLC，外部的控制部件和执行部件都是通过 PLC 控制器预留的 I/O 接口连接到 PLC 上的，各部件之间没有复杂的连接关系。

PLC 输入接口外接的按钮开关、行程开关等控制部件和交流接触器线圈（即执行部件）分别连接到 PLC 相应的 I/O 接口上，它是根据 PLC 控制系统设计之初建立的 I/O 分配表进行连接分配的，所连接的接口名称对应于 PLC 内部程序的编程地址编号。

表 15-1 为采用三菱 FX_{2N}-32MR 型 PLC 的电动葫芦控制电路 I/O 分配表。

电动葫芦的具体控制过程，由 PLC 内编写的程序决定。为了方便了解，在梯形图各编程元件下方标注了其在传统控制系统中相对应的按钮、交流接触器的触点和线圈等字母标识。

图 15-2 为电动葫芦 PLC 控制电路中 PLC 内部梯形图程序。

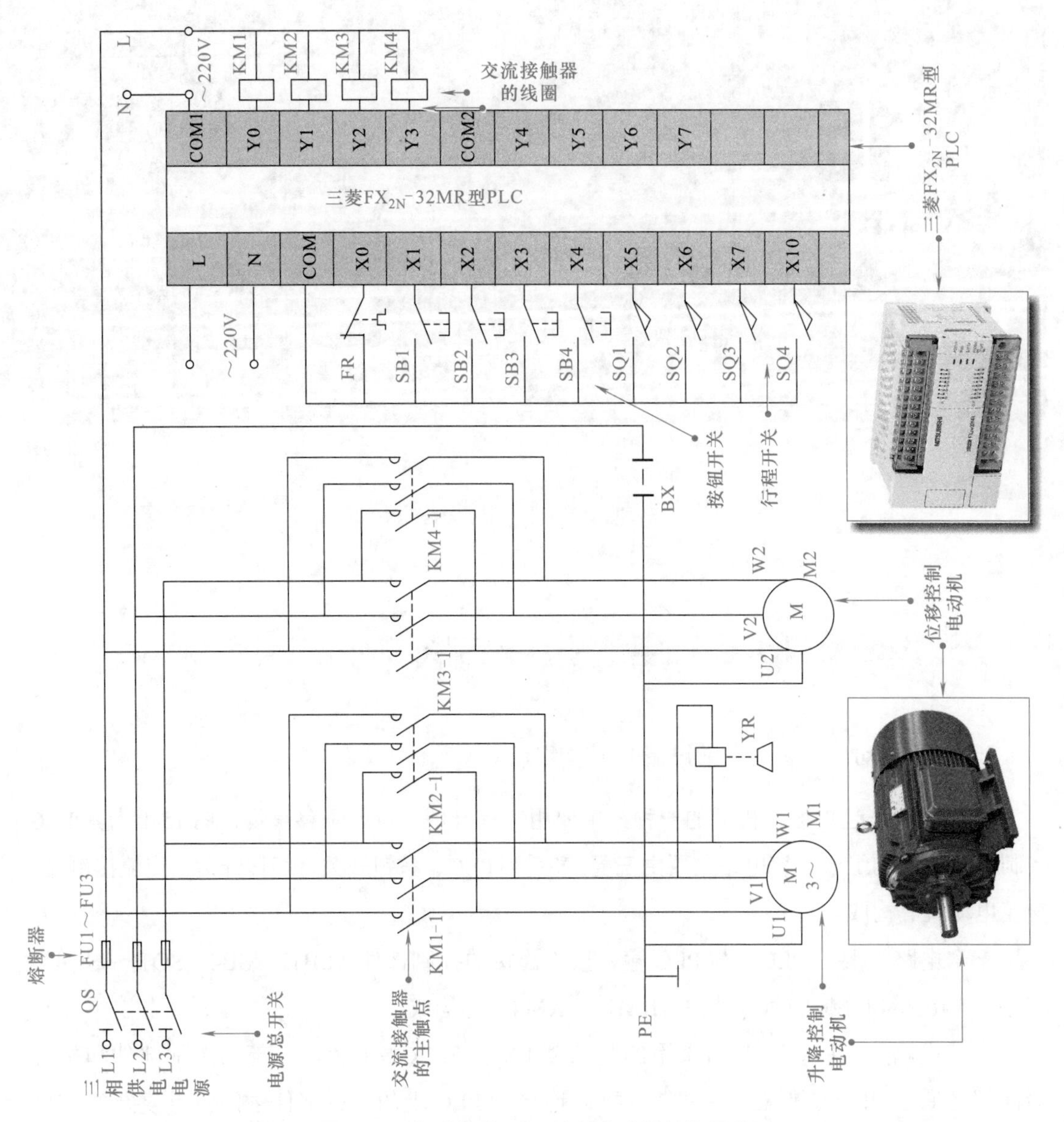

图 15-1　电动葫芦 PLC 控制电路的结构组成

表 15-1　采用三菱 FX_{2N}-32MR 型 PLC 的电动葫芦控制电路 I/O 分配表

输入信号及地址编号			输出信号及地址编号		
名称	代号	输入点地址编号	名称	代号	输出点地址编号
电动葫芦上升点动按钮	SB1	X1	电动葫芦上升接触器	KM1	Y0
电动葫芦下降点动按钮	SB2	X2	电动葫芦下降接触器	KM2	Y1
电动葫芦左移点动按钮	SB3	X3	电动葫芦左移接触器	KM3	Y2
电动葫芦右移点动按钮	SB4	X4	电动葫芦右移接触器	KM4	Y3
电动葫芦上升限位开关	SQ1	X5			
电动葫芦下降限位开关	SQ2	X6			
电动葫芦左移限位开关	SQ3	X7			
电动葫芦右移限位按钮	SQ4	X10			

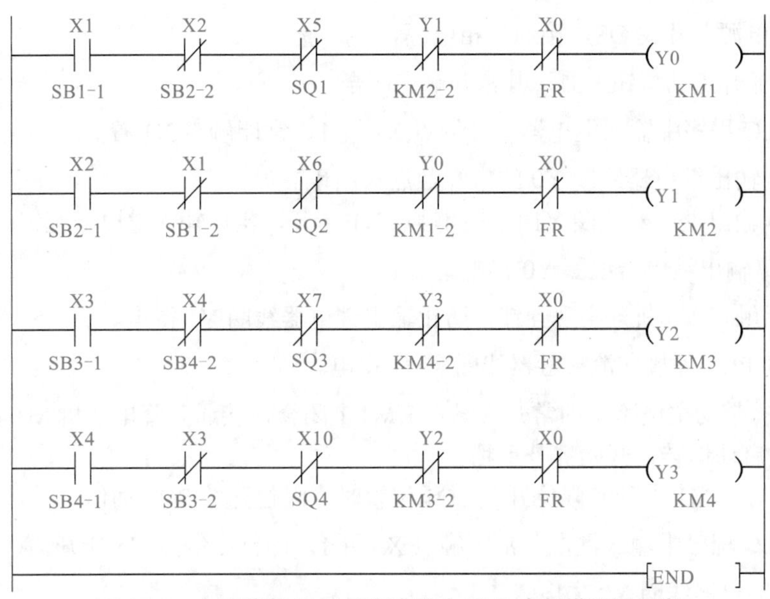

图 15-2　电动葫芦 PLC 控制电路中 PLC 内部梯形图程序

15.1.2　电动葫芦 PLC 控制电路的控制过程

将 PLC 内部梯形图与外部电气部件控制关系结合，分析电动葫芦 PLC 控制电路。图 15-3、图 15-4 为在三菱 PLC 控制下电动葫芦的控制过程。

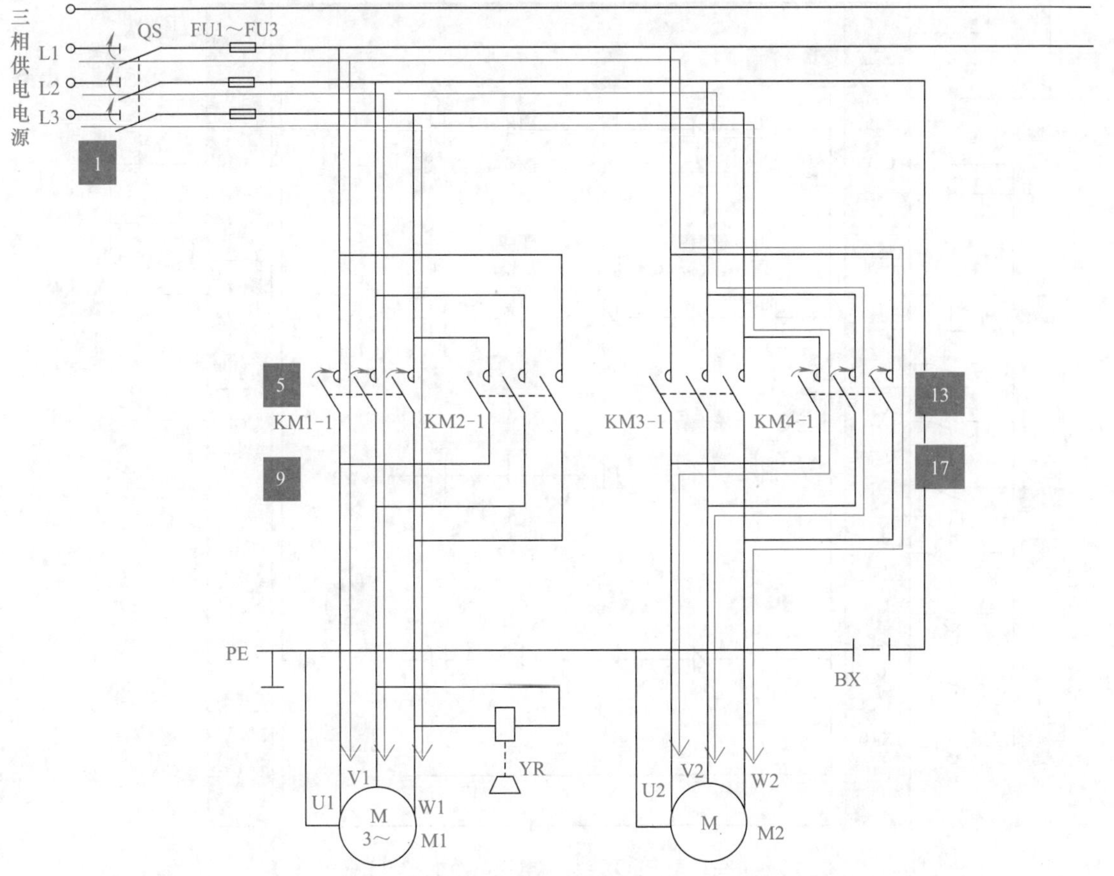

图 15-3　在三菱 PLC 控制下电动葫芦的控制过程（一）

1 闭合电源总开关 QS，接通三相电源。

2 按下上升点动按钮 SB1，其常开触点闭合。

3 将 PLC 程序中输入继电器常开触点 X1 置 1、常闭触点 X1 置 0。

3_{-1} 控制输出继电器线圈 Y0 的常开触点 X1 闭合。

3_{-2} 控制输出继电器线圈 Y1 的常闭触点 X1 断开，实现输入继电器互锁。

3_{-1} → 4 输出继电器线圈 Y0 得电。

4_{-1} 常闭触点 Y0 断开实现互锁，防止输出继电器线圈 Y1 得电。

4_{-2} 控制 PLC 外接交流接触器线圈 KM1 得电。

4_{-1} → 5 带动主电路中的常开主触点 KM1-1 闭合，接通升降电动机 M1 正向电源，电动机 M1 正向启动运转，开始提升重物。

6 当电动机 M1 上升到限位开关 SQ1 位置时，限位开关 SQ1 动作。

7 将 PLC 程序中输入继电器常闭触点 X5 置 1，即常闭触点 X5 断开。

8 输出继电器线圈 Y0 失电。

8_{-1} 控制输出继电器线圈 Y1 的常闭触点 Y0 复位闭合，解除互锁，为输出继电器线圈 Y1 得电做好准备。

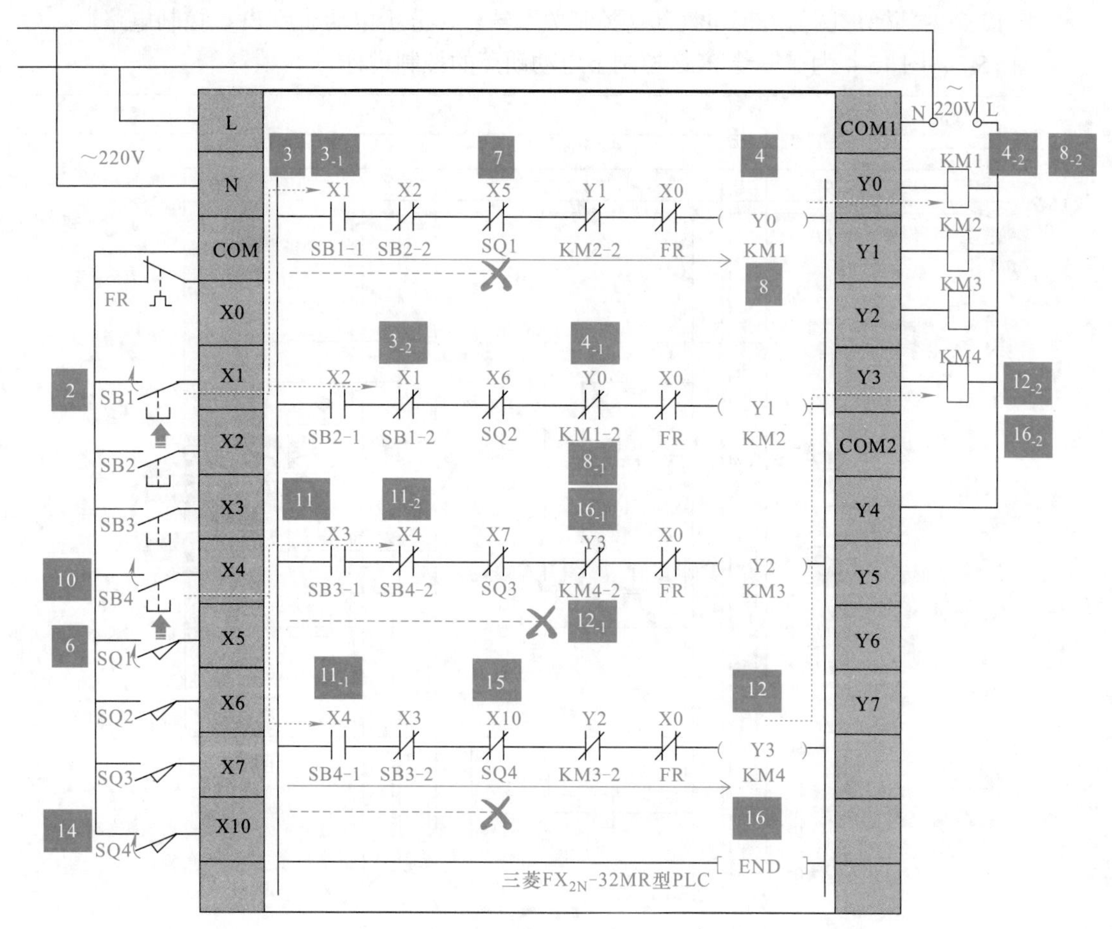

图 15-4 在三菱 PLC 控制下电动葫芦的控制过程（二）

8-2 控制 PLC 外接交流接触器线圈 KM1 失电。

8-2 → 9 带动主电路中常开主触点 KM1-1 断开，断开升降电动机 M1 正向电源，电动机 M1 停转，停止提升重物。

10 按下右移点动按钮 SB4。

11 将 PLC 程序中输入继电器常开触点 X4 置 1、常闭触点 X4 置 0。

11-1 控制输出继电器线圈 Y3 的常开触点 X4 闭合。

11-2 控制输出继电器线圈 Y2 的常闭触点 X4 断开，实现输入继电器互锁。

11-1 → 12 输出继电器线圈 Y3 得电。

12-1 常闭触点 Y3 断开实现互锁，防止输出继电器线圈 Y2 得电。

12-2 控制 PLC 外接交流接触器线圈 KM4 得电。

12-2 → 13 带动主电路中的常开主触点 KM4-1 闭合，接通位移电动机 M2 正向电源，电动机 M2 正向启动运转，开始带动重物向右平移。

14 当电动机 M2 右移到限位开关 SQ4 位置时，限位开关 SQ4 动作。

15 将 PLC 程序中输入继电器常闭触点 X10 置 1，即常闭触点 X10 断开。

16 输出继电器线圈 Y3 失电。

16-1 控制输出继电器线圈 Y2 的常闭触点 Y3 复位闭合，解除互锁，为输出继电器线圈 Y2 得电做好准备。

16-2 控制 PLC 外接交流接触器线圈 KM4 失电。

16-2 → 17 带动常开主触点 KM4-1 断开，断开位移电动机 M2 正向电源，电动机 M2 停转，停止平移重物。

15.2 三菱 PLC 在混凝土搅拌机控制系统中的应用

15.2.1 混凝土搅拌机 PLC 控制电路的结构组成

混凝土搅拌机将沙石料进行搅拌以变成工程建筑物所用的混凝土。混凝土搅拌机 PLC 控制电路的结构组成如图 15-5 所示。该电路主要由三菱系列 PLC、控制按钮、交流接触器、搅拌机电动机、热继电器等构成。

在该电路中，PLC 控制器采用的是三菱 FX_{2N}-32MR 型 PLC，外部的控制部件和执行部件都是通过 PLC 控制器预留的 I/O 接口连接到 PLC 上的，各部件之间没有复杂的连接关系。

PLC 输入接口外接的按钮开关、行程开关等控制部件和交流接触器线圈（即执行部件）分别连接到 PLC 相应的 I/O 接口上，它是根据 PLC 控制系统设计之初建立的 I/O 分配表进行连接分配的，所连接的接口名称对应于 PLC 内部程序的编程地址编号。

表 15-2 为采用三菱 FX_{2N}-32MR 型 PLC 控制的混凝土搅拌机控制系统 I/O 分配表。

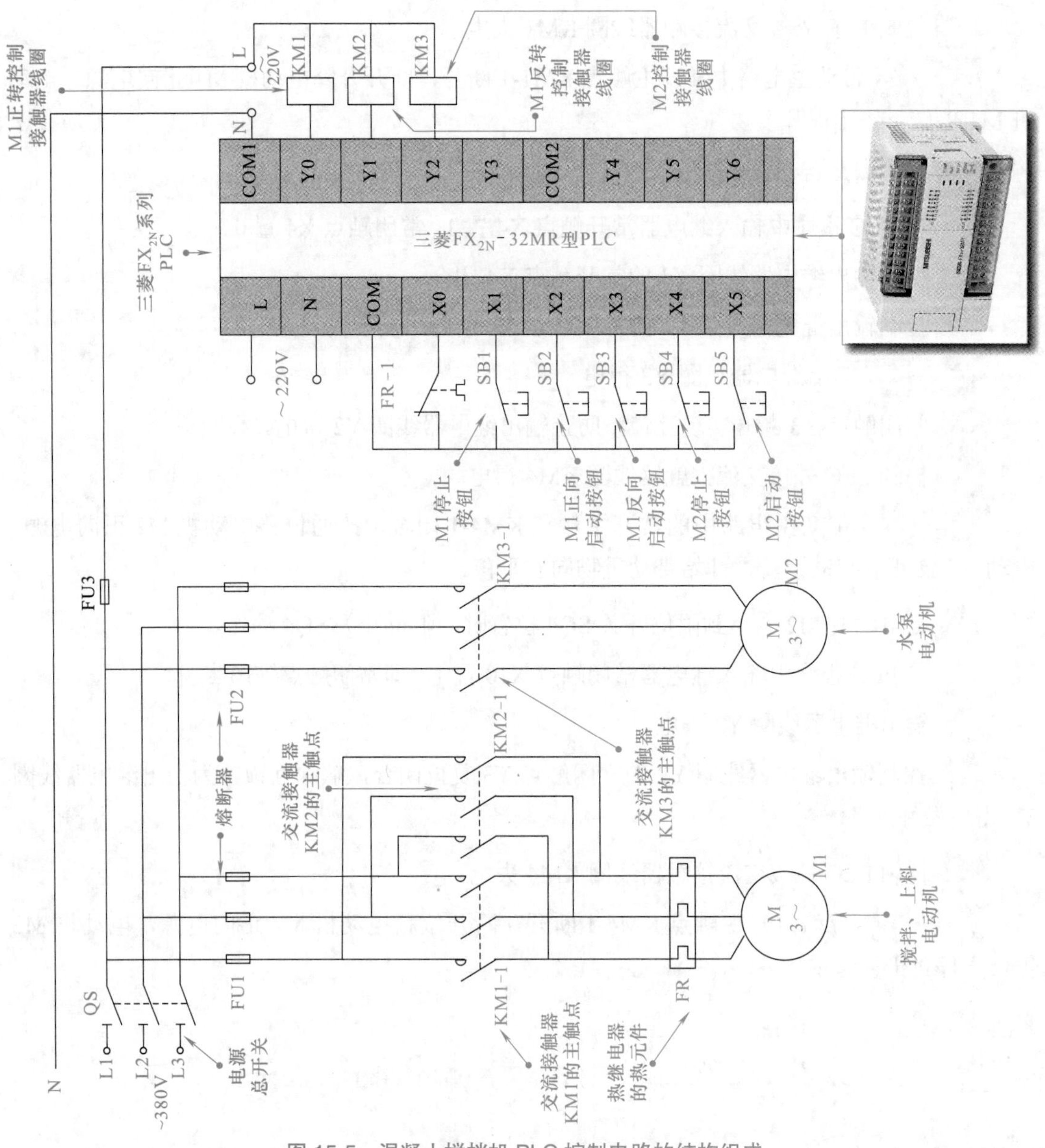

图 15-5　混凝土搅拌机 PLC 控制电路的结构组成

表 15-2　采用三菱 FX_{2N}-32MR 型 PLC 控制的混凝土搅拌机控制系统 I/O 分配表

输入信号及地址编号			输出信号及地址编号		
名称	代号	输入点地址编号	名称	代号	输出点地址编号
热继电器	FR	X0	搅拌、上料电动机 M1 正转控制接触器	KM1	Y0
搅拌、上料电动机 M1 停止按钮	SB1	X1	搅拌、上料电动机 M1 反转控制接触器	KM2	Y1
搅拌、上料电动机 M1 正向启动按钮	SB2	X2	水泵电动机 M2 接触器	KM3	Y2
搅拌、上料电动机 M1 反向启动按钮	SB3	X3			
水泵电动机 M2 停止按钮	SB4	X4			
水泵电动机 M2 启动按钮	SB5	X5			

混凝土搅拌机的具体控制过程，由 PLC 内编写的程序决定。为了方便了解，在梯形图各编程元件下方标注了其在传统控制系统中相对应的按钮、交流接触器的触点和线圈等字母标识。

图 15-6 为混凝土搅拌机 PLC 控制电路中 PLC 内部梯形图程序。

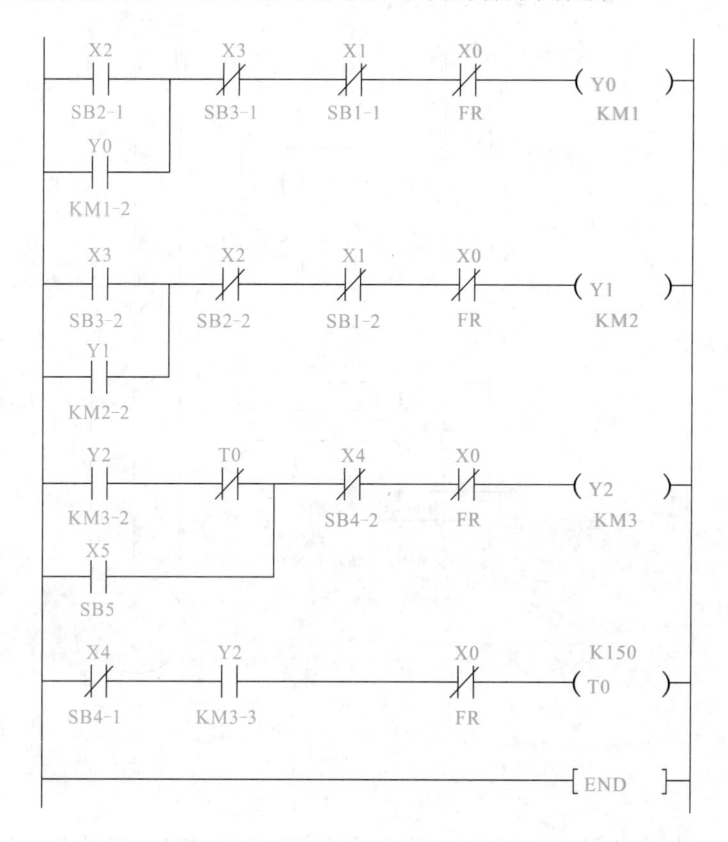

图 15-6　混凝土搅拌机 PLC 控制电路中 PLC 内部梯形图程序

15.2.2　混凝土搅拌机 PLC 控制电路的控制过程

将 PLC 输入设备的动作状态与梯形图程序结合，了解 PLC 外接输出设备与电动机主电路之间的控制关系，了解混凝土搅拌机的具体控制过程。

图 15-7、图 15-8 为在三菱 PLC 控制下混凝土搅拌机的控制过程。

1 合上电源总开关 QS，接通三相电源。

2 按下正转启动按钮 SB2，其触点闭合。

3 将 PLC 内的常开触点 X2 置 1，即常开触点 X2 闭合。

4 PLC 内输出继电器线圈 Y0 得电。

4_{-1} 输出继电器 Y0 的常开自锁触点 Y0 闭合自锁，确保在松开正转启动按钮 SB2 时，输出继电器线圈 Y0 仍保持得电。

4_{-2} 控制 PLC 外接交流接触器线圈 KM1 得电。

4_{-2} → 5 带动主电路中交流接触器 KM1 的主触点 KM1-1 闭合。

6 此时电动机接通的相序为 L1、L2、L3，电动机 M1 正向启动运转。

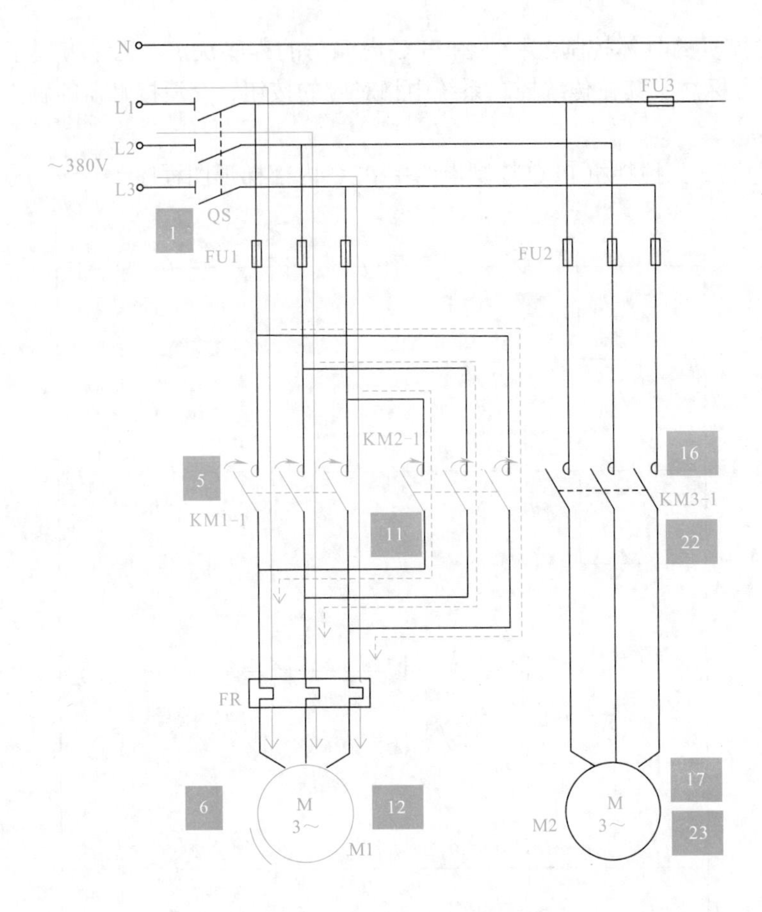

图 15-7　在三菱 PLC 控制下混凝土搅拌机的控制过程（一）

7 当需要电动机 M1 反向运转时，按下反转启动按钮 SB3，其触点闭合。

7_{-1} 将 PLC 内的常闭触点 X3 置 0，即常闭触点 X3 断开。

7_{-2} 将 PLC 内的常开触点 X3 置 1，即常开触点 X3 闭合。

7_{-1} → 8 PLC 内输出继电器线圈 Y0 失电。

9 交流接触器线圈 KM1 失电，其触点全部复位。

7_{-2} → 10 PLC 内输出继电器线圈 Y1 得电。

10_{-1} 输出继电器 Y1 的常开自锁触点 Y1 闭合自锁，确保松开反转启动按钮 SB3 时，输出继电器线圈 Y1 仍保持得电。

10_{-2} 控制 PLC 外接交流接触器线圈 KM2 得电。

10_{-2} → 11 带动主电路中交流接触器 KM2 的主触点 KM2-1 闭合。

12 此时电动机 M1 接通的相序为 L3、L2、L1，电动机 M1 反向启动运转。

13 按下电动机 M2 启动按钮 SB5，其触点闭合。

14 将 PLC 内的常开触点 X5 置 1，即常开触点 X5 闭合。

15 PLC 内输出继电器线圈 Y2 得电。

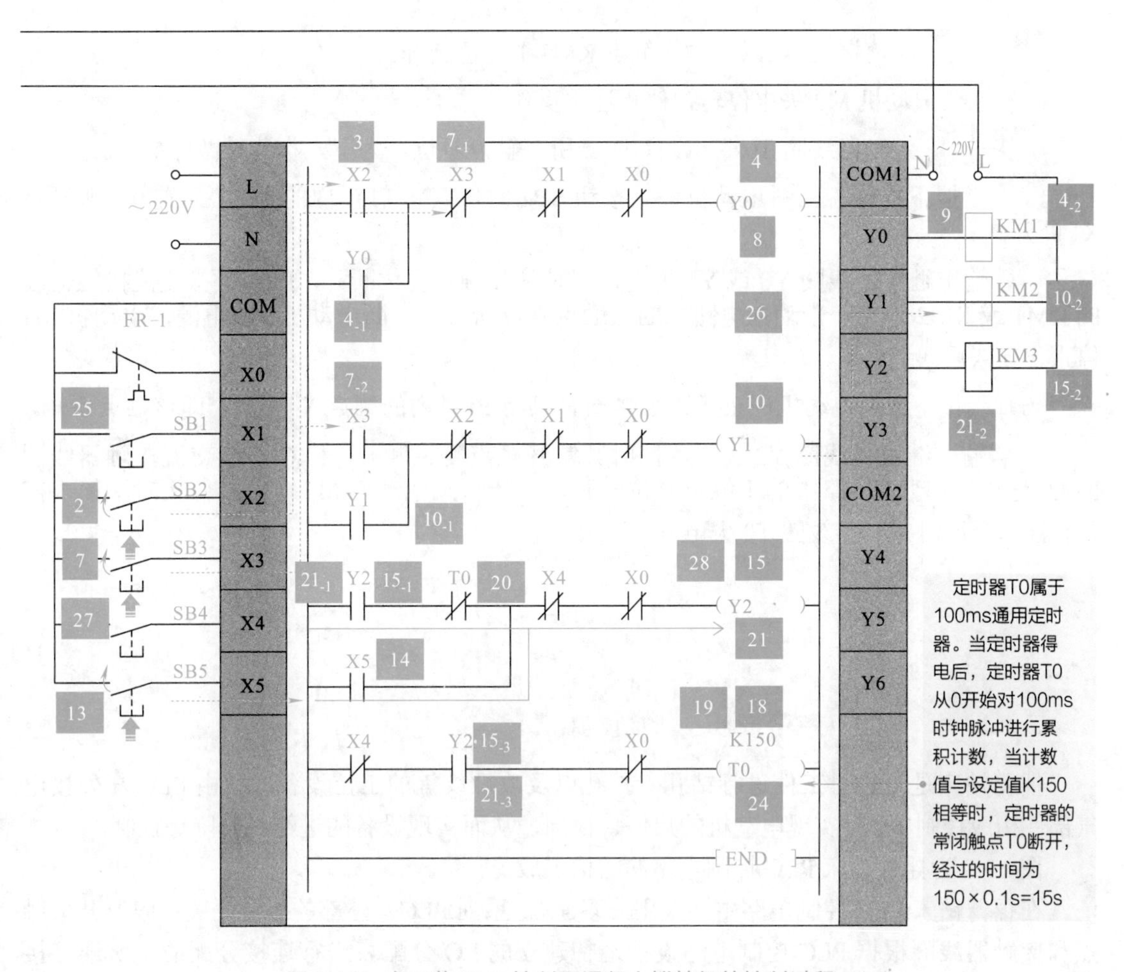

图 15-8　在三菱 PLC 控制下混凝土搅拌机的控制过程（二）

15_{-1} 输出继电器 Y2 的常开自锁触点 Y2 闭合自锁，确保松开启动按钮 SB5 时，输出继电器线圈 Y2 仍保持得电。

15_{-2} 控制 PLC 外接交流接触器线圈 KM3 得电。

15_{-3} 控制定时器 T0 的常开触点 Y2 闭合。

15_{-1} → 16 带动主电路中交流接触器 KM3 的主触点 KM3-1 闭合。

17 此时电动机 M2 接通三相电源，电动机 M2 启动运转，开始注水。

15_{-3} → 18 定时器线圈 T0 得电。

19 定时器开始为注水时间计时，计时 15s 后，定时器计时时间到。

20 定时器控制输出继电器 Y2 的常闭触点 T0 断开。

21 PLC 内输出继电器线圈 Y2 失电。

21_{-1} 输出定时器 Y2 的常开自锁触点 Y2 复位断开，解除自锁控制，为下一次启动做好准备。

21_{-2} 控制 PLC 外接交流接触器线圈 KM3 失电。

21_{-3} 控制定时器 T0 的常开触点 Y2 复位断开。

21-2 → 22 交流接触器KM3的主触点KM3-1复位断开。

23 水泵电动机M2失电停转，停止注水操作。

21-3 → 24 定时器线圈T0失电，定时器所有触点复位，为下一次计时做好准备。

25 当按下搅拌、上料电动机停止按钮SB1时，其将PLC内的触点X1置0，即触点X1断开。

26 输出继电器线圈Y0或Y1失电，同时常开触点复位断开，PLC外接交流接触器线圈KM1或KM2失电，带动主电路中的主触点复位断开，切断电动机M1电源，电动机M1停止正向或反向运转。

27 当按下水泵电动机停止按钮SB4时，其将PLC内的触点X4置0，即该触点断开。

28 输出继电器线圈Y2失电，同时其常开触点复位断开，PLC外接交流接触器线圈KM3失电，带动主电路中的主触点复位断开，切断水泵电动机M2电源，停止对滚筒内部进行注水。同时定时器线圈T0失电复位。

15.3 三菱PLC在摇臂钻床控制系统中的应用

15.3.1 摇臂钻床PLC控制电路的结构组成

摇臂钻床是一种对工件进行钻孔、扩孔以及攻螺纹等的工控设备。它由PLC与外接电气部件构成控制电路，实现电动机的启停、换向，从而实现设备的进给、升降等控制。

图15-9为摇臂钻床PLC控制电路的结构组成。

在摇臂钻床PLC控制电路中，采用三菱FX_{2N}系列PLC，外部的按钮开关、限位开关触点和接触器线圈根据PLC控制电路设计之初建立的I/O分配表进行连接分配的，所连接接口名称对应于PLC内部程序的编程地址编号。

表15-3为采用三菱FX_{2N}系列PLC的摇臂钻床控制电路I/O分配表。

表15-3 采用三菱FX_{2N}系列PLC的摇臂钻床控制电路I/O分配表

输入信号及地址编号			输出信号及地址编号		
名称	代号	输入点地址编号	名称	代号	输出点地址编号
电压继电器触点	KV-1	X0	电压继电器	KV	Y0
十字开关的控制电路电源接通触点	SA1-1	X1	主轴电动机M1接触器	KM1	Y1
十字开关的主轴运转触点	SA1-2	X2	摇臂升降电动机M3上升接触器	KM2	Y2
十字开关的摇臂上升触点	SA1-3	X3	摇臂升降电动机M3下降接触器	KM3	Y3
十字开关的摇臂下降触点	SA1-4	X4	立柱松紧电动机M4放松接触器	KM4	Y4
立柱放松按钮	SB1	X5	立柱松紧电动机M4夹紧接触器	KM5	Y5
立柱夹紧按钮	SB2	X6			
摇臂上升上限位开关	SQ1	X7			
摇臂下降下限位开关	SQ2	X10			
摇臂下降夹紧行程开关	SQ3	X11			
摇臂上升夹紧行程开关	SQ4	X12			

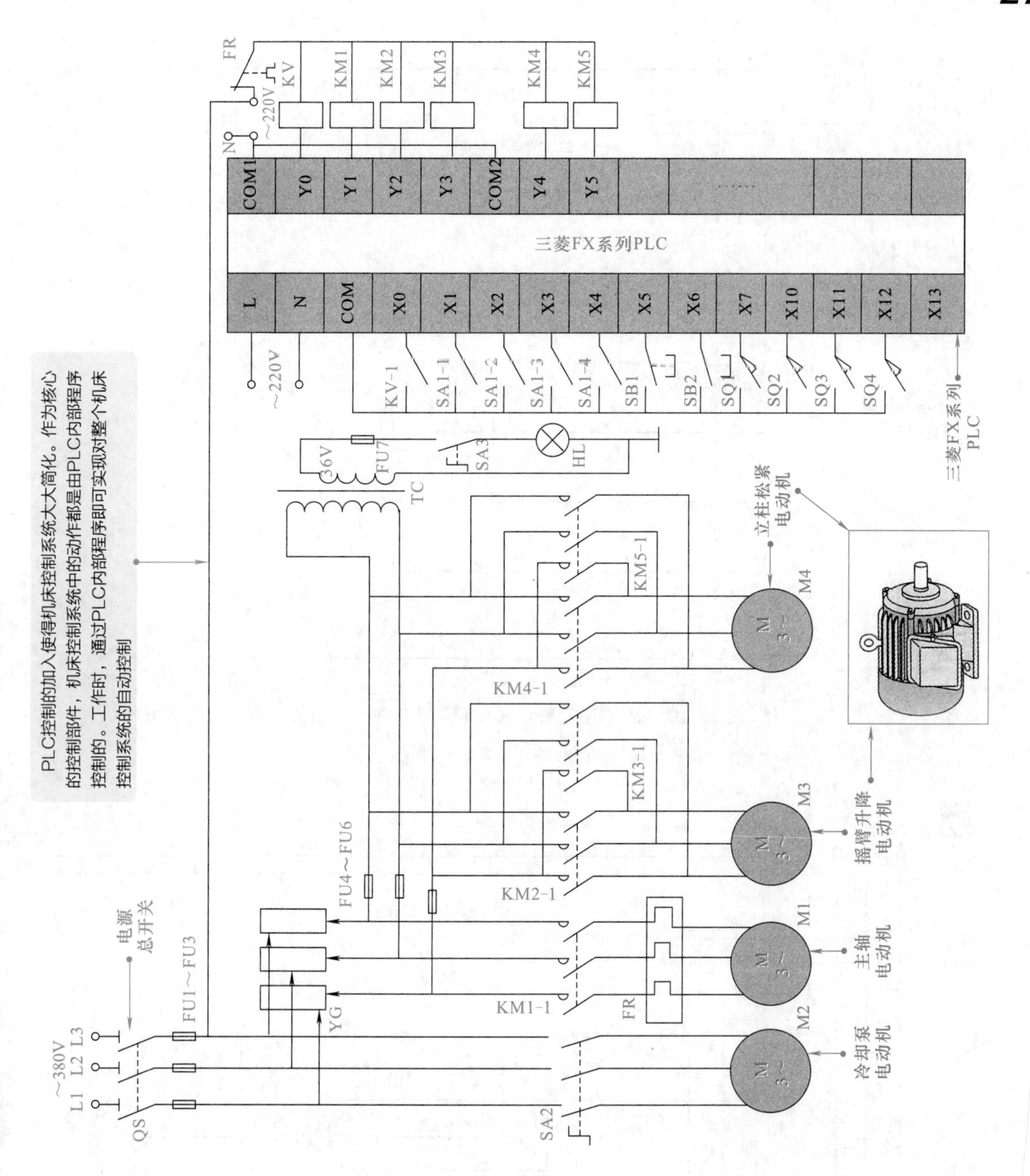

图 15-9 摇臂钻床 PLC 控制电路的结构组成

摇臂钻床的具体控制过程，由 PLC 内编写的程序控制。图 15-10 为摇臂钻床 PLC 控制电路中的梯形图程序。

15.3.2 摇臂钻床 PLC 控制电路的控制过程

将 PLC 内部梯形图与外部电气部件控制关系结合，分析摇臂钻床 PLC 控制电路。图 15-11 ～图 15-13 为摇臂钻床 PLC 控制电路的控制过程。

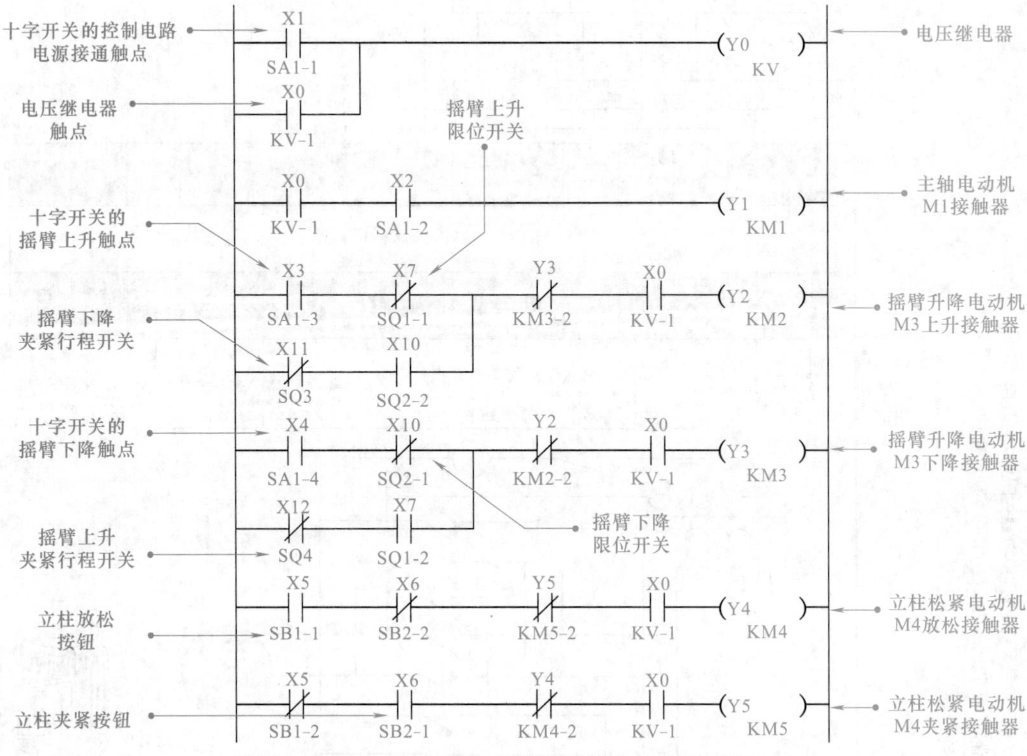

图 15-10　摇臂钻床 PLC 控制电路中的梯形图程序

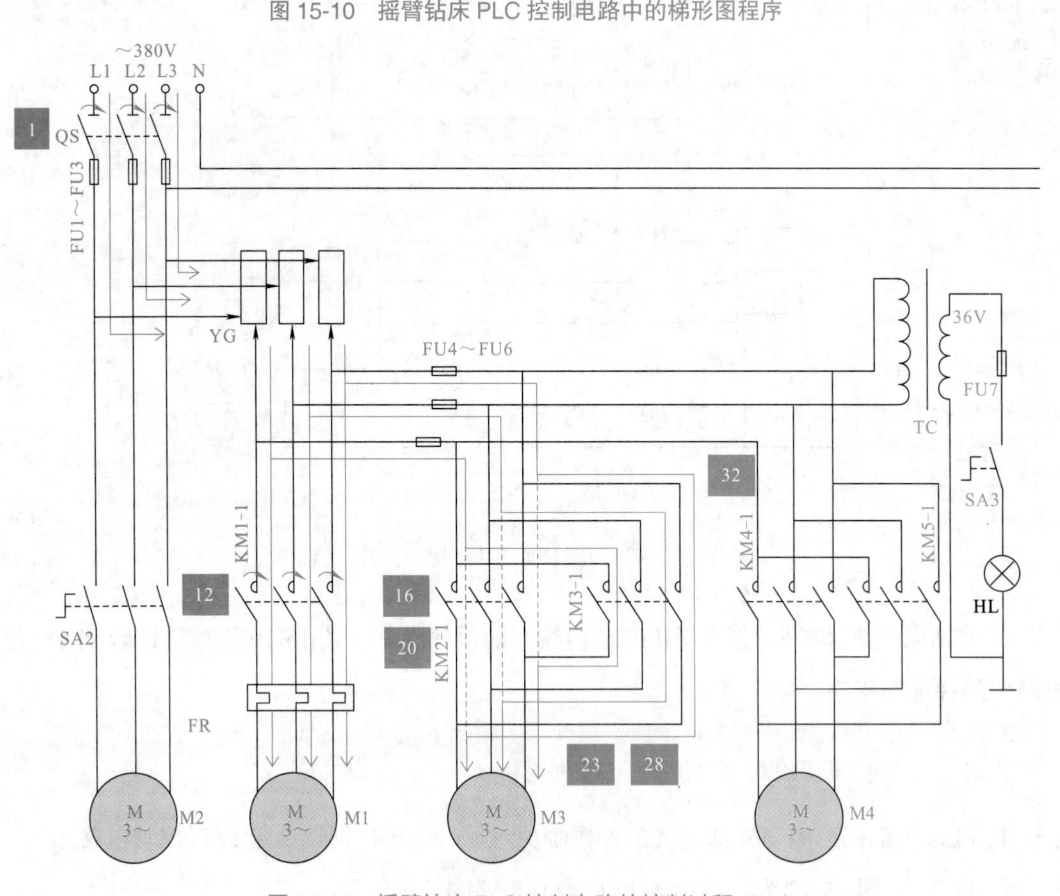

图 15-11　摇臂钻床 PLC 控制电路的控制过程（一）

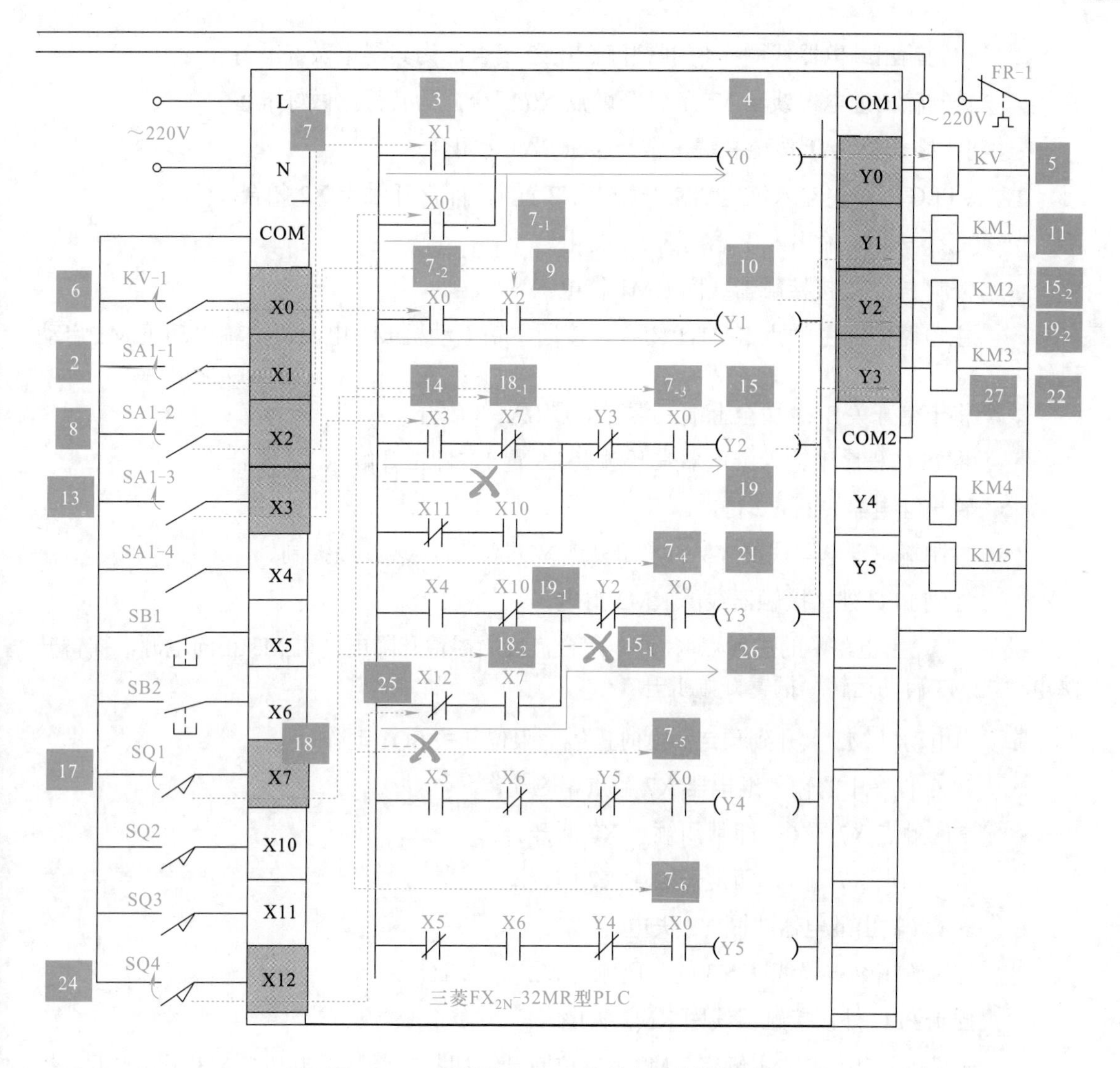

图 15-12　摇臂钻床 PLC 控制电路的控制过程（二）

1 闭合电源总开关 QS，接通控制电路三相电源。

2 将十字开关 SA1 拨至左端，常开触点 SA1-1 闭合。

3 将 PLC 程序中输入继电器常开触点 X1 置 1，即常开触点 X1 闭合。

4 输出继电器线圈 Y0 得电。

5 控制 PLC 外接电压继电器线圈 KV 得电。

6 电压继电器常开触点 KV-1 闭合。

7 将 PLC 程序中输入继电器常开触点 X0 置 1。

7_{-1} 自锁常开触点 X0 闭合，实现自锁功能。

7_{-2} 控制输出继电器线圈 Y1 的常开触点 X0 闭合，为其得电做好准备。

7_{-3} 控制输出继电器线圈 Y2 的常开触点 X0 闭合，为其得电做好准备。

7_{-4} 控制输出继电器线圈 Y3 的常开触点 X0 闭合，为其得电做好准备。

7-5 控制输出继电器线圈 Y4 的常开触点 X0 闭合，为其得电做好准备。

7-6 控制输出继电器线圈 Y5 的常开触点 X0 闭合，为其得电做好准备。

8 将十字开关 SA1 拨至右端，常开触点 SA1-2 闭合。

9 将 PLC 程序中输入继电器常开触点 X2 置 1，即常开触点 X2 闭合。

7-2 + 9 → 10 输出继电器线圈 Y1 得电。

11 控制 PLC 外接接触器线圈 KM1 得电。

12 主电路中的主触点 KM1-1 闭合，接通主轴电动机 M1 电源，主轴电动机 M1 启动运转。

13 将十字开关 SA1 拨至上端，常开触点 SA1-3 闭合。

14 将 PLC 程序中输入继电器常开触点 X3 置 1，即常开触点 X3 闭合。

15 输出继电器线圈 Y2 得电。

15-1 控制输出继电器线圈 Y3 的常闭触点 Y2 断开，实现互锁控制。

15-2 控制 PLC 外接接触器线圈 KM2 得电。

15-2 → 16 主电路中的主触点 KM2-1 闭合，接通摇臂升降电动机 M3 正向电源，摇臂升降电动机 M3 启动运转，摇臂开始上升。

17 当电动机 M3 上升到预定高度时，触动限位开关 SQ1 动作。

18 PLC 程序中的输入继电器 X7 触点相应动作。

18-1 常闭触点 X7 置 0，即常闭触点 X7 断开。

18-2 常开触点 X7 置 1，即常开触点 X7 闭合。

18-1 → 19 输出继电器线圈 Y2 失电。

19-1 控制输出继电器线圈 Y3 的常闭触点 Y2 复位闭合。

19-2 控制 PLC 外接接触器线圈 KM2 失电。

19-2 → 20 主电路中的主触点 KM2-1 复位断开，切断摇臂升降电动机 M3 正向电源，摇臂升降电动机 M3 停止运转，摇臂停止上升。

18-2 + 19-1 + 7-4 → 21 输出继电器线圈 Y3 得电。

22 控制 PLC 外接接触器线圈 KM3 得电。

23 带动主电路中的主触点 KM3-1 闭合，接通摇臂升降电动机 M3 反向电源，摇臂升降电动机 M3 启动反向运转，将摇臂夹紧。

24 当摇臂完全夹紧后，夹紧限位开关 SQ4 动作。

25 将输入继电器常闭触点 X12 置 0，即常闭触点 X12 断开。

26 输出继电器线圈 Y3 失电。

27 控制 PLC 外接接触器线圈 KM3 失电。

28 主电路中的主触点 KM3-1 复位断开，摇臂升降电动机 M3 停转，摇臂升降电动机 M3 自动上升并夹紧的控制过程结束。（十字开关 SA1 拨至下端，常开触点 SA1-4 闭合，摇臂升降电动机 M3 下降并自动夹紧的工作过程与上述过程相似，可参照上述分析过程。）

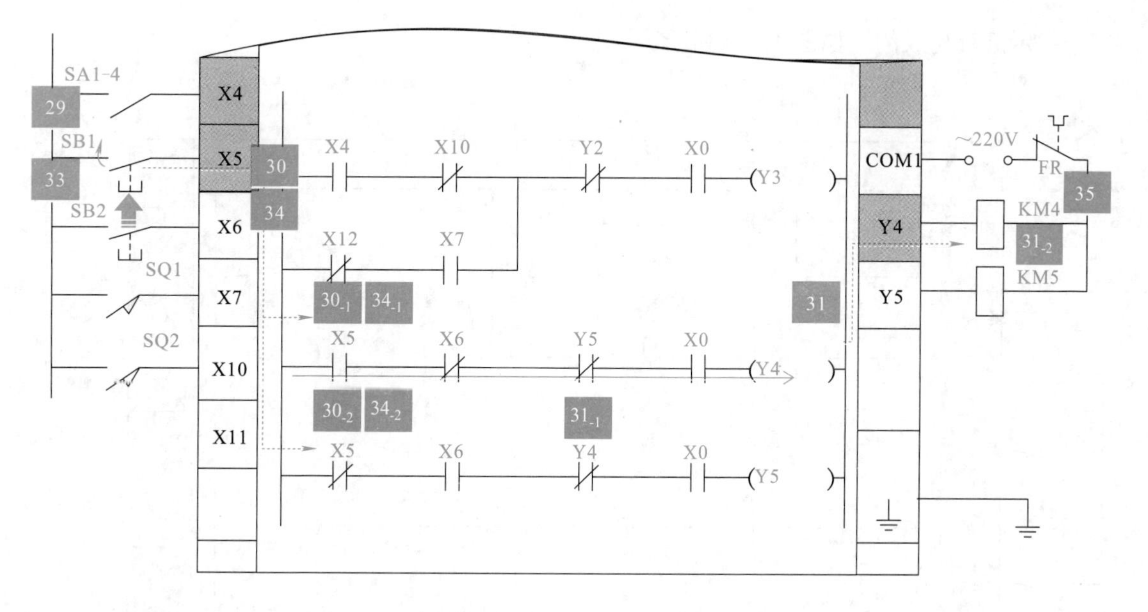

图 15-13　摇臂钻床 PLC 控制电路的控制过程（三）

29 按下立柱放松按钮 SB1。

30 PLC 程序中的输入继电器 X5 触点动作。

30_{-1} 控制输出继电器线圈 Y4 的常开触点线圈 X5 闭合。

30_{-2} 控制输出继电器线圈 Y5 的常闭触点 X5 断开，防止输出继电器线圈 Y5 得电，实现互锁。

30_{-1} → 31 输出继电器线圈 Y4 得电。

31_{-1} 控制输出继电器线圈 Y5 的常闭触点 Y4 断开，实现互锁。

31_{-2} 控制 PLC 外接接触器 KM4 线圈得电。

31_{-2} → 32 主电路中的主触点 KM4-1 闭合，接通立柱松紧电动机 M4 正向电源，立柱松紧电动机 M4 正向启动运转，立柱松开。

33 松开立柱放松按钮 SB1。

34 PLC 程序中的输入继电器 X5 触点复位。

34_{-1} 常开触点 X5 复位断开。

34_{-2} 常闭触点 X5 复位闭合。

34_{-1} → 35 PLC 外接接触器线圈 KM4 失电，主电路中的主触点 KM4-1 复位断开，电动机 M4 停转。（按下立柱夹紧按钮 SB2 将控制立柱松紧电动机 M4 反转，立柱夹紧，其控制过程与立柱松开的控制过程基本相同，可参照上述分析过程了解。）

15.4　三菱 PLC 在通风报警系统中的应用

15.4.1　通风报警 PLC 控制电路的结构组成

通风报警 PLC 控制电路主要是由风机 ABCD 运行状态检测传感器、三菱 PLC、红绿黄三个指示灯等构成的，如图 15-14 所示。

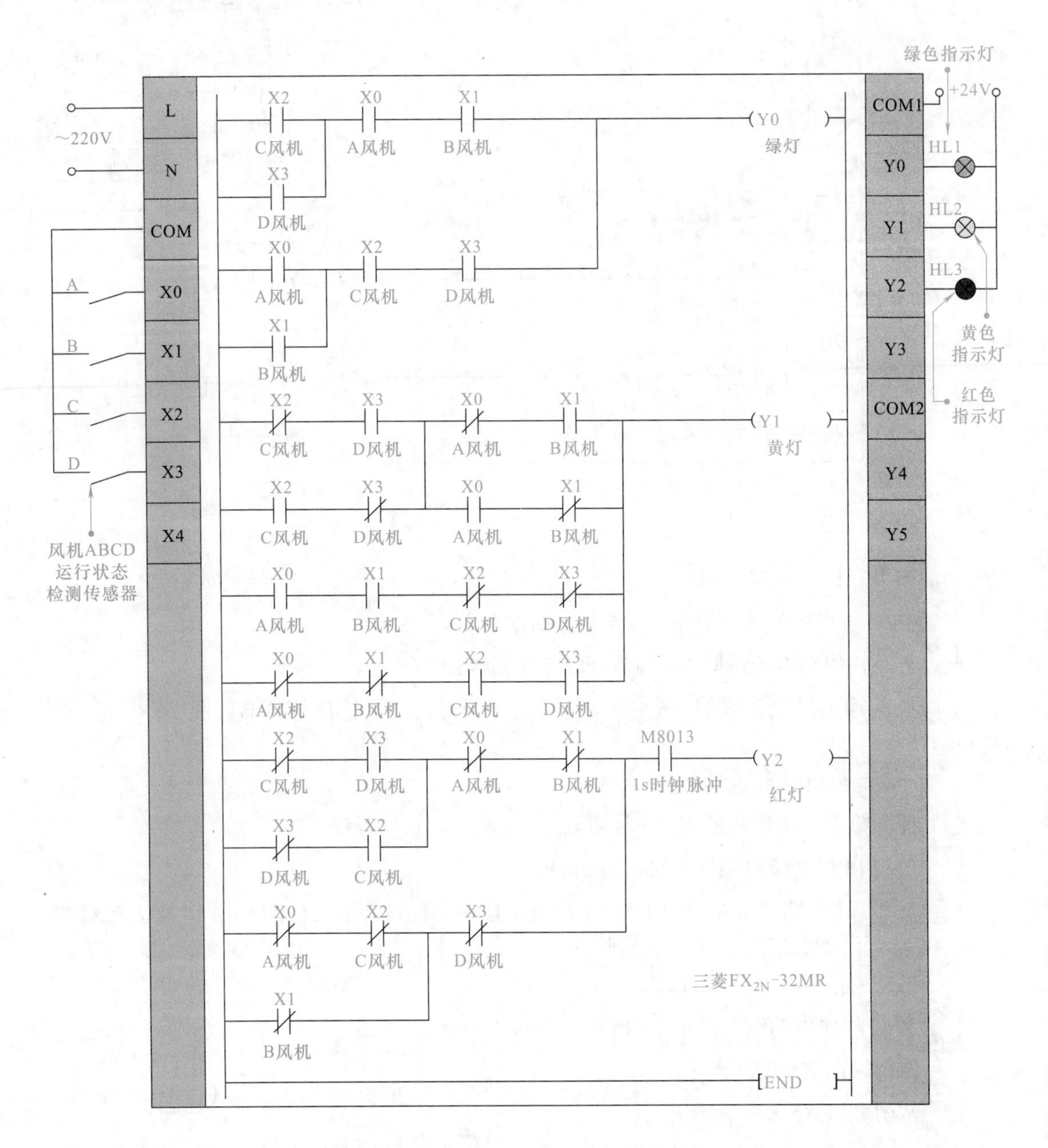

图 15-14　通风报警 PLC 控制电路的结构组成

风机 ABCD 运行状态检测传感器和指示灯分别连接到 PLC 相应的 I/O 接口上，其所连接的接口名称对应 PLC 内部程序的编程地址编号，由设计之初确定的 I/O 分配表设定。表 15-4 为通风报警系统 PLC（三菱 FX_{2N} 系列）I/O 分配表。

15.4.2　通风报警 PLC 控制电路的控制过程

在通风系统中，4 台电动机驱动 4 台风机运转。为了确保该环境下通风状态良好，设有通风报警系统，即由绿、黄、红指示灯对电动机运行状态进行指示。当三台以上风机同时运行时，绿灯亮，表示通风状态良好；当两台风机同时运转时，黄灯亮，表示通风不佳；当仅有一台风机运转时，红灯亮起并闪烁发出报警指示，警告通风太差。

表 15-4　通风报警系统 PLC（三菱 FX_{2N} 系列）I/O 分配表

输入信号及地址编号			输出信号及地址编号		
名称	代号	输入点地址编号	名称	代号	输出点地址编号
风机 A 运行状态检测传感器	A	X0	通风良好指示灯（绿）	HL1	Y0
风机 B 运行状态检测传感器	B	X1	通风不佳指示灯（黄）	HL2	Y1
风机 C 运行状态检测传感器	C	X2	通风太差指示灯（红）	HL3	Y2
风机 D 运行状态检测传感器	D	X3			

图 15-15 为通风报警 PLC 控制电路中绿灯点亮的控制过程。

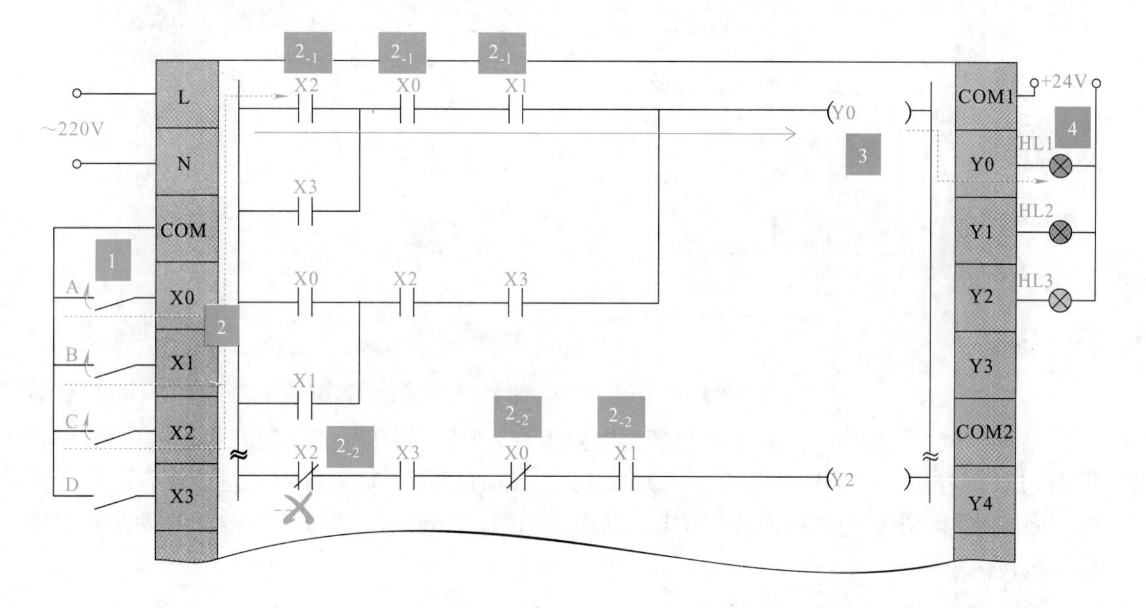

图 15-15　通风报警 PLC 控制电路中绿灯点亮的控制过程

当三台以上风机均运转时，A、B、C、D 传感器中至少有 3 个传感器闭合，向 PLC 中送入传感信号。根据 PLC 内控制绿灯的梯形图程序可知，X0 ～ X3 任意三个输入继电器触点闭合，总有一条程序能控制输出继电器线圈 Y0 得电，从而使 HL1 得电点亮。例如，当A、B、C3 个传感器获得运转信息而闭合时。

1 当 A、B、C 传感器测得风机运转信息闭合时，其常开触点闭合。

2 PLC 内相应输入继电器触点动作

2-1 将 PLC 内输入继电器 X0、X1、X2 的常开触点闭合。

2-2 同时，输入继电器 X0、X1、X2 的常闭触点断开，使输出继电器线圈 Y1、Y2 不可得电。

2-1 → 3 输出继电器线圈 Y0 得电。

4 控制 PLC 外接绿色指示灯 HL1 点亮，指示目前通风状态良好。

图 15-16 为通风报警 PLC 控制电路中黄灯、红灯点亮的控制过程。

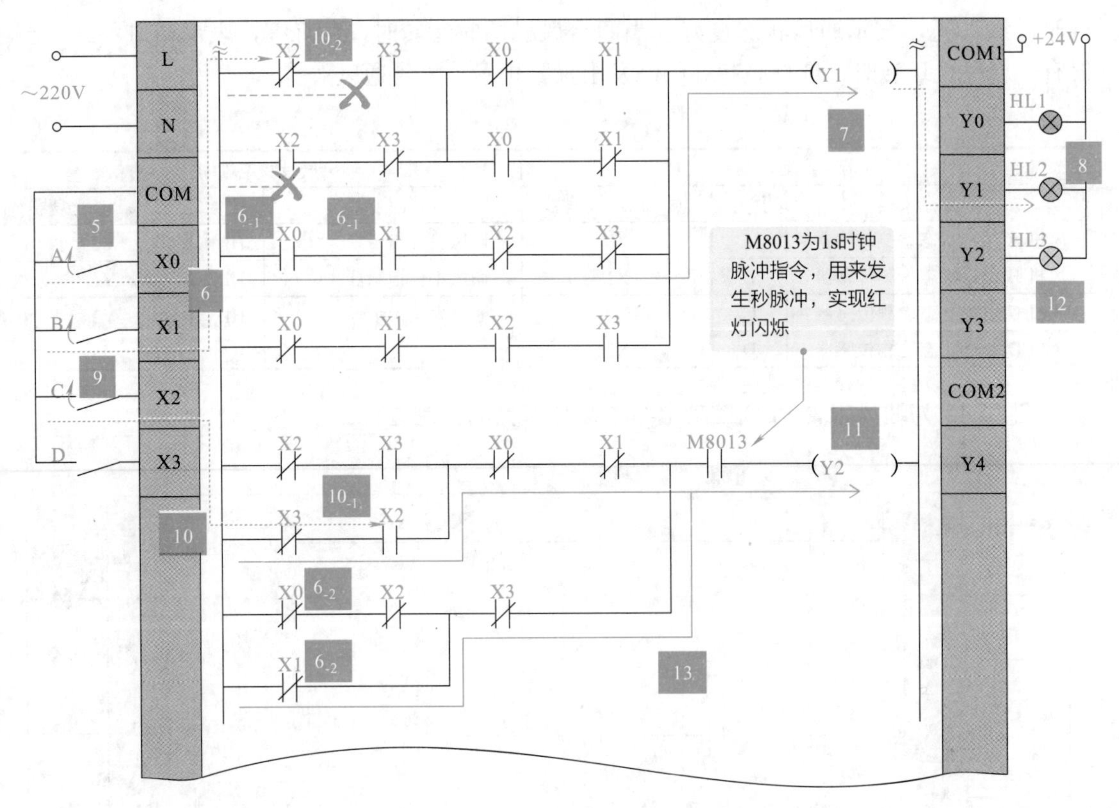

图15-16 通风报警PLC控制电路中黄灯、红灯点亮的控制过程

当两台风机运转时，A、B、C、D传感器中至少有2个传感器闭合，向PLC中送入传感信号。根据PLC内控制绿灯的梯形图程序可知，X0～X3任意两个输入继电器触点闭合，总有一条程序能控制输出继电器线圈Y0得电，从而使HL1得电点亮。例如，当A、B两个传感器获得运转信息而闭合时。

5 当A、B传感器测得风机运转信息闭合时，其常开触点闭合。

6 PLC内相应输入继电器触点动作。

6-1 将PLC内输入继电器X0、X1的常开触点闭合。

6-2 同时，输入继电器X0、X1的常闭触点断开，使输出继电器线圈Y2不可得电。

6-1 → 7 输出继电器线圈Y1得电。

8 控制PLC外接黄色指示灯HL2点亮，指示目前通风状态不佳。

当少于两台风机运转时，A、B、C、D传感器中无传感器闭合或仅有1个传感器闭合，向PLC中送入传感信号。根据PLC内控制绿灯的梯形图程序可知，X0～X3任意一个输入继电器触点闭合或无触点闭合送入信号，总有一条程序能控制输出继电器线圈Y0得电，从而使HL3得电点亮。例如，当仅C传感器获得运转信息而闭合时。

9 当C传感器测得风机运转信息闭合时，其常开触点闭合。

10 PLC内相应输入继电器触点动作。

10-1 将PLC内输入继电器X2的常开触点闭合。

10-2 同时，输入继电器X2的常闭触点断开，使输出继电器线圈Y0、Y1不可得电。

10-1 → 11 输出继电器线圈 Y2 得电。

12 控制 PLC 外接红色指示灯 HL3 点亮。同时，在 M8013 作用下发出 1s 时钟脉冲，使红色指示灯闪烁，发出报警指示目前通风太差

13 当无风机运转时，A、B、C、D 传感器都不动作，PLC 内梯形图程序中输出继电器线圈 Y2 得电，控制红色指示灯 HL3 点亮，在 M8013 控制下闪烁发出报警。